"十三五"国家重点出版物出版规划项目
无人系统科学与技术丛书

无人机系统综合保障工程与技术

田刚印　王　俊　武庆中　编著

国防工业出版社
·北京·

内 容 简 介

本书是一部关于无人机系统综合保障工程与技术的基本理论、基本方法、保障方案及组织实施等理论和实践问题的专著。

全书以"如何提高无人机系统的固有保障性,如何配置保障资源,如何在提升装备的完好性和持续性同时,兼顾减少全寿命周期费用和保障所需资源"为主线,详细阐述了无人机系统的基本概念、实用性指标、综合保障方案、综合保障有关技术和组织实施等方面的内容。

本书可供无人机装备研制管理机关、论证部门、研制单位和使用单位的技术与管理人员阅读参考,也可作为高等院校有关无人机系统综合保障工程方面的教学参考书。

图书在版编目(CIP)数据

无人机系统综合保障工程与技术/田刚印,王俊,武庆中编著. —北京:国防工业出版社,2024.4
ISBN 978-7-118-13237-3

Ⅰ.①无… Ⅱ.①田… ②王… ③武… Ⅲ.①无人驾驶飞机—装备技术保障 Ⅳ.①V279

中国国家版本馆 CIP 数据核字(2024)第 066095 号

国防工业出版社出版发行

(北京市海淀区紫竹院南路23号 邮政编码100048)
天津嘉恒印务有限公司印刷
新华书店经售

*

开本 710×1000 1/16 印张 28¾ 字数 516 千字
2024年4月第1版第1次印刷 印数 1—2000 册 定价 186.00 元

(本书如有印装错误,我社负责调换)

国防书店:(010)88540777　　　书店传真:(010)88540776
发行业务:(010)88540717　　　发行传真:(010)88540762

《无人机系统综合保障工程与技术》指导委员会

主 任 委 员 崔向华
副主任委员 祝小平　刘广宇
委　　　员 （按姓氏笔画排序）
　　　　　　　马安宁　王　俊　王　科　韦文静
　　　　　　　刘竹增　张才文　陈李萍　陈宏伟
　　　　　　　郭东林　焦国太

《无人机系统综合保障工程与技术》编写委员会

主　　编　　田刚印　　王　俊　　武庆中
副主编　　王晓明　　闫怀强　　聂成龙　　姚　铭
编写组　　路　平　　李伟乐　　李　维　　韦文静
　　　　　王柔岑　　梅冠华　　陈玉玺　　胡俊刚
　　　　　韩　碧　　孟　程　　刘国盛　　蒋奇志
　　　　　徐　茜　　杨艺龙

前　言

无人机系统综合保障工程是一项系统工程，它随着"综合后勤保障"概念及相关理论从国外引入并运用；无人机系统综合保障技术，随着现代科学技术和综合保障技术的发展而发展；无人机系统综合保障工程与技术的发展为提高无人机系统的使用效率、降低全寿命周期费用、减少保障所需资源等将起到积极的促进作用。

20世纪70年代以来，我国引进和吸收"维修工程"的概念及相关理论，并大力推广和应用，为装备保障工程的研究与应用提供了有益的理论基础和实践经验。80年代后期，我国在多个领域开始了单项保障和综合保障的理论研究和工程实践，陆续颁发了一系列国家标准、军用标准和行业标准。

我国无人机系统的发展与航空航天系统、有人机系统相比稍晚一些，由于经费和观念等原因，无人机系统综合保障工程与技术的发展又滞后一些。在《装备综合保障通用要求》等标准的牵引下，特别是近年来，无人机系统综合保障工程与技术的发展有了可喜的进展。本书编写的目的是通过总结与梳理前人的理论和经验，补充与完善无人机系统综合保障工程与技术的理论和有效方法，为装备型号研制的技术与管理人员和无人机系统的用户提供一本较为完整的、针对性强的工具书，填补无人机系统综合保障工程领域的空白，以期为加快无人机系统综合保障工程与技术的发展做出有益的贡献。

本书共7章。从研究并明确无人机系统综合保障工程与技术的概念入手，以丰富和完善无人机系统的固有保障性为基础，围绕开展无人机系统综合保障工程所需的外部条件和实际运用为主线展开。第1章叙述了综合保障的地位与作用，结合无人机系统的特点，给出了无人机系统综合保障工程与技术的概念。第2章梳理了综合保障工程的内涵，补充和完善了相关的理论和方法。第3章补充和强化了针对无人机系统的综合保障方案。第4章研究了综合保障方案的评估和典型评估方法。第5章梳理了无人机系统综合保障方案的组织实施方法。第6章针对综合保障工程的实践，重点研究了亟待解决并有望尽快运用于实践的各种单项保障技术。第7章结合本书理论，对典型综合保障案例进行了分析。

本书纲目由编写组集体讨论，参与编写工作的有田刚印、路平（第1章），闫怀强、韦文静、李伟乐、梅冠华（第2章）、聂成龙、蒋奇志、王柔岑、刘国盛（第3章）、聂成龙、陈玉玺、胡俊刚（第4章）、王俊、王晓明（第5章）、姚铭、韩碧、徐茜、孟程（第6章），武庆中、杨艺龙、李维（第7章）。田刚印、王俊、武庆中主编，刘国盛统稿，田刚印审核，祖亭亭、杨柳和万诗琴排版校对。

本书还得到崔向华教授、刘广宇教授、祝小平总师、张才文总师、焦国太教授等专家学者及马安宁队长、郭东林队长等领导和无人机系统综合保障工程实践者的指导，对本书的编写提出了宝贵的意见。编写过程中，杜奇威、唐世翔、胡树昌和冯震宇等同志参加了资料收集工作。本书还借鉴、引用和参考了诸多的文献资料。在此谨向给予我们指导和帮助的领导和同志们表示感谢！

由于编写组成员的知识和经验的局限性，加之时间仓促，书中疏漏和不妥之处在所难免，诚恳期待广大读者批评指正。

编写组

2023年1月

目　录

第1章　绪论 ··· 001
1.1　综合保障的地位与作用 ·· 001
1.2　发展历程与发展趋势 ··· 003
1.2.1　国外发展历程 ··· 003
1.2.2　国内发展历程 ··· 004
1.2.3　发展趋势 ·· 005
1.3　基本概念 ·· 007
1.3.1　无人机系统 ·· 007
1.3.2　无人机系统综合保障工程与技术 ··························· 009
1.4　主要内容及结构 ·· 012

第2章　无人机系统综合保障工程的内涵 ································ 014
2.1　无人机系统保障特性设计 ·· 014
2.1.1　无人机系统可靠性设计 ·· 014
2.1.2　无人机系统维修性设计 ·· 027
2.1.3　无人机系统测试性设计 ·· 036
2.1.4　无人机系统保障性设计 ·· 046
2.1.5　无人机系统安全性设计 ·· 049
2.2　无人机系统综合保障资源 ·· 059
2.2.1　人力资源 ·· 060
2.2.2　物力资源 ·· 063
2.2.3　信息资源 ·· 066
2.3　无人机系统综合保障能力 ·· 073
2.3.1　保障体制与保障力量 ·· 073
2.3.2　综合保障配套建设 ··· 079
2.3.3　综合保障能力训练 ··· 088

第3章 无人机系统综合保障方案 …… 093

3.1 概述 …… 093
3.1.1 装备保障方案 …… 093
3.1.2 装备保障计划 …… 095
3.1.3 保障方案、计划与保障系统 …… 096

3.2 装备综合保障方案制定 …… 097
3.2.1 保障方案的主要分类 …… 097
3.2.2 制定方案的基本过程 …… 102

3.3 常用分析方法与技术 …… 110
3.3.1 功能分析 …… 110
3.3.2 保障方案的评价与权衡分析 …… 113
3.3.3 故障模式、影响分析 …… 114
3.3.4 故障树分析 …… 124
3.3.5 以可靠性为中心的维修分析 …… 131
3.3.6 修理级别分析 …… 133
3.3.7 使用与维修工作项目分析 …… 140
3.3.8 生存性分析 …… 143

3.4 规划保障资源 …… 143
3.4.1 需求形成的一般过程 …… 144
3.4.2 规划人力与人员 …… 146
3.4.3 规划供应保障 …… 149
3.4.4 规划保障设备 …… 157
3.4.5 规划技术资料 …… 160
3.4.6 规划训练与训练保障 …… 164
3.4.7 规划保障设施 …… 166
3.4.8 规划包装、装卸、储存和运输保障 …… 168
3.4.9 规划计算机资源保障 …… 170

3.5 无人机系统综合保障方案 …… 171
3.5.1 研制阶段的使用保障方案 …… 172
3.5.2 使用阶段的使用保障方案 …… 174
3.5.3 典型使用保障方案结构分析 …… 177
3.5.4 使用保障方案特点分析 …… 178
3.5.5 使用保障方案要素分析 …… 179
3.5.6 无人机系统使用保障方案要素 …… 180

第 4 章 无人机系统综合保障方案评估 ·········· 183

4.1 装备综合保障方案评估概述 ·········· 183
- 4.1.1 装备综合保障方案评估的内涵 ·········· 183
- 4.1.2 装备综合保障方案评估特点 ·········· 183
- 4.1.3 装备综合保障方案评估问题分析 ·········· 184
- 4.1.4 装备综合保障方案评估问题研究 ·········· 186
- 4.1.5 装备综合保障方案评估体系构建原则 ·········· 188

4.2 装备综合保障方案典型评估方法 ·········· 190
- 4.2.1 装备综合保障方案定性评估方法 ·········· 190
- 4.2.2 装备综合保障方案定量评估方法 ·········· 215
- 4.2.3 装备综合保障方案综合评估方法 ·········· 238

4.3 装备综合保障方案评估模型 ·········· 259
- 4.3.1 装备综合保障方案评估组织模型 ·········· 260
- 4.3.2 装备综合保障方案评估流程模型 ·········· 264
- 4.3.3 装备综合保障方案评估资源模型 ·········· 278

4.4 无人机系统综合保障方案评估系统设计 ·········· 280
- 4.4.1 设计目标与原则 ·········· 280
- 4.4.2 系统分析 ·········· 281
- 4.4.3 系统设计 ·········· 283
- 4.4.4 无人机综合保障方案评估问题分析 ·········· 290

第 5 章 无人机系统综合保障组织实施 ·········· 291

5.1 综合保障力量构成与建设 ·········· 291
- 5.1.1 综合保障组织体系 ·········· 292
- 5.1.2 保障资源配套建设 ·········· 293
- 5.1.3 综合保障运行机制 ·········· 296
- 5.1.4 核心保障能力建设 ·········· 297

5.2 典型综合保障力量机构 ·········· 298
- 5.2.1 基本概念 ·········· 298
- 5.2.2 研制阶段的组织机构 ·········· 300
- 5.2.3 使用阶段的组织机构 ·········· 302

5.3 无人机使用保障的组织实施 ·········· 307
- 5.3.1 物资保障 ·········· 308
- 5.3.2 通信保障 ·········· 309

5.3.3 气象保障 312
5.3.4 运输保障 314
5.3.5 场地保障 319
5.3.6 工程保障 321
5.3.7 空域保障 322
5.3.8 技术保障 324
5.3.9 安全保障 326
5.4 无人机维修保障的组织实施 328
5.4.1 定期检修 330
5.4.2 修复性维修 332
5.4.3 战场抢修 338

第6章 相关综合保障技术 345

6.1 无人机系统备品备件优化技术 345
6.1.1 无人机系统备品备件的概念 345
6.1.2 无人机系统备品备件分析 346
6.1.3 无人机系统备品备件优化 355
6.1.4 备品备件优化技术相关运用 358
6.2 无人机器材射频标签与管理技术 359
6.2.1 射频标签与管理的概念 360
6.2.2 射频标签与管理系统的功能 361
6.2.3 射频标签与管理系统的组成与工作过程 365
6.2.4 射频标签与管理系统的运用研究 369
6.3 无人机系统便携式故障诊断技术 373
6.3.1 无人机系统便携式故障诊断的概念 373
6.3.2 无人机系统便携式故障诊断仪的功能 376
6.3.3 无人机系统便携式故障诊断仪的组成与工作过程 382
6.4 无人机系统故障检测集成技术 388
6.4.1 无人机系统故障检测集成的概念 388
6.4.2 无人机系统故障检测集成顶层设计 389
6.4.3 无人机系统综合故障检测设备的组成与工作过程 391
6.5 远程保障支援技术 394
6.5.1 远程保障支援的概念 394
6.5.2 远程保障支援系统的功能 395
6.5.3 远程保障支援系统的组成与工作过程 397

6.5.4　远程保障支援系统的运用 …………………………………… 398
6.6　无人机系统健康管理技术 …………………………………………… 400
　6.6.1　健康管理技术的概念 ………………………………………… 400
　6.6.2　无人机系统PHM的功能 …………………………………… 401
　6.6.3　无人机系统PHM的组成与工作过程 ……………………… 403
6.7　无人机系统综合保障技术深化和延伸 ……………………………… 407
　6.7.1　无人机系统综合保障技术深化 ……………………………… 407
　6.7.2　无人机系统综合保障技术延伸 ……………………………… 408

第7章　综合保障案例分析 ……………………………………………… 410

7.1　某型无人机系统维修保障方案分析 ………………………………… 410
　7.1.1　某型无人机系统维修保障概述 ……………………………… 410
　7.1.2　维修保障方案制定 …………………………………………… 411
　7.1.3　维修保障方案评价 …………………………………………… 415
7.2　某型无人机系统使用保障方案分析 ………………………………… 416
　7.2.1　某型无人机系统使用保障概述 ……………………………… 416
　7.2.2　使用保障方案制定 …………………………………………… 420
　7.2.3　使用保障方案评价 …………………………………………… 422
7.3　美军无人机系统综合保障方案分析 ………………………………… 423
　7.3.1　美军无人机系统综合保障方案论证 ………………………… 423
　7.3.2　美军无人机系统使用保障方案制定 ………………………… 431
　7.3.3　美军无人机系统维修保障方案制定 ………………………… 438
　7.3.4　美军无人机系统综合保障方案评价 ………………………… 443

参考文献 …………………………………………………………………… 445

第1章
绪　论

20世纪70年代以来,我国引进和吸收国外"综合后勤保障维修工程"概念及相关理论,并在航空航天等多个领域进行了较为广泛的实践运用,直至今日,仍在循序渐进地进行各类相关标准的体系建设,不断推进各项综合保障工作向规范化和科学化迈进。

1.1　综合保障的地位与作用

无人机系统综合保障是指在无人机系统的全寿命周期内,为保证装备的战备完好状态、保证装备战斗力的形成与持续、降低装备的全寿命周期费用、减少保障所需资源而开展的一系列活动。其核心是针对无人机系统不同的使用目的或不同的作战训练任务,以系统论的方法,研究如何提高无人机系统的固有保障特性,研究为保证装备的战备完好状态所必备的保障资源,以及如何科学合理地运用各类保障资源来保证无人机系统的战备完好状态、装备战斗力的形成与持续、降低装备的全寿命周期费用、减少保障所需资源而开展的一系列活动。

综合保障的地位和作用是随着装备的实际运用,特别是实战运用而产生的现实需求逐步发展的。第一次世界大战中,武器装备自动化程度和复杂程度都不是很高,装备出了故障,人们依靠身边具备或不具备维修技能的人员,利用手头仅有的备品备件和工具,能修则修复装备,不能修复则将装备舍弃。由于第一次世界大战很快结束,人们并没有来得及清醒认识到装备保障对战争进程产生的重要影响,也没有将装备保障上升到装备综合保障的意识,但已对装备保障的地位和作用有了一定的感性认识。第二次世界大战中,武器装备自动化程度、机械化程度和复杂程度都有一定的提高,人们对装备保障的意识已有了较大的提高,并有效地计划、组织和实施了各类保障,如弹药保障、油料保障、运输保障等,已有了将装备单项保障提升到综合保障的意识。由于各类保障并未凸显较大的问题,且战事匆忙,人们尚未将装备的综合保障提升到理论高度。

第二次世界大战后,美军的武器装备升级较快,装备的自动化程度和复杂程度也大大提高,后勤保障问题凸显出来。美军在20世纪60年代提出了"要在装备设计研制过程中同步开展综合后勤管理和技术活动"的要求。从此,装备的综合保障理论在装备的运用实践中产生,又作用于装备的研制生产和使用活动,并推动装备的综合保障向更高水平发展。

20世纪70年代,我国引进和吸收美军"维修工程"概念及相关的理论,并大力推广和应用,为装备保障工程的研究和应用提供了有益的理论积累和实践基础。80年代以后,我国又引进了美军的"综合后勤保障"概念,组织了大量的理论研讨,制定并颁布了GJB 1371—92《装备保障性分析》、GJB 3872—99《装备综合保障通用要求》等国家军用标准,直至今日仍在循序渐进地进行各类相关标准的体系建设,不断推进各项综合保障工作向规范化和科学化迈进,为装备全寿命周期的综合保障工作迈向现代化奠定了坚实的基础。

无人机系统的保障特性和无人机系统保障设备的属性是无人机系统重要的技术指标,是无人机系统的固有设计属性,是影响无人机系统性能发挥和保持的内在的根本因素。在作战训练和日常使用中,无人机系统的保障特性和无人机系统保障设备的属性是各级指战员合理运用装备,达成作战训练目的的重要决策依据;是用户达到预期使用效果的重要决策依据,所以无人机系统综合保障具有重要的基础性地位和作用。

良好的无人机系统的固有保障属性,只是解决了无人机系统"好保障"的问题,但离"提高无人机系统的战备完好性"、离使用过程中"保障好"的要求还有一定的差距,还要从系统工程的角度,为无人机系统战斗力(生产力)的形成与持续配备必要的保障资源,包括人力资源、信息资源、技术资料、备品备件及仓储布局、检测维修设备等,所以无人机系统综合保障具有重要的全局性地位和作用。

有了"好保障"的无人机系统,配备了完善的保障资源,还应有健全和高效的保障指挥机构,能够依据各类无人机系统和保障资源的实际,针对不同的使用任务,确定不同的保障方案,组织实施好不同阶段的综合保障工作,才能达到"保障好"的效果。近年来我军的实践和国际上近几场局部战争的分析表明,装备综合保障工程实施的质量,直接影响装备的战备完好性,影响装备战斗力的形成与持续,影响战争消耗费用,影响局部战斗的成败甚至整个战争的进程,所以无人机系统综合保障具有重要的战略性地位和作用。

综上所述,无人机系统综合保障的地位和作用在无人机装备的发展建设、军事斗争准备和国民经济发展中具有基础性、全局性和战略性的地位与作用。

1.2 发展历程与发展趋势

1.2.1 国外发展历程

装备综合保障源于美军的综合后勤保障(Integrated Logistics Support,ILS),而美军的综合后勤保障又来源于之前的后勤保障(Logistics Support,LS)。在第二次世界大战后的朝鲜战争和越南战争中,美军装备的开箱合格率较低(电子类仅有 50%合格)、故障率较高、维修量较大,后勤保障问题十分突出。在全寿命周期中,保障费用占比高达 80%,而装备的装备完好率却较低,有些飞机的任务执行率只有 30%。对繁重后勤负担进行分析后,美军发现大量的后勤保障问题是装备的保障性较差,装备自身及其保障设备在研制过程中存在"先天缺陷"。1964 年,由美国国防部首次颁布了指令性文件 DoDI 4100.35《系统和设备的综合后勤保障研制》,明确规定要在装备设计研制过程中同步开展综合后勤的管理和技术活动。1968 年,这个文件升级为 DoDI 4100.35G《系统和设备的综合后勤保障的采办和管理》,提出了综合后勤保障的 11 个组成要素。1983 年,美国国防部颁布了 DoDD 5000.39《系统和设备的综合后勤保障的采办和管理》,1993 年升级该文件,突出了战备完好性要求,明确规定"综合后勤保障的主要目标是以可承受的寿命周期费用,实现武器系统的战备完好性目标",并全面规定了综合后勤保障的政策、程序、职责、组成部分以及采办各阶段的工作内容。这一文件的颁布,标志着美军综合后勤保障进入了成熟阶段。

在日常训练和实战使用中,美军不断总结综合后勤保障方面的经验和教训,美国三军先后颁布了一系列有关综合后勤保障的指令性文件。2003 年,美国国防部重新颁布 DoDD 5000.01《防务采办》和国防部条例 DoDD 5000.02-R《重大防务采办项目和重大自动化信息系统采办项目必须遵循的程序》,确保提供给用户的装备必须具备必要的保障资源,以满足平时的装备完好性和战时的使用要求。1999 年,美国国防部又颁布了《21 世纪的产品保障指南》,强调军队保障系统的建设以核心保障能力建设为重点,并把承包商的保障能力纳入军队的装备保障系统作为军队装备保障系统的重要组成部分。美军自从 20 世纪 60 年代提出综合保障理念,80 年代开始全面推动综合后勤保障工作,90 年代提出以装备的战备完好性和任务持续性为中心的综合后勤保障新观念,经过几十年的不懈努力,在装备发展和保障系统的建设上取得了很大的成功。

海湾战争中,F117A 战机出动 1300 架次,平均每次出动持续飞行 5.2h,战备完好率达 85.5%;科索沃战争以导弹为主炸弹为辅,任务成功率达 0.8,其中"战斧"巡航导弹任务成功率达 0.85~0.90。

此外，美军的综合后勤保障实践早已从国内拓展到海外，综合后勤保障系统的运作也表现出极高的效率。全球作战保障系统（Global Combat Support System，GCSS）与全资可视化（Total Asset Visibility，TAV）系统的有机结合，使得与装备保障相关的运输、供应、维护、人力等方面实现了信息共享。在伊拉克战争中，F-16战机控制联合直接攻击炸弹（Joint Direct Attack Munition，JDAM）的机载软件出现故障，美国空军的416飞行测试队接到通知后，用了不到30h就完成了查明故障原因、提出解决方案、软件改进升级、重新测试验证等一系列软件维护保障任务，使在作战一线的36架F-16战机的战斗力迅速得到了恢复和保持，为达成战役目的做出了重要贡献。

从美军的实战案例可以得到启示，装备综合保障要以用户为核心，要依据用户要求的变化或作战需求的变化不断地丰富和完善综合保障的内涵，不仅要关注装备研制中的综合保障问题，更要关注装备使用中的综合保障问题，只有在使用中综合保障工作及时、正确、完善，才能更好地发挥出装备的"固有保障属性"，才能将装备的战备完好性落在实处。

1.2.2 国内发展历程

20世纪80年代后期，美军"综合后勤保障"概念引入我国，考虑"后勤"概念在国内外的不同理解，国内不同的学者分别采用"装备综合保障""综合保障"或"综合保障工程"来替代美军的"综合后勤保障"这一概念。在充分研讨、消化吸收和学习借鉴的基础上，结合我国在装备保障实践方面的实际情况，制定并颁布了GJB 1371—92《装备保障性分析》、GJB 3872—99《装备综合保障通用要求》、GJB 3837—99《装备保障性分析记录》、GJB 1378—92《装备预防性维修大纲的制定要求与方法》、GJB 2961—97《修理级别分析》、GJB 4355—2002《备件供应规划要求》、GJB 5238—2004《装备初始训练与训练保障要求》等国家军用标准。已经规划和正在制定的有《使用与维修改造分析》《保障方案编制指南》《装备综合保障计划编制指南》等国家军用标准，初步建立了具有我国特色的国家军用标准体系，出版了《可靠性维修性保障性总论》和《装备综合保障工程》等一系列专著，为型号研制工作中开展综合保障工作打下了扎实的基础。原总装备部和国防科工委联合颁布的一系列文件，明确规定了武器装备全寿命各阶段装备保障工程的工作内容、要求和考核标准，要素齐全、要求明确，具有很强的指导性和操作性，为更好地开展装备综合保障工作提供了强有力的保证。

在型号研制过程中，初步开展了可靠性维修性保障性等保障特性的设计与分析、试验与验证工作，狠抓保障设备的同步建设和定型阶段保障特性的考核验证，促进在装备使用过程中，对现役装备运用保障性分析技术，开展了以可靠性为中心的维修改革初见成效，为部队的日常训练和战时保障提供了有效的保证。例如，空军某型飞机的定检优化成果,使定检时间由原来的1个月缩短为15天左右;某型坦克采用近百项技术改进措施,在10000km大修间隔中减少了1次中修、4次小修,器材费用下降了近27%。

当然,由于我国装备保障工程开展得比较晚,科技水平与发达国家相比还存在一定差距,我军装备的综合保障水平还处于初级阶段。一方面,在现役装备的使用过程中,表现为故障率较高,维修保障能力较弱;另一方面,在装备研制过程中,表现为对装备保障性要求缺乏科学的论证,提出的定性定量要求有些不全面、不合理;同步配套研制保障设备不够充分等。出现上述问题的原因主要是起步较晚且缺乏实战需求的牵引,有观念认识落后的问题,也有组织管理薄弱的问题,还有经费约束的问题等。

20世纪60年代,我国在苏联L-17靶机的基础上,南京航空航天大学研制出国产无人机,在随后的实践运用中,提供了备品备件、维修工具和使用说明书等保障资源,基本保证了无人机系统的正常使用。由于历史条件、经费制约和当时认知的局限性,尚未将这些保障上升到无人机系统综合保障的意识。20世纪70年代至80年代,无人机发展相对迟缓,靶机发展相对迅速,靶机的实践运用产生了单项保障的需求牵引,我国开始了使用和维修人员的编配与培训、备品备件的确定与供应、使用与维修说明书的编写与配发等保障工作的实践,但"无人机系统综合保障工程"的理论研究仍显不足。20世纪90年代以后,无人机系统进入快速发展阶段,西北工业大学、北京航空航天大学、南京航空航天大学等单位相继研制出多种型号多种用途的无人机,无人机大量实际运用产生的保障需求越来越明显,越来越全面,随着GJB 1371—92《装备保障性分析》和GJB 3872—99《装备综合保障通用要求》的颁布实施,无人机系统综合保障工程进入了理论与实践相互促进、相互发展的新阶段,无人机系统的固有保障性、综合保障所需资源和综合保障能力建设与综合运用等方面都有了可喜的进展。从1998年起,无人机系统的人员编配与培训、备品备件配备与供应基本合理,技术说明书、使用和维护说明书、操作使用教程越来越规范,飞机参数检测仪、舵机检测仪、陀螺检测仪、光电平台地面检测仪等单项检测设备越来越全面,某型无人机系统计量与校准系统已研制成功并通过鉴定等,表明无人机系统综合保障工程在实践中稳步推进,但与航空航天装备和有人机系统等相比仍显滞后。

1.2.3 发展趋势

随着科学技术尤其是信息技术的快速发展,以及武器装备自动化信息化程度越来越高,综合保障工程的发展呈现出一些新的发展趋势。

1. 综合化

综合化是综合保障发展的主要趋势。随着科学技术的快速发展,各种技术相互渗透、相互影响，特别是计算机辅助设计（Computer Aided Design，CAD）和综合产品与过程开发（Integrated Product and Process Development，IPPD）技术的广泛应用，全面促进了现代装备设计、研制、维修和保障过程的综合化，出现了多学科综合设计，即充分利用多学科（各子系统）之间的相互作用所产生的协同效应获得整体性能最优的装备，可以在保持甚至提高产品质量的同时，减少费用和开发时间，其实质是在费用、进度和性能之间达成相对协调的最优化权衡。在设计综合化的环境下，进一步带动了可靠性维修性保障性向综合化的方向发展，包括 RMS 设计分析综合化，如可靠性、维修性和保障性的综合设计分析，失效模式和效果分析（Failure Mode and Effect Analysis，FMEA）与潜在通路综合分析，后勤保障和诊断综合化，硬件软件综合化，RMS 信息综合化等。

2. 信息化

信息化是当前国民经济发展和武器装备发展的大趋势，利用当今快速发展的数字通信、网络传输等信息技术来完善综合保障体系，利用卫星通信和战区局域网技术，将综合保障所需的信息资源快速送达任何需要保障的地点，是综合保障工程发展的必然走向。例如，美国第四代战斗机研制中采用的交互式电子技术手册、无纸维修车间、综合维修信息系统以及在军用装备后勤补给中采用的全资可视化系统等。美军全球作战保障系统与全资可视化系统的有机结合，已经清晰地展示了这一前景的巨大优势。

3. 仿真化

建模仿真与虚拟现实技术在综合保障领域的应用具有广阔的前景。它不仅可用于可靠性维修性保障性的指标论证、方案权衡、分析与设计，还可用于在原型机尚未研制出来，或者试验条件不具备，或者试验环境构建太复杂和成本太高昂等条件下，利用仿真试验来进行 RMS 的试验验证与评价。目前，美国空军联合工业界已开发出大量 RMS 仿真软件，如战备完好性试验用快速算法，原型工具（the Rapid Algorithmic Prototyping Tool for Ordered Reasoning，RAPTOR）软件、装备保障性仿真工具 SCOPE 等，对于帮助提高 RMS 设计与分析精度，缩短产品研制周期，减少武器装备全寿命周期费用，提高战备完好性，解决专家流动，减少维修人力需求等都产生极其重要的作用。

4. 智能化

计算机技术的飞快发展，促使人工智能技术在各种装备综合保障设备发展中得到广泛应用，先进的综合保障设备具有在任务、环境等变化产生的复杂状态下靠设备自身的智能化能力，来完成规定功能的保障任务。例如，F-16、B-1B 等在役装备中使用的智能故障诊断和维修专家系统，各种 RMS 管理和设计分析的专家系统，装备 RMS 设计人员与维修人员培训专家系统等。随着人工智能技术的进一步发展，武器装备在容错与重构智能化、RMS 设计与制造智能化和综合保障智能化等方面将会有更快发展。

5. 兼容化

改进军用标准体系,使军用标准具有一定的开放兼容性,有选择地吸收性能优良和成熟可靠的民用规范和标准;发展军民两用的 RMS 技术和标准;鼓励采用商用成品或技术(Commercial off the Shelf,COTS),提高部件的通用性和互换性,便于技术更新和扩充。加强维修保障硬件的建设,将军民两用新技术应用到维修设备、设施上,不断提高保障效率。例如,采用远程检测与诊断系统,采用综合自动检测设备(IATE)、故障预测与状态管理技术等。不仅在各种综合保障技术方面融合,在保障力量方面也呈现出兼容化的趋势,美军已采用承包商后勤保障(CLS),我军也进行了装备研制单位技术保障人员加入预备役实施伴随保障的实践探索。

6. 精确化

精确化保障是信息化条件下现代战争的要求。现代战争节奏明显加快,战机稍纵即逝,各项保障资源如不能及时、准确到位,其他工作做得再好,也会失去战机,也会使原本具有良好固有保障特性的无人机系统因得不到及时的物资保障,而不能在战斗最急迫时发挥应有的战斗力。因此,装备保障要适应现代战争节奏快和精度高的特点,尽快将所需的保障物资精确地保障到位。"精确保障"的重要基础是集信息、保障、交通运输融合于一体的保障,能够依据前方的保障需求,掌握保障物资和其他资源的动态位置,找出最优的运输路线和运输手段,协调后勤补给力量,将所需物资和资源及时准确地送到保障单位,提高综合保障的实际效力。

1.3 基本概念

1.3.1 无人机系统

1. 定义

无人机是一种由动力驱动,机上不搭载乘员(或无须乘员操作),可在视距外完成特定任务的飞机,简称无人机。

无人机系统是指为更好地完成特定任务而需要的各单体装备或设备的总和,一般由空中装备和地面装备组成。

无人机系统按工作原理,一般由飞行器、测控与信息传输、控制与导航、任务设备、保障与维修等分系统组成。弹射起飞的无人机系统还包括发射(助推或弹射等)与回收(伞降或天钩等)分系统。

无人机系统按装备实体,一般由飞机、飞机运输车、发射回收车、地面控制车(含地面数据终端)、维修保障车、任务设备等组成。军用无人机一般将地面数据终端单独设计为地面数据终端车(无人值守),与地面控制车分散配置使用,以提高操作人员的战场生存性。早期的无人机系统还有机械维修车、电子维修车、洗印判读车等。

具有代表性的无人机有JWP02型固定翼无人机(图1-1)、TD220型无人直升机(图1-2)和悟2型四(多)旋翼无人机(图1-3)等。

图1-1　西安爱生技术集团有限公司的JWP02型无人机

图1-2　北京中航智科技有限公司的TD220型无人机

图1-3　深圳大疆创新科技有限公司的悟2型无人机

2. 功能

1）系统功能

无人机系统的功能由该型无人机的研制总要求或用户需求确定。

例如，侦察无人机主要实现对敌战役、战术纵深地域内的敌情、地形进行侦察；确定目标的位置坐标；观察打击和毁伤效果；实时将战场态势、目标图像信息传递给指挥机构等。靶标无人机为各种打击武器系统提供动态实物靶，具有与模拟对象相同的运动性能和可探测性能。电子对抗无人机主要完成电子侦察、电子进攻和电子防御等任务。森林火情监视无人机主要是完成交通不便地域的森林火情巡查和火情动态监视等任务。

2) 分系统功能

(1) 飞行器分系统功能。飞行器分系统利用合理的机身结构和外形，把机载设备装载成一体，利用发动机产生的动力，由固定翼或旋翼产生不同方向的升力(拉力)和偏转力，完成机动飞行；利用搭载能力搭载任务设备，飞行至任务区域。

(2) 测控与信息传输分系统功能。测控与信息传输分系统利用上行信道完成对飞行器和任务设备的遥控指令和其他需上传信息的传送功能；利用下行信道完成对飞行器和任务设备状态的遥测信息和其他需下传(分发)信息的传送功能，完成任务设备获取的任务信息的传送功能；利用上、下行信道配合完成对飞机位置的无线电定位。

(3) 控制与导航分系统功能。控制与导航分系统的功能是控制飞行器按照操控人员的要求做各种机动飞行动作并保持飞行稳定，依据无人机的空间位置并对其进行导航，使之按照遥控指令安全飞行，或者按照程控指令自主安全飞行。

(4) 任务设备分系统功能。任务设备分系统是无人机完成任务的主体，不同的任务设备有着不同的功能，可以按要求完成规定的任务。

(5) 保障与维修分系统功能。保障与维修分系统的功能主要是随系统装载和运输维修与保障仪器、备品备件和必备工具等，配备技术说明书和使用维护说明书等，为无人机系统的操作使用、状态测试和维修保养等工作提供支持。

(6) 发射与回收分系统功能。发射与回收分系统的功能是完成无人机的发射(起飞)和回收(着陆)任务。

1.3.2　无人机系统综合保障工程与技术

工程是指由人们为达到某种目的，在一个较长周期内，采取全部手段进行的有序协作活动的过程。

技术定义有几十种，而且含义各有不同。在古代，技术的概念是指个人的技能、技艺和手艺；在近代，技术的概念是指人类为了满足社会需要而依靠自然规律、相关的物资和信息，来创造、控制、运用和改造人工系统与自然系统的手段和方法；在现代，技术的概念是指利用科学知识改造自然的全部手段的总和。

从技术定义演变进程的分析可以看出，技术的概念是发展的，技术的概念有狭义和广义之分，狭义的概念是指单项技术，广义的概念是指人类利用科学知识改造自然的全部手段的总和。

1. 装备综合保障技术体系

一般来讲,某一领域的技术体系结构可划分为基础科学、技术科学和应用科学三大类。其中,基础科学是研究自然界本身的规律,是由概念、定理和定律等组成的理论体系;技术科学是应用基础科学知识,研究各种相关专业技术的共性规律,总结凝练出某个专项技术领域的科学,目的是把认识自然的基础理论转化为改造自然的能力;应用科学是把基础科学和技术科学的研究成果在实践过程中的具体运用。

装备的综合保障技术是随着装备生产及运用实践而发展起来的新兴技术,研究的是装备全寿命周期内的装备保障能力问题,属于应用科学这一分支。应用科学也有自身的体系结构,参照技术的体系结构,综合保障技术也可分为基础理论部分、基础技术部分和应用技术部分。考虑到现代技术的发展,特别是学科交叉及其相互作用,其他领域的技术也会对装备的装备保障能力产生显著的影响,也应把这些其他领域技术(称为使能技术)纳入综合保障技术体系。因此,无人机系统综合保障技术体系结构可分为基础理论、基础技术、使能技术和应用技术4类。

基础理论主要是研究装备的任务系统、保障对象系统和保障系统之间的相互作用机理和相互影响,以及上述三个系统对装备完好性的影响,研究为达到装备的完好性所必需的物资资源、人力资源、信息资源、组织机构和保障法规等要素的相互影响,为保障系统的有效运行,确保装备"保障好"奠定理论基础。已出版的专著有《装备保障概论》《装备保障工程系统基础理论与方法》等。

基础技术主要是利用基础理论的成果,运用随机过程、概率论以及系统仿真等理论,构建所研究对象的完好性与保障规模和保障费用等要素的定性定量参数体系与模型体系;运用概率与数理统计、模糊数学、不确定性理论等基础理论,构建装备的可靠性、维修性、保障性的定性定量参数体系与模型体系,为保障系统应用技术的研究奠定基础。已出版的专著有《装备综合保障工程》《装备综合保障工程综合数据环境建模与控制》《装备作战单元维修保障任务模型与建模方法》等。

使能技术主要是研究分析那些能够对提升综合保障能力产生积极影响的其他领域的先进技术。各项技术在飞速发展,先进技术层出不穷,有一些先进技术能够直接或间接提升装备的综合保障能力。例如,通过使能技术的研究,可以建立以演示验证技术(如试验技术、数字仿真技术、实物与半实物仿真技术等)为基础的演示验证平台。依托该平台,可以构建未来复杂的使用环境,研究分析某保障系统在复杂环境下的运行情况,研究分析该保障设备在恶劣环境下的使用情况,为进一步提高保障技术水平提供先进的试验方法。

应用技术是指在基础理论、基础技术和使能技术之上形成的面向装备全寿命周期的综合论证技术、设计分析技术、试验与验证技术、生产保证技术和运用保障技术,如图 1-4 所示。这些技术为形成综合保障技术的标准与规范、工具与设备、组织与管理等提供坚实的技术支撑。

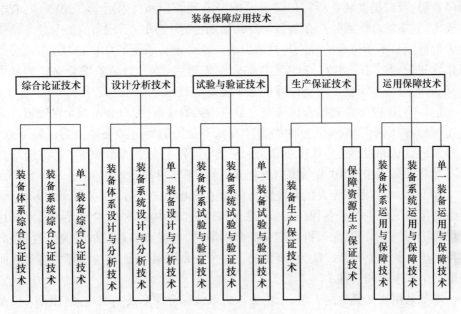

图 1-4 装备应用技术组成

2. 综合保障工程与技术

研究无人机系统综合保障工程与技术,必须把握综合保障的核心含义。

综合保障源于美军的综合后勤保障,1964 年,美国国防部首次颁布了指令性文件 DoDI 4100.35《系统和设备的综合后勤保障研制》,明确规定要在装备设计研制的过程中同步开展综合后勤的管理和技术活动。1983 年,美国国防部又升级颁布了 DoDD 5000.39《系统和设备的综合后勤保障的采办和管理》,1993 年再次颁布该文件的升级版,明确规定"综合后勤保障的主要目标是以可承受的寿命周期费用,实现武器系统的战备完好性目标",这一文件的颁布,标志着美军综合后勤保障进入了成熟阶段。

在 GJB 1371—92《装备保障性分析》中指出,综合保障是实施下列管理和技术活动所必需的一种工程方法:

(1) 在系统和设备设计中综合考虑保障问题。

(2) 制定与战备完好目标、设计及相互间有最佳的保障关系。

(3) 获得系统和设备所需的保障。

(4) 在使用过程中,以最低的费用和人力提供所需的保障。

在此可以看出,综合保障实际上是综合保障工程的含义。

随着实践的深入,我国又推出 GJB 3872—99《装备综合保障通用要求》,明确

"装备综合保障"是指在装备寿命周期内，为满足系统战备完好性要求，降低寿命周期费用，综合考虑装备保障问题，确定保障性要求，进行保障性设计，规划并研制保障资源，及时提供装备所需保障资源的一系列管理和技术活动。2015年，有学者提出，装备综合保障是指在装备全寿命周期过程中，研究其战备完好与任务持续能力的形成与不断提高的理论与技术方法。这个定义涵盖了GJB 1371—92《装备保障性分析》和GJB 3872—99《装备综合保障通用要求》对装备综合保障的基本含义，同时进一步深化了装备保障贯穿于装备全寿命周期的含义。

近年来，国内学者对综合保障概念虽有不同的理解，但对装备综合保障概念应涵盖"全寿命周期""战备完好性提高""降低寿命周期费用""提供所需保障资源"等要素的认识是一致的，其核心含义"综合与运用"，是各保障要素的"综合与运用"，单项保障无法达到"战备完好性提高"这一基本目标。

鉴于此，本书根据无人机系统综合保障的核心含义，采用广义概念的方法，认为综合保障工程更符合各保障要素"综合与运用"的中文语义，给出无人机系统综合保障工程的定义：在无人机系统全寿命周期内，为提高装备的战备完好性，提高装备战斗力的形成与持续能力，降低装备的全寿命周期费用，减少保障所需资源而采取的全部手段和活动。

本书采用狭义概念的方法，给出无人机系统综合保障技术的定义：在无人机系统全寿命周期内，能够提高装备的战备完好性，提高装备战斗力的形成与持续能力，降低装备的全寿命周期费用，减少保障所需资源的装备保障技术。

1.4　主要内容及结构

本书主要内容分为5个部分。第一部分为绪论，介绍了无人机系统的基本概念，梳理了装备保障工作的发展历程，阐述了综合保障的地位与作用，讨论了综合保障概念的形成和发展，结合相关定义和多数学者的共识，给出了"无人机系统综合保障工程与技术"的定义，为后续论述奠定了基础。第二部分为无人机系统综合保障工程的内涵，介绍了无人机系统本身的固有保障特性和综合保障所必备的保障资源，讨论了应着重加强的保障能力建设。第三部分为无人机系统综合保障方案及其评估与实施，根据无人机的特点和不同阶段的使命任务，研究了论证研制、日常使用和作战使用三个典型阶段的无人机系统综合保障方案，规范了方案的内容要素和实施流程，为充分运用我国几十年来综合保障领域的理论积累和实践经验，提升无人机系统综合保障的组织与实施能力和水平奠定了基础，也为今后进一步丰富完善无人机系统综合保障工程的内涵、提高无人机系统的综合保障水平建立了一定的理论基础。第四部分为相关的单项保障技术研究，综合保障技术体系包括基础理论、基础技术、使能技术和应用技术，相关研究已有相应的专著和实践探索,本书主要考虑利用现有相对成熟的技术基础,针对目前无人机系统综合保障的薄弱环节,重点对6项技术进行较为深入的研究,以期引起有关读者的关注,使这些单项技术能尽快得到实际运用,迅速提升无人机系统的综合保障能力。第五部分为无人机系统综合保障案例分析。

本书主要内容及结构关系如图1-5所示。

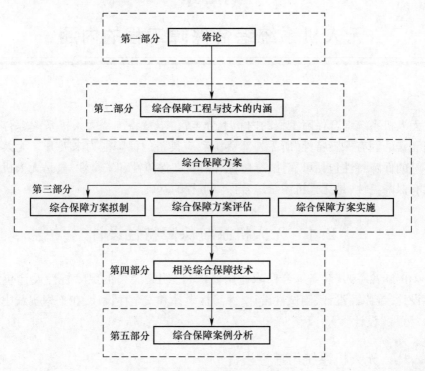

图1-5 本书主要内容及结构关系

第 2 章
无人机系统综合保障工程的内涵

无人机系统综合保障工程的内涵十分丰富,本章将围绕无人机系统综合保障工程涵盖的固有保障特性、所需外部资源和应具备的保障能力来展开。无人机系统本身的保障特性包括可靠性、维修性、测试性、保障性和安全性等,是无人机装备的固有保障特性,是无人机系统综合保障工程的基础。

2.1 无人机系统保障特性设计

GJB 3872—99《装备综合保障通用要求》已明确装备的保障特性设计包含可靠性设计、维修性设计、测试性设计、保障性设计和安全性设计,在工程实践中常简称为"五性"设计。

2.1.1 无人机系统可靠性设计

1. 可靠性的基本概念

无人机系统的可靠性是指无人机系统在规定条件下和规定时间内,完成规定功能的能力。不同类型的无人机有着基本相同但有差异的"规定条件""规定时间""规定功能"。

"规定条件"包括无人机使用时的环境条件和工作条件。环境条件包括温度、湿度、高原、海洋、沙漠、振动、冲击、电磁环境等自然环境和人为环境;工作条件包括储存时的储存条件(含仓库储存、简易库房储存和露天存放),平时的日常维护和定期维护的落实情况,训练时无人机系统的技术状态、操作人员的技术水平等。在不同的规定条件下,同一型号的无人机系统的可靠性不尽相同。例如,高原高寒地区和平原温热地区的无人机系统的可靠性表现就不一样,自然电磁环境下和复杂电磁环境下的无人机系统的可靠性表现就不一样,同样环境条件但操作人员水平高维护保养好的无人机系统的可靠性就会表现得更好。

"规定时间"是指无人机系统在寿命内规定了的工作时间。随着无人机系统工作时间的增长,出现故障的可能性在增加,即便没有人为的差错操作,其可靠性也是下降的。因此,论及无人机系统的可靠性,离不开"规定时间"这一背景。一般来说,新列装的无人机系统称为"新装备",其可靠性可以达到技术说明书注明的可靠性指标,随着工作时间的增长,其可靠性下降,虽然通过装备的加改装可以带来一定的可靠性增长,但可靠性的总体趋势是随着时间的增长而下降的,到了寿命末端,可靠性随着时间的增长快速下降。

"规定功能"是指无人机系统技术说明书中明确了的系统功能。无人机系统的功能在规定条件下和规定时间内应该都能实现,但其他技术指标和使用条件对"规定功能"会产生影响,容易被人忽略。功能越多,系统越复杂,出故障的地方越多,可靠性会有所下降;其他技术指标越高,如最大飞行速度、实用升限越高,在相同气动外形相同动力条件下,可靠性会有所下降;不同的使用条件,可靠性的表现也不尽相同,如小雨条件飞行的可靠性比晴朗条件下飞行时的可靠性会有所下降。可靠性下降,无人机系统完成规定功能的能力就会减弱。

2. 可靠性参数指标的特点

1) 可靠性参数具有相关性

可靠性参数之间有内在的联系,能够按一定的规律互换,如 T_{BF} 与 λ。

T_{BF} 为平均故障间隔时间(Mean Time Between Failure, MTBF), λ 为无人机系统的故障率(工作到某时刻尚未故障的产品,在该时刻之后单位时间内发生故障的概率),对电子产品和复杂系统(如无人机系统),一般可认为其寿命服从指数分布,故存在转化关系如下:

$$T_{BF} = \frac{1}{\lambda} \quad (2-1)$$

2) 可靠性指标具有阶段性

可靠性指标会随着产品在全寿命周期不同的时间阶段有不同的指标值,如F-16战机在研制阶段的成功概率 $P_S = 0.85$,生产阶段 $P_S = 0.9$,在役阶段通过改进后, $P_S = 0.91$。无人机系统在设计定型后进入使用阶段使用,其可靠性指标应视为初始可靠性指标,通过装备的加改装,可靠性指标会在小幅值内提升,但随着使用时间的增加,有寿件的寿命在减少,可靠性指标总体呈下降趋势。

3. 无人机系统可靠性参数

装备的可靠性参数是通过不同角度描述无人机系统可靠性特征的度量,如可靠度、故障发生概率、平均故障间隔时间、平均维修间隔时间、平均严重故障间隔时间等,相关著作已有相应的研究成果。本章结合无人机系统的特点,认为除平均故障间隔时间外,其余参数因度量方法或手段所限,在现阶段可暂不纳入无人机系统可靠性的指标体系。例如,平均维修间隔时间(Mean Time Between Maintenance,

MTBM),常记为 T_{BM},是考虑维修策略的一种基本可靠性参数,平均维修间隔时间因维修级别、维修内容和维修资源不同而不同,时间平均值的意义不大,在无人机系统中运用不广泛。

综合考虑,无人机系统的可靠性参数如下:

1) 可靠性定性要求

(1) 尽可能采用成熟技术与设计方案。

(2) 控制新技术在设计方案中所占比例。

(3) 应采用有效的方法,减少研制过程中对可靠性带来的不利影响。

(4) 尽可能通过规范化的工程途径,开展各项可靠性工作。

(5) 应有不宜用定量指标描述可靠性的具体要求(如紧固件应可靠锁紧等)。

(6) 对飞控机和必要的关重件应有冗余的要求。

2) 可靠性定量参数

(1) 平均故障间隔时间(MTBF)。

(2) 任务成功概率(P_S)。

从无人机系统发展至今的过程看,MTBF 参数已被广泛使用,任务成功概率因其度量方法和试验验证方法还需进一步研究,很少使用。

4. 可靠性设计流程

无人机系统是一个较为复杂的系统,其可靠性设计应按系统工程的方法,遵循一定的流程来进行可靠性设计。

从系工程的角度而言,无人机系统的可靠性设计采用"自顶向下"途径和"自底向上"途径相结合的总体设计思想,其最终的可靠性是设计出来的,是生产制造出来的,是定型后不断改进提升出来的,具有深化认识、不断迭代、逐步收敛的特征。"自顶向下"是指从无人机系统研制总要求的可靠性指标出发,向分系统、子系统、设备、部件、组合等不同层级进行分解,输出的结果是分系统、子系统、设备等不同层级的可靠性要求;"自底向上"是指通过对不同层级功能单元的受可靠性指标约束的设计、组装、集成、综合,输出的结果是满足本级可靠性要求的实体(含硬件和软件)。通过这两种途径的有机结合,可以把无人机系统的可靠性设计较好地落到实处。

按照系统工作过程,无人机系统的寿命周期过程一般划分为 6 个阶段,即综合论证阶段、方案设计阶段、工程研制阶段、生产制造阶段、使用服役阶段和退役阶段;依据无人机系统的实践经验,退役阶段因其效费比极低,一般不再进行可靠性设计;使用服役阶段可以通过加改装设计,有限度地提高系统的可靠性;最基础也是最重要的可靠性设计主要集中在综合论证阶段、方案设计阶段(含初样设计与正样设计)和工程研制阶段。

不同阶段的可靠性设计流程有所差异,但都是由一组相互交叉的可靠性设计任务构成的。其中,最基本的任务可以分三类:第一类是提出无人机系统总体的可靠性要求,包括通过分析与分配提出不同层级的可靠性要求;第二类是可靠性设计与分析,为研制过程提供输入,形成考虑可靠性指标的设计;第三类是验证可靠性设计的效果,验证是否满足各个层级的可靠性要求。以这三类任务及相应活动为基础,即构成一个可靠性设计的流程。完成这三类任务需要开展各类可靠性技术与管理活动,包括各类与可靠性相关的设计、建模与分析、数据收集与分析,以及配套的管理工作。

无人机系统的可靠性设计流程如图 2-1 所示。

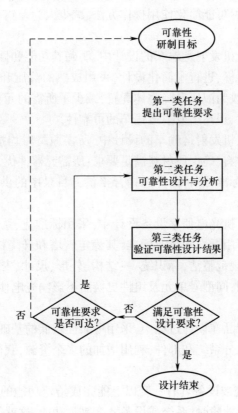

图 2-1　无人机系统的可靠性设计流程

5. 可靠性设计方法

依据可靠性设计流程,分析可靠性要求,针对无人机系统、分系统或子系统、部件的具体组成和要求,建立可靠性模型,进行可靠性分配和预计等,已有多本专著作专门介绍。本书结合无人机系统的可靠性设计特点,主要讨论以下 7 种设计方法,并给出示例作为启发;实际运用时,应作详细设计与分析,以可靠性要求为约束,综合考虑各种因素及其相互影响,不断迭代,给出最终的设计方案。

1) 简化设计

简化设计是指产品在设计过程中,在满足战术技术的要求下尽量简化设计方案,尽量减少零部件、元器件等的规格、品种和数量,并在保证性能要求的前提下达到最简化状态,以便于制造、装配、维修的一种设计措施。例如,对无人机系统各分系统的功能进行分析权衡,尽可能合并相同或相似功能,消除不必要的功能;尽可能实现零部件的标准化、系列化和通用化,控制非标准零部件的比例,采用不同工厂生产的相同型号成品件必须能安装互换和功能互换;最大限度地采用通用的组件、零部件、元器件,并尽量减少其品种;争取用较少的零部件实现多种功能;尽可能采用模块化设计;尽可能简化使用操作方法、减少人为差错等。

简化设计示例:

(1) 在某型无人机发射运输车的设计中,明确其功能和性能要求后,分析了分配到本级的可靠性指标,进行了简化设计,采用成熟的液压升降技术,将运输托架由分体式独立配置,改为液压升降整体配置,减少了所需的元器件、零部件,降低了产品的操作复杂程度,提高了发射运输车的可靠性。

(2) 在某型无人机发射运输车的设计中,所需原材料均按该厂现行材料使用手册选用国家标准材料,确保原材料满足要求;所需元器件优先选用经实践证明质量稳定、可靠性高的标准元器件,并选择合格供方目录中的供方提供,确保了原材料、元器件的可靠性。

(3) 在某型无人机光电侦察设备设计中,采用标准化、系列化和通用化设计,严格执行相关国家军用标准和行业标准,其稳定转塔和升降机构具有良好的外场互换性,表现为接口规范整洁,标识统一;结构、外形、尺寸、安装方法保持一致,相同组件能够互换使用;同型号单元及组件更换后不影响光电侦察设备的可靠性。

2) 余度设计

余度设计是指产品在设计过程中,采用可靠性较低的基础元器件或零部件,构造高可靠性的无人机分系统和部件,利用增加的多余资源,获得较高的可靠性的一种设计措施。

"余度"是指系统或设备具有一套以上能完成给定功能的单元,只有当规定的几套单元都同时发生故障时,系统或设备才会丧失功能,这就使系统或设备的可靠性得到提高。余度数不是越多可靠性越高,余度数增多,相应的检测、判断隔离和转换装置必然会增多,也会使系统或设备的可靠性降低。系统或设备是否采用余度技术,需对任务可靠性、安全性指标要求的高低,基础元器件的可靠性水平的高低进行综合分析;采用非余度或余度方案,需从研制周期和费用,使用、维护和保障条件,重量、体积和功耗的限制等方面进行权衡分析后确定。

余度设计示例:

(1) 在某型无人机飞控机设计中,分析认为飞控机是无人机系统飞行控制的核心部件,虽然飞控机本身可靠性可以达到指标要求,但万一发生故障,将对无人机系统的任务可靠度和飞机安全产生重大影响,必须采用余度设计来提高可靠性,通过增加资源,实现飞控机的双余度设计,获得了更高的可靠性。

(2) 在某型无人机副翼控制设计中,分析认为副翼控制舵机是影响飞行控制质量的重要因素,虽然副翼控制舵机的独立故障一般不会引发恶性飞行事故,还可以在其他舵面的支撑下平安地返航,只是飞行控制质量有所下降,但万一其他舵面也同时出现故障(发生概率较小),则极有可能引发恶性事故(无人机实际飞行中确有此类故障发生),在综合考虑重量、功耗、安装位置和成本等因素后,采用舵机的双余度设计,获得更高的飞行控制可靠性。

(3) 在某型无人机发射运输车设计中,分析认为发射架液压装置是影响飞机发射起飞的重要因素,虽然液压装置本身可靠性可以达到指标要求,一旦发生故障,将直接导致任务失败。在综合考虑重量、功耗、安装位置和成本等因素后,采用增配手动液压泵的余度设计,在电动高压泵失效后为液压系统提供手动动力源,直至发射运输车完成发射或回收工作,以获得更高的可靠性。

3) 容错设计

容错设计是指产品在设计过程中,对客观上难以避免的故障持"容忍"态度,但并非"无视"故障的危害,而采用自动实时检测,诊断出系统的故障,并及时采取对故障的控制与处理,从而获得较高的可靠性的一种设计方法。

容错的基本思想源自生物学研究的启发,将生物(含细胞)的自动恢复能力引用到技术领域,使系统也具有这种自修复和容忍故障的能力,就可以达到高可靠性系统的目的,这就是容错的基本思想。

容错设计的内容包含故障限制、故障检测、故障屏蔽、重试、诊断、重组、恢复、重启动、修复及重构。相比余度设计,容错设计包含的内容更为广泛,它通过在产品设计中增加消除故障(错误)或控制故障影响的措施,实现提高产品可靠性的目的。

容错设计的主要方法:一是基于硬件结构的设计方法。基于硬件结构的容错设计,其硬件结构分为硬件冗余和智能结构两种,硬件冗余是对系统中的主要部件或易发生故障的部件提供硬件备份,智能结构是系统对故障具有自诊断、自适应和自我修复能力的结构。二是基于解析余度的设计方法。解析余度是在动态情况下建立系统的解析模型,根据系统被控对象的数学模型所揭示的各个变量之间的解析关系,估计对象的某些变量的值。当一些变量发生变化,用这些估计值作为余度信息,运用一些有效的算法检测出这些发生故障的对象,从而进行故障隔离,提高系统的可靠性。

容错设计示例:

在某型无人机的操纵面设计中,分析认为操纵面是影响飞机正常飞行的重要因素,虽然操纵装置本身可靠性可以达到指标要求,但万一发生故障,将直接影响飞行控制质量,甚至导致任务失败。在综合考虑各种因素后,采用基于解析的容错设计。在结构、重量和成本都不改变的情况下,利用飞控软件自动检测与决策,实现横侧向操纵面的容错设计。具体决策逻辑是:横侧向控制机构中两片方向舵互为备份,若其中一片故障,则另一片独立工作(硬件备份)。飞机的副翼和内襟翼互为备份,若副翼舵故障,则断开副翼通道,容忍此故障存在,但立刻进行一次故障重构,令内襟翼差动,以实现横侧向的有效控制;若内襟翼舵故障,则断开内襟翼通道,容忍此故障存在,立刻进行重构,令副翼差动,以实现横侧向的有效控制,获得更高的可靠性。

4) 降额设计

降额设计是指通过设计使处于工作状态电子元器件的电流值、电压值或温度值等关键参数以一定的比例(降额因子)低于其额定值,而获得较高可靠性的一种设计措施。

电子产品的可靠性对其电应力和温度应力比较敏感,降额设计就是使元器件或部件所承受的电应力和温度应力适当地低于其额定值,从而达到降低故障率、提高可靠性的目的。故降额设计一般用于无人机系统电子设备和部件的设计。

降额设计时应把握 4 个要点。一是确定降额准则。对于国产件一般采用 GJB/Z 35—93《元器件降额准则》的规定作为参考进行降额设计;对于进口件则建议采用国外推荐的降额指南进行。二是确定降额等级。GJB/Z 35—93《元器件降额准则》明确了最佳降额范围内的三个降额等级。三是确定降额参数。降额参数是指对降低故障率有关的元器件参数(电压、电流、功率等)和环境应力(温度)参数。四是选择降额因子。降额因子是指元器件工作应力与额定应力之比。降额因子的选取有一定的最佳范围,一般为 0.5~0.9。

降额设计示例:

在某型无人机的机载数据终端设计中,分析认为该机载终端所需元器件的选择范围较大,国产率较高,供货稳定可靠,且降额设计引起的成本增加在可接受的范围内,可以参照执行 GJB/Z 35—93《元器件降额准则》进行降额设计。最终设计表明,大部分元器件的电压、功率等主要参数的降额值达到了Ⅰ级降额水平,一般情况下不低于Ⅱ级降额。对重要部位的元器件等加大降额值,以降低故障率。例如,对 $0.1\mu F$ 电容等Ⅱ类磁介电容进行降额设计,标称电压 50V,实际电压 5V,降额系数<0.1,达到一级降额。$100\mu F$ 电容标称电压为 25V,实际电压 0.5V,降额系数<0.02,达到一级降额,可见通过降额设计获得较高可靠性。

5) 裕度设计

裕度设计是指产品在设计过程中,通过提高产品的额定应力或者降低其工作应力,使产品的工作应力与额定应力之间保持一定的安全裕度,从而获得较高可靠性的一种设计措施。裕度设计一般用于无人机系统机械部件的设计。

在进行裕度设计时,为保证结构的可靠性,在设计中引入一个大于1的安全系数,来保障机械部件零件不发生故障,这种设计方法就通常称为安全系数法。裕度设计常用两种安全系数法。

一是中心安全系数法。中心安全系数 n_m 定义为:结构材料强度极限的样本均值与危险截面应力样本均值的比值,即

$$n_m = \frac{\mu_r}{\mu_s} \tag{2-2}$$

式中:μ_r 为结构材料强度极限的样本均值(MPa);μ_s 为危险截面应力样本均值(MPa)。

中心安全系数 n_m 没有定量考虑应力与强度的分散性。当应力与强度的分散性较大时,中心安全系数不能反映客观情况,即使 n_m 足够大,其可靠性也可能较低。

二是可靠性安全系数法。可靠性安全系数 n_r 定义为:指定可靠度 R_r 对应的构件材料强度下限值 r_{min} 与可靠度 R_s 下应力的上限值 s_{max} 的比值,即

$$n_r = \frac{r_{min}}{s_{max}} \tag{2-3}$$

对于静强度下的结构,考虑参数的随机不确定性,假设应力和强度服从正态分布,则

$$n_r = \frac{1 - \phi^{-1}(R_r)C_r}{1 + \phi^{-1}(R_s)C_s} n_m \tag{2-4}$$

式中:$C_r = \sigma_r/\mu_r$ 为强度变异系数;σ_r 为结构材料强度极限的样本方差(MPa);μ_r 为结构材料强度极限的样本均值(MPa);$C_s = \sigma_s/\mu_s$ 为应力变异系数;σ_s 为危险截面应力样本方差(MPa);μ_s 为危险截面应力样本均值(MPa);$\phi(X)$ 为标准正态分布的分布函数。

R_s、R_r 的选取,可根据设计要求、零件的使用情况、材料质量的优劣和经济性等来决定,如材料的质量好些或构建的尺寸控制放宽些,强度的可靠度 R_r 就可取小些,相应的 n_r 会增大。通常一般机械结构设计规范取 $R_s = 0.99$、$R_r = 0.95$,相应有

$$n_r = \frac{1 - 1.645C_r}{1 + 2.326C_s} n_m \tag{2-5}$$

可靠性安全系数法同时考虑了材料强度与载荷(应力)的分布特性,将 R_s、R_r 的选取与对应材料的强度试验和实测载荷的要求联系起来,与常规安全系数相比,更能接近实际情况地保证结构的安全,且同样具有工程应用简单实用的优点。

裕度设计示例:

(1) 某型无人机机体主结构件采用全复合材料,增加飞机结构强度,保持机体主结构件的结构强度裕度。

(2) 某型无人机对机体框仓结构件采用高温压力一体化形成技术,增加结构件结构强度,使工作应力与额定应力之间保持一定的安全裕度。

(3) 某型无人机机体主承力件采用高强度材料加强处理,提升应力安全裕度。

(4) 某型无人机起落架增加缓冲行程,调节减震器压力,增强冲击载荷吸收能力,减小实际过载,降低其工作应力,保持较大的抗冲击载荷安全裕度。

6) 热设计

热设计是指产品在设计过程中,通过对产品热交换过程的分析和热场的计算或测量,从热源、热流、散热等方面对产品进行热控制,以减少参数漂移,保持性能稳定,从而获得较高可靠性的一种设计措施。

热设计应首先根据产品的可靠性指标及产品所处的环境条件确定热设计目标,热设计目标一般为产品元器件允许的最高温度。根据热设计目标及产品的结构、体积、重量等要求进行热设计,主要包括冷却方法的选择、元器件的散热设计、元器件布局与安装、印制电路板散热结构的设计和机箱散热设计等。

冷却方法可分为自然冷却、强迫空气冷却、蒸发冷却、热电制冷(半导体制冷)、热管传热和其他冷却方法(如导热模块、冷板式冷却、相变冷却等)。其中,自然冷却、强迫空气冷却、冷板式冷却是常用的冷却方法。

元器件散热设计的主要内容是减小元器件的发热量,合理地散发元器件的热量,避免热量蓄积和过热,降低元器件的温升。

元器件的布局与安装也是热设计的重要内容。一是发热元器件的位置安排应尽可能分散,不要形成热源聚集。二是应使热敏感元器件处于温度最低区域。三是采用短通路,尽量减少传导热阻;加大安装面积,尽量减少传导热阻。四是采用导热率高的材料,尽量减少传导热阻。五是采取措施使接触面的热阻降到最小,如增大接触面积、确保接触表面平滑等。

印制电路板热设计的目的是实现其散热良好,以保证印制电路板上的元器件和功能电路工作正常。常用的覆铜箔层压板及其主要适用的工作温度范围和特性如表 2-1 所列。

表 2-1 常用覆铜箔层压板的工作温度范围和特性表

类 型	工作温度范围	特 点
覆铜箔环氧酚醛玻璃布层压板	小于 100℃	适用于制作工作频率较高的电子/电气设备中的印制电路板
覆铜箔环氧玻璃布层压板	可达 130℃	透明程度好,适用于电子/电气设备中的印制电路板

续表

类　型	工作温度范围	特　点
覆铜箔聚四氯乙烯玻璃布层压板	可在200℃下长期工作	介质损耗小,介电常数低,价格昂贵,适用于制作尖端产品和高频微波设备中的印制电路板

设计印制线时,应保证印制线的载流容量,印制线的宽度必须适于电流的传导,不能引起超过容许的温升和压降,相邻印制线间的间距也必须符合电气绝缘要求。

机箱热设计是在保证设备承受外界各种环境和机械应力的前提下,采用各种散热手段,最大限度地把设备产生的热量散发出去。在机箱设计时,应根据设备的实际情况建立机箱与设备的热模型,进行热分析计算及温度测试,改进方案优化设计,使机箱的热设计达到预期效果。

机箱的形式主要有密封机箱、通风机箱和强制风冷通风机箱三种。三种机箱的特性如表2-2所列。

表2-2　密封机箱、通风机箱和强制风冷通风机箱特性表

机箱类型	主要散热途径	主要设计要素	说　明
密封机箱	机箱表面散热和向基座的热传导	机箱表面积和机箱安装等	散热能力较差
通风机箱	机箱表面散热和自然通风散热	机箱表面积和通风口面积等	散热能力较好
强制风冷通风机箱	机箱表面散热和强制通风散热	箱内强制通风:通风路径、气流分配与控制、空气出入口障碍物的影响、风机与通风口的距离、通风进出口设计、空气过滤器选择等	散热能力最好

其他形式的热设计。在产品的实际使用环境中,还存在其他形式的温度应力,也需要进行热设计,如超低温、高低温循环、温度冲击等。在这些温度条件下,产品的可靠性也会下降。针对高低温循环故障问题,热设计时要注意三个容易被忽略的问题:一是对于产品不同材料的结合部,要考虑其热膨胀特性,尽量选取热膨胀系数相差不大的材料;二是尽量取具有较高韧性或耐疲劳特性的原材料;三是考虑适当增大产品的设计裕量,如减小预紧力、减小工艺过程中的压合力、减小引线键合力等。

热设计示例:

对某型无人机地面站液晶显示屏的高低温工作、高低温储存要求分析后,采用如下设计:

(1) 电路设计时,首选军用级器件以符合液晶屏高低温指标要求。

(2) 对因军用级器件品种不足而必须选用工业级器件时,对所选器件进行严格的筛选试验,确保工业级器件满足液晶屏高低温指标要求。

(3) 结构设计时,将大功率器件分散布置,减小热集中效应。

(4) 结构设计时,设置自然对流散热通道,并在液晶屏后盖底部和顶部开孔产生风道进出口。

(5) 电源模块均匀贴合后盖板,使得模块本体的热量一方面可以迅速传导至后箱盖板散去,另一方面将其余热量从自然对流散热通道散去。

7) 环境防护设计

环境防护设计是指产品在设计过程中,从产品寿命周期经历的环境对可靠性的影响分析出发,采用控制环境或适应环境的技术手段,保证产品在遭受多种环境因素综合作用的情况下,产品也能安全可靠工作,从而获得较高可靠性的一种设计措施。

产品寿命周期经历的环境包括从生产、包装、运输、装卸、储存直至使用、保管与保养等所经历的各种环境。产品经历的环境是客观的、真实的,环境条件不仅是单一的,同时也包含多种环境的综合性环境,开展环境防护设计时,也必须要采用综合性手段。控制环境是指在条件允许时,为产品创造良好的工作环境条件(对于单元级产品来讲就是其局部工作环境);适应环境是指因条件所限无法改变环境时,采取其他措施提高产品自身耐受环境的能力。

环境防护设计主要有以下 8 种方法。

(1) 热环境防护。热环境防护可参考本节所述"热设计",在进行热环境防护时,应尽可能采用满足产品要求的最简单防护方案。

(2) 力学环境防护。力学环境防护主要考虑对振动、冲击等机械力的防护,努力隔离振源、控制振源、避免共振及减小振动来降低力学环境对设备的影响。

(3) 电磁环境防护。电磁环境防护是指采用一系列技术手段,使无人机系统、分系统、设备、部件、组件和元器件在共同的电磁环境中协调地完成各自功能的保护措施,即采用一系列技术手段,使设备不会由于外界的电磁干扰而导致可靠性下降,也不会因本系统内的其他设备的电磁干扰而导致可靠性下降,还不会由于设备自身对外的电磁干扰使系统中其他设备的可靠性下降。电磁环境防护的主要措施有接地、搭接、屏蔽和滤波。

一是接地。通常接地有浮地、单点接地和多点接地三种形式。

① 浮地:通常用于浮地工作的电路中,优点是可消除地线环流,但存在静电放电的危险,故有时应采用高阻值泄放电阻。

② 单点接地:适用于低频系统,可消除共模阻抗耦合,避免产生接地回路。

③ 多点接地:就近接地,优点是线路结构比较简单,可以消除高频的驻波效

应;缺点是存在接地回路,甚至对低频也会产生不好的影响。

二是搭接。搭接是指在两金属表面之间建立低阻通道,搭接的目的是在结构上设法使射频电流的通路均匀,避免在金属件之间出现电位差而造成干扰。

三是屏蔽。屏蔽是隔离、阻断电磁干扰的有效手段,通过屏蔽可以实现干扰源与敏感设备之间的隔离,屏蔽设计常有机箱屏蔽、局部屏蔽、电缆屏蔽、滤波等手段。

四是滤波。滤波是将环境中特定的频段或特定频率的信号滤除,或抑制、衰减其强度,让设备所处的电磁环境相对"干净",使设备可以正常工作。

(4) 空间辐射环境防护。空间辐射环境防护是指为保护无人机系统的电子设备在辐射环境中能够正常工作,从而获得较高可靠性的一种防护措施。

空间辐射环境防护的主要手段是屏蔽设计与抗辐射设计。

屏蔽设计的目的是减小空间辐射的影响,包括主动屏蔽与被动屏蔽。主动屏蔽是通过电场或磁场偏转带电粒子,使它们离开飞行中的无人机。已研究的主动屏蔽包括磁屏蔽和等离子体屏蔽等。被动屏蔽是通过在无人机表面涂覆防辐射涂层来减弱进入机身内电子设备的辐射能量。

空间辐射环境防护的研究主要在航天领域开展,但随着临近空间无人机和高超声速无人机的研究日渐深入,无人机系统的空间辐射环境防护研究也会向前推进。

(5) 潮湿环境防护。潮湿环境防护是指采用一系列技术手段,使无人机全系统在潮湿环境环境中能安全可靠工作而获得较高可靠性的一种防护措施。

防潮湿设计的常用方法有如下几种:

① 采取具有防水、防霉、防锈蚀的材料。
② 采用密封垫等密封器件。
③ 金属件表面涂覆防锈漆。
④ 用环氧树脂、蜡类、不饱和聚酯树脂作灌注和灌封处理。
⑤ 水面降落无人机的着水面作憎水处理。
⑥ 特殊部件储存时包装箱内放入干燥剂后密封。

(6) 盐雾环境防护。盐雾环境防护是指采用一系列技术手段,使无人机全系统在盐雾环境中能安全可靠工作而获得较高可靠性的一种防护措施。

防盐雾设计的常用方法有如下几种:

① 采用非金属材料等耐盐雾材料(如塑料)。
② 尽可能在接触处采用相同的金属材料。
③ 金属表面涂覆油漆、防腐剂等防护层,减少盐雾侵入材料本体。
④ 不同金属之间增加绝缘等手段防止电化学腐蚀。
⑤ 在"容许电偶"内选择合适的金属,防止出现电偶腐蚀。

⑥ 采用退火等方法,降低金属对应力腐蚀裂纹的敏感性,防止应力腐蚀。

⑦ 在金属重叠区(如紧固件周围)加密封材料等手段防止腐蚀。

(7) 霉菌环境防护。霉菌环境防护是指采用一系列技术手段,使无人机全系统在霉菌环境中能安全可靠工作而获得较高可靠性的一种防护措施。

防霉菌设计的常用方法有如下几种:

① 选择不长霉或不易长霉的材料。

② 采用防霉剂处理零部件或设备。

③ 在密封前,材料用足够强度的紫外线辐照,防止和抑杀霉菌。

④ 设备、部件放进干燥剂后密封,保持内部空气干燥。

(8) 沙尘环境防护。沙尘环境防护是指采用一系列技术手段,使无人机全系统在沙尘环境中能安全可靠工作而获得较高可靠性的一种防护措施。

防沙尘设计的常用方法有如下几种:

① 采用密封设计,阻断沙尘进入设备。

② 加装空气过滤器,减少进入设备的沙尘。

③ 对设备表面进行耐磨耐腐蚀涂层处理。

环境防护设计示例:

(1) 热环境防护。某型无人机通信中继设备的主要发热部位为电源模块和功率放大器模块。热环境防护设计:一是将功率放大器模块放置在中继设备的上侧,并涂覆导热硅脂来填充功率放大器模块与壳体间的空隙进行散热;二是将电路板上电源模块散热面涂覆导热硅脂,通过底端机壳散热;三是对其他热源器件采用加设散热台和贴装薄型散热片的方式加强散热;四是辅助散热,将发热量较大的器件紧贴印制电路板安装,同时将印制电路板安装位置的阻焊层去掉,保证器件上的热量传导到印制电路板上,避免热量聚集在器件上。

(2) 电磁环境防护。

① 减少对外辐射。某型光电侦察设备壳体外围的插座采用电磁屏蔽专用插座,接缝处采用导电胶条,以减少对外辐射。

② 抗击外部辐射。某型多光谱侦察设备因其特殊性而存有各种孔洞、缝隙,抗击外部电磁辐射的要点是在这种情况下如何保证屏蔽的完整性。设计中增加了缝隙的深度,减小了缝隙的最大长度尺寸;减小了缝隙中紧固点的间距、增强基材的刚性和表面光洁度;接触面导电氧化处理,保证接触面良好的导电性能;在盖板处使用导电胶条保证壳体的电磁连续性。

③ 抗浪涌冲击。某型光电侦察设备电源入口设计了直流浪涌抑制器,该器件集成了电磁干扰(Electromagnetic Interference,EMI)滤波和浪涌抑制功能。EMI滤波的作用为衰减电源噪声,防止光电侦察设备电源噪声回馈。浪涌抑制的作用是把 $600V/10\mu s$ 和 $80V/50ms$ 尖峰电压钳位至 $34V$,使内部电源在正常输入范围内

工作，保证光电侦察设备在浪涌冲击下正常工作。

④ 接地设计。某型光电侦察设备保护性接地：光电侦察设备转塔在头部与舱体间采用面连接，对螺栓固定、舱体表面全部进行导电氧化处理。搭接面平整清洁，确保搭接面良好接触，确保头部、舱体及机壳地接地点形成连续的低阻抗通道。同时，转塔的电气设备与壳体接地，壳体再通过飞机的放电装置进行放电。这样，在雷击和静电积累时可将电流导出，保证转塔内设备安全。信号接地：由于转塔电气信号的频谱很宽，采用单一的接地方式难以满足电磁防护的要求，故采用混合接地方式。由于电机驱动器的工作频率较低，电流大且功率波动大，容易对其他电子设备的地线产生干扰，所以伺服系统的电源地与其他设备的电源地只在电源公共接地端单点接地。

(3) 潮湿、盐雾、霉菌环境防护。

① 某型光电平台在前、后球壳等静态接触的表面设计密封槽，相互接触的两个零件之间加装密封圈，以实现对水汽、灰尘等的隔离。

② 某型光电平台的光学窗口进行密封设计，保证了光电传感器安装空间具备良好的密封能力，以抵御盐雾、霉菌、沙尘、雨水等的侵蚀。

③ 某型航空照相机对暴露在外的连接器、螺钉等均选用不锈钢材料制作，内部零件材料在表面加以喷漆保护，以满足潮湿、盐雾、霉菌等环境适应性要求。

2.1.2 无人机系统维修性设计

1. 维修性的基本概念

无人机系统的维修性是指无人机系统在规定的条件下和规定的时间内，按规定的程序和方法进行维修时，保持或恢复其规定状态的能力。

从定义中可以看出，无人机系统的维修性是一个与其他因素有着密切关联的特性，它不仅与无人机系统自身的维修性设计有关，同时也与维修资源(含人员等)有关，与对"规定的程序和方法"的理解和执行准确程度有关。就无人机系统固有的维修性而言，它表达的是无人机系统本身具有的一种便于维修、快速维修和经济维修的能力。

"规定的条件"是指规定的维修级别和维修人员规定的技术水平。

"规定的时间"是指无人机系统在寿命内规定了的工作时间。随着无人机系统工作时间的增长，会出现部件磨损与老化，寿命减少，维修性在下降。因此，论及无人机系统的维修性，离不开"规定的时间"这一背景。一般地，新列装的无人机系统称为"新装备"，其维修性可以达到技术说明书注明的维修性指标，随着工作时间的增长，其维修性在下降，虽然通过装备的加改装可以带来一定的维修性增长，但总体趋势是维修性随着时间的增长而下降，到了寿命末端，维修性随着时间的增长而快速下降。

维修是一种工程活动，主要分为修复性维修、预防性维修、战场抢修/应急性维修和专门批准下的改进性维修。

修复性维修是指对发生了故障的产品进行修理，使其恢复到所规定的使用状态。人们日常生活中所谈论的维修通常指的就是修复性维修。修复性维修一般包括准备、故障定位与隔离、分解、更换、结合、调准及检测等活动内容。

预防性维修是指通过对产品的系统检查、检测，发现故障征兆后，为防止故障发生使其保持良好的技术状态所进行的全部活动。通常是未出现故障下的处理工作，包括按工作时间或日历时间有计划地进行维修，以及产品工作前后的检测工作等，以确保产品保持所规定的状态。典型的预防性维修工作类型包括润滑保养、操作人员监控、定期检查、定期拆修、定期更换及定期报废等。

战场抢修是指在战场环境中为了使已损坏或不能使用的装备暂时恢复到能执行任务的一种维修活动，包括装备使用中（如飞机飞行）和停放时受各种武器打击所造成的损伤，以及战时装备故障或人为差错造成损伤实施的快速修理。

应急性维修是一种更广义范围的抢修，指在紧急情况下，采用应急手段和方法使损坏的装备快速恢复必要的功能所进行的突击性维修。

战场抢修/应急性维修是一种特殊环境、特殊时间实施的暂时应对性维修，以快速实现必要功能、保证基本安全为目的的一类维修任务。

改进性维修是指在特别情况下，经过有关责任单位的批准，以提高装备的技术性能，或者弥补设计缺陷，或者适合特殊用途对装备进行的改装和改进类的维修活动。改进性维修实质是改变装备的设计状态，是常规维修的一种延伸。

2. 无人机系统维修性参数

装备的维修性参数包括平均修复时间（Mean Time to Repair，MTTR）、平均预防性维修时间（Mean Preventive Maintenance Repair，MPMT）、恢复功能的任务时间（Mean Time to Restore Functions，MTTRF）、平均维修时间、维修工时率、每飞行小时直接维修工时、平均恢复功能用的任务时间等。

综合考虑，无人机系统的维修性参数如下：

1) 维修性定性要求

（1）良好的可达性。

（2）提高标准化和互换性程度。

（3）完善的防差错措施及识别标记。

（4）良好的维修安全性。

（5）贵重件应能够修复。

（6）较少的维修内容和较低的维修技能门槛。

（7）较好地满足人素工程要求。

2）维修性定量参数

（1）平均修复时间。
（2）平均发动机更换时间。
（3）平均助推火箭更换时间。
（4）基层级维修工具品种数量。

从无人机系统综合保障工程近几十年的实践过程分析,维修性定量参数中只有平均修复时间得到广泛应用,其余参数或因从国外引进不符合国情,或因参数定义的实际应用价值不大,或因参数的计算方法存在歧义或难以具备配套的检测考核条件等,在实际运用中很少采用。为此,本书认为无人机系统的维修性定量参数可增加平均发动机更换时间、平均助推火箭更换时间和基层级维修工具品种数量。

平均发动机更换时间是"恢复功能用的时间"在无人机系统运用的具体化参数,其度量方法为:在规定的维修级别下,更换发动机的总时间与更换总数之比（更换次数≥3）。

恢复功能用的时间是与任务有关的一种维修性参数,有一定的使用价值,但在无人机系统维修性参数中并不常用,主要原因是对其定义中的"致命性故障"理解不同而导致时间统计值不同,使得这一参数失去了使用价值。定义中的"致命性故障"是指"那些产品不能完成规定任务的或可能导致人或物重大损失的故障或故障组合"。这样一来,无人机系统的机载收发组合故障、光电平台故障、发射架液压阀门及手动抬头装置故障组合都成了致命性故障,这些故障的恢复时间较短,平均以后的计算值不能表达"恢复功能用的时间"的本质含义,所以不被大家接受。

平均发动机更换时间反映维修性设计对任务成功性的影响。这一参数定义清晰,理解无歧义,统计算法简便,具有较强的可操作性。增加该项参数后,将引导研制单位加强无人机机体与发动机结合部设计及安装方法的设计,使得发动机更换安装更为方便,耗用时间更短。一旦伞降无人机降落过程中出现意外而使发动机受损,喷气发动机吸入异物而使发动机受损,或因其他原因必须更换发动机时,这一参数的提升与进步就显示出它的价值。平均发动机更换时间参数被采用后,将引领研制单位加强研究,促进设计方法改进,改进过程中,参数值每提升一步,都是对提高无人机系统任务成功概率的贡献,也是对引进概念"恢复功能用的时间"进入实用领域的贡献。

平均助推火箭更换时间也是"恢复功能用的时间"在无人机系统运用的具体化参数,其度量方法为:在助推火箭已经安装到位的情况下,在起飞前最后一次检测时出现故障,更换助推火箭的总时间与更换总数之比（更换次数≥3）。

一般来讲,此事件发生的概率极小,但在无人机运用实践中确有发生。平均助推火箭更换时间参数被采用后,将引领研制单位加强助推火箭安装方法与火箭尾部支撑部件的研究,改进火箭安装的可达性和支撑部件调整的便捷性设计,改进过程中,参数值每提升一步,都是对提高无人机系统"恢复功能用的时间"的贡献。

基层级维修工具品种数量是"提高标准化和互换性程度"这一定性要求在无人机系统运用具体化的定量参数,其度量方法为:统计具体型号无人机系统随装配发的维修工具品种数量。其评判结论是定性的,维修工具品种数量增加,需说明理由,阐明增加的必要性;品种数量减少,需说明不影响基层级维修任务的理由,可视为"提高标准化和互换性程度"定性要求得到了落实,维修性设计水平得到了提升。

若采用平均发动机更换时间、平均助推火箭更换时间和基层级维修工具品种数量等参数,可推进无人机系统综合保障工程的实践与发展。

3. 维修性设计流程

维修性设计流程已有专门的研究,并制定了 GJB 368B—2009《装备维修性工作通用要求》、GJB 451A—2005《可靠性维修性保障性术语》等规范性文件,主要内容包括:

1) 建立维修性模型

建立无人机系统的维修性模型,用于定量分配、预计和评定无人机系统的维修性。

2) 维修性分配

将研制总要求的维修性定性要求和定量指标逐层分配分系统等各个规定的层级。

3) 维修性预计

估计各层级的维修性。

4) 故障模式及影响分析

确定可能的故障模式及其对无人机系统工作状况的影响,确定需要的维修性设计特征,确定故障检测隔离的实际特征。

5) 维修性分析

分析各类信息,建立维修性设计准则,对设计方案进行权衡,确定和量化维修保障要求,向维修保障计划提供输入,证实目前的设计符合维修性要求。

6) 抢修性分析

评价实战时潜在的战损条件下的抢修快捷性与资源要求。

7) 制定维修性设计准则

将分配到各层级维修性的定量和定性要求及使用和保障约束转化为具体的产品设计准则。

8) 维修性设计

按维修性设计准则,将分配到各层级维修性的定量和定性要求及使用和保障约束,落实到具体的软件和硬件设计方案中,以期达到各层级的维修性指标要求。

9）维修性试验与评价

维修性试验与评价包括维修性核查、维修性验证和维修性分析评价三个方面的内容,用于检查和修正上述工作的疏漏,鉴别设计缺陷,提出改进措施。

10）为维修保障计划和保障性分析报告准备输入

使维修性工作项目的有关输出与保障性分析的输入要求协调一致。

维修性设计流程如图 2-2 所示。

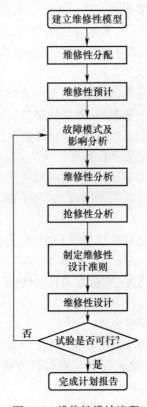

图 2-2　维修性设计流程

4. 维修性设计方法

1）简化设计

维修性的简化设计主要包含两层含义:一是功能结构简化,即在满足功能和使用要求下,尽可能采用最简单的组成、结构或外形;二是维修程序简化,即简化使用和维修人员的工作步骤、环节,如维修程序简单明确、资源要求少等。

简化设计示例:

某型无人机通信设备的设计,充分考虑了维修性设计中的简化设计要求,确保在满足产品应有功能的条件下,简化电路设计及功能设置,以保证设备的维修性。

在详细设计中,最大限度地压缩元器件的品种、规格和供应单位;采用先进的芯片及电路集成化设计,代替分立元器件完成电路功能;电源、功率放大器部分采用模块化设计,体积小、重量轻。这样就大大简化了维修程序,减少了维修工作对备件资源的要求。

2) 可达性和可操作性设计

可达性是指维修产品时,接近维修部位的难易程度。可达性的好坏,直接影响产品的可视、可接触检查,直接影响工具和测试设备的使用以及产品修理或更换。产品的可达性一般包括视觉可达、实体可达和适合的操作空间三个层次。一般来说,合理的结构设计是提高产品可达性的途径(如维修口盖、维修通道等)。

可达性和可操作性设计示例:

(1) 某型无人机中继设备的设计中,将射频天线接口及射频连接线缆设计在中继设备的前段,一次可达,方便拆卸;将低频接口设计在中继设备的后端,采取推拉方式与母版链接,方便快捷,二次可达;其他可更换模块均设计为二次可达,且设计有明显标识,方便识别,方便维修操作。

(2) 某型无人机发射运输车设计中,将各检查点、测试点、润滑点等维修点都设计在便于观察、接近的地方;将需要维修和拆装的零部件周围留有足够的操作空间,方便维护和维修。

(3) 某型无人机昼夜光电侦察设备设计中,稳定转塔与升降机构物理连接安装在飞机前部载荷设备舱内,采用 8 个标准 M6 螺钉固定。结构布局具有足够的敞开性,各结构件装拆方便、迅速,有良好的可达性;平台上连接螺钉均采用松不脱螺钉,避免螺钉遗入舱内。

3) 模块化、标准化和互换性设计

模块化是指产品设计为可单独分离的、具有相对独立功能的结构体,以便于供应、安装、使用、维护等。模块化设计是实现部件互换通用、快速更换修理的有效途径。

标准化是在满足要求的条件下,限制产品可行的变化到最小范围的设计特性。标准化包括元器件和零部件、工具的种类以及术语、材料工艺等。

互换性是指部件间在实体上(几何形状、尺寸)、功能上能够相互替换的设计特性。在维修性设计时考虑互换性,有利于简化维修作业和节约备品费用,提高维修性水平。

在维修性设计中,互换性是目的,模块化是基础,标准化是保证。

模块化、标准化和互换性设计原则的采用,应有利于产品设计和生产,特别是在特殊场合的紧急抢修中,对采用拆拼修理更具有重要意义。

模块化、标准化和互换性设计示例:

(1) 某型无人机中继设备的设计中,最大限度地采用标准化、通用化的零部件,减少零部件的种类和数量,有利于产品的设计与制造,也有利于部件供应、储备和调剂,使中继设备的维修更为方便。

(2)某型无人机发射运输车在设计中,大量借用了已定型产品中同一结构和尺寸的零部件,便于生产制造和换件维修,也减少了产品中零部件品种数;使用的高压柱塞泵、液压油缸、回转支承等部件均为标准件和通用件,具有良好的互换性和经济性。

(3)某型无人机光电侦察平台设计成1个外场可更换单元(Line Replaceable Unit,LRU),同时在详细设计时,将内部的组件和印制电路板等,在结构、外形、尺寸、安装和工作性能参数等方面均作一致性设计,保证能够互换使用,且互换后不影响平台的性能。基层级平时维修不必拆卸,但在战时抢修时且备件不足时,可以实施拆拼修理,满足战时急需。

4)防差错和标识设计

许多维修操作的差错源于设计考虑不周。防差错设计是从设计上入手,采取适当措施避免或防止维修作业发生差错。防差错的基本思路:一是错不了,设计上采取措施保证不可能执行错误的维修操作,即"要么是一装就对,要么是装不上";二是不会错,设计符合人的习惯和公认惯例,按习惯去操作不会出错,提供合适的提示、警示告诫维修人员严格按规章操作;三是不怕错,设计时采取容错技术使某些差错不致造成严重后果。

防差错和标识设计示例:

(1)某型无人机数据终端的设计中,中继模块接口采用型号不同的连接器,避免连接错误;射频线缆连接接口采用醒目的标识,防止连接错误;中频接口连接器采用具有方向性的接插件,只能以正确的方向才可接插正确,较好地防止差错。

(2)某型无人机协同终端的设计中,面板上的三个连接器设计成芯数不同的连接器,有效地防止了安装差错。

(3)某型无人机信号处理机设计中,印制电路板及其所插部位均有统一的序列编号,印制电路板上均有标识;外形、尺寸相同而功能不同的印制电路板,全部设计不同的卡槽,保证防差错措施落到实处。

5)维修安全性设计

维修安全性是指避免维修人员伤亡或产品损坏的一种设计特性。

其设计准则一般包括:

(1)防机械损伤。

(2)防电击。

(3)防高温。

(4)防火、防爆、防化学毒害、侵蚀等。

(5)防核事故。

维修安全性设计示例：

（1）某型无人机通信中继设备采用一体化机箱结构，通过4颗螺钉固定在安装面上，便于维修时拆装，在更换箱体和模块过程中，不会损坏其他模块，对中继设备性能没有造成影响。

（2）某型无人机投放式吊舱设计时，除保证机械连接部分做到牢固可靠外，还将拐角处设计倒圆角处理，防止吊舱刮伤操作人员，保证设备和人员的安全。

（3）某型无人机发射机构设计时，在发射架的发射通道上设置有防火焰烧蚀保护罩，以保护运输托架、油缸、油管等，保证了发射架部件不被损坏。

6）维修性人素工程设计

维修性人素工程是指考虑维修作业过程中，从人的生理、心理因素的限制来考虑产品应如何开展设计，使得维修工作能够在人的正常生理心理约束下完成。其主要包括：一是人体因素，如身高、体重等，这类因素与可达性、维修安全性相关联；二是生理因素，如力量、视力等，这类因素与可达性、维修安全性、防差错等相关联；三是心理因素，如错误、感知力等，这类因素与维修安全性、防差错等相关联。

维修性人素工程设计示例：

（1）某型无人机发射运输车在设计中，考虑了维修性人素工程要求，在驾驶室后部设计有可上下调节和左右旋转的夜间照明系统，确保了夜间开展维修工作时的良好照明条件。

（2）某型无人机发射机构设计时，在防火焰烧蚀保护罩设计时，选用安全的油漆、清漆等材料，保证保护罩不会在火焰烧蚀的高温下释放有毒有害气体。

（3）某型无人机武器协同终端在设计中，考虑了维修时人员所处的位置与使用状态，当需要拆装时，维护人员采用正常的蹲姿，在直接目视条件下即可完成。

7）测试诊断设计

一个产品或系统不可能总是工作在正常状态，使用者和维修者要掌握其"健康"状况、有无故障或何处发生了故障。为此，需对其进行监控、检查和测试。性能测试和故障诊断的难易程度，直接影响产品的修复时间，产品越复杂，这种影响越明显。

测试诊断设计示例：

（1）某型无人机投放吊舱具有加电自检以及在线机内自测试（BIT）能力，通过机体检测口外接检测设备，可实现LRU检测，同时能够实时给出故障提示、警告、报警等信息。

（2）某型无人机激光照射器设计有内置的测试装置，可监测转塔内的湿度、超限时进行报警提示、提醒维修人员充氮、更换干燥剂等。

8）战场抢修设计

战场抢修的特性是指时间紧迫、环境恶劣、抢修方法灵活多样。

战场抢修设计的基本准则主要包括：

(1) 容许取消或推迟预防性维修的设计措施。

(2) 便于采用人工的方式替代损坏件。

(3) 对于不便于在外场条件下抢修的关键件，在设计上考虑合理规划其 LRU 构成，以便拆换。

(4) 便于拆拼修理。

(5) 使装备具有自修复能力。

战场抢修设计示例：

(1) 某型无人机地面控制站的舱门开关设计，从抢修角度考虑，采用三个较小的铰链，取消用两个较大的铰链来固定门，当一个铰链损坏时，不必进行铰链维修，仍可维持使用。

(2) 某型无人机机体设计时，除设计有起吊系点外，还在机腹两侧和机翼结合部设计有着力点，便于使用人力进行飞机上架和下架操作。

(3) 某型无人机发射架回转机构设计时，除设计有液压自动驱动系统外，还设计有手动液压泵驱动装置。

(4) 某型无人机任务设备设计时，考虑到战场环境很难进行光学校准，将光电稳定平台规划为一个整体的 LRU。

(5) 某型无人机机载收发组合设计时，采用标准化设计，使该组合在尺寸、接口等方面完全一致，在战场上就有可能将两架故障的飞机修复成一架好飞机，甚至三架故障飞机修复成两架好飞机。

(6) 某型无人机的保障车油箱设计为具有损坏后自动补漏功能；设计采用轮胎扎漏后具有自动补漏功能的车辆轮胎。

9) 非工作状态维修性设计

非工作状态包括存储状态、运输状态或其他不工作状态。此类设计时，除通用设计准则(如可达、简化、安全等)外，重点应考虑减少和便于预防性维修的设计。

非工作状态维修性设计示例：

某型无人机的发动机存储时，要求进行油封并处于干燥环境中。为此设计了专用的密封储存袋，并在储存袋上设计有观察窗口，窗口旁贴有标准比色带。仓库保管人员方便地从观察窗口观察到储存袋内干燥剂的颜色变化，方便地与标准比色带进行比较，对储存袋内环境的干燥程度进行判断。必要时，更换新的干燥剂，以保证储存袋内环境的干燥，可大大减少预防性维修的工作量。

10) 免维修设计

对于安全等级要求较高，检测维修专业性较强的设备或部件，可采用免维修设计。此类设计一般在费用可接受的情况下使用，以高可靠性设计为依据，以专业的生产设备、工具工装和专业的生产人员为保障，将产品或部件设计并生产为一次性使用的产品或部件。

免维修设计示例：

某型无人机系统对于安全等级要求较高的部件，对火箭助推器、射伞火箭等，均采用免维修设计，一次性使用。

2.1.3 无人机系统测试性设计

1. 测试性的基本概念

一个系统的可靠性再高也难以保证永远正常工作，维修保障人员要掌握其技术状况，要确定有无故障或何处发生了故障，就要对其进行测试。系统本身应该为此提供方便，这种系统本身具有的便于监控技术状况、易于诊断测试的特性，就是系统的测试性。

有关测试性的定义，目前国内外有不同的版本，主要有 4 种。

定义 1：测试性是指产品能及时准确地确定其状态（工作、不可工作或性能下降）并隔离其内部故障的一种设计特性（GJB 2547A—95、GJB 3385—98）。

定义 2：测试性是指产品能及时并准确地确定其状态（可工作、不可工作或性能下降），并隔离其内部故障的能力（GJB 451A—2005）。

定义 3：测试性是指产品能及时准确地确定其状态（如可工作、性能下降或不可工作）的一种设计特性（MIL—HDBK—1814）。

定义 4：测试性是指能以及时和经济有效的方式准确地确定产品运行状态和定位产品内故障可更换单元的一种设计特性。运行状态可以指工作、部分工作和不可工作（Def Std 00—42 Part 4）。

其中，定义 1 是目前最为广泛认可的测试性定义。

我们从无人机系统综合保障工程的角度出发，吸收定义 4 中"经济有效的方式"的含义，体现综合保障"二高二低"中的"较低的全寿命周期费用"的内涵，给出本书关于无人机系统测试性的定义：测试性是指无人机系统以所需费用较低且能及时准确地确定其状态（工作、性能下降或不可工作）并隔离其内部故障的能力。

该定义表明，一款测试性良好的无人机系统应具备以下测试功能：性能监测、故障检测、故障隔离、虚警抑制、故障预测。其中，故障预测是测试性技术的发展引出的新的功能要求。

1) 性能监测

性能监测是指在产品工作状态下的在线监测，是对某些参数进行连续或周期性测量，以确定产品是否在规定的极限范围内工作的过程。通过性能监测，可以实时监测产品中关键的参数，并随时报告给操作者，以便分析判断性能是否下降。

2) 故障检测

故障检测是指发现故障存在的过程。通过故障检测，可以确定产品是否存在故障。

3）故障隔离

故障隔离是指把故障定位到实施修理所要更换的产品组成单元的过程。通过故障隔离，可以确定产品内的具体故障可更换单元。

4）虚警抑制

虚警抑制是指对故障检测和故障隔离中的虚假指示进行抑制和消除的过程。通过虚警抑制，可以降低虚警率，给出准确的故障指示。

5）故障预测

故障预测是指收集分析产品的运行状态数据并预测故障何时发生的过程。通过故障预测，可以得到产品内部件的剩余寿命或故障征兆，以便及时采取有效措施，避免恶性故障的发生。

2. 无人机系统测试性参数

装备的测试性参数包括故障检测率、关键故障检测率、故障隔离率、虚警率、不能复现率、平均故障检测时间、平均故障隔离时间、平均虚警间隔时间、平均诊断时间、诊断有效性等。

综合考虑，无人机系统的测试性参数如下：

1）测试性定性要求

（1）划分合理。

（2）测试点足够。

（3）BIT 较全面。

（4）具备报警和导出能力。

（5）虚警较低。

2）测试性定量参数

（1）故障检测率。

（2）故障覆盖率。

（3）故障隔离率。

（4）虚警率。

（5）平均 BIT 运行时间。

从无人机系统发展过程看，测试性定性要求和测试性定量参数已被广泛使用。

3. 测试性设计方法

下面梳理出无人机系统测试性的一般性设计方法。研制单位以此为基础，可根据以往的经验和具体测试单元的特点，制定出具体的测试方法。

1）性能监控设计

（1）应根据 FMEA 确定要监控的性能和订购方要求进行性能监控设计。

（2）监控设计的输出应符合人机工程要求，以确保用最适用的形式提供监控信息。

(3) 为保证来自被监控系统的数据传输与中央监控器兼容,应建立接口标准。

2) 机械部件状态监控设计

(1) 机械部件状态监控及损伤监控功能应与其他性能监控功能结合起来。

(2) 应设置预防性维修监控功能(燃油分析、减速器破裂等)。

3) 光电设备测试设计

(1) 应设有光分离器和光耦合器,以便无须进行较大分解就可访问信号。

(2) 预定用于脱机测试的测试装置应达到所要求的机械稳定性。

(3) 应将温度稳定性纳入测试装置设计,以保证在工作环境中的一致性。

(4) 应能自动进行轴线校准或使之无须校准。

(5) 监控器应具有足够的灵敏度,以适应广泛的光强度范围。

(6) 不用较大的分解或重新排列,即可保证光学部件的可达性。

4) 测试控制(可控性)设计

(1) 使用连接器的空余插针将激励和控制信号从测试设备引到测试节点。

(2) 电路初始化尽可能容易和简单(总清,初始化序列小于 N 个时钟周期)。

(3) 设计应保证余度元件能进行独立测试。

(4) 应避免使用单稳触发电路,不可避免时,应具有旁路措施。

(5) 应采取措施,保证可以将系统总线作为一个独立整体进行测试。

(6) 反馈回路应能在测试设备控制下断开。

(7) 在有微处理器的系统中,测试设备应能访问数据总线、地址总线等。

(8) 应采用如多路转换器和移位寄存器之类的有源器件,使测试设备能利用现有的输入插针控制所需的内部节点。

5) 测试通路(观测性)设计

(1) 应使用连接器的备用插针将内部节点数据传输给测试仪器。

(2) 信号线和测试点应设计成能驱动测试设备的容性负载。

(3) 应提供使测试设备能监控印制电路板上的时钟并与之同步的测试点。

(4) 应采用缓冲器和多路分配器保护那些因偶然短路而可能损坏的测试点。

(5) 当测试点是锁存器且易受反射信号影响时,应采用缓冲器。

(6) 测试设备的测量精度应满足被测单元的容差要求。

6) 划分设计

(1) 每个需要测试功能的全部元器件都应安装在一块印制电路板上。

(2) 如果在一块电路板上有两个以上的功能,应保证能够分别测试或独立测试。

(3) 在混合功能中,数字和模拟电路应能分别测试。

(4) 在一个功能中,每块被测电路的规模应尽可能小,以便进行故障检测和隔离。

(5) 为了易于与测试设备兼容,模拟电路应按频段划分。

(6) 测试所需的电源、激励源的类型和数目应与测试设备相一致。

(7) 设备应按功能进行合理划分,并在结构安排上作为单独测试的可更换的单元。

(8) 对于较复杂的可更换单元,应尽量利用阻塞门、三态器件或继电器把要测试的电路与暂不测试的电路隔离,以简化故障隔离和缩短测试时间。

(9) 由于反馈不能断开、信号输出关系等不能做到唯一性隔离时,应尽量将隔离模糊组的电路和部件封在同一个可更换单元中。

(10) 如有可能,应尽量把数字电路、模拟电路、射频(RF)电路、高压电路分别划分为单独的可更换单元。

(11) 如有可能,还应按可靠性和费用进行划分,即把高故障率或高费用的电路和部件划分为一个可更换单元。

7) 结构设计(用于电子线路)

(1) 元器件之间应留有足够的空间,以便可以利用测试夹和测试探头进行测试。

(2) 电路板上所有元器件均应按同一方向排列(如插座的 1 号插针应处于相同方向)。

(3) 连接电源、接地、时钟、测试和其他公共信号的插针应布置在连接器的标准(固定)位置。

(4) 印制电路板连接器或电缆连接器上的 I/O 信号插针的数目应与所选择测试设备的 I/O 信号的能力相兼容。

(5) 只要可能就要在 I/O 连接器和测试连接器上尽可能包括电源和接地线。

(6) 印制电路板的布局应支持导向探头测试。

(7) 在确定敷形涂覆时应考虑测试和修理的要求。

8) 初始化设计

(1) 设备应设计成具有一个严格定义的初始状态。

(2) 设备能够预置到规定的初始状态,以便能够对给定故障进行重复多次测试,并可得到多次测试响应。

9) 测试点设计

(1) 测试点应设置必要的外部和内部测试点,测试点的数量以满足性能监控、故障检测与隔离要求为准。

(2) 所提供的测试点可用于定量测试、性能监控、故障隔离、校准或调整、输入激励等,测试点与计划选用的自动测试设备兼容。

(3) LRU 级产品应设置外部测试点,外部测试点应尽可能组合在一个检测插座中。

(4) 车间可更换单元(SRU)级产品的测试点应能把重要信号提供给外部测试设备,必要时提供测量输入激励的手段。

(5) 选择的测试点应把模拟电路和数字电路分开,以便独立测试。

(6) 高电压和大电流的测量点,在结构上要与低压测试点隔离,应符合安全要求。

(7) 测试点与集成电路自动测试机(ATE)间采取电气隔离措施,保证不致因设备连到 ATE 上而降低性能。

(8) 测试点的选择应适当考虑合理的 ATE 测量精度要求、频率要求。

(9) I/O 或读出电路的测试点应相互靠近,以便测试员可以在监控读出电路的同时执行测试操作。

(10) 测试点应有与维修手册规定一致的明显标记,如编号、字母或颜色。

(11) 测试点的设计应保证不干扰系统,在测试点应施加标准的阻抗值以便可以在无须附加电路的情况下直接访问测试点。

10) 传感器测试设计

(1) 只要有可能应优先使用无源传感器而不使用有源传感器,如必须使用有源传感器时,应使其对电路与传感器的可靠性影响最小。

(2) 应避免使用需要校准(初始校准或其他校准)的传感器。

(3) 传感器的灵敏度对系统分辨率必须是适当的,信号输出形式应适应测试系统要求,并且有足够的频率响应。

(4) 传感器的测量范围应满足测试系统要求。

(5) 应考虑测试介质和敏感元件之间的热惯性(滞后)。

(6) 负载影响和失真最小,物理特性能适应满足使用要求。

(7) 为获得宽频带动态数据,压力传感器的放置应靠近压力敏感点。

(8) 传感器的选择应考虑传感器的工作环境条件。

11) 指示器设计

(1) 所选指示器应便于使用和维修人员监视与理解。

(2) 在显示面板上,应把各指示信号集中在一起,以便综合显示多种测试信息。

(3) 故障指示器应能连续显示故障信号,LRU 等级的故障指示器当电源中断或移去时,应能保持最近的测试结果。

(4) 当产品处于其正常安装位置时,维修人员应能看到所有故障指示器。

12) 连接器设计

(1) 器件连接器的触点布局应采用标准形式,电源电压、数字与模拟信号触点安排应与集成电路中的类似,如针 8 为接地、针 16 为电源电压。

(2) 相同类型的连接器应进行编号,以避免错误连接或损坏。

(3) 对敏感或高频信号应采用同轴线连接,以便最大限度地避免外部电磁干扰。

(4) 连接器应安装在可达的地方,以便进行更换和修理,如果仅需要更换一个连接器,最好不要拆下整个单元,因为组装可能会引起新的故障和降低该单元的可靠性。

(5) 如果可能,应使用零插拔力连接器,即在插、拔连接器时所需的力最小。

(6) 连接器应进行编码,以防止无意中连接到其他同一类型连接器的位置。

(7) 连接器和导线类型应标准化,应保证连接器的类型最少。

(8) 设计的连接器锁销、彩色编码和标志可以防止错误连接,在 LRU 连接器上采用键式开关可减少 ATE 所需的专用接口适配器的数量。

(9) 在连接器周围提供足够的间隙,以便在更短的时间内连接完断开的电缆。

(10) 所有 LRU 及分系统的关键节点(或测试点)应保证从连接器上即可存取信息,以防止需要内部 LRU 探针或通道。

(11) 避免采用直角连接器外壳,如果不可避免,应特别注意每根电缆的位置,以防磨损。

13) BIT 设计

(1) 每个测试模块(UUT)内的 BIT 应能在测试设备的控制下执行。

(2) BIT 应采用积木式方式(即在测试一个功能之前应对该功能的所有输入进行检查)。

(3) 应有识别是硬件还是软件导致了故障指示的方法。

(4) BIT 应具有保存连机测试数据的能力,以便分析维修环境中不能复现的间歇故障和运行故障。

(5) 预计的 BIT 电路的故障率、重量、体积与功耗等应在规定的范围内。

(6) 为了尽量减少虚警,BIT 传感器数据应进行滤波和处理。

(7) 在确定每个参数的 BIT 门限值时,应考虑每个参数的统计分布特性、BIT 测量误差、最佳的故障检测和虚警特性。

(8) BIT 的设计应保证其不会干扰主系统功能。

14) 模拟电路设计

(1) 每一级的有源电路应至少引出一个测试点到连接器上。

(2) 每个测试点应经过适当的缓冲或与主信号隔离,以避免干扰。

(3) 与多相位有关的或与时间相关的激励源的数量应最少。

(4) 激励信号的频率应与测试设备能力相一致。

(5) 测量的响应信号频率应与测试设备能力相一致。

(6) 应避免外部反馈回路影响测量值。

(7) 带有复杂反馈电路的模块应具有断开反馈的能力以便对反馈电路和(或)元器件进行独立测试。

(8) 参数控制功能应能独立测试。

15) 数字电路设计

(1) 所有不同相位和频率的时钟应都来自单一主时钟。

(2) 所有存储器应都用主时钟导出的时钟信号来定时(避免使用其他部件信号定时)。

(3) 所有总线在没有选中时,应设置默认值。

(4) 对于多层印制电路板,每个总线的布局应便于在节点外进行故障隔离。

(5) 设计上应采用限流器以防止发生"多米诺"效应。

(6) 电路应初始化到一明确的状态以便确定测试的方式。

(7) 所有只读存储器(ROM)和随机存储器(RAM)输入必须可在 I/O 连接器上观察。

(8) 所有奇偶发生和校验器必须能变换成两种输出逻辑状态。

(9) 模块特性(功能、插针数、时钟频率等)应与所计划的 ATE 资源相兼容。

(10) 所有模拟信号和地线必须与数字逻辑信号分开。

16) 大规模集成电路、超大规模集成电路和微处理机设计

(1) 应最大限度地保证大规模集成电路(LSI)、超大规模集成电路(VLSI)和微处理机可直接并行存取。驱动 LSI、处理机输入的保证电路应是三稳态的,以便测试人员可以直接驱动输入。

(2) 采取措施保证测试人员可以控制启动线和三态器件的输出。

(3) 如果在处理模块设计中使用双向总线驱动器,那么这些驱动器应亦置在处理机/控制器及其任一支撑芯片之间,微处理机 I/O 插针中双向缓冲器控制器应易于控制。

(4) 应使用信号中断器存取各种数据总线和控制线内的信号,如果由于 I/O 插针限制不能采用信号中断器,那么应考虑采用扫描输入和扫描输出以及多路转换电路。

(5) 选择特性(内部结构、器件功能、故障模式、可控性和可观测性等)已知的部件。

(6) 为测试设备留出总线,数据总线具有最高优先级。

(7) 通过相关技术或独立的插针输出控制 ATE 时钟。

(8) 如果可能,提供"单步"动态微处理机或器件。

(9) 利用三态总线改进电路划分,从而将模块测试降低为一系列器件功能块的测试。

17）射频电路设计

（1）发射机输出端应有定向耦合器或类似的信号敏感/衰减设计，以用于 BIT 或脱机测试监控。

（2）如果射频发射机使用脱机 ATE 测试，应设计合适的测试点，以便在规定的频率和功率范围内准确地测试。

（3）为准确模拟要测试的所有 RF 信号负载要求，在脱机 ATE 或者 BIT 电路中应设计适当的终端负载装置。

（4）在脱机 ATE 内应提供转换测试射频被测单元所需的激励和响应信号。

（5）射频 UUT 的信号频率和功率应不超出 ATE 的激励/测量能力。

（6）应建立射频补偿程序和数据库，以便用于校准所有激励信号和通过 BIT 或脱机 ATE 到 UUT 接口测量的所有响应信号。

（7）UUT 与 ATE 的射频接口设计，应保证测试者不用专门工具就可迅速且容易地连接和断开 UUT。

（8）射频类 UUT 的设计应保证无须分解就能完成任何组件的修理或更换。

18）电源设计

（1）对于航空电子系统，其电源应按有关标准执行。

（2）在系统中使用标准电源，以便与标准的 ATE 互连，从而减少测试时间和由于需要设计功能适配电路而造成的浪费。

（3）应保证测试人员检测时的安全，通常在测试时，应断开高压电源。

（4）系统设计应保证当主电源故障时，可以快速地断开电缆，并利用外部电源进行信号连接。

19）系统、分系统连接线设计

（1）应能在任何时刻通过遥控或复位开关或按钮将系统复位。

（2）提供直接存取地址/数据总线，以便 ATE 可以直接从系统和各个部件读取数据。

（3）在系统、分系统和 LRU 之间采用标准通信信号，以便不相似的系统可以在没有适配器的情况下连接在一起。

（4）采用高级指令语言，以易于系统综合、测试和调试。

（5）尽量使用标准的通信和故障报告系统进行诊断和维修，尽量少用用户定制的 ATE。

20）测试安全性设计

测试人员的安全是测试性设计要特别注意的问题。

（1）当测试前需要将系统盖打开时，应对危险的部件或会产生危险的地方明确标识。

（2）应为安全和保险装置提供目视报警信号、音响报警信号以及单个开关保险。

（3）为保护短路器提供音响或目视报警信号，通常使用一个保护短路器开关，以便在系统内部出现问题（可能导致着火）的情况下保证系统连续工作。

（4）任何引爆电路的设计都应保证可靠启动和测试时可靠地不被启动。

21）其他测试性设计

（1）测试时间较长（大于10min）时通常会造成系统过热，在没有辅助测试监控器和冷却设备时应避免长时间测试。

（2）应提供可以快速接近可更换产品的方法，以减少总的测试时间。

（3）应避免要求采用新技术的ATE，最好使用现有的商用ATE，以节省费用。

（4）对所有故障应提供良好的故障检测率和隔离率，不应小于90%。

（5）应为系统测试提供所需的文件和规范。

（6）应提供连机的"专家诊断系统"。

4. 无人机系统测试性示例

1）某光电平台测试性设计

（1）依据测试性设计要求，对光电平台进行信号初始化、测试性划分、测试点设置、可控性设计等工作。

（2）系统具备自检功能，开机后产品进入自检状态，自检时间≤1min。

（3）检测伺服系统功能是否正常并显示故障环节（定位产品框架组件的驱动、测量环节）。

（4）与激光、红外以及可见光进行通信，检查光电传感器工作状态是否正常。

（5）测试性划分充分考虑结构、功能、系统可靠性以及划分带来的成本，使单元之间交联最少并保证每个单元可独立测试，易于进行故障检测和隔离；通过划分保证数字电路、模拟电路等可独立测试。

（6）测试点的设置采用经验设置、优化的测试流程，使光电平台的内部和外部都有充分的测试点，以满足各级维修测试的需要。

（7）综合权衡测试点的位置，保证系统的关键状态可监控，保证故障隔离与系统划分的一致性。

（8）对测试点接口进行保护性设计，使测试时系统性能不降低、信号不失真，加入激励或控制信号时不损坏系统正常功能。

（9）功能/性能参数测试点设在外部接口连接器上；维修测试点设在专用检测插座上，印制电路板上设置可用测试探针、传感头等人工测试的测试点，主要用于模块、元件和组件的故障定位。

（10）对数字电路、模拟电路及高电压或大电流等的测试点和参考基准进行分开或隔离设计，以便独立测试，保证安全性。

（11）测试可控性设计对各部件的数字信号处理（DSP）设计软件外加载功能，

在测试时可根据需要加载专用测试软件,对光电平台的软硬件故障进行检测和隔离。

(12) 现场可编程门阵列(FPGA)预留专用测试引脚,在 FPGA 内部采用门电路设计信号屏蔽/加载电路,在测试时可根据需要屏蔽或加载特定的信号。

(13) 处理器的数据总线、地址总线和重要的控制线,预留测试接口,使检测设备能进行直接或间接的访问。

(14) 在外部连接器上设计专用接口,确保把必需的测试激励和控制信号引到电路的内部测试点。

2) 某电子部件 BIT 设计

(1) 内部电路设计时,元件之间应留有足够放置测试探针的空间。

(2) 连接器插针的布置合理,保证结构相邻的插针短路不会造成电路损坏。

(3) 电源和接地线均设计在 I/O 连接器和测试连接器上。

(4) 在部件内部各模块输入/输出接口设计时,对于模块本身带有自检信号的,对其自检信号进行监测,通过检测芯片的管脚电压实现对一本振失锁、二本振失锁故障的 BIT 检测。

(5) 通过自检电路设计实现对发中频故障、收中频故障、发激励故障的 BIT 检测,实现对重要信号的监测。

(6) 部件的外场测试通过设计 BIT 接口实现。测试电缆通过接口与显控界面连接,显控界面向部件发送启动自检命令,采集 BIT 信息,自检结果和故障代码在显控上显示,便于外场检修。

3) 某无人机检测仪防虚警设计

(1) 对检测仪在硬件上进行滤波,读取数据时根据信号类型进行适当延时,以便在识别故障状态前处于稳定状态,避免将干扰产生的毛刺误认为故障信号。

(2) 部分故障检测电路在设计初期将 BIT 门限设为一个固定的初始值,在测试及试验过程中,对故障检测结果进行多次跟踪迭代,最终将门限设置为更为符合实际的固定值,以减少虚警。

(3) BIT 判定故障不是一次检测的结果,而是在一段时间间隔内对信号的采样,并对采样结果进行分析判决后的结果。

4) 某飞行器分系统测试性设计

(1) 飞行器分系统各电子设备均具备比较完善的自测试能力,在设备加电的情况下,可通过设备定期自检或通过接收命令实现受令自检,并定时上报自检测结果,通过航空电子综合计算机汇集各级在电子设备上的自检测信息,并借助数据链传送至地面站显示。

(2) 通过飞行器分系统配置的综合测试仪,对机载航空电子设备进行在线/离线测试,可对数据链设备、任务设备等进行接口或功能级检测,实现对故障的定位。

(3) 将发动机增压系统的控制器设计成兼顾状态控制监测器,在发动机上电后可以执行自检功能,判断发动机状态,在发动机运行时记录并存储详细记录发动机参数,以备检查;发动机在特定位置设计有开孔或安装位置,可以测试发动机运行时内部参数,如发动机排气温度、缸体温度等,在发动机故障检查时可以安装必要的传感器进行监测,使发动机具备良好的测试性。

2.1.4 无人机系统保障性设计

1. 保障性的基本概念

国家军用标准 GJB 3872—99《装备综合保障通用要求》中将装备的保障性定义为:装备的设计特性和计划的保障资源能满足平时战备和战时使用要求的能力。结合无人机系统特点,本书给出的定义为:无人机系统的保障性是指其设计特性和计划的保障资源能满足平时战备和战时使用要求的能力。

该定义中共涉及 4 个方面的概念:平时战备要求、战时使用要求、装备的设计特性与计划的保障资源。

1) 平时战备要求

战备是指"为应付可能发生的战争或突发事件而在平时进行的准备与戒备",这些准备和戒备包括训练、战备值班等。平时战备要求通常用"战备完好性"来衡量,战备完好性是指无人机系统在使用环境条件下处于能执行任务的完好状态的程度或能力。战备完好性强调的是大系统的完好能力,即计划的保障资源能使装备随时执行任务的能力。

2) 战时使用要求

战时使用要求是指作战任务对无人机系统的使用要求,包括作战期间装备执行作战相关任务以及演习任务。战时使用要求通常用"任务持续性"来衡量。任务持续性是指无人机系统能够持久使用的能力,强调的是装备作战(含演习)任务的持续能力,即计划的保障资源能保证装备达到要求的出动强度(如出动率)或任务次数的持续时间。

3) 装备的设计特性

保障性定义中所涉及的设计特性是指与无人机系统使用和保障相关的、由设计所赋予装备的固定属性,取决于设计所确定的技术状态,主要包括可靠性、维修性、测试性、安全性、生存性、部署性等。

4) 计划的保障资源

计划的保障资源指的是规划好的保障资源配置,具体包括保障装备所需的人力、备件、工具和设备、训练器材、技术资料、保障设施、装备嵌入式计算机系统所需的专用保障资源(如软、硬件系统)以及包装、装卸、储存和运输装备所需的特殊资源等内容。

从以上4个方面的概念描述可以知道，无人机系统的保障性是无人机系统本身及其保障资源组合在一起的大系统（包括人力、备件、工具、训练器材、技术资料等）的属性，是满足以下两方面要求能力的表征：既能满足平时战备完好性的要求，又能满足战时持续使用的要求。这说明保障性所表征的是无人机大系统的综合特性，比可靠性、维修性、测试性等特性考虑问题的层次要高，范围要广。

无人机系统满足平时和战时两方面要求的能力，既是通过装备自身的特性设计得以具备的，也是通过保障系统有计划地提供保障资源得以实现的。保障性的设计工作与可靠性维修等工作有所差别，影响保障性的因素很多，包括可靠性、维修性、测试性、安全性等。这些特性都是由设计赋予的，意味着必须要通过设计来赋予装备相应的能力。但除了包含无人机系统保障性设计特性的工作内容，更需要关注无人机系统保障系统的规划设计。保障性是装备的一种特性，它是无人机系统与保障有关的设计特性和保障系统特性的综合，篇幅所限，本节仅讨论通过设计来赋予无人机系统的固有保障性。

总体上，可以将无人机系统保障设计特性分成两类：一类是与装备故障有关的维修保障特性，涉及的内容有可靠性、维修性、测试性等；另一类是与装备使用有关的使用保障特性，用于度量维持装备正常使用功能的保障特性，主要包括使用保障及时性、保障资源的可部署性、装备的可运输性等。

无论是使用保障特性还是维修保障特性都是由设计赋予的，必须在设计时加以考虑。

2. 无人机系统保障性参数

装备的保障性参数包括能执行任务率、出动架次率、平均保障时间、平均保障延误时间、平均管理延误时间、补给时间和补给率、各类资源利用率等。考虑无人机系统的保障性参数覆盖面较广，包含保障性综合参数、保障特性参数和保障要素参数，其中保障特性要求又涵盖可靠性、维修性和测试性参数，舍去与前述内容由交叉重叠部分，梳理出无人机系统保障性参数如下：

1）保障性定性要求

（1）适当的人力与人员。

（2）经济有效的供应保障。

（3）经济有效的保障设备。

（4）齐套的技术文件。

（5）有效的训练方法和必备器材。

（6）良好的包装与运输保障设计。

（7）良好的计算机资源保障。

（8）良好的使用保障性。

2）保障性定量参数

由于无人机系统的战备完好率、使用可用度、能执行任务率和任务持续能力与保障等级和保障规模等有关，已超出无人机系统的固有保障性范围，故舍去这些参数，梳理出无人机系统保障性定量参数如下：

(1) 展开时间。
(2) 撤收时间。
(3) 加油充气等时间。
(4) 备品备件利用率。
(5) 备品备件满足率。
(6) 保障设备利用率。
(7) 保障设备满足率。
(8) 使用人员培训周期。
(9) 维修人员培训周期。
(10) 再次出动准备时间。

3. 保障性设计示例

(1) 某型无人机系统所需的人力与人员：在方案阶段提出该型无人机系统使用和维修人员专业、数量、技术等级配置设想，通过研制阶段的实践和定型阶段的部队试用，在定型时提出该型无人机系统使用和维修人员的配置建议。

(2) 某型无人机系统所需的备件保障：在方案阶段提出该型无人机系统的配套备附件配置设想，通过研制阶段的备附件统计和分析，根据定型阶段的部队试用实际情况对备附件进行修正，在定型时确定该型无人机系统配套备附件清单。

(3) 某型无人机系统所需的设备保障：在方案阶段提出该型无人机系统的保障设备、检测设备配置设想，通过研制阶段的实践，根据定型阶段的部队对保障设备、检测设备使用情况，在定型时确定该型无人机系统必备的保障设备、检测设备清单；着眼提升无人机系统的保障性，在定型时确定该型无人机系统建议选配的保障设备、检测设备清单。

(4) 某型无人机系统所需的计量与工具保障：在方案阶段提出该型无人机系统的保障设备的配置设想，通过研制阶段的实践，根据定型阶段的部队试用情况，在定型时确定该型无人机系统必备的保障设备，包括维修设备、计量与校准设备、搬运设备、拆装设备、工具等。

(5) 某型无人机系统所需的技术资料：在方案阶段提出该型无人机系统技术资料的配置设想，通过研制阶段的实践，根据定型阶段的部队试用情况，在定型时提供该型无人机系统有效的技术文件，包括技术说明书和操作使用说明书，以及细则、清单等；定型1年后，提供经使用部队验证修改后的操作使用教程等。

(6) 某型无人机系统所需的训练保障：在方案阶段提出该型无人机系统训练

保障的配置设想,在研制阶段同步研制模拟训练设备,并纳入产品定型审查,交付时与无人机系统同步交付训练保障设备。

(7) 某型无人机系统所需的设施保障:在方案阶段提出该型无人机系统训练保障的保障设施设想,在正样研制结束时提交保障设施建议书,内容包括使用与维修装备所需的永久性和半永久性的建筑物及其配套设备,如维修室、机库、跑道等的建设方案。

(8) 某型无人机系统所需的包装与运输:在方案阶段提出该型无人机系统包装与运输的设计方案,通过研制阶段的实践和定型阶段的部队试用情况,在定型时确定该型无人机系统的包装与运输具体方案(含水运、公路、铁路和空运),确保主要部件、设备、备件得到良好的包装、装卸、储存和运输所需的保障。

(9) 某型无人机系统所需的计算机资源:在方案阶段提出该型无人机系统计算机资源的保障方案,通过研制阶段的实践和定型阶段的部队试用情况,在定型时确定该型无人机系统的计算机资源,交付时提供使用与维修无人机系统中的计算机所需的硬件、软件、文档等资源。

(10) 某型无人机系统配置的软件:软件版本号明确,能够和便于维护、改进、升级和保证供应。

2.1.5 无人机系统安全性设计

安全性是装备的一种固有属性,是无人机系统使用安全的前提条件。在和平时期,装备自身是否安全,关系到无人机系统本身和使用人员的安全;在战争时期,无人机系统的安全性水平直接影响战斗力和敌我双方的力量对比,甚至事关军事行动的成败。

1. 安全的基本概念

根据 GJB 451A—2005《可靠性维修性保障性术语》和 GJB 900A—2012《装备安全性工作通用要求》,参考美军标(MIL-STD-882D),结合无人机综合保障工程的实践情况,本节给出安全性的一些基本概念。

1) 安全

安全是指装备不发生可能造成人员伤亡、设备损坏或环境损害的状态,是指装备在某一时刻安全与否的状态,表征装备的瞬态性。

2) 安全性

安全性是指装备所具有的不导致人员伤亡、设备毁坏或不导致环境损害的能力。

安全性是装备的一种固有属性,与可靠性、维修性和保障性等密切相关,是各种装备必须满足的首要设计要求,是通过设计赋予装备的固有属性。

3）危险

危险是指可能导致事故的状态或情况。危险是事故发生的前提或条件,可以用危险模式或危险场景来表述。

4）事故

事故是指造成人员伤亡、设备损坏或环境破坏的一个或一系列意外事件。事故描述已经发生的事件,也是危险导致的结果。

5）事故可能性

事故可能性是指特定事故发生的可能程度,一般用概率度量或可能性等级来描述。

6）事故严重性

事故严重性是指事故发生后果的严重程度,一般用严重等级来描述。

7）事故风险

事故风险是指事故严重程度和发生概率的综合度量,简称风险。

综上所述,无人机系统的安全性是指通过设计赋予无人机系统所具有的不导致人员伤亡、设备毁坏或不导致环境损害的能力。

2. 无人机系统安全性参数

无人机系统由于飞机上没有乘员及经费制约,一般其安全性参数只提出定性要求。

综合考虑,无人机系统安全性的定性要求如下:

(1) 减少危险品种类与数量。

(2) 危险品应隔离。

(3) 设备安装应使人员在操作、维护或使用过程中,尽量避免危险。

(4) 采用机械隔离或屏蔽等方法保护人员和设备安全。

(5) 定期对安全设备进行功能检查。

(6) 易听易懂的警告信号。

(7) 醒目易懂的警告标志。

(8) 人员技能安全知识培训要求。

(9) 设计上保证风险最小化。

3. 无人机系统安全性设计方法

1）电子电气类的安全性设计方法

(1) 防电子、电气危险安全设计方法。

① 防电击措施。首先,限制电路输出的电压或电流,可以将与外部连接端子导电连接的电路设计成安全可触及的电路,并将其与危险电压电路安全隔离。这种方法是通过降低输出到端子上的电压或限制流过人体的电流,即在满足功能要求的基础上,进行适当的电路设计,使操作者可接触到的电压和电流均是安全的,

使得在正常条件下和单一故障条件下，输出的电流或电压都是安全值。其次，利用机壳可把尽可能多的带电部件围封起来，防止操作者触及。机壳的安全设计要达到以下要求：一是足够的机械强度，为保证对带电件提供足够的安全隔离保护，要求机壳能承受一定的外力作用。二是合适的孔径或缝隙的尺寸，为了散热通风的需要和安装各类开关、输入/输出装置，在机壳上开孔是不可避免的，为保证使用者不会通过这些孔接触到机壳内的带电件，在安全设计中应注意。再次，设备中需要接地的零部件应可靠地连接到接地端子或保护大地上。设备的保护接地是否良好一方面取决于与保护大地相连的接地电阻，另一方面取决于将设备上需要接地的部分连接到一起的保护连接导体。接地导体及其连接不应有过大的电阻，并保证在预期寿命内有效，能够承受对地泄漏电流而不会有危险，有足够的强度或有附加的机械保护，以适应所在场所的外部环境影响。最后，应有安全联锁装置。如果操作或维修人员在进行操作时，可能触及到有触电危险的裸露带电件，则应该装有安全联锁装置，用来防止操作人员或维修人员意外触电。

② 防雷电措施。从系统设计开始就应考虑设备的雷电防护。将电气设备接地是用来防止雷电因直接放电和感应电荷而引起破坏的一种有效方法。设备接地还用来防止因雷电感应的大量电荷损坏电路。一是全部电子设备都配有导电性强的外壳；二是遵循良好的设计惯例，即在设备的全部组件及其在车辆上的安装要用搭接线；三是选择硬导线的线路，使得由雷电放电电流所形成的电磁场不会在线路中由于感应而"产生"高电压或高电流。

③ 防止设备意外启动事故的措施。应保护设备免受因偶然压下按钮、碰撞开关或其他动作所造成的意外启动事故。预防措施包括采用联锁装置、凹槽式按钮、带保护装置的开关和双刀串联接线开关或使几个按钮的位置距离适当远，防止一人同时启动两个按钮。

设备意外启动事故也可能是由开关、控制器的标记错误或标牌丢失而引起的。解决的办法是要保证全部开关和控制器的标记正确。对用于操纵危险设备、可移动设备或高电压设备的控制器，应使用告警标牌。

有时，意外启动事故是由电气系统其他部件的故障引起的。要分析确定在何种情况下会由于意外启动事故会影响人身和设备的安全。对影响安全的故障可采取的预防措施包括采用冗余系统、告警装置、具有极低故障率的零件等。

(2) 防电磁辐射的安全设计方法。能产生电磁辐射的设备在设计上应保证能防止对人身的有害影响和防止对设备的安全影响。电磁屏蔽是防止电磁危害的主要措施，根据高频电磁场的辐射功率、频率、工作性质等条件确定屏蔽方式、选择屏蔽材料、设计屏蔽结构，并予以合理安装。

① 屏蔽方式。按照场源的工作性质，屏蔽可采用主动场屏蔽或被动场屏蔽。主动场屏蔽是指将场源置于屏蔽体之内，将电磁场限制在某一范围内，使其不

对屏蔽体以外的工作人员或仪器设备产生影响的屏蔽方式。主动场屏蔽适用于辐射源比较集中、辐射功率较大、工作人员作业位置不固定且周围不需要接受辐射能量的场合。高频加热设备的高频发生器、高频变压器、耦合电容器等器件均可采用主动场屏蔽。主动场屏蔽的特点是场源于屏蔽体之间的距离小;屏蔽体必须接地,否则,屏蔽效率大大降低。

被动场屏蔽是指屏蔽室、个人防护等屏蔽方式。这种屏蔽是将场源置于屏蔽体外,使屏蔽体内不受电磁场的干扰或污染。被动场屏蔽适用于辐射体比较分散、工作人员作业位置固定的场合。无线电通信和广播、电视等发射电磁波的场合均宜采用被动场屏蔽。被动场屏蔽的特点是场源与屏蔽体之间的距离大,屏蔽体可以不接地。

② 屏蔽体。屏蔽体是屏蔽装置的本体,也是屏蔽装置的主体,其材料选择结构设计是提高屏蔽效率的关键。

首先,屏蔽材料。用于高频防护的板状屏蔽和网状屏蔽均可用铜、铝或钢(铁)制成。必要时可考虑双层屏蔽。一是注意屏蔽间距。屏蔽体与场源之间的距离对高频设备的工作状态和屏蔽效率都有影响。屏蔽体与场源之间的距离过小时,屏蔽体将承受很强的辐射,可能产生较强的反射场,改变高频设备的工作参数,直接影响高频设备的正常运行。二是注意孔洞和缝隙的影响。当不得不在屏蔽上开孔、开缝时,屏蔽的效率有所降低。经验证明,屏蔽上孔洞直径尺寸不宜超过电磁波波长的 1/5;缝隙宽度不宜超过电磁波波长的 1/10。否则,应采取附加防护措施。此外,屏蔽体边角要圆滑,避免尖端效应。

其次,高频接地。高频接地包括高频设备外壳的接地和屏蔽的接地。高频接地应符合一般电气设备接地的要求,可以提高屏蔽效果。高频接地的接地线不宜太长,其长度最好能限制在波长的 1/4 以内。如无法达到这个要求,也应避开 1/4 波长的奇数倍。还可利用石墨粉、碳粉、铁粉、合成树脂粉等吸收材料,吸收辐射能量等。

(3) 防静电危险的安全性设计方法。防止静电危险可采用防止电荷聚集或安全中和累积电荷两种方式。

防止电荷聚集的最简单方法是选用不产生或不储荷的导电材料。对由人所产生的静电荷应使用接地装置和穿戴能防止静电荷产生的合适衣服加以消除,如应穿棉织品的衣服而不穿毛织的、尼龙的或其他合成纤维的衣服。其表面可喷涂导电涂料,使静电荷不能聚集或很快消除。

安全中和累积电荷的防静电装置有以下 4 种:

① 放射性中和器。使用放射源,像镭(Ra)或钋(Po)发射出的带正电荷的 α 粒子与物体上已有的负电荷相中和。放射源有危险,使用时必须小心谨慎。

② 高电压中和器。在贴近要中和表面的空气中产生极高的电压,导致空气电

离,产生的正离子与带电物体的电子结合,使静电荷中和。这种中和器的高电压容易产生电击危险。

③ 感应中和器。通过产生与带电物体的电位极性相反的电位来起到中和作用,感应中和器可用在因尺寸、安全、工作条件或其他限制因素而难以应用高电压中和器的地方。

④ 增加湿度。增加湿度能使电荷快速互换与中和,因此,不会聚集或如有聚集也会很快消散。湿度在65%以上,电荷会流出而不会聚集。当可以控制环境同时增加湿度不会对其他设备产生有害作用时,这种预防静电荷的方法很有效。

2) 机械类的安全性设计方法

(1) 设计注意要点。

① 锐边和棱角。一是在设计上应保证能把由锐边和棱角引起的伤害危险降低到最小。可以通过倒圆锐边、磨光棱角或限制接触来达到此项要求;二是如果由于功能用途需要锐边而接触又是不可避免的,则应采取保护措施,把无意接触这类锐边的危险降低到最小;三是如果这些保护措施都无法使用,则应在显著的位置可靠地贴上清晰的告警标记。

② 做危险运动的零部件。一是在结构上应保证能把由运动或旋转的零部件引起的人身伤害危险降低到最小;二是在使用人员可接触区,机械外壳或挡板应具有足够的机械强度,并且应无法通过手动替换它们;三是安全联锁装置的设置应保证在能触及危险之前危险就已被先行消除;四是通过惯性而能继续运动或旋转的部件,在取下、打开或拉开盖、门等前应能先迫使这些零部件的运动降低到一个安全的水平;五是所有的防护方法都不适用,则应在明显的位置贴上告警标记。

③ 可能松脱的零部件。对于可能会松脱、分离或甩出的零部件,安全防护设计应十分完备,使得由于发生故障或其他原因而松脱、分离、甩出的零部件能被挡住或使其方向偏转。

(2) 常用设计方法。

① 减小挤压危险。消除或减小挤压危险一般通过以下两种方法:一是尽量减小相对运动件间的最大距离,使人体的任何部位都不能进入该间距;二是增大相对运动件间的最小间距,使人体的有关部位能安全地进入此处而不会产生挤压。

② 减小剪切危险。消除或减小剪切危险一般可通过以下三种方法:一是消除相对运动件间的间隙;二是减小相对运动件的最大间隙,使人体的任何部位都不能进入间隙;三是增大两剪切部分间的最小间距,使人体的有关部位可以安全地进入该间隙。

③ 降低切割危险。消除或减小切割危险的方法:一是消除零件的锐边、尖角和粗糙的表面;二是减小运动件的运动速度或距离;三是减小力、力矩和运动件的惯性。

④ 降低缠绕危险。消除或减小缠绕危险一般有以下方法：一是降低运动件的运动速度或距离；二是限制力、力矩和运动件的惯性；三是使旋转件上的固定螺钉、螺栓、销、键等凸出物埋入或被覆盖。

⑤ 降低拉入危险。拉入是产生缠绕、剪切或挤压的前导和诱因，消除或减小此类危险的途径与消除或减小缠绕危险的途径相同。

⑥ 降低冲击或撞击危险。冲击或撞击危险可通过限制往复运动件的速度、加速度、距离和惯性等予以防范。

⑦ 降低摩擦磨损危险。摩擦磨损危险可通过减小运动件的速度、距离、力、力矩、惯性及使用尽可能光滑的表面等予以防范。

3）防噪声类的安全性设计方法

从设计上消除噪声的工作应从对可能的噪声源做仔细的分析开始。

设计人员应寻找可能产生噪声的根源，常用的设计方法有：

(1) 改变微波部件和高压电源所含磁性材料的质量或质量分布。

(2) 磁性材料叠层和所有连接零件应接触均匀连接牢靠。

(3) 确保一切旋转设备的平衡。

(4) 控制旋转设备中冷却叶片和开孔的数量及相对位置，以消除"笛声"的效应。

(5) 选择噪声小的电刷材料。

(6) 注意动力部件的安装方式，以减少振动的传输。

(7) 消除气流通道上能产生噪声的"发音簧片"。

喷气发动机的噪声也应在设计中予以减少。在喷气发动机的进气口和排气口的内壁可以设计许多微小的"捕音器"和"消音"孔，可大大降低噪声。

如果不能在发源处消除噪声，就应对人员加以保护，常用的方法如下：

(1) 使用隔音罩或隔音舱把人员与噪声分开。

(2) 在人员与高噪声环境之间使用吸音墙和隔音板。

(3) 在设计中把墙壁、地板和隔板与振动源隔离，降低它们的噪声传递。

(4) 减少通气管路或输液管路的噪声传递。

(5) 配备个人保护装置，如耳塞或耳罩。

4）火工品类的安全性设计方法

火工品在生产、使用和储存过程所处环境中的湿度、温度、烟雾、霉菌、静电、电磁场、振动、冲击等构成的不安全因素都可能对火工品的正常使用造成直接或间接的影响。其中，静电及电磁场的影响尤为严重。本节着重介绍火工品在防静电及防电磁辐射方面的安全性设计方法。

(1) 防静电设计方法。解决电火工品静电干扰的最好方法是使电火工品具有防静电功能。一般有三种：一是设计火工品内部的绝缘系统，增加脚-壳间的绝缘强度,以保证在一定的静电电压下不会被击穿,俗称"堵"静电方式;二是使用对静电钝感的起爆药或点火药剂;三是采用保护性静电泄放装置或材料,构成静电的泄放通道,俗称"泄放"静电方式,这是目前采用最广泛的一种保护形式。

① "堵"静电设计技术。一是易击穿位置设置绝缘环。由于火工品桥丝或脚线的边缘离管壳最近,且又是装起爆药或点火药的位置,因而是最危险的通道。增加脚-壳间的绝缘强度的目的在于提高这一通道的绝缘能力。通常是在桥丝周围增加一个绝缘强度较高的圆环或套筒,其绝缘材料通常是聚四氟乙烯、有机玻璃、耐酸塑料、聚氟乙烯等。二是药剂外表面涂绝缘膜。在点火药表面涂上绝缘强度高的硝基漆、有机硅漆及环氧树脂等绝缘体,或在点火药头外加聚氯乙烯绝缘套管,以增加药面与壳体之间的绝缘强度,继而提高产品的抗静电能力。三是使用绝缘材料管壳。火工品的外壳直接由绝缘材料加工而成,使脚线间具有一定的绝缘强度。

② 使用对静电钝感的药剂。改善起爆药抗静电性能也是减少静电危害的一个途径。例如,糊精氮化铅的静电感度较其他类型的氮化铅要钝感得多,其绝缘电阻也比其他类型的氮化铅高。另外,在斯蒂酚酸铅或其他点火药中加入适量的硼以及在氮化铅等起爆药中掺入多元醇多硝酸酯,均可提高药剂的防静电能力。而以氢化铅和高锰酸钾组成的点火药可耐 $600\mathrm{pF}$、$25\mathrm{kV}$ 的静电冲击,而且热安定性高达 $520{}^\circ\!\mathrm{C}$,是一种性能良好的抗静电耐热点火药。这是增加脚-脚之间抗静电能力的重要方法。

③ "泄放"静电设计方法。一是设置静电泄放通道。如果在结构中能设计出一条保护通道,使脚壳间的静电能量早于危险通道优先泄放,那么将能起到保护作用。一般认为,危险通道与保护通道击穿电压之比应大于4,而且保护通道的击穿电压不应大于 $3\mathrm{kV}$,这样才能保证在静电火花作用下,静电能量通过保护通道可靠泄放。二是点火药头脚线附近涂导电膜。在点火药头外表面涂一层绝缘膜,然后在点火药头脚线附近涂导电性树脂,使导电性树脂与管壳间形成小空气隙,构成静电泄放通道。这样静电释放不会通过点火药。三是采用静电泄放元件。通过在电火工品每个脚线与壳之间并联一元件,使之在静电泄放过程中能有效地分压及分流能量,从而极大地减少脚-壳间的能量,以至不被静电击穿。这类元件统称静电泄放元件,如微型电阻和非线性电阻(微型二极管、碳化硅压敏电阻、氧化锌压敏电阻等)。四是采用抗静电电极塞。当脚-壳间的电极塞具有高压低阻、低压高阻的特性时,电极塞本身就具有了既能泄放静电又能正常发火的功能。具有这种特征的材料称为非线性电阻材料,主要表现在该材料的电流与电压的关系不服从欧姆定律。在静电高压作用下,非线性电阻材料内部被击穿,泄放掉静电能量,在低压下呈高阻态,不影响正常发火。五是采用半导体涂料泄放静电。用含有铝粉、银粉、炭黑等导电材料的化合导电胶作为半导体涂料,涂在脚线与壳体之间,形成静

电泄放通道。

(2) 防射频设计方法。射频辐射对电火工品造成危害必须具备三个要素：在电火工品所处环境中有危险的电磁辐射源；电磁辐射源能将电磁能量耦合到电火工品上；耦合能量已超过电火工品的最小发火能量。防止电火工品遭受射频辐射危害通常应采取综合的措施。其中，屏蔽是防射频主要而有效的措施。按照美国军事标准规定，武器外壳对射频为 1MHz~20GHz 的射频能量应衰减 60dB，对 1~100MHz 的射频能量应衰减 40dB。

除此之外的主要方法包括：降低火工品本身的射频感度，提高内部对射频能量的衰减耗散；或在传输射频路径-发火线上附加衰减器来衰减进入火工品的射频能量。

① 电火工品射频钝感化。从火工品起爆机理上分析，脚-脚间通过桥丝的发火最终是电流作用，一般对直流钝感的火工品，其射频感度也低，而通过改变电桥材料、形状和药剂以提高最小不发火能量为目的的方法，也有益于电火工品的防射频，如采用复合导线、宽频带衰减电极塞等。

② 低通滤波器衰减。射频能量主要是通过发火线进入的，在射频能量的传输路径-发火线上，采用附加衰减器就可以达到衰减射频能量的目的。衰减器与电火工品配合使用时，其特点是电火工品本身感度不变，而主要是利用外加线路来降低电火工品对射频的感度，使其具有防射频能力。采用这种方法后，通到电火工品上的射频电流最大不超过几微安，大大低于发火电流，能确保整个系统的防射频效果。

5) 人机环类的安全性设计方法

(1) 人机界面的设计。

① 视觉显示器。视觉显示器是"机"传递信息给人的一种装置，它利用视觉来观察各种信息，包括模拟显示器、数字显示器和图形显示器。

模拟显示器是利用刻度盘和指针来指示变量情况的装置：一种是指针动，刻度盘不动；另一种是刻度盘动，指针不动。根据试验结果，开窗式的误读率最低，垂直直线形的误读率最高。

数字显示器是直接利用数字来显示变量情况的信息装置。它直观易读，不易出现判断错误，准确性高，但它不能反映变量的偏差情况。

图形显示器是利用线条、色彩和灯光在面板显示图形和数字达到显示效果的。它的优点是可以在一个显示器上同时多个图形与数字的结合，信息高度集中，具有形象直观和显示效率高的特点。

② 听觉显示器。听觉显示器是运用声音传播信息的装置。多用于提示、报警等，使用听觉显示器的效果比其他显示器的效果要好得多。人们对于突然发出声音，具有特殊的反应能力。

听觉显示器的设计:一是能够使信号说明设备的运行状况,并使信号与人们所熟悉的现象逻辑地联系起来;二是它所发出的信号应与现场的噪声能够区别开来;三是信号要简单、明确;四是对反映相同现象的听觉信号,应始终保持相同的信息。常用的听觉显示器有警钟、号角、电笛、警铃、警哨、蜂鸣等。

③ 触觉显示器。触觉显示器是利用操纵者的触觉来感知过程中的信息,一般作为视觉显示器的补充,以减少操作控制器的误差。例如,使用不同形状的按钮可以在照明条件不良的情况下辨别其功能,达到安全操作的目的。

(2) 作业环境的设计。

① 振动环境。一是局部振动。一般手握工具进行操作时,40~117Hz 的振动对人体的影响,称为局部振动。局部振动主要影响操作的精度,长期使用振动工具进行操作,会形成手部的职业病——雷诺氏症。二是全身振动。全身振动对人体的危害更大,其对人体的循环系统、呼吸系统、消化系统都会产生不良的影响。设计时,一是要改进或选用合适的工具,对工具的重量、振动频率、振动幅度进行限制;二是设计成人员可以轮流操作的设备;三是采用合理的防护用品,采用防振垫等,减少振动对人员的损害。

② 照明环境。照明不良也是事故产生的一个主要因素。一是照明和亮度要保证眼睛的卫生和作业条件的要求,减少或避免由于照明引起的事故或差错。二是符合节约能源的原则。在工作场所,凡能利用天然光的,要尽可能利用天然光线。三是合理布局。光的稳定性、均匀性、对比度、光色效果等要符合人的生理、心理要求,能够减轻疲劳,有利于安全工作。四是环境照明要明亮舒适,避免太强的阴影,光源效率应得到充分利用。

③ 色彩环境。色彩环境对操作人员的心情和事故的发生都有一定的影响和作用,把色彩的性质、性能,科学地应用于创造舒适的作业环境,对安全操作具有重要的意义。一是配色要有主色调和辅助色调,影响色调的因素是色相、明度、彩度和面积;二是警示时,要突出某一部分,使其与周围色调形成强烈的对比;三是配色要均匀、均衡,具有稳定而平衡的效果;四是色彩的布局要有差异性,一般采取色相差异、明度深浅、彩度高低、面积大小等方法,来达到色彩的差异性,使人不易疲劳。

④ 温度环境。温度环境不适会使人体出现一系列生理和心理改变,表现为脉搏加快、体温升高、疲劳和容易烦躁等症状。设计时,一是尽量将热源布置在外部,使人员远离热源,或在热源周围设置挡板,阻止热量扩散;二是屏蔽热源,或在人与热源中间设置屏风或空气幕;三是降低湿度,空间内控制湿度的方法是在通风口设置去湿器;四是设置必要的采暖设备,使调节后的温度均匀恒定;五是设置挡风板,减缓冷风作用;六是配备个体防护用品,如配备御寒服装等;七是配备采暖设备。

6) 紧急空情的安全性设计方法

(1) 链路中断时的安全性设计。无人机系统的地面数据终端或机载数据终端出现故障时，将造成空地链路中断，飞行中无人机将失去操作人员的控制，应在飞控软件中进行安全性设计，确保无人机安全返航。

（2）空域限制时的安全性设计。空域中有多架无人机时，每架无人机只能在各自的空域和航线上飞行；一般情况下，民航机场、军事禁区和重要设施（水库、炼油厂、核电站等）也会设立禁飞区。应在飞控软件中进行安全性设计，俗称"电子围栏"设计，确保无人机在批准的空域飞行。

（3）紧急迫降时的安全性设计。紧急迫降是小概率事件，从抢救飞机的角度出发，应进行安全性设计。对固定翼无人机，应进行滑橇抗冲击强度设计，应对机腹部和发动机等部进行抗冲击强度设计。对旋翼无人机，应利用自旋等手段进行紧急迫降的安全性设计。

（4）保密需要时的安全性设计。有保密要求时，应对保密通信机、空中应答机、企业核心软件和其他需要保密的要素进行硬件或软件的安全性设计。

4. 安全性设计示例

1) 电子电气类

（1）某激光测照器采取警示标识，提示不得对人照射，保护人眼不受伤害；禁止近距离照射，防止强反射烧毁器件。

（2）某电源板选择宽压输入电源模块，模块前端设计有防浪涌和尖峰模块，对电源板进行供电的单元进行保护。

（3）某系统低通滤波器的后端设计加装防浪涌和尖峰模块，对驱动电路进行保护。

（4）某系统配置电源管理器，可实时采集各用电设备电压及电流，当监测到某设备电流超限时，自动切断该设备供电，确保系统供电安全。

（5）某设备设置过压保护、过流保护、温度保护、天线开/短路保护等多种保护电路，发生局部故障时，保护主要部件的安全。

2) 机械类

（1）某型无人机各组件、零部件无锐边、棱角，防止安装卸载设备时组件、零部件尖锐边角刺伤维护人员。

（2）某型无人机各组件连接用的接插件选择采取差异化设计，同一机舱的设备接插件选用不同系列或者同系列不同大小的接插件，避免插错，保证设备安全。

（3）某机箱箱体表面涂覆有机涂料，形成保护膜，保护箱体结构材料不受环境条件的腐蚀，防止箱体表面受损而影响箱内设备的安全，延长设备使用寿命。

（4）某型无人机在发动机减速系统中设计有过载离合器，在发生螺旋桨触地等异常过载时，保护发动机曲轴等重要零部件免受过载损害。

（5）某型无人机吊舱的设计做到牢固可靠，拐角均做倒圆角处理，防止刮伤操作人员，保证设备和人员的安全。

3) 火工品类

（1）某型无人机系统配备专业的检测仪，保证助推火箭的检测安全。

（2）某型发射架的助推火箭支架旁设计有静电消泄柱，方便火箭安装人员在安装前，泄放人体静电。

（3）火工品采取抗干扰设计，防止干扰信号意外触发火工品发火。

（4）某型发射储运单元具有防烧蚀、防地面杂物及防尾焰喷射物损伤能力。

4) 人机环类

（1）某型无人机操作部件符合人机工程学的要求，采用防差错设计，并设置醒目的标记说明，避免误操作造成的人员伤害和设备损坏。

（2）某型无人机对测控以及任务信息分系统采取加密处理，具有抗侵入能力，保证信息安全。

（3）某型飞行器采取硬自毁及数据软自毁设计，保证信息安全。

（4）凡与安装、操作、维修安全有关的地方，某型无人机系统都在《使用维护说明书》等技术文件资料中明确了注意事项。

（5）为保证维修人员夜间操作安全，某型无人机在驾驶室后部配备有可上下调节和左右旋转的照明设备，全系统未使用任何对人员身体有毒有害的物质。

（6）某型无人机为防止装备意外起火，配备有灭火器。

5) 软件安全性类

（1）某型无人机设计中采用基于静态存储 MRAM（Magnetoresistive Random Access Memory）、掉电保护存储 Flash 和 Flash 关键数据存储保护机制，使得操作系统和应用的代码空间、关键数据空间得到保护。

（2）某型无人机设计了错误接管机制，强化了容错控制，使得操作系统和应用软件出现的各类问题在表决界面上能够得到科学合理的处理。

（3）某型无人机软件设计中采用优先级分级处理和优先级继承算法，防止优先级反转。

目前，GJB 3872—99《装备综合保障通用要求》中明确的关于综合保障的"五性"设计，在工程实践中已拓展为"七性"设计，即涵盖环境适应性和电磁兼容性，GJB 151B—2013《军用设备和分系统电磁发射和敏感度要求与测量》已替代 GJB 151A—97 和 GJB 151B—97，本书有关无人机系统的环境适应性和电磁兼容性设计要点及示例已在前文提及，不再赘述。

2.2 无人机系统综合保障资源

综合保障资源是无人机系统综合保障工程的基础。研究综合保障资源问题，不仅是解决保障资源有无的问题，还要研究如何科学合理地根据使用需要确定保障资源的品种与数量,力争以最少的保障资源、最小的保障负担和最低的保障费用,满足无人机系统的保障需求。通过合理地规划保障资源,可以有效提升无人机系统的综合保障能力。

综合保障资源一般包括人力资源、物力资源(备品备件、包装储运、经费保障、设备保障、设施保障等)和信息资源等。

2.2.1 人力资源

无人机系统综合保障所需的人力资源主要研究无人机装备保障人才队伍建设的问题,是人才强军战略的重要内容,也是无人机系统综合保障能力建设又快又好发展的根本所在。

保障人才是使用与保障无人机系统的主体,是无人机系统战斗力的重要组成部分。无人机系统投入使用后,需要有一定数量的、具有一定专业技术水平的人员从事无人机系统的保障工作。

1. 保障人才分类

对无人机系统保障人才进行合理分类,既是无人机系统保障人才建设的重要理论基础,也是无人机系统保障人才建设的实际需要。合理的分类,有利于科学选拔、全面培养、准确考核和合理选用无人机系统保障人才。

1)保障人才的类型

从管理和使用的角度,可以将无人机系统保障人才分为指挥型、管理型、研究型和技能型4类。

指挥型保障人才是指担任无人机系统保障指挥职务,具备装备保障组织指挥素质和实际能力的优秀指挥员。装备保障指挥人才在无人机系统保障人才群体中居于决策地位,具有关键性作用。

管理型保障人才是指担当无人机系统保障管理职责,具备管理装备保障各类业务德才素质和实际能力的优秀机关参谋人员和保障单位的主官。

研究型保障人才是指从事无人机系统保障理论和技术研究工作,不断推进综合保障理论和技术发展的优秀科研人员。

技能型保障人才是指具备较高维护与修理技能的优秀装备技术保障人员。无人机系统维护与修理技能人才,是保障人才群体中数量最多、专业性最强,直接从事装备维护和修理工作的人才,在无人机系统保障人才群体中居于主体地位,具有实践推动作用。

2)保障人才的层次

无人机系统保障人才可以分为初级、中级和高级三个层次,与无人机部队专业技术岗位三个层级分别对应。初级装备保障人才属于基础性人才,通常比较年轻,其知识、才能尚处于发展阶段,可塑性大,具有不断分化和流动性大的特点。中级装备保障人才素质较高,具有较宽的知识面、较强的组织管理能力和一定的科研攻关能力。高级装备保障人才职务高、贡献大、学识广,分析深刻,判断准确,风险决策和管理能力强,是专业技术水平高的复合型人才。他们能够根据作战训练等对无人机装备保障需求的变化,分析综合保障的特点规律,正确把握装备保障建设的发展方向,善于运用最新科技成果,不断改进维护与修理方法,保证无人机系统的完好性和作战能力。

2. 保障人才培养

无人机系统保障人才培养是装备保障人才队伍建设的基础环节,是造就和选用高素质装备保障人才的前提。加强无人机系统保障人才培养,对于推进无人机系统保障建设水平,提升无人机系统综合保障能力具有重要意义。

1) 保障人才培养的基本要求

无人机系统保障人才培养,除遵从人才培养的一般规律之外,必须遵从自身特殊规律,总体上要坚持以下4个方面的基本要求。

(1) 培养方向与保障需求相一致。无人机系统保障人才是应用型人才,其培养的直接目的是满足无人机系统保障能力建设和作战行动保障的需求。无人机系统与坦克装甲、自行火炮等武器装备系统在适用环境、战技性能、操作使用和运用方式等方面都有很大区别,相应的保障需求也大不相同。因此,保障人才的培养必须紧密结合无人机系统对保障人才的需求。

(2) 理论学习与保障实践相结合。保障人才是无人机系统保障能力建设和保障活动实践中最活跃的分子,厚实的装备保障理论和丰富的保障实践经验是其活力的源泉。空气动力学、自动控制原理、控制导航技术、发动机技术等知识的学习可以为无人机系统综合保障提供理论基础,而装备保障的操作与训练可以为无人机系统综合保障提供实践经验的积累。

(3) 分级培养与分类培训相协调。无人机系统保障人才群体具有专业领域多、类型多、层次多的特点。专业技术领域涉及飞行器设计技术、无线电通信技术、光电探测技术、雷达探测技术以及机械设计等多个领域;类型包括指挥型、管理型、研究型和技能型4种类型;层次包括初级、中级和高级3个层次。

(4) 阶段性培训和系统性培养相统一。无人机系统综合保障水平的提升依赖于保障人才群体综合素质的优化提高,这就要求对保障人才必须进行系统性的培养,保持其专业技术知识及时更新、保障经验不断积累,阶段性培训和系统性培养相统一。

2) 保障人才培养的措施举措

保障人才的培养要从任职型向创新型转变,从学历教育向能力培养转变,突出保障人才创新能力的培养,以适应未来战场的新的需要,在依托军事院校培训资源的同时,可以选择高等职业教育和培训体系探索一种新型、高效的无人机系统保障人才培训体系。从无人机系统保障人才培养的全过程看,各个阶段的培养模式略有不同。

(1) 基础培养阶段,主要是对无人机系统保障人才(生长军官、初级军士等培养对象)进行保障工作基本理论知识、基本操作技能等方面的培养。基础培养阶段可以依托国民教育体系,结合国家高等职业学校和装备专业系统培训渠道,建立以军事院校为主渠道、部队为辅、军地各类职业培训学校为有机组成的装备保障人才教育、培养和训练体系。

(2) 初始培训阶段,主要是对无人机系统保障人才进行新型无人机装备的岗位操作、日常维护、维修保养等内容的入门培训。初始培训阶段通常依托无人机装备的研制单位开展接装培训工作时进行,帮助无人机系统保障人才熟悉装备,指导他们能够正确地开展保障工作。初始培训阶段有时也可由军事院校和装备研制单位共同完成。

(3) 后续培训阶段,主要是对无人机系统保障人才进行各种类型无人机装备的岗位培训、协同训练、技术勤务等规范化、实战化的训练。后续培训阶段主要依托军事院校进行,在初始入门培训的基础上,按照部队实战化训练的要求,进行无人机系统岗位操作、协同训练的规范化统一。

(4) 职业教育阶段,主要是对无人机系统保障人才(现职军官、中高级军士)进行专业技术知识、军事指挥素质、保障组训方式等综合能力的培养。职业教育阶段主要依托部队与军事院校联合进行培养,开展联教联训,按照职业化军人的标准培养懂指挥、会保障的无人机综合保障专业人才,以适应未来信息化战争下联合作战的要求。

3) 保障人才培养的目标要求

提高无人机系统综合保障能力,离不开高素质的综合保障人才队伍。

(1) 按照保障信息化的需求,培养高素质的综合保障科技人才。在中国特色军事变革快速发展的今天,信息技术对作战行动的支撑作用将日益重要,同时也成为提高无人机系统综合保障能力的关键要素。只有加大高素质专业人才的输入引进和培养,才能确保无人机系统发挥出最大效能,实现专业高效的保障目标。

(2) 按照保障精确化的要求,培养指技合一的综合保障复合人才。精确化已经成为信息化战场一切军事行动的重要特征,要实现军事行动的精确化,关键是要拥有高素质的作战指挥人才。各级无人机系统作战保障指挥员必须具备驾驭保障全局的组织指挥能力和良好的指挥预见能力,具备强大的信息捕获能力和科学决策能力。

2.2.2 物力资源

1. 备品备件保障

备品备件是无人机系统部件、修理用零备件及消耗品等备用物资的统称。修理用零备件是指不可修复的较小的部件,消耗品是指无人机助推火箭等。

备品部(组)件(Spare Parts),是指用于无人机系统地面站设备或机载设备换件维修的可修复性部件或组件,如无人机发动机、机载光电平台、收发组合等,通常在外场能够进行快速更换。

备用零件(Repair Parts),又称为修理用零备件,是指修理无人机系统故障设备所需的零件或不可修复性零(部)件,如舵机、螺栓、元器件等,通常需要返回维修车间进行更换。

消耗品(Consumable Item),是指无人机系统不能修复的、报废比修复更经济的或在使用和维修中消耗了的物品,如火工品、燃油、润滑脂、保险丝等,通常一次性使用,不回收。

2. 包装、装卸、储存和运输保障

综合保障工程要求在无人机系统研制过程中必须同步规划包装、装卸、储存和运输等保障工作,而且还要考虑将包装、装卸、储存和运输作为无人机系统的设计约束条件。

1) 确定包装要求

包装是指在运输过程中为保护无人机系统的设备和部件而采用的容器、箱体、材料和其他辅助物的总称。

(1) 包装等级的确定。包装要提供无人机系统储存和运输时所需的必要的保护,其保护程度与要到达的目的地、将要采用的运输方式以及在目的地拟采用的储存方式有关。

(2) 防腐与装箱。防腐的目的是保护无人机系统在装运过程中免受腐蚀或变质。一般来说,防腐的方法包括清洁、干燥和封包。防腐方法的采用应与无人机系统所需的保护等级相一致。

(3) 包装箱体及备件包装设计。包装中应尽量选用标准的包装箱体。对于需要专用包装的项目,一般也需要能重复使用多次的专用包装箱体。在确定无人机系统各部件的包装要求时,应制定备件包装设计的基本准则,其中包括:

① 每一包装箱体中备件的品种和数量。
② 包装箱体重复使用程度。
③ 供包装设计用的储存空间和装卸约束条件。
④ 火工品及其装卸约束条件。
⑤ 通用的包装方式。

总之,在确定无人机系统各部件包装要求时,应充分考虑便于运输、装卸、储存、使用和管理。如果需要设计专用的包装箱体,应规定其设计的约束条件。

2) 确定装卸要求

装卸指的是在有限范围内将无人机系统从一地转移到另一地。通常是指区域之间的运输,从库存状态转移到运输状态,以及运输状态转移到库存状态。具体的装卸方式取决于装卸无人机装备的质量、包装的尺寸及现场的条件等因素。

3) 确定储存要求

无人机系统可在临时性或永久性的库房等设施中作短期或长期储存。确定储存条件主要是依据无人机装备预期的使用维护要求以及技术状态特性,并要与装备包装防护等级相一致。无人机系统的储存条件与其技术特性紧密相关,通常需要在封闭的、防潮防火的库房或厂房储存。

4) 确定运输要求和运输方式

运输是使用运输工具(或运输方式)将无人机系统从一个地方输送到另一个地方的过程。无人机系统的运输性是指依靠无人机装备公路输送、铁路输送、水运或空运等通用的运载方式得以远距离机动的内在性能。通过确定的运输方式能有效地转移无人机装备,将会获得较高的使用可用性,并降低无人机系统寿命周期费用。

(1) 确定运输要求。确定无人机系统的运输要求时,一方面要满足运载工具的尺寸、质量及重心的限制,以及运输动力学参数和运输环境参数要求;另一方面要满足装备卸和战场抢救时的牵引特性。对于火工品等危险品的运输要做出专门的规定,借助专门的、具有安全资质的、专业的机构进行运输。

(2) 确定运输方式。无人机系统的运输方式主要有公路输送、铁路输送、水路运输和航空运输,常用的是铁路输送和公路输送。在确定无人机系统的运输方式时,应根据任务要求和时间限制等具体条件,在保证任务要求的情况下,使得运输费用最低。

3. 经费保障

经费保障是为满足部队战备、训练、作战等需要,提供无人机装备维修、管理与退役报废处理等经费所进行的军事经济活动。及时获取充足的经费,正确合理地分配经费,科学严格地管理经费,既是无人机系统综合保障工作的重要内容,也是完成无人机系统保障任务的必备条件。

1) 经费保障的依据

经费保障的依据,在很大程度上决定着经费保障的内容、方法和装备经费的投向投量。无人机系统经费保障的主要依据有以下4个方面:

(1) 无人机装备对经费保障的需求。装备经费保障的根本目的,是满足军事装备建设和装备保障活动的需求。只有及时准确地掌握无人机装备对经费的需求,才能为计划和分配装备经费提供科学依据。

(2) 装备经费的实际保障能力。装备经费的实际保障能力,是指能够为装备建设及装备保障活动提供多少经费保障,也包括装备经费的管理能力、装备经费保障的信息化水平等。年度预算中装备经费的实际保障能力是决定无人机系统经费保障量度的最根本因素。

(3) 国家和军队的财务法规制度。国家和军队的财务法规制度,是无人机系统经费保障工作所必须遵循的行为规范。军队装备财务法规制度是否健全、经费管理是否严格、装备经费使用是否高效,在一定程度上决定着无人机装备经费的实际保障能力。

(4) 各级组织的坚强领导。本级组织是本级装备工作的领导核心,本级组织有关装备经费保障的决议和指示,是装备机关实施无人机装备经费保障的直接依据。上级装备机关做出的经费保障指示和规定等,也是实施无人机装备经费保障的重要依据。

2) 经费保障的方法

我军无人机装备保障经费根据保障工作不同由不同的业务部门负责管理。无人机装备维护、维修管理费,主要采用标准计领和计划(定额)分配两种方法。充足的保障经费和科学的保障方法为无人机系统综合保障提供经费支持,是无人机系统形成良好的综合保障能力的重要保证。

4. 设备保障

保障设备是非常重要的保障资源,小到一个扳手,大到一个大型保障设备,既要满足故障维修的需要,也要满足预防性维修的需要。在无人机系统综合保障工程中,确定保障设备的需求,主要是确定保障设备的品种和数量。

保障设备包括在装备使用与维修过程中所用的拆卸设备、安装设备、测试设备(包括自动测试设备)、诊断设备、工艺装置、切削加工和焊接设备以及各种工具等。保障设备一般不包括:通用的动力和非动力的手用工具;某些非直接保障的设备及产品;通用机床、设备;仅研制部门使用的设备。

以下是几种典型的保障设备分类方式:

(1) 保障设备按是否通用可分为通用保障设备和专用保障设备。

(2) 保障设备按配置的维修级别可分为基层维修保障设备、中继维修保障设备和基地维修保障设备。

(3) 保障设备按用途和功能可分为保养设备、测试设备和修理设备等。

大力加强无人机系统综合保障设备建设,才能使无人机系统的保障速度跟上作战的节奏,实现无人机保障与战斗同步化、一体化,保证无人机系统综合保障发挥出最好的效能。

5. 设施保障

保障设施是指保障设备所需要的永久性和半永久性的设施及其设备。按预定的用途可以分为维修设施、供应设施、训练设施和专用设施等。

在确定无人机系统保障资源要求时,保障设施是必须加以重点考虑的问题。由于保障设施建设周期长、投资大,为保证无人机系统部署部队时有配套的保障设施,必须对保障设施提前规划。对于一些无人机系统研制试验/鉴定和实战化训练所必需的设施(如起降场地、机场跑道、市电电源、机库及掩体等),更应及早确定,以免影响装备总体的研制进程和正常训练。

在方案论证阶段,应分析设备需求,通过保障性分析确定大致的设施要求。通过分析来鉴别现有保障设施是否适用于新型无人机装备,是否需要改造原有设施或重新建设新设施。经分析判断,若现有设施不充分,则应制定新设施的要求。

规划保障设施的要求主要是依据现有设施数据、预计的空间可用性、资金情况、预计的使用和维修方案等。设施的基本设计准则是优先考虑利用现有设施的可行性,提高现有设施的利用率,充分发挥其作用,尽量减少新的设施需求。通常某种保障设施不是专门用于保障一种装备的,大多数设施保障着多种类型多种型号的装备,如起降场地、机场跑道可保障多种类型无人机进行飞行训练。因而,规划设施时不仅要考虑与新研无人机装备有关的因素,还要考虑实施其他保障工作时有关的因素。

对于初步拟定的新设施的要求,应经过充分论证和验证,再确定正式的要求,以便作为执行的依据。验证可在原有的设施上或模拟条件下进行,也可通过详细数据的分析予以验证,最后提出新建保障设施要求的详细论证结论。

2.2.3　信息资源

1. 技术资料

技术资料是指将装备和设备要求转化为保障所需的工程图样、技术规范、技术手册、技术报告、计算机软件文档等信息资料。它来源于各种工程与技术信息和记录文件,并且用来保障或维修一种特定产品,其范围包括装备使用和维修中所需的各种技术资料。

1) 技术资料的种类

各类装备所需技术资料的种类不尽相同,为满足装备使用与维修保障的要求,技术资料通常包括以下几种主要类型:

(1) 技术类资料。装备技术类资料主要用来描述装备的战术技术特性、工作原理、总体及部件的构造等,它包括装备总图、各系统分图、部件分解图册、工作原理图、技术数据、有关零部件的图纸以及这些资料的说明文件等。它根据工程设计资料编纂而成。

(2) 使用操作类资料。使用操作类资料是有关装备使用和检测方面的资料，一般包括操作人员正确使用和维护装备所需的全部技术文件、数据和要求。

(3) 维修操作类资料。维修操作类资料是装备各维修级别上的维修操作程序和要求。维修操作类资料一般包括：故障检查的方法和步骤；各维修级别维修工作进行的时机、工作范围、技术条件、人员等级、工具及保障设备等；更换作业时拆卸与安装以及分解与组合等规程和技术要求；装备翻新或大修所需的资料、程序、工艺过程、工艺装备、所需保障设备要求、质量标准和检验规范、修后试验规程等。

(4) 零部件目录与清单。该类资料是备品备件的采购和费用计算的重要依据。一般可以编成带说明的零件分解图册或者是备件和专用工具清单等形式。该类资料也可随同维修操作资料一同使用，供维修人员确定备件和配件需求。

(5) 包装、装卸、储存和运输资料。该类资料是指装备及其零部件包装、装卸、储存和运输的技术要求及实施程序。例如，包装等级与类型、防腐措施，装卸设备，装卸要求，储存方式及要求，运输模式及实施步骤等。

2) 技术资料的编写

技术资料的具体编写过程贯穿于无人机系统寿命周期全过程，是无人机系统保障人员正确使用与维修装备的基本依据，要特别强调提交部队的各项技术资料文本必须充分反映所列装无人机系统的技术状态，以及使用与维修的具体要求，要准确无误、通俗易懂。

各种装备的技术资料形式和内容虽有不同，但编写的基本要求却大致相同。其主要要求包括两个方面的内容：

(1) 技术资料种类与编写内容的规范化要求。技术资料的用户要明确提出编写的技术资料种类，并对每一种类技术资料提出详细的编写格式与内容要求，以保证技术资料的适用性，国外也有类似做法。编写的格式与内容要求通过国家军用标准加以确定。

(2) 技术资料的编写要充分考虑到使用对象的接受水平和阅读能力，应简单明了，通俗易懂。技术资料必须准确无误，提供的数据和说明必须与装备保持一致，充分反映保障性分析和各专业工程的分析结果。

2. 计算机资源

随着装备的智能化程度越来越高，无人机系统中内嵌式计算机已经是不可或缺的一部分，其所消耗的资源和占用的管理时间也越来越多。为此，计算机本身的保障问题，即计算机资源保障问题也变得十分重要，成为无人机系统综合保障工程的重要组成部分。

内嵌式计算机资源保障是指使用与保障无人机系统内嵌式计算机所需的设施、硬件、软件及人力。无人机系统内嵌式计算机环境适应性要求较高，地面站内嵌式计算机要能够承受越野环境下地面车辆剧烈振动的影响，机载计算机要能够在无人机飞行的复杂环境中正常工作。内嵌式计算机在使用与维修过程中需要一些特定的设施和硬件设备进行保障。

另外,应该特别重视对飞控软件、情报处理软件等软件系统的配置控制及其状况的全面了解,还要特别重视在无人机装备的使用阶段对软件的更改实施管理控制。

3. 装备保障信息化

装备保障信息化是指在装备保障活动中,充分利用现代信息技术,依托国家、国防和装备信息基础设施,实现装备保障信息采集、储存、传输、处理、使用、反馈的一体化和自动化。装备保障信息化的目的,是提高装备保障决策、指挥、控制水平,实现装备保障的实时、精确、高效。

1) 装备保障信息

无人机装备保障信息是无人机系统保障现状与状态变化的反应,保障信息从传递、接收、认识到利用需要一个过程。无人机装备保障信息工作的目的就是更好地开发与利用无人机装备保障信息资源。

(1) 装备保障信息的分类。按信息的稳定情况分可分为基本信息和动态信息。基本信息是指无人机系统保障工作一些相对比较稳定的信息。动态信息指的是随着时间、地点、条件的变化而不断变化的信息。

按信息是否经过加工处理可分为原始信息和已加工处理的信息。在无人机系统保障过程中直接采集来的、未经过加工处理的信息都称为原始信息。已加工处理的信息是指将原始信息经过分析、统计、归类等处理得到的信息。

按信息反映的内容分,涵盖无人机系统保障的方方面面,主要包括装备基本信息、装备调拨供应信息、装备换装调整信息、装备使用信息、装备维修信息、装备故障信息、装备可靠性信息、装备备件和其他供应品信息、装备保障人员信息、装备费用信息、装备保障机构信息等。

(2) 装备保障信息的作用。无人机系统保障信息既反映无人机装备的供应、消耗数量,也反映无人机装备的技术状况以及无人机装备技术保障的特点和规律;是组织实施无人机系统保障工作的基础,也是无人机系统使用、维修、器材保障以及改进、升级换代的重要依据。

无人机系统保障信息是装备宏观管理者实施决策、控制的重要依据。无人机系统管理的核心是各级装备管理者进行决策的过程,装备管理者根据无人机系统保障信息及时调控无人机装备的数量、备品备件储存量等;在无人机系统全寿命管理过程中,装备管理者根据无人机系统保障信息,制定无人机的发展规划和装备体制,实施装备管理。

无人机系统保障信息是部队管好装备、用好装备,充分发挥其作战效能的重要依据。要使无人机系统发挥作战效能,不仅要保证一定的规模、数量,做到体系配套，而且要保持其良好的技战术性能和优良的技术保障。

无人机系统保障信息是提高装备可靠性、维修性、保障性水平的重要依据。装备保障信息为新型无人机系统的设计、试验、评审，以及实现装备可靠性、保障性的增长提供必要的技术支持。

2) 无人机装备保障信息系统

无人机装备保障信息系统是指以无人机系统为受控对象，由一定的组织、人员、设备和软件组成，从事无人机装备保障信息服务，以支持和控制无人机装备保障活动有效运行的系统。无人机装备保障信息系统是一个多层次、多环节、多专业的相互关联的复杂系统。

(1) 无人机装备保障信息系统的构成。各级信息管理部门是指采用一定的组织形式和管理程序、管理办法所形成的各级信息管理机构，负责无人机装备保障信息系统的管理工作。

各种硬件设备和软件技术是指为开展无人机系统保障信息工作所需要的设备、技术手段与文件。例如，计算机、信息传递设备、信息表格与代码等信息载体，以及信息分析处理技术方法和标准、规范、规定等。

信息源是指产生无人机系统保障信息的始端，即无人机系统保障信息的发生点或信息的源头。

信息流是指无人机系统保障信息的流动过程，亦即以无人机系统保障信息载体为媒介所形成的信息流程，由装备保障信息采集、加工处理、储存、反馈与交换等基本环节所组成。无人机系统保障信息流是一个不断循环的闭环流动过程。

(2) 无人机装备保障信息系统的任务。为调配装备提供信息支撑。根据无人机装备保障信息系统提供的装备保障计划、装备损耗情况、装备技术状况等信息，及时进行无人机装备的换装和调整，对无人机装备的退役、报废进行科学管理，保持现役无人机系统战斗力。在战时，根据部队作战任务需求和无人机装备的实际损耗等信息，及时、准确地提供无人机装备补充信息。

监控装备状态。无人机装备保障信息系统通过采集无人机装备使用信息、装备检测信息、装备故障信息和装备维修信息等，及时掌握无人机装备技术状况，为确定无人机装备技术状态等级提供信息。

评价装备技术水平。通过对无人机系统保障信息的分析，如维修保障工时数据、备件以及其他器材的消耗情况等，评价无人机装备保障系统的保障水平或效率。

为装备维修提供信息支持。根据无人机系统的维修信息，发现装备损毁、故障等方面的问题，及时反馈给装备维修管理、装备论证和研制部门，为装备维修和改进无人机系统可靠性、维修性、保障性提供依据。

(3) 无人机系统保障信息流程。无人机系统保障信息流程包括保障信息的采集、加工处理、储存，以及反馈与交换等。保障信息的价值与作用只有通过无人机系统保障信息流程才能得以实现。

保障信息的采集。无人机系统保障信息是客观存在的，只有将分散的、随机产生的保障信息有意识地、有选择地采集起来，对采集到的数据进行分析利用，才能使其为开展无人机系统保障工作服务。信息采集应符合以下4个要求：一是及时性。信息的价值往往随着时间的推移而降低，及时采集信息才能充分发挥其应有的价值。二是准确性。保障信息必须如实地反映客观事实的特征及其变化情况。三是完整性。要达到信息内容完整和数量完整。四是连续性。在无人机系统寿命周期的不同阶段，必须保持无人机系统保障信息采集的连续性。无人机系统保障信息的采集包含以下4个基本程序：一是确定保障信息采集的内容和来源。二是编制规范的保障信息采集表格。三是采集、审核和汇总保障信息。四是对信息进行汇总，并及时将信息按规定的信息流程提交或反馈给有关部门或信息组织。

保障信息的加工处理。无人机系统保障信息的加工处理，是指针对所采集到的分散的原始保障信息，按照一定的程序和方法进行审查、筛选、分类、统计、计算、分析的过程。保障信息加工处理的基本要求：一是真实；二是实用；三是系统；四是简明；五是经济。

保障信息的储存。装备保障信息的储存有多种方式，如纸介质文件、计算机、声像设备、磁介质等。应根据信息的利用价值、查询和检索要求、技术和经济条件，确定不同管理层次信息的储存方式。

保障信息的反馈和交换。无人机系统保障信息的反馈与交换都是保障信息的传递形式之一，保障信息只有通过传递才能够发挥它的作用。保障信息的反馈是把决策信息实施的结果输送回来，以便再输出新的信息，用以修正决策，使无人机系统保障活动有效运行。无人机系统保障是由多个部门、多个层次共同完成的，每个单位、每个部门都会产生保障信息并反馈信息。保障信息的交换是获取无人机系统保障信息的重要来源，实现装备保障信息资源共享，避免重复采集、重复试验，节约经费、争取时间。

3) 保障信息化的作用

只有实现保障信息化，才能更好地组织实施无人机系统的综合保障。装备保障信息化的作用主要体现在以下4个方面：

(1) 有利于提高保障供应的及时性和准确性。信息技术的广泛应用和信息资源的共享，使装备保障机构能够准确掌握无人机系统及其保障器材、保障设备等的状况，实现全部资源可视化；并能及时沟通供应、使用与生产单位之间的联系，减少库存与周转，实现点对点的高效保障。

(2) 有利于提高装备维修质量和效益。通过及时、准确的维修信息传输与处理，可对无人机系统维修管理进行辅助决策，实现远程技术支援，提高维修技术水平。通过无人机系统状态监测、故障监测的信息化,可及时发现故障,实时掌握无人机系统的状况,为无人机装备维修提供信息支持。

(3) 有利于提高装备保障训练质量和效率。多媒体教学、训练模拟器或仿真实验、远程教学等信息化手段的使用,可以大大提高无人机保障训练的质量和效率,加速人与保障设备、设备和设施的结合,及早形成保障能力。

(4) 有利于提高装备保障论证质量。信息技术在装备保障中的普遍应用,包括计算机辅助设计与分析系统、作战模拟和仿真实验系统的使用,可以获得更多的无人机系统保障信息,能够更好地明确作战保障需求、战技性能要求。

4. 保障信息化建设的内容及要求

无人机系统保障信息化建设不仅包括保障设备等硬件的信息化,也包括保障理论、保障技术等软件的信息化;不仅包括指挥体系的信息化建设,也包括装备保障力量、保障活动的信息化建设等。

1) 保障信息化基础建设

无人机系统保障信息化基础建设,是通过构建保障信息化理论体系和对保障信息化相关技术的开发和应用,为无人机系统保障信息化建设提供理论基础和技术基础。一方面,要构建无人机系统保障信息化理论体系;另一方面,要开发无人机系统保障信息化相关技术。

2) 保障指挥系统信息化建设

无人机装备保障指挥自动化系统由以计算机为核心的各种技术设备和指挥人员组成,以信息获取、传递、处理、储存、显示和辅助决策等为主要功能,对无人机系统保障实施指挥、控制的系统,是遂行信息化战争无人机系统保障任务的指挥平台。要研制开发网络化指挥通信手段、智能化辅助决策手段,并融合多种信息获取手段。既要实现战略、战役、战术无人机系统保障信息获取手段的融合,也要实现人工、自动化等信息获取手段的融合,还要实现陆、海、空、天、电多维空间信息获取手段的融合。

3) 保障力量信息化建设

无人机系统保障力量信息化建设,是通过保障设备的信息化建设与信息化装备保障人员的培养,使无人机系统保障力量得到质的提高。

(1) 保障设备信息化建设。信息化保障设备是信息化战争条件下实施无人机系统信息化保障的物质基础,是保障能力的重要体现。保障设备信息化建设,应根据信息化战争的要求,通过研制和改造,使各种保障设备在战术和技术方面具备信息化保障的能力,从而保证信息化战争无人机系统保障的需要。

(2) 培养信息化装备保障人员。装备保障信息化建设作为知识密集、技术密集的高科技系统工程,需要大批高素质的专业人才作支撑。必须深入贯彻"人才先行"的原则,多法并举,加强人才培养,努力造就一支技术精、作风硬、思想好的信息化人才队伍,为无人机系统保障信息化建设的可持续发展提供不竭的动力。

（3）加强信息化战争条件下装备保障训练。无人机系统保障训练，应与无人机装备的信息化发展相适应，突出对装备保障自动化系统、自动化检测系统的训练；应根据信息化战争战场环境复杂多变的情况，注重充分利用信息技术提高无人机系统快速保障和综合保障能力。

4）保障活动信息化建设

无人机系统保障活动信息化建设是应用信息化保障技术手段，依托信息化保障力量，实现无人机系统保障活动全过程的最优化。

（1）调配保障信息化建设。调配保障信息化建设是无人机系统保障信息化建设的重要内容。其目标是，将无人机系统调配保障有关各方面的信息经过采集、传输、检索、分类、储存和处理等，达到调配保障的最优化，提高无人机系统保障效率。

（2）最优化配置。建立无人机系统调配保障的数据库，根据保障需求、战场态势和作战计划，自动生成无人机系统保障方案。在对无人机装备信息有效采集、传输、存储的基础上，利用检索、分类等软件，采用分析、评判等方法，实现保障资源的最优化配置。

（3）可视化控制。可视化控制是实现无人机系统调配保障精确化的基础。通过融合网络技术、多媒体技术、虚拟现实技术、传感技术等最先进技术，实现无人机系统调配保障的信息融合，构建一个从工厂、后方储备仓库、战区到部队无人机系统保障物资供应的"无缝"信息链。

（4）网络化联通。信息化战争使网络化保障成为无人机系统调配保障建设与发展的必然趋势。在互联网及军队指挥自动化网络的支撑下，调配保障一体化和区域化将加速发展，扁平化网状保障将逐渐取代层次化树状保障，将装备调配保障力量黏合为一个有机整体，从而提高无人机系统保障效率。

5）技术保障信息化建设

无人机系统技术保障信息化建设的主要目标是实现无人机技术保障的智能化、网络化。

（1）智能化维修。建立无人机系统的各种保障技术数据库，针对保障需求自动生成相应的技术保障方案。不断发展状态检测和故障诊断技术，快速准确地诊断系统故障，为无人机系统维修保障提供信息支持。发展综合自动保障系统，研制自动化维修设备，提高自主测试水平，适应复杂战场环境快速保障的需要。

（2）网络化控制。利用信息网络，以监控、检测和维修综合化保障软件为平台，随时掌握无人机系统的战术技术状况，运用网上支援、异地支援等保障方法，使技术保障的各种方式形成有机整体，实现实时、高效的无人机系统网络化技术保障。

5. "精确高效"的信息化保障理念

精确高效的保障，要求保障指挥机构必须及时了解部队的作战进程，准确掌握无人机装备的分布和无人机系统保障对器材、物资、设备等资源的需求,预先做好保障准备,根据需要投入综合保障力量。通过信息网络,全程跟踪"人员流""装备流""物资流""技术流",并指挥和控制其接收、分发,实现按需分配,精确"即时补给"。

(1) 保障能力的可视化。运用网络技术和可视化技术,使无人机系统保障需求情况、保障资源使用及储备情况、现有保障能力与保障需求之间的"缺口"等保障状态由保障网络系统全程自动跟踪、全程实时评估、全程动态显示,使指挥员对无人机系统的保障状态始终了如指掌。

(2) 保障指挥的自动化。将分析需求、做出决策、分配资源、实施控制等无人机系统保障指挥要素,由网络系统中的决策控制分系统自动完成,节约人力、确保质量、提高效率。

(3) 保障行动的联勤化。要在信息网络系统的统一调控下,实施联勤联动保障,使无人机系统保障渠道的选择、保障力量的使用、保障资源的分配达到最优。

2.3 无人机系统综合保障能力

在无人机系统良好的固有保障特性和完备的保障资源基础上,还必须能够科学合理地组织与实施综合保障工作,才能扎实推进无人机系统综合保障工程,才能更好地发挥无人机系统的战斗力和生产力。

我们应立足实际,着重从保障体制与保障力量、综合保障配套建设、综合保障能力训练等多个方面加大改革力度,不断提高综合保障能力和水平,为无人机系统综合保障能力的提高提供良好的条件保证。

2.3.1 保障体制与保障力量

装备保障体制是军队实施装备保障的组织体系及其制度的统称,包括装备保障组织机构的编设、职权的划分、相互关系及其制度等。加强装备保障体制建设,建立健全我军特色的装备保障体制,具有十分重要的意义。

装备保障力量是从事装备保障活动的各种力量的统称。装备保障力量建设是装备保障建设的重要组成部分,是保持和提高装备综合保障能力的重要因素。

1. 保障体制建设

1) 装备保障体制的构成

随着科学技术的迅猛发展及其在军事领域的广泛运用,军事装备保障的内容和构成发生了很大变化,逐步形成了以装备调配保障体制、装备技术保障体制为主要内容的装备保障体制。

(1) 装备调配保障体制。装备调配保障体制是调配保障组织体系和制度的统称，是军队实施装备调配保障的组织保证，包括调配保障机构的设置、调配保障职能的划分、调配保障关系的确定等。由于国情、军情不同，世界各国的装备调配保障体制不尽相同，大体可分为以下 3 种类型：

① 集中统管的调配保障体制。集中统管的调配保障体制是指全军建立统一的装备调配保障机构，对各军兵种武器装备调配工作实施集中领导、统一管理的保障体制。目前，采用这种保障体制的有加拿大等国家的军队。

② 军兵种分体的调配保障体制。军兵种分体调配保障体制是指由各军兵种装备调配机构负责组织本军兵种装备调配保障，总部只设置装备调配协调机构的保障体制。目前，采用这种保障体制的有英国、印度等国家的军队。

③ 统分结合的调配保障体制。统分结合的调配保障体制是指全军通用装备的调配保障由总部统一组织，军兵种专用装备的调配保障由各军兵种根据总部的统一计划分别组织的保障体制。目前，采用这种保障体制的有美国、俄罗斯等国家的军队。

（2）装备技术保障体制。装备技术保障体制是为了组织实施装备技术保障而建立的组织体系和相应制度的统称，包括技术保障机构的设置、保障职能的划分、保障关系的确定等。其主要有以下 3 种：

① 后装合一的技术保障体制。这种体制的主要特点是装备技术保障与后勤保障合为一体，统一组织实施。典型代表是美军。

② 统分结合的装备技术保障体制。这种体制的主要特点是装备技术保障自成体系，通用装备技术保障与专用装备技术保障分别组织实施。典型代表是俄军。

③ 三军分立的装备技术保障体制。这种体制的主要特点是各军种的装备技术保障自成体系，各自负责。典型代表是英军。

2）装备保障体制的地位作用和特点

装备保障体系是否完善、装备保障机构设置是否合理、相互关系是否顺畅、保障制度是否健全，都直接影响装备保障的效率和效益。

（1）装备保障体制的地位作用。

① 装备保障体制是将装备保障体系各构成要素组合成有机整体的基本纽带。装备保障体系是一个由装备保障指挥管理机构、装备保障部（分）队、装备保障设备与设施、装备保障器材等多种要素构成的复杂系统，是从全局上解决装备保障体系内部的组合方式和分工协调问题，对装备保障体系各构成要素组合成有机整体具有根本性的作用，是整个装备保障体系各构成要素有机结合的基本纽带。

② 装备保障体制是装备保障各项活动有序进行的基本保证。装备保障是为部队生成、保持和提高战斗力服务的，装备保障各项活动的有序进行，是部队顺利完成任务的重要保障。装备保障的一切活动，都离不开装备保障体制的保证作用。

③ 装备保障体制建设是提高装备整体效能的重要方面。只有通过科学的装

备保障体制,充分利用可能的物质条件,使各要素形成最佳组合,才能产生最大的整体功能和最佳的效益。

(2) 装备保障体制的特点。

① 权威性。装备保障体制的权威性,主要体现在两个方面:一是装备保障体制的功能属性决定了它必须具有权威性;二是装备保障体制的形成过程也保证了它的权威性。

② 稳定性。装备保障体制作为军队体制的重要组成部分,是对装备保障机构设置、职责权限、相互关系的规范,它决定着装备保障各项活动的内容、程序和方法。

③ 层次性。装备保障过程,实际上就是装备保障系统按照装备保障体制确定的规则运行并发生作用的过程。装备保障体系是由各种要素按照一定结构组合而成的。

④ 相对独立性。相对独立性是装备保障体制作为一种体系及相应制度的统一体本身所固有的一个基本属性。从相互关系上看,装备保障体制虽然从属于军队体制;但从体制的基本属性出发,装备保障体制又具有相对独立的性质。

3) 装备保障体制建设的要求

装备保障体制建设特别是装备保障体制的确定与调整,受国家经济实力、科学技术水平、军队体制编制、军事装备管理体制等诸多因素的影响和制约。装备保障体制建设应遵循以下几点要求:

(1) 与国家经济实力和科技水平相适应。装备保障工作,离不开国家经济实力和科技实力的支撑。国家经济实力和科技实力是装备保障活动的后盾。装备保障体制建设特别是装备保障体制的确定和调整,必须与国家的经济实力和科学技术水平相适应。

装备保障工作,离不开财力和物力的支持。信息化条件下,用于装备技术保障的装备、设备、设施和器材,技术含量日益提高,价格越来越昂贵,更新周期也越来越短,装备保障对国家经济实力和科技实力的依赖性越来越强。

(2) 与军队体制编制相一致。军事装备保障体制是军队体制的重要组成部分,是军队体制在装备保障方面的具体反应。因此,军事装备保障体制建设,要与军队体制相一致,适应军队体制的要求。

根据军队的实际需要确定装备保障的基本制度。装备保障制度的确立,应当从国家和军队的军事战略、国防财力、科技水平、保障能力、作战对象和自然条件等实际情况出发,不能照搬照套其他国家的军事装备保障模式。

(3) 有利于强化集中统一指挥和管理。强化对装备保障的统一指挥和管理,是装备保障体制建设的基本要求。对装备保障实施集中统一指挥也是装备保障指挥自动化发展的必然结果。强化对装备保障的统一指挥和管理,不仅是现代战争的客观要求,也是和平时期装备保障建设的需要。

强化装备保障统一指挥管理,主要表现在装备保障的筹划和决策上,体现在高层次上;而在具体实施上,装备保障指挥管理权力适当分散是必要的,有利于发挥各级指挥管理人员的积极性、主动性和创造性。

(4) 有利于提高综合保障能力。联合作战是现代战争的基本作战形式。增强军队的联合作战能力,对武器装备的综合保障能力提出了更高要求。

为适应信息化战争的需要,必须在新的装备保障体制的基础上,研究提高综合保障能力的途径,进一步健全装备保障机构,调整装备保障领导机关职能划分和保障部(分)队编制,建立、健全适应新的装备保障体制的法规制度等。

(5) 有利于精干、高效保障。缩短组织与实施装备保障的时间,提高装备保障效率,高质量地完成装备保障任务,已成为世界各国普遍追求的目标。这就要求装备保障体制建设,必须适应战争节奏快的特点,按照精干、高效的要求,完善装备保障机构。

首先,要优化装备保障的体系结构,特别是体系的层次结构,重视层次对系统的调节作用。层次适当,可以有效控制装备保障体系的整体效能。

其次,要精简装备保障指挥机关,使装备保障力量保持适度规模。既要保持装备保障指挥机关精干、高效,又要使装备保障力量规模适度。

(6) 有利于平战结合、军民结合。平战结合是确立和调整装备保障体制,既要着眼和平时期军队建设的需要,又要着眼战争时期军队作战的需要,要把平时需要和战时需要有机地结合起来,尽可能使平时装备保障体制与战时装备保障体制相一致或者相衔接。

军民结合是通过完善装备保障体制,把军队的装备保障力量与地方支前的装备保障力量有机联结起来,建立以军队装备保障力量为骨干,以地方的装备保障力量为补充,二者紧密联系、有机结合的军事装备保障体制。

2. 装备保障力量建设

1) 装备保障力量构成

装备保障力量通常由具体从事装备保障的人员和用于装备保障的设备、设施、器材等要素构成。无人机系统保障力量是实施保障行动的主体,对于提高无人机系统保障能力,完成无人机系统保障任务具有重要的作用。

(1) 装备保障力量构成的基本要素。装备保障力量构成的基本要素是随着科学技术的不断发展和经济实力的不断提高而不断变化的,不同国家的军队由于装备保障力量建设所处的客观环境各异,其构成的要素也各不相同。但从本质上看,装备保障力量主要包含以下基本要素:

① 装备保障人员。随着装备技术含量的不断增加,装备更新换代步伐的加快,对装备保障力量的需求随之增大。一是装备保障力量在军队总员额中的比例

日趋加大;二是地方直接或间接从事装备保障的人员不断增加。

② 装备维修器材。装备维修器材是装备在维护、修理过程中所需的一切器材和材料,是装备维修保障的物质基础,主要包括备件、附件、工具、仪表(器)、油液、材料等。备件通常是指完成装备维修所需的专用组件、部件和零件等备件。

③ 装备保障设备。装备保障设备是用于实施装备保障所编配的各种装备的统称,是装备保障的重要组成部分,对于发挥武器装备效能、完成装备保障任务具有重要的影响。装备保障设备向着标准化、通用化、系列化、智能化,以及快速、轻便、高效的方向发展。

④ 装备保障设施。装备保障设施是指装备保障人员从事保障活动的场所,主要包括装备技术准备、技术检查、维护、维修和储备等所需的永久或半永久性场所、建筑物及其配套设备。按照用途,可分为维修设施、储存设施、训练设施等。按照性能,可分为简易和永备装备保障设施,地上、半地下和地下装备保障设施,固定和非固定装备保障设施等。

(2) 装备保障力量的组织形式。装备保障力量的组织形式主要包括装备保障基地、装备保障部(分)队、装备仓库。

① 装备保障基地。装备保障基地是在战略、战役后方建有相对固定的装备保障设施和相应机构并储存有相当数量装备及物资器材的基地。通常由指挥机构、相应的专业勤务机构和专业保障部(分)队组成。按层次,可分为战略装备保障基地和战役装备保障基地;按保障内容,可分为综合保障基地和专业保障基地;按配置地域,可分为后方保障基地和前进保障基地。

② 装备保障部(分)队。装备保障部(分)队是军队内担负装备保障任务的建制单位,通常采取综合化和专业化编组形式。综合化编组,下设若干具有综合保障能力的装备保障分队。装备保障部(分)队包括装备修理营(连)、装备修理厂(所)、装备科研院(所)、装备训练大队、计量站等专业技术部(分)队,以及地方支援力量。

③ 装备仓库。装备仓库是储存装备及物资器材的设施及其管理机构。编有管理部门、勤务分队和相应的专业人员,建有储存物资的设施,配有物资收发设备和运输工具。

随着无人机系统等武器装备技术含量的不断提高,装备保障力量的建设将向快速反应能力、综合保障能力、机动保障能力和持续保障能力不断增强的方向发展。

2) 装备保障力量建设的特点

装备保障力量建设是随着武器装备的发展而不断变化的。充分认识和把握信息化条件下装备保障力量建设的基本特点,对于加强新时期装备保障力量建设具有重要的意义。

（1）保障力量体系构成扁平网络化。信息化战争条件下,全方位、全纵深、全过程作战的特点,以及非线式、非接触、精确打击等新的作战方式的广泛运用,使传统的装备保障力量体系构成随之发生新的变化。

传统的装备保障力量体系构成,是在保障单一军种执行独立作战任务的情况下形成的。扁平式网状结构的装备保障力量,其主要特点是保障力量扁平式分布,网络化布局。不仅更加合理地使用了区域内的保障力量和资源,提高了保障效率和效益,同时更加增强了整体保障能力,实现了纵向有支援、横向有保证的保障力量构成。

（2）保障力量结构组合多元化。保障力量结构构成多元化是指综合运用陆地、海上、空中、外层空间、信息网络与电子领域的装备保障力量,构建立体、多维的装备保障力量结构体系,已成为世界主要国家军队普遍关注的问题。

保障力量要素构成多元化。保障机构从过去的专业化,发展到了综合化和多功能化;从过去实施单一机种的保障,发展到了多机种、多机型的全方位保障;从过去的常规技术保障,发展到了集光电技术、人工智能技术、新材料技术于一体的多功能化保障。

（3）保障力量运行方式快速综合。从投送力量运行机制上提高快速保障能力。许多国家军队都把战略投送,特别是战略空运能力的建设放在突出位置,并在装备保障力量的编组中编有预备役海、空战略运输部队,重点解决应急机动保障部队的战略机动、远程保障及战略支援等问题。

从物资储备力量运行机制上提高快速保障能力。目前,世界主要国家军队装备保障力量大多除了在主要作战方向战场附近建立装备保障力量基地和仓库,储备部分战备物资,也在远离战场的安全地域,建立装备保障力量基地和仓库。

（4）保障力量实施手段高效。当前,一大批全新的武器装备已经广泛运用于战场,过去用于保障传统装备的保障手段已经无法适应新式武器装备发展的客观要求。

① 保障技术现代化。近年来,许多国家军队在装备保障力量手段建设上,积极运用先进的科学技术改革传统、低效的装备保障手段,逐步转型为以信息技术为核心,并具有智能化、综合化、通用化、小型化、网络化、可视化特征的信息化装备保障手段,基本形成了与信息化战争装备发展要求相适应的装备保障手段。

② 保障手段综合化。随着新材料、新技术、新工艺在武器装备中的大量运用,一方面给武器装备发展带来了更为广阔的空间,另一方面也给装备保障力量建设提出了新的更高要求。

3）装备保障力量建设的要求

装备保障力量是实施装备保障的重要物质基础,随着以信息技术为主要特征的现代化武器装备的不断问世,装备保障力量建设面临越来越多的挑战。针对信

息化战争条件下无人机系统保障力量建设的基本特点,科学地建立无人机系统保障力量,应当重点突出以下几个方面:

(1) 精确高效与快速反应相结合。一是建立保障设备与作战装备同步协调发展的机制;二是加强保障设备的可靠性、维修性和综合性建设;三是开发运用先进技术。

(2) 军地一体与平战转换相结合。装备保障力量建设已从纯军事领域扩大到了国家经济和科学技术等社会领域,强调以综合国力为依托,充分发挥社会力量的作用,坚持以军队装备保障力量为主,以地方技术人员为基础,以国家经济、技术潜力为后盾,构建军地一体化、军民高度融合的装备保障力量体系,最大限度地把社会保障力量转化为军队装备保障力量。

(3) 立足现实与着眼未来相结合。装备保障力量是完成装备保障任务的基本前提,装备保障任务决定和影响着装备保障力量建设。如果装备保障力量建设脱离了装备保障的现实,其结果将影响装备任务的完成,甚至会影响战争的进程。因此,装备保障力量建设应当紧紧围绕现实保障任务展开。

(4) 专业素质与综合素质相结合。装备保障人员是实施装备保障的主体,应大力加强对装备保障人员在专业技能、思维能力、指挥管理能力以及开拓创新能力的培养,提高装备保障人员运用所学的知识分析解决装备保障中实际问题的能力。

2.3.2 综合保障配套建设

1. 装备储备

装备储备是为保障军队作战和执行其他非战争行动需要预先有计划地储存装备的活动,是提高装备保障及时性、连续性的基本保证和物质基础。"军无委积则亡",古今之常理。有无充足、合理的无人机系统装备储备,关系到军队建设、无人机系统作战任务等能否顺利进行。

1) 装备储备的依据和要求

信息化条件下的局部战争,战争爆发的突然性增强,而无人机系统这类结构复杂的武器装备需要较长的生产周期,仅靠临战生产和筹措,难以适应战争需要,必须做好装备储备工作。

(1) 装备储备的依据。装备储备涉及国民经济和军队建设的方方面面,必须依据未来作战需求、国民经济发展水平、装备生产能力、战场地理环境等组织实施。

① 未来作战需求。不同的作战需求,要求军队装备不同的武器,配备不同的弹药。同样,装备储备的规模、种类,以及布局、结构都要依据未来作战需求确定。

② 军费保障水平。经济是战争的物质基础,战争受制于国民经济条件。特别是随着装备信息化程度的提高,装备的科技含量越来越高,生产工艺越来越复杂,装备价格越来越昂贵,装备储备受军费保障水平的制约越来越大。

③ 装备生产能力。不同的装备有不同的技术含量、工艺水平和生产周期。在经费能够保证的前提下，生产周期成为战争期间影响武器、弹药供应与补充的最主要因素。

④ 战场地理环境。我国地域辽阔，领土、领海面积大，范围广，地理环境复杂。未来可能发生局部战争的地区，既有海洋、岛屿，又有高原高寒山地、平川。不同的战场地理环境不仅需要不同的装备进行作战，而且战场地理环境严重影响和制约武器、弹药、维修器材的供应与补给。

(2) 装备储备的要求。装备储备涉及国家经济建设、军队建设，尤其是装备建设的多个领域、多个层面，必须正确处理各个方面的关系，做到符合国情、适应形势、统筹规划、合理布局、综合配套、科学管理等。

① 符合国情。一个国家的现实状况是实施装备储备的前提条件，只有适应国情需要，才能组织完成好装备储备工作。部队所需装备在市场上占有的份额，直接影响和制约装备的储备。对于市场上大量拥有的军民通用装备可以少储，甚至不储；反之，则多储。

② 适应形势。适应国际及我国周边形势是装备储备的基本要求，只有适应国际及周边形势的变化，才能使装备储备工作有的放矢。近年来，随着非传统安全威胁因素的增多，我军完成军事任务的范围越来越广，组织装备储备应该适应形势的发展变化，以保证多样化军事任务的完成。

③ 统筹规划。装备储备必须由国家和总部统一规划、统一设计、统一组织，把国内与国际、军队与地方、通用与专用、"大打"与"小打"、战争初期与战争中后期的需要结合起来，统筹兼顾、通盘安排，加强宏观调控。要统筹规划诸军兵种装备储备，重点储备国外引进装备以及消耗量大、不易生产、专用性强的装备。

④ 合理布局。合理布局是指装备储备的地区分布和各地区、各储备机构的储备数量等，必须符合军事战略方针，体现战略意图和各方向的战略任务。根据信息化条件下局部战争的需要，为保障我军战略展开和战争初期的急需，应加强主要方向或者特殊地区的预置储备。

⑤ 综合配套。综合配套是指各类装备储备机构所储存的装备，要做到数量充足、结构合理、品种齐全、比例适当。军队作战所需的各类装备、各种弹药、各种器材等，都要有相应的储备。

⑥ 科学管理。加强装备储备的科学管理，是确保装备储备质量的重要举措，直接关系到装备储备的质量、使用价值和作战效能。针对装备生产、试验、储备、使用等情况，建立完的装备管理信息库，为加强管理提供信息保障。

2) 装备储备分类

装备储备作为保持军事实力的战略措施，越来越得到世界各国的重视。由于各个国家的政治制度、经济发展状况、科学技术水平、军事战略以及作战方式等不同,其装备储备体制、储备方式、储备规模和储备构成各有差异,但其基本分类不乏共同之处。

(1) 按用途划分的装备储备。按照用途,装备储备通常分为通用装备储备和专用装备储备。

通用装备储备是对通用装备所进行的一系列储备活动的统称,是装备储备的重要组成部分,与专用装备储备相对应。通用装备有的国家是由战区或者某一军种统一负责的,因此,其储备也是从上到下由军委、战区、军兵种分层实施的。

专用装备储备是对无人机系统等专用装备所进行的一系列储备活动的统称,其储备工作由各军兵种机构分层次实施。

(2) 按层次划分的装备储备。按照层次,装备储备通常分为战略储备、战役储备和战术储备。

战略储备是为保障部队完成战略任务需要而进行的装备储备,主要用于战时支援重要战略方向的作战行动。

战役储备是为保障战役作战需要而进行的装备储备,主要用于战役行动和必要时的互相支援。

战术储备也称为战斗储备,是为保持部队经常的战斗准备或完成一定战斗任务需要而进行的装备储备,主要用于保障本部队遂行作战任务。

3) 装备储备的规模、结构和布局

装备储备的规模、结构和布局是衡量装备储备水平的重要指标,也是完成装备储备工作所必须落实的内容。

(1) 装备储备规模。装备储备规模既要考虑军队的装备需求,又要考虑储备可能,统筹兼顾需求与可能合理确定,应主要考虑装备需求和技术水平、筹措难易程度、储存条件、输送补充能力,以及国家军事战略环境、国家财力等因素。

战争危险程度是确定装备储备数量的基本前提。一般来说,装备储备数量视战争对国家安全威胁程度的大小而定。

国家经济力量的许可程度是确定装备储备数量的基本条件。军队装备储备是以国家经济实力为基础的,因而装备储备数量必须控制在国家经济承受能力许可的范围内。

未来信息化条件下局部战争需求是确定装备储备数量的基本依据。局部战争尤其是中、小规模的局部战争,为确保军队在较短时间内夺取战争胜利,应尽可能储备战争的全部需要量。

装备本身的内在和外在属性,也是确定装备储备数量的一个不可忽视的因素。战时消耗量大、不易筹措、生产周期长、使用周期长、易于储存管理的装备应当多储备;反之,则应少储备。

(2) 装备储备结构。装备储备结构是指所储备的各种类别、品种、规格、性能的装备之间的数量构成。现代装备的种类繁多,系列化程度高,军队战斗力的发挥有赖于各种装备的综合使用及整体功能的发挥,缺少任何一种装备都有可能影响装备的有效使用,甚至影响装备的整体作战效能。

装备储备结构是否科学,直接影响装备储备的效能发挥。结构不科学,就会造成战时急需的、平时该储的装备没有足够的储备甚至没有储备;而战时不需要的装备,却储备了相当的数量。这不仅造成浪费,而且影响战争的进程和结局。

根据未来信息化条件下战争的特点,完善装备储备结构应做到如下两点:一是逐步增加战略储备比重;二是逐步增加军兵种装备储备的比重。特别是对陆军、海军、空军和火箭军等部队的新型装备及维修器材,应有计划地逐渐加大储备数量,尽可能做到部队需要什么,就储备什么。

(3) 装备储备布局。装备储备布局是装备储备的地区分布,为适应信息化条件下局部战争的需要,应当合理设计储备布局。

为形成合理的储备布局,必须实行梯次而有重点的配置。一是重点作战地区要重点储备。从战略上讲,基于对国际形势的判断和周边国家情况的科学分析,在一定时期内,可能发生局部战争或武装冲突的方向是较明确的。二是自然地理和补给条件差的地区要重点储备。三是重要装备要重点储备。四是担任重要作战任务的部队要重点储备。五是要预置重型装备,缩短快速反映部队获得装备的时间。

4) 装备储备管理

装备储备管理是保证装备储备质量的重要手段,直接关系到装备的质量、使用价值和经济效益。因此,必须实施科学、有效的管理,重点加强储备的动用管理、质量管理和安全管理。

(1) 装备储备动用管理。装备储备的动用是将储备的装备进行启封,列为可以使用的装备的过程。通常装备储备的动用有严格的审批权限。装备储备动用的权限按照装备的种类、数量及其性能、用途来确定。

装备储备动用,一般要先拟制装备储备的动用计划并按规定的权限报批;任务紧急时,也可先动用装备,后报告情况。

(2) 装备储备质量管理。保证储备装备的质量是装备储备管理的基本职责。各级装备储备机构,必须不断提高管理人员的素质,充分运用各种先进的储备技术手段和科学的管理方法,切实加强质量管理。

(3) 装备储备安全管理。保证储备装备的安全是装备储备管理的重要内容。各级装备储备机构,必须综合采取多种措施,加强安全管理,防止储备装备遭受意外侵害,减少损失和浪费。

2. 装备保障法规建设

军事装备保障法规是指由军队统率机关根据军队装备保障实践需要而制定和颁布的,用以调整军事装备保障活动中所产生的各种关系的条令、条例、规定等规范性文件的统称。

1) 装备保障法规的分类、构成及特点

军事装备保障法规建设,应着眼建立概念界定准确、分类齐全、构成完善、特点鲜明的法规体系。

(1) 装备保障法规的分类。根据不同的分类标准,军事装备保障法规可以有多种分类方法。依据其所调整的关系不同,又分成若干门类、若干层次,彼此之间相互联系、协调一致、有机结合,形成了一个相对独立的、完整的法规体系。

(2) 装备保障法规的构成。军事装备保障法规体系是指由不同层次和不同方面(门类)的军事装备保障法规组成的有机整体。不同层次标志着军事装备保障法规之间的纵向关系,不同方面(门类)标志着军事装备保障法规之间的横向关系。

① 装备保障法规体系的纵向构成。军事装备保障法规体系的纵向构成是指由不同层次的军事装备保障法律规范,按等级有序地构成纵向关系,也就是按照军事装备保障法规的立法权限和法律效力不同而划分的等级层次。通常按照法规性文件发布机关的级别和法律效力的等级,划分为军事装备保障法规和军事装备保障规章两个层次。

② 装备保障法规体系的横向构成。军事装备保障法规体系的横向构成是指按调整对象和内容的不同,对军事装备保障法规进行的横向区分。其主要包括:规范军事装备保障组织编制的法规制度,规范军事装备保障机关工作的法规制度,规范军事装备保障部(分)队工作的法规制度,规范军事装备保障专业工作的法规制度,规范军事装备保障训练、科学研究工作的法规制度等。

规范军事装备保障组织编制的法规制度,是关于军队各级军事装备保障组织机构的设置和人员、装备编配的法律规范,是确定军事装备保障组织体制的法律依据。

规范军事装备保障机关工作的法规制度,是军队各级装备保障机关(或部门)工作的法律依据。它以条令、条例等形式,主要规定各级装备保障机关的地位作用、工作的指导思想和基本原则、工作制度、内外关系,以及各业务部门的职责权限等内容。

规范军事装备保障部(分)队工作的法规制度,是军队各类装备保障部(分)队工作的法律依据。它以条例、规定、办法等形式,规定军队装备保障部(分)队的主要任务、部门及各类人员的职责、业务管理和平战时主要工作等。

规范军事装备保障专业工作的法规制度,是开展各项军事装备保障专业工作的法律依据。通常以条例、规定、办法、规则、细则、标准等形式,具体规范军事装备请领、储备、维护、修理、技术准备、维修器材保障等各项专业工作的基本任务、原则、业务管理和专业保障等。

规范军事装备保障训练、科学研究工作的法规制度,是开展军事装备保障训练和科学研究工作的法律依据。通常以大纲、规定、办法等形式,规范军队装备保障训练、科学研究工作的基本任务、主要内容、指导原则、部门设置及职责分工等。

除此之外,还包括军事装备保障管理、军事装备保障动员、军事装备保障国际合作等方面的法规制度。

(3) 装备保障法规的特点。

① 专业性。军事装备保障法规的专业性,是由军事装备保障工作的专业性和技术性所决定的。各项专业工作的法规,需要对各项专业工作的内容做出明确、具体的规定。

② 广泛性。军事装备保障法规的广泛性,主要是指军事装备保障法规的内容广泛、数量繁多。这是由军事装备保障工作的广泛性和复杂性所决定的,需要制定不同层次、不同方面的装备保障法规,以保证军事装备保障工作协调、有序地进行。

③ 动态性。军事装备保障法规的动态性,主要是指装备保障法规的内容与调整对象需要随着技术的进步和体制的变化及时调整和完善。

④ 外置性。有些法规的罚则直接内置于本法条款之中,如《中华人民共和国刑法》《中华人民共和国保守国家秘密法》等,装备保障法规的罚则往往外置于《纪律条令》甚至《中华人民共和国刑法》等专门规范处罚的法规之中。

⑤ 差异性。装备保障法规,总体上可分为管理和技术两大类。相对而言,管理类装备保障法规比较原则和概略,法规赋予管理者的自由裁量权相对较大;技术类装备保障法规中细化、量化的成分较多,法规赋予执法者的自由裁量权相对较小,两者之间有明显差异。

2) 装备保障法规的制定

军事装备保障法规的制定,即军事装备保障的立法,是指有关部门根据立法权限、程序,并遵循一定的原则,拟制、修改和废止军事装备保障法律规范文件的活动。

(1) 装备保障法规的立法权限。科学确定军事装备保障的立法权限,对于加强军事装备保障立法管理,促进军事装备保障法治建设具有重要意义。军事装备保障法规立法权限大体划分为 3 个层次:第一个层次是国家或军队最高领导机关,负责制定和颁发军事装备保障的专门法规和含有军事装备保障条款的军事法规。第二个层次是军队负责装备工作的装备发展部单独或与其他总部联合,制定和颁发的军事装备保障规章。第三个层次是军兵种、战区,单独制定和颁发的军事装备保障规章。

(2) 装备保障法规的立法程序。军事装备保障法规的立法程序是指军事装备保障立法活动中必须遵循的法定步骤和履行的法定手续。制定和颁发军事装备保障法规,通常按以下程序进行:

① 编制立法规划、计划。军事装备保障立法规划和计划是指军事装备保障法规的制定机关对一定时期内立法项目、任务分工和完成时限等所作的安排。其内容通常包括：立法的依据；立法的指导思想、重点和要求；拟制的军事装备保障法规的名称,起草单位,完成时限及发布(批准)机关等。

② 起草、修改法规。军事装备保障法规的起草是军事装备保障法规制定中的重要活动。列入立法规划计划的军事装备保障法规项目,应按照规划、计划的安排,依照法定的程序、格式和步骤方法进行起草。

③ 送审和审定法规。军事装备保障法规草案的送审是在法规草案经过征求意见、反复修改、比较成熟之后,呈报相应的有立法权的部门进行审定的活动。

④ 发布施行法规。军事装备保障法规的发布是指享有立法权的部门将已经审查批准的法规,按照一定的形式和通过一定的媒介予以正式公布的过程。军事装备保障法规,通常以发布令的形式公开发布。涉及军事秘密不宜对外公开的法规,以文件形式发布。

(3) 制定装备保障法规应遵循的原则。装备保障法规是部队装备保障工作的主要依据。在制定装备保障法规的过程中,应注意遵循系统性、关联性、稳定性、层次性等原则。

① 系统性原则。各主要保障法规之间要互相配套,紧密衔接,互为保证,使每个"子系统"都成为装备保障法规"大系统"的有机组成部分,确保装备保障法规可靠执行。

② 关联性原则。在确定每个法规具体条文内容时,要关照装备保障法规之外其他法规相关内容的规定。目前,指导部队装备保障的有关法规已比较完善,但还需增加与《纪律条令》《武器装备管理条例》等相衔接的有关内容,增强装备保障法规的贯彻力度。

③ 稳定性原则。尽管随着装备保障实践的发展变化,需要不断地调整修订装备保障法规中的相关内容,但在制定装备保障法规时,为确保其权威性、连续性和可操作性,应尽可能克服法规的临时性和随意性,保持稳定性。

④ 层次性原则。划分层次,区分轻重缓急,突出重点,是对军事装备保障法规制定的客观要求。依据法规建设规划,应抓紧制定装备保障的主体法规,重点解决整个装备保障法规体系建设的源泉和框架问题,使其他层次的法规制定有所依据并得以定位。

(4) 制定装备保障法规应注意处理好的几个关系。制定装备保障法规,必须正确处理平时与战时、继承与发展、法规制定与理论研究等的关系。

① 平时装备保障与战时装备保障的关系。完备的装备保障法规体系,既应包含规范平时装备保障工作的法规,还应该包含规范战时装备保障的法规,把战时装备保障纳入法治轨道。平时的装备保障立法应突出为军队建设和战时服务这个

重点。

② 装备保障法规继承与发展的关系。装备保障法规一经颁布,就应当保持相对稳定,以维护其严肃性和权威性。但是,军队装备保障工作必然会随着形势、体制和装备的发展变化而发展变化。

③ 装备保障理论与保障法规的关系。装备保障法规的制定和法规体系的建设,离不开装备保障理论作基础。现代装备技术含量高、系统结构复杂,其使用与管理等有其内在的客观规律。为提高装备保障的科学性,需要在理论上不断探索和研究,为建立完整科学的装备保障法规体系,提供坚实的理论基础。

3) 装备保障法规的实施

军事装备保障法规的制定和实施,是军事装备保障法规中两个相对独立的重要环节。立法是前提,实施是关键。军事装备保障法规的实施是指军事装备保障法规通过一定的形式,在现实军事装备保障活动中的贯彻和落实。其实质是把军事装备保障法规中确定的权利与义务关系转化为军事装备保障活动中的权利与义务的关系。军事装备保障法规的实施主要有适用和遵守两种形式。

(1) 装备保障法规的适用。军事装备保障法规的适用是指国家行政机关和军队领导机关依照法定的权限和程序,具体应用和执行军事装备法律、法规和规章的专门活动。

军事装备保障法规适用于军事装备保障活动中所产生的各种关系。从军队内部来讲,其调整的关系主要包括以下两种:

① 调整军事装备保障系统内部相互之间的关系。军事装备保障法规要以条令、条例、规定、办法、细则、标准等形式,规定各级军事装备保障的基本任务、原则和工作程序,明确军事装备保障机关、军事装备保障部(分)队和军事装备保障人员的地位作用、职责权限、工作制度和应承担的法律责任等。

② 调整军事装备保障部门与其他部门之间的关系。军事装备保障工作,需要军事装备保障部门与参谋部、政治工作部、装备部等其他机关密切配合,共同实施才能达到预期目的。军事装备保障法规要明确各部门在军事装备保障活动中的地位、作用、职责、权限,以及相互之间协同的内容、方式、方法等。

(2) 装备保障法规的遵守。军事装备保障法规的遵守是指军事装备保障法律、法规、规章规范效力所及范围内的组织(单位)和个人必须遵守军事装备保障法规,严格按照军事装备保障法规来规范自己的行为。装备保障法规遵守贯穿于装备保障法规实施始终,普遍存在于装备工作之中。

(3) 装备保障法规实施的基本要求。实践表明,加强装备保障法规贯彻的力度,军队各级装备领导机关和装备保障部(分)队必须遵循以下4项基本要求:

① 教育要深入。要求部队将装备保障法规执行人员的素质教育摆到首位,通过深入持久地开展法规意识、法规知识和法规技能等的教育,培养出素质高、业务

精、意识强的装备保障法规执行队伍。

② 监督要有力。加大监督力度,既要强调事中监督、事后监督,更要强调预防监督,变"堵漏式"为"预防式"监督。只有建立并发挥好监督的强力制约作用,才能及时遏制、发现、纠正存在的问题,强制装备保障法规的落实。

③ 机制要科学。鉴于装备保障法规具有涉及机构多、专业面宽等特点,需要建立联席会议、责任追究、风险预测、跟踪管理、效益评估等机制,堵塞搞变通、钻空子、"会议违规"等漏洞。

④ 程序要周密。贯彻执行装备保障法规是一项严肃的工作,它的贯彻执行,高度依赖周密的程序作制约性保证。周密的装备保障法规执行程序,主要体现在执行环节的完整性。

(4) 提高装备保障法规实施成效的主要措施。提高部队装备保障法规实施成效,必须综合运用多种手段。

① 加强对装备机关的监督。针对部队装备保障法规系统管理类法规的落实弱于技术类法规、机关落实情况差于基层的情况,当前应重点加强对装备机关落实法规情况的监督。加强对部队装备机关的监督应重点抓住 3 个关节点:一是以权力制约权力;二是要封堵违规行为的机会;三是实行监督不力责任追究制。

② 完善装备保障岗位法规资格上岗考核制度。装备保障工作具有规范多、技术含量高、标准要求高等特点,使对装备保障人员执行装备保障法规能力的考核工作变得尤其重要。可以在装备保障系统引入装备保障岗位法规资格上岗考核制度。

③ 推行装备保障岗位问责制。在部队装备保障系统的每个岗位、每个环节推行装备保障岗位问责制,是保证装备保障法规落实的一项重要措施。开展装备保障岗位问责制,利于克服以言代法、拍脑门决策、集体违规、相互推诿等问题。

(5) 提高装备保障法规实施成效需配套解决好的相关问题。随着无人机系统等高、精、尖装备的不断增多,装备保障工作日益发展成为一项复杂的系统工程。装备保障法规的有效实施,需要配套解决好的相关问题也日益增多。

① 不断提高装备保障法规的科学性。装备保障法规是用于规范装备领域工作的制度、规定、程序和标准,是部队组织实施装备保障工作的基本依据。指导性、针对性、操作性强是装备保障法规的基本特点,也是贯彻执行好装备保障法规的重要前提和根本途径。

② 通过改进技术加强装备保障法规的落实。装备保障法规的技术性,决定了其有效实施,需要一定的设施设备、工具手段等物质条件作保障。人只有与技术有机结合,才能更可靠地保证装备法规的有效落实。

③ 加强贯彻执行装备保障法规的理论研究。理论是实践的先导。没有完善的理论作指导,就很难将装备保障法规完全落到实处。与装备保障立法工作相比,我军装备保障法规执行力度理论研究基本属于空白,尚未建立一套具有我军特色的系统管用的贯彻执行装备保障法规的理论,加强这方面的研究势在必行。

2.3.3 综合保障能力训练

综合保障能力训练是装备保障机关和装备保障部(分)队,为遂行装备保障任务而进行的装备保障理论教育、装备保障技能训练和装备保障演练等活动。无人机系统综合保障训练是军事训练的重要组成部分,是提升无人机系统综合保障能力的基本途径。

1. 装备保障训练的内容

装备保障训练内容是装备保障训练过程中需要学习并掌握的理论知识和技术技能,是装备保障训练的核心要素。装备保障训练内容科学与否,直接制约着装备保障训练的效果,影响着装备保障人才培养的速度和质量。

在无人机系统研制过程中应当同步考虑装备保障训练问题,才能在装备的设计上做到尽量降低人员技能要求,便于操作;与装备同步配发相应的技术资料和训练器材等,保证接装部队无人机系统使用与维修保障人员快速具备装备保障的能力。

1) 装备保障基础训练

装备保障基础训练是对受训者进行装备保障方面的基本训练,侧重训练带有共性的、基础性的、综合性的装备保障知识。装备保障基础训练主要包括有关军事理论训练、装备保障理论训练和信息技术基础知识训练。

(1) 军事理论训练。军事理论训练是通过军事理论素养的培养,提高装备保障人员的理论思维能力。装备保障人员只有善于运用理论思维的方法,揭示事物的本质和内部联系,才能把握现代条件下装备保障活动的规律性,提高遂行装备保障任务的能力。

(2) 装备保障理论训练。装备保障理论是在系统总结各个时期装备保障基本经验、基本规律的基础上,提出的装备保障的基本概念、主要任务、指导思想、指导原则以及各种作战样式和各个作战时节组织实施装备保障的内容、程序、方式和方法等基本理论问题。

(3) 信息技术基础知识训练。把信息基础知识纳入训练内容,突出信息化保障设备指挥训练和使用训练,加强信息化条件下保障法研练,及时把最新理论成果纳入训练内容,以新的保障方法牵引新的研练方法。

2) 装备保障技能训练

装备保障技能训练是以装备保障技术理论知识和维修技能为主的训练,是装备保障的技术基础。保障技能训练的种类繁多,应当由浅入深、由易到难地进行。

(1) 武器装备技术理论知识学习。重点学习装备的原理、构造,以及操作使用、维护保养等基本知识,使受训者熟练地掌握装备的战术技术性能、工作原理和相关的科学技术理论知识,为装备保障训练向高层次发展创造条件。

（2）装备维修技能训练。装备维修是恢复部队装备技术性能,保证其经常处于良好技术状态的基本保证,装备维修技能训练是提高部队装备保障能力的重要环节。

（3）装备物资供应训练。装备物资供应是部队正常施训、完成作战任务的基本条件,包括装备物资的筹措、储备、补给、运输、管理等勤务。

3）装备保障指挥训练

装备保障指挥训练是装备保障指挥员、机关为满足作战及其他军事行动对装备保障的需要,演练装备保障指挥技能的活动。装备保障指挥训练,必须贯彻装备保障指导思想,着重组织学习战役、战术装备保障理论,熟悉多样化军事行动装备保障的要求。

4）装备保障战备训练和综合演练

装备保障战备训练和综合演练是以作战需求为牵引,结合日常保障开展的训练活动。装备保障战备训练和综合演练的主要内容包括练快速反应和快速机动、练联合保障、练装备抢救抢修等多种。

2. 装备保障训练的基本要求

装备保障训练,必须坚持以科学发展观为指导,统筹装备保障训练发展各个要素、各个方面,统筹远、中、近期训练各个阶段的目标,统筹装备保障基础训练、指挥训练、综合训练各个层次,促进装备保障训练又好又快的发展。

1）把提高装备保障能力作为根本目标

信息化条件一体化联合作战是整体与整体的较量、体系与体系的对抗。开展信息化条件下装备保障训练,必须把提高一体化联合作战装备保障能力作为根本方向和目标。

2）把优化装备保障训练体系作为基础

装备保障训练体系是培养装备保障人才的基础,在装备保障训练中发挥着基础性和先导性的作用。科学合理地确定装备保障训练体系,是增强装备保障训练效益,提高训练质量的必然要求。

3）把提高保障训练实战化水平作为重要指标

装备保障训练实战化水平,是检验训练目标是否达到、能力素质基础是否打牢的一个重要指标。要坚持战斗力标准,按照仗怎么打、装备保障就怎么训的要求,从难从严从实战需要出发抓训练,促使装备保障训练重心向形成实战化保障能力转移。

3. 装备保障训练的组织领导

装备保障训练的组织领导活动,是装备保障训练领导者及其领导机关构建组织、赋予职能、设计机制、安排制度和对装备保障训练统领、引导的活动,是履行领导职责,行使领导职权的过程。

1）信息化条件下装备保障训练组织领导的主要特点

正确认识信息化条件下装备保障训练的组织领导特点，是对信息化条件下装备保障训练实施正确组织和领导，按照信息化条件下装备保障能力生成规律组织实施训练的基础与前提。

（1）组织领导活动的调控对象具有很强的整体性。装备保障训练对象的整体性是由装备保障活动的整体性决定的，而装备保障活动的整体性又是由作战活动的整体性决定的。必须对装备保障训练各级各类训练对象、各种训练活动进行统一组织、密切协调，使之成为有序运行的整体，才能圆满完成信息化条件下装备保障训练任务。

（2）组织领导机构的组织形态具有很大的灵活性。尽管作战和装备保障活动的整体性都要求对装备保障训练进行统一组织，但机械化条件下装备保障训练向信息化条件下装备保障训练转变过程中，其历程的漫长性、体制的滞后性等因素，又客观上制约着其组织形态的调整和变革，使得具体的领导机构必须灵活编组，以保持整个组织领导体系具有自适应性。

（3）组织领导机构的实际运行具有高度的权威性。信息化条件下装备保障训练，要素高度集成、顶层设计严格，训练对象多元、协同配合严密，要把建制关系与联合关系、常态化与非常态化有机结合起来，必须赋予相应的组织领导机构充分的职权，并以科学的运行机制和制度安排，保证其权威高效。

2）装备保障训练的组织领导体系

装备保障训练的组织领导体系，是由装备保障训练领导者、领导机关、领导对象以及将其联结起来的信息系统构成的从上到下的完整系统，是装备保障训练体制的核心部分，体现了装备保障训练组织的结构形式。

在我军装备保障训练长期实践中形成了以建制关系为主线、以建制内机构为主体的常态化组织领导体系，是我军现阶段装备保障训练组织领导体系的基础，其职能定位、运行机制和制度安排，仍是我军组织实施信息化条件下装备保障训练的基本制度。

3）装备保障训练的组织领导活动

（1）筹划与计划。装备保障训练的筹划与计划是装备保障训练组织领导机构对一定时期内装备保障训练形势与任务、训练对象与现状、训练内容与方法、训练时间与进度等进行的分析判断和设计安排。

（2）督导与协调。装备保障训练的督导与协调是上级装备保障训练组织领导机构对所管辖单位训练情况的掌握、检查、督促、指导，以及对整个训练活动在时间和空间上的协调。

（3）考核与评价。装备保障训练考核是指对参加装备保障训练的单位和人员训练质量与完成训练任务等情况，按照规定标准进行考核检验的活动。装备保障训练评估是指对参加装备保障训练的单位和人员的能力，按照规定标准进行评判鉴定的活动。

4. 保障训练的方法手段

信息化条件下，无人机装备保障训练应尽量采用现代化、信息化的方法手段，以提高训练质量和效益。

1) 多媒体训练

多媒体技术是指同时具有采集、处理、编辑、存储和展示两个以上不同类型信息媒体功能的技术。运用多媒体技术和手段实施的训练称为多媒体训练，在装备保障训练中，多用于装备保障知识和理论学习，以及装备保障指挥中的指挥业务训练。

2) 模拟化训练

模拟技术是指利用机械工程、电气化技术和信息技术等形成的综合技术。依托模拟器具或系统或其组合而实施的装备保障训练，称为装备保障模拟化训练。

3) 网络化训练

信息网络是能够执行获取、传递、认知与再生，以及执行全部信息功能的网络。依托信息网络或借助信息网络的部分功能开展的训练，称为网络化训练。装备保障网络化训练，主要有以下 4 种模式：一是网络远程教学；二是分布交互式训练；三是网络对抗演习；四是虚拟现实训练。

5. 强化综合保障实战训练

要建立联合战斗综合保障能力生成机制，充分认识到综合保障训练对提高综合保障能力的重要性，把综合保障训练放到与联合战斗训练同等重要的地位，按联合战斗的实际需要，进行"真刀实枪"的训练。

1) 坚持以理论为先行，以法规为保证，重视保障训练硬件建设

首先，要紧贴使命课题和保障需求，加大理论攻关力度，在理论上把综合保障训练搞懂弄通，发挥理论的先导作用。其次，要保证综合保障训练的稳步开展，推动保障训练的全面转型，建立健全综合保障训练的法规体系显得尤为迫切和重要。最后，加强综合保障训练的硬件建设。

2) 坚持以信息为主导，以信息系统为支撑，注重建与训的紧密结合

目前，针对我军保障体系信息化程度还不够高，信息化基础设施建设还比较薄弱，整体水平还比较低的实际，进一步增强建用结合、建训结合的意识，坚持"战、建、训"协调发展。在训练实践中加大信息化建设的攻关力度，在训练实践中检验和评估信息化建设的效果。

3) 坚持以集成为主线，以内容改革为核心，强化综合性保障训练

要改变原有的各要素单独训练的保障训练模式，坚持以集成为主线，以内容改革为核心，强化保障训练的综合性。一是在训练指导上，要坚持综合集成训练；二

是在训练对象上,坚持保障体系全单元、全要素训练;三是在训练内容上,必须突出机动保障、跨区保障、立体保障、精确保障的训练内容。

4) 坚持以联合为指导,以能力融合为目标,全面提升综合保障能力

目前,在综合保障能力的训练中,大多数保障科目和内容还处于各军种独立实施、自我保障的训练,离实战的客观需要还有差距。必须通过联勤保障、联合训练,破解各军种独立保障的传统模式,按照联合作战的实际需要,坚持以实战为背景,以联合为指导,以融合为目标,加强训练的联合性和融合性,大力提升无人机系统的综合保障能力。

第3章
无人机系统综合保障方案

无人机系统综合保障方案是其保障系统完整的总体描述，它满足装备的保障要求，并与设计方案及使用方案相协调，一般包括使用保障方案和维修保障方案。无人机系统综合保障方案应涉及各保障要素。本章将在分析保障方案和保障计划内涵的基础上，围绕装备保障方案分类、制定过程及要求、常用分析方法与技术、保障资源规划等方面展开，最后给出无人机系统综合保障方案的结构、特点和要素组成。

3.1 概 述

3.1.1 装备保障方案

1. 使用保障方案

使用保障方案是指装备使用保障工作的总体描述。

使用保障方案应包括装备使用的一般说明（如装备的使用环境条件、使用强度等），使用保障的基本原则（如装备使用中要求集中保障还是分散保障等），战时和平时使用保障的一般要求，还应包括动用准备方案，使用操作人员分工和主要任务，使用人员的训练和训练保障方案，检测方案，能源和特种液补给方案（包括燃料、润滑油、冷却液、电源、气源等的种类及其储存、运输、加注、补充方案），弹药准备和补给方案，自救与拖救方案，运输方案，储存方案和特种条件下的使用方案等。

2. 维修保障方案

维修保障方案是指装备采用的维修级别、维修原则、各维修级别的主要工作等的描述。

维修原则也称维修策略，它规定装备及其设备的预定修理程度，它既影响装备的设计要求，又影响对维修保障系统的要求。维修策略可以要求某种产品设计成在基层级或中继级是不修复的、局部可修复的或全部可修复的。维修策略的选择除产品的经济因素外，很大程度取决于系统的使用要求。例如，系统的使用要求可能规定一个非常短的平均停机时间,只有提供快速修复的能力才能满足这样的要求,往往选择更换部件的维修策略。

维修级别的划分,就是维修机构的分级设置和维修任务的分工。维修方案要对维修级别做出规划,明确各维修级别需承担的维修任务。通常维修级别分为基层级、中继级和基地级三级,也有只分基层级和基地级两级的,根据部队编制、任务和各级维修机构的能力确定各维修级别的任务。

各维修级别的主要工作涉及装备维修原则及维修保障条件,如基层级可承担不用复杂专用工具、设备的维修(保养、检查、更换失效零部件),中继级可承担复杂部件的更换和需要专用检测设备的定期检测等,基地级可承担全部修复件的修复和装备的翻修(大修)。维修级别可以根据类似装备的维修历史数据并结合新装备的特点分析而定。

维修方案中还包括维修类型的划分,一般分为计划维修和非计划维修,或分为小修、中修和大修以及修复性维修等。

在维修方案中还可包括维修环境条件,主要是指对维修设施的要求和限制,如使用基地的设想、各维修级别的场站条件、维修备件和消耗品的配置方案、期望的气象条件等。

3. 保障方案的基本组成

按照装备保障工作的内容,保障方案的基本组成如图3-1所示,它主要包括维修级别的划分、是采用机内测试还是原位测试、采用的运输方式和储存方式等。

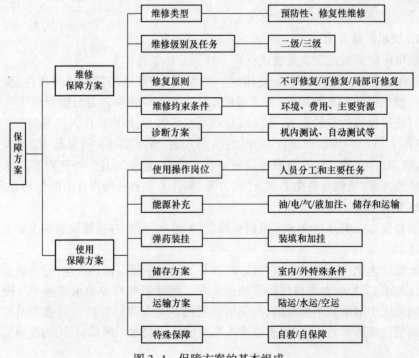

图3-1 保障方案的基本组成

4. 保障方案的作用

保障方案的建立与优化是保障性工作的重要组成部分,其主要作用如下:

(1)初始的保障方案是装备论证工作的主要内容之一,是研究保障问题影响设计的基础,是确定保障性要求的依据。

(2)为规划保障资源提供依据。优化的保障方案可细化成为保障计划,而保障计划又是确定保障资源的基础。保障计划是装备保障的详细说明,它阐述如何实施保障方案。因此,只有从优化的保障方案中才能得出优化的保障资源要求。

(3)保障方案是建立保障系统的基础。保障方案中规定的维修类型、维修级别、各维修级别的主要任务以及维修保障所需的基本要求等都是经过反复权衡分析而确定的。根据部队的相应管理体制和确定的保障资源建立保障系统,没有优化的保障方案就不能建立完善的保障系统。

3.1.2 装备保障计划

保障计划是指装备保障的详细说明,一般包括使用保障计划和维修保障计划。保障计划也可以认为是细化了的保障方案,保障计划也有一个逐步细化、不断完善的过程。

1. 使用保障计划

使用保障计划是指完成装备使用保障工作的程序、方法、实施时机和所需保障资源的详细描述。

使用保障计划一般包括:

(1)使用保障计划的一般说明,这部分说明使用保障计划的适用范围、编制过程、编制的主要依据文件等。

(2)装备的一般说明,说明装备的主要功能和性能指标、使用原则、使用方式、使用环境等。

(3)详细列出完成不同的训练和作战任务时的使用保障工作项目及所需的保障资源。

(4)使用保障工作的详细说明,详细列出每一项使用操作及其保障工作项目的工序(步骤),完成每一步工序的具体方法和所需的资源,操作人员的专业种类、人数和技术等级及其训练和训练保障资源等。

(5)使用保障资源汇总,汇总时可按使用操作、充、填、加、挂、储存、运输等使用保障所需的设施、设备、技术文件、消耗品等汇总。

2. 维修保障计划

维修保障计划是装备维修的详细说明,包括执行每一维修级别的每项维修工作的程序、方法和所需的保障资源等。

维修保障计划一般包括:

（1）维修保障计划的一般说明，该部分说明维修保障计划的目的、适用范围、编制过程、编制的主要依据文件等。

（2）装备的一般说明，说明装备的主要用途、功能及性能指标、装备的使用方式、装备的使用地域，可以引述使用方案中的有关内容。

（3）维修方案的详细描述，主要有预防性维修大纲，列出各维修级别的预防性维修工作项目、维修工作类型（保养、监控、检查、拆修及报废等）、维修对象（涉及哪些部件和设备）和维修间隔期等；各维修级别的修复性维修工作项目和预计的维修工作频数等、各维修级别的人员专业种类、数量、技术水平及训练和训练器材；维修工作所需的工具、设备（专用和通用）及各种技术资料；各维修级别所必需的保障设施（如场地、厂房、工程车、活动方舱等）；各维修级别所需的软件；必要时应说明基地级维修所需的人力和物力；现有维修保障资源的可利用情况等。

（4）维修工作详细说明，应分别针对产品和各个维修级别的每一项预防性维修和修复性维修工作项目，详细列出其维修作业步骤（工序号）、工序名称、维修时间、操作人员数量和技术等级、工时数、日历时间、所需的维修设备（工具）名称和编号、备件与消耗品的名称和数量、技术文件的名称和编号，同时还要说明该工作项目的维修工作类型、工作频数、维修级别及需说明的事项等。

（5）保障资源汇总，该部分应按装备的不同分系统汇总出所有维修工作项目的全部保障资源需求，经规划保障资源优化后，列入最终的维修保障计划，汇总保障资源需求时，要按维修级别和不同报告的格式要求，详见 GJB 3837—1999《装备保障性分析记录》。

3. 保障计划的作用

（1）作为备选保障方案优选时的评价内容。在评价各备选保障方案的有效性和经济性时，需要具体评定其所需的人力、物力，备选保障计划所列清单为评价提供了详细的依据。例如，按计划所列资源的多少、复杂程度、费用和能否利用现有保障资源等，从而得到比较可信的评价。

（2）由优化的保障方案所导出的保障计划是进一步优化和研制（或采购）保障资源的依据。

（3）保障计划是编制使用、维修手册等技术文件的依据。

3.1.3　保障方案、计划与保障系统

保障方案的拟订是一个动态分析过程：

初始保障方案→备选保障方案→优化保障方案→保障计划

保障方案、保障计划和保障系统演变关系如图 3-2 所示。对该图作简要说明如下：

（1）论证时由军方提出初始保障方案，与使用方案、设计方案相协调，参照类

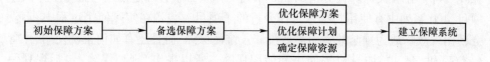

图 3-2　保障方案、保障计划和保障系统演变关系

似装备的保障方案结合新研装备特点拟订。

(2) 方案阶段由承制方根据不同设计方案和其他因素,制定装备的备选保障方案(可有两个以上备选),并制定各备选方案的备选保障计划。

(3) 工程研制阶段承制方对备选保障计划综合权衡分析,得出优化的保障方案和优化的保障计划,并根据优化的保障计划确定保障资源。

(4) 生产阶段同步制造或采购保障资源,与装备同步交付使用。

(5) 使用阶段交付装备的同时交付成套的保障资源,与使用部门的管理机制结合,形成保障系统。

此处讲的保障方案包括使用保障方案和维修保障方案。保障计划是为执行保障任务而作的具体工作安排,与后面所讲的全寿命周期综合保障工作的综合保障计划及综合保障工作计划均不等同。

保障计划是保障方案的详细说明,其主要作用包括:
(1) 权衡评价备选保障方案。
(2) 作为制定保障资源要求的依据。

保障计划应包括每一维修级别和每项使用保障任务的主要内容:
(1) 所应进行的工作范围。
(2) 所需主要保障设备、工具、文件和设施。
(3) 人员及培训要求。

3.2　装备综合保障方案制定

3.2.1　保障方案的主要分类

装备保障方案乃至装备保障计划都是通过"规划保障"在全寿命周期各阶段逐步形成并完善的。

"规划保障"是 GJB 3872—1999《装备综合保障通用要求》提出的一个术语,定义为"从确定装备保障方案到制定装备保障计划的工作过程",是在"规划维修"的基础上,增加了"规划使用保障"的内容,形成了"规划保障"的概念。其实早在 GJB 1371—92《装备保障性分析》中,对保障系统的定义就是"用于使用与维修系统和设备的所有保障资源的有机组合",其中就明确保障资源包括使用与维修的保障资源。在有关保障性分析的300系列工作项目中有确定使用与维修工作的子项目,400系列中有使用与维修工作分析的子项目。装备在实际使用过程中,不仅会因出现故障或为预防故障而需要维修及维修保障,而且还有如何正确使用、保管(储存)和"充、填、加、挂"等使用和使用保障。所以提出"规划保障"包括规划使用保障和规划维修的概念是合理的,与保障性分析的工作项目也是协调的。把规划保障作为综合保障的管理要素比规划维修更全面合理。

按 GJB 3872—1999《装备综合保障通用要求》的规定,规划保障应包括规划使用保障、规划维修(规划维修保障的简称)和规划保障资源三部分,由于规划使用保障和规划维修的基本程序与方法是一致的,本节把规划使用保障和规划维修放在一起论述,下一节论述规划保障资源部分。

1. 装备保障的基本分类

装备保障可分为使用保障和维修保障两大类。

1) 使用保障

使用保障是指为了充分发挥装备的作战性能所进行的一系列技术和管理活动,以及为保证这些活动有效地实施所必需的保障资源。例如,装备使用前的准备、装备使用操作程序、加注燃料和特种液、补充弹药、装备的储存和运输等,还需考虑相应的技术文件、专业人员配备与训练、物资保障等。

在装备研制过程对使用保障的考虑主要包括:

(1) 所设计的装备要便于操作,降低人员和人力需求。

(2) 能迅速有效地供应能源,如装备所需的油料和特种液应尽量通用化、系列化,以减少供应的品种和数量,燃油加注应迅速有效,充电、充气要及时方便,并具有与装备使用要求相匹配的储存、运输、检测和加注、充电和充气设备等。

(3) 要规划和编制完善与适用的使用保障技术文件。

(4) 保证装备正常使用所需的检测设备及工具要便于操作、携带和运送。

(5) 具有与装备使用要求相匹配的运输设备。

(6) 良好的弹药加挂和补充能力,具有与装备使用要求相匹配的弹药储存、运输和供弹设备。

(7) 装备能合理和方便地储存,并配备与装备使用要求相匹配的封存器材和防护涂料,提供有效的封存期的维修检测要求及必要的维修检测设备。

(8) 装备适用的场站、仓库和码头设施等。

2) 维修保障

维修保障是指为了保持和恢复装备完好的技术状况所应进行的全部技术和管理活动,以及为保证这些活动有效地实施所必需的保障资源,如装备的计划与非计划维修、战场抢修及其工具、设备、设施的配备和备件、器材的供应等,还需考虑相应的技术文件、专业人员配备与训练、物资保障等。

在装备研制过程中对维修保障的考虑主要包括：

(1) 尽量减少由于装备越来越复杂而对维修保障的依赖程度。

(2) 通过设计减少维修频数(包括预防性维修和修复性维修)和维修工作量。

(3) 改善检测和诊断手段，达到简易、准确和高效，并尽量采用通用和简易的工具与设备。

(4) 及时提供有效的维修技术资料，以便统一维修要求和便于维修人员操作。

(5) 降低维修人员数量和技能水平要求，缩短训练周期，易于更替补充。

(6) 应考虑战场抢修所需配套的工具和设备要便于使用、携带和运输或便于随同战斗部队转移，并考虑应急抢修措施。

(7) 维修备件配备定额和供应方案力求标准化，减少供应品种和数量。

(8) 应考虑尽量利用现有的各维修级别的维修设施及设备，必须新增加的设备和设施应与各维修级别的技术能力相对应，并使其获得充分利用。

2. 保障方案与维修方案

保障方案与维修方案是密切相关的，维修方案是形成保障方案的中心构成要素，保障方案则是以维修方案为基点，涵盖了所有综合保障要素的装备保障系统的顶层构成方案(实际上就是保障系统顶层设计方案)。

1) 维修方案

装备的研制始自对使用(作战)要求的确定，紧接其后的就是提出维修方案，以便为确定出维修性要求和维修保障要求(这些要求能更好地适合于设计并满足使用要求)提供共同的依据，由维修方案确立的指导原则就成了进行维修规划的基础。

维修方案主要描述内容：

(1) 维修级别的确立及各维修级别承担的维修工作。

(2) 修理政策(不修理项、部分修理项和全面修理项的确定)和相关约束。

(3) 维修环境条件。

(4) 对主要保障资源及其效能的要求等。

维修方案的作用：

(1) 为确立保障性要求提供依据，也为测试设备、设施等主要保障资源的设计提供设计准则。

(2) 为确立装备的保障需求明确前提条件。

(3) 为制定详细的维修计划提供依据。

维修方案的提出是装备研制过程中的重要工作环节，由它开始了维修规划工作，它从总体上描述了保障环境，并构成了通过保障性分析确立具体保障要求的基线，如图3-3所示。

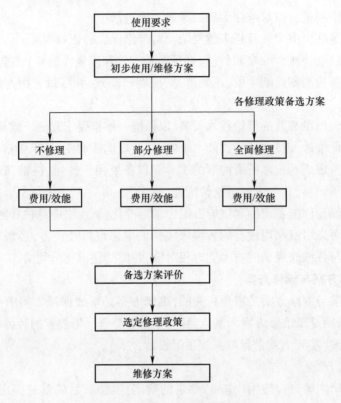

图 3-3 维修方案的形成与优化

2) 保障方案

前面已对保障方案作了讨论,除了维修方案是它的核心组成要素,各保障要素方案是其又一重要组成部分。在保障方案中要依据既定的维修方案,从总体上说明对各保障要素起约束作用的原则性考虑。例如:

(1) 是全面建制保障,建制保障与承制方保障相结合,还是全面承制方保障。

(2) 人员的专业划分原则和人员的培训方式。

(3) 备件的存储基地设置,备件的分发与供应链的形成。

(4) 地面测试设备与机内测试能力的优化配合,通用与专用保障设备的整合。

(5) 纸质技术文件、电子版技术文件和电子交互式技术文件等的提供。

(6) 设施的新建、扩建和沿用。

(7) 对包装、装卸、储存和运输的标识、跟踪及其他特定要求。

(8) 软件开发方直接提供对软件的保障或由使用方提供软件保障。

(9) 对装备的技术状态和各保障要素技术状态的协调与控制等。

3) 保障方案的制定过程

由形成初始保障方案到最终确定优化的保障方案是一个随装备研制工作的进

程而反复迭代的过程。在这个过程中,大体上要经历图3-4所示的主要工作程序:

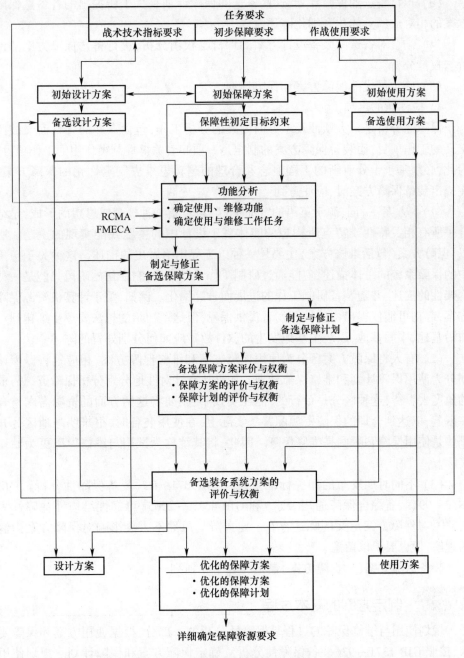

图3-4 保障方案的制定过程

（1）通过功能分析，确定装备的使用与维修功能要求。

（2）提出备选的保障方案。

（3）拟订备选的保障计划，这些备选的保障计划是关于所提出的各备选保障方案的相对应的具体化和细化陈述。

（4）结合对备选的装备设计方案的评价与权衡分析，进行备选保障方案的评价与权衡分析。

（5）确定最优的保障方案和保障计划。

4）应注意的事项

保障性分析是一大项涉及多方面因素的分析工作，包含众多的并行而又彼此交叉的工作项目，而装备保障方案的制定是一项起着关键性制衡作用的工作项目。为此，必须基于十分清晰的工程概念和合理的逻辑思维去制定优化的保障方案。在提出装备保障方案时，应注意到：

（1）"方案"一词，源于英语的"concept"，着重指某种概念或思想的形成，是结合了所有相关特性或特点所构想的能体现于设计中的主题或能实现的主题。所以，保障方案（包括维修方案）主要是一种以工程用语做出的描述。这种关于想象中的保障系统的总体描述，应能通过研制工作予以实现，它在初始阶段只能是一种框架性的描述，并随装备研制工作的进展而日趋细化。例如，关于计算机资源保障方案，起初可能仅提出由软件开发者提供保障，但这一初始的想法要逐步细化到对前沿基地、中间基地，以至主基地发生的软件故障应如何分别处置的陈述。

（2）有人将保障方案区分为使用保障方案和维修保障方案，相应地将保障计划分为使用保障计划和维修保障计划。如果从有针对性地分别分析保障资源需求的角度去看待，这种区分是可行的；但在实践中，则要将这两方面的资源需求整合在一起，以达到合理的保障资源配置。实际上，在使用装备时，很难明晰地区分开哪些是使用保障和哪些是维修保障。因此，将其统称为试用与维修保障更为贴切实际。

（3）不同时期发布的相关标准中，如 GJB 1371—92《装备保障性分析》、GJB 3872—99《装备综合保障通用要求》和 GJB 451A—2005《可靠性维修性保障性术语》中，对保障方案定义的陈述存在一定差异。虽然不大会影响对保障方案内涵的理解，但也要予以留意。

装备保障方案（含保障方案）制定如表 3-1 所列。

3.2.2 制定方案的基本过程

规划使用与维修保障的过程是保障性分析的一部分，根据使用方案和保障要求，按照 GJB 1371—92《装备保障性分析》，确定保障方案和保障计划。规划使用与维修保障是一项复杂迭代的分析过程，其重要步骤如图 3-5 所示。

表 3-1 装备保障方案(含保障计划)制定

制定依据	方案(计划)内容	编制程序	技术途径
依据 GJB/Z 151—2007《装备保障方案和保障计划编制指南》进行编制	(1)保障方案中主要包括使用保障方案、维修保障方案(包括测试和诊断方案)和综合保障要素方案; (2)保障计划主要包括使用保障计划、维修保障计划和保障资源清单	(1)在装备研制立项综合论证中,提出初始保障方案; (2)在装备研制总要求综合论证中,对装备每一备选设计方案提出满足其功能要求的备选保障方案和备选保障计划,并经评价与权衡分析确定优先的备选保障方案,在装备研制总要求综合论证结束时正式形成与所选装备设计方案相协调的保障方案; (3)在工程研制阶段,确定所有使用与维修工作项目,进行使用与维修工作分析,确定并优化保障资源,形成完整的保障计划; (4)在装备定型和部署期间,结合设计更改和早期现场分析,进一步修订、完善保障计划	(1)依据 GJB 1371—92《装备保障性分析》,确定使用与维修工作项目; (2)依据 GJB 2961—97《修理级别分析 LORA》,确定各维修工作的修理级别; (3)依据 GJB 1371—92 400 系列,进行"使用与维修工作分析""早期现场分析"和"停产后的保障性分析",确定装备使用与维修保障资源需求; (4)依据 GJB 4355—2002《备件供应规划要求》、GJB 5238—2004《装备初始训练与训练保障要求》、GJB 5432—2005《装备用户技术资料规划与编制要求》、GJB 5967—2007《保障设备规划与研制要求》分别进行备件供应规划、装备初始训练与训练保障规划、装备用户技术资料规划、保障设备规划,确定每项保障工作的保障资源需求,形成最终的保障资源需求; (5)进行各有关使用与维修工作项目及保障资源的费用效能评价,进行综合权衡分析,形成最终的保障计划; (6)依据 GJB/Z 147—2006《装备综合保障评审指南》进行保障方案和保障计划评审

保障方案(保障计划)的制定是一个动态的过程,装备寿命周期各阶段有着不同的工作内容。在研制阶段,开展保障方案(保障计划)的确定工作可以影响装备的设计方案,并为制定保障计划和研制保障资源提供基本依据。在装备研制立项综合论证中,应提出初始保障方案,它是研究保障问题影响设计的基础,也是确定装备其他特性指标的重要依据;在装备研制总要求综合论证中,对装备每一备选设计方案提出满足其功能要求的备选保障方案和备选保障计划,并经评价与权衡分析确定优先的备选保障方案,在装备研制总要求综合论证结束时正式形成与所选

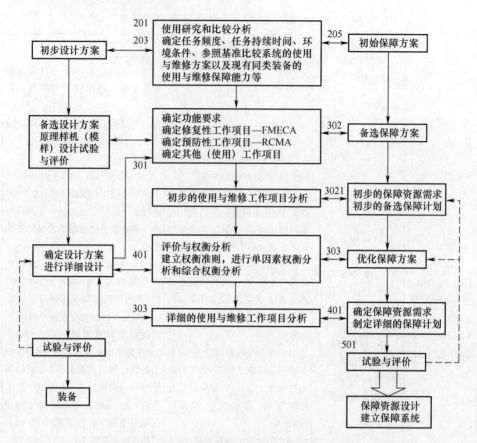

图 3-5 规划使用与维修保障的分析过程

装备设计方案相协调的保障方案;在工程研制阶段,确定所有使用与维修工作项目,进行使用与维修工作分析,确定并优化保障资源,形成完整的保障计划;在装备定型和部署期间,结合设计更改和早期现场分析,进一步修订、完善保障计划。

总的来说,制定装备保障方案(含保障计划)的基本过程主要包括以下基本步骤:

1. 拟定初始保障方案

初始的保障方案通常是由使用方提出的,它规定如何对装备实施保障的设想或要求。其中某些要素,特别是保障资源常常以约束条件的形式作为定性要求的一部分给出的。

初始的保障方案一般是通过使用研究并参照基准比较系统或相似产品提出的。使用研究应明确新研装备的使命任务、运输方式、部署情况和主要使用要求(单位时间的任务次数、任务持续时间等)、基地和场站初步设想、使用与储存环境等;比较分析的主要内容是分析现役同类装备的保障方案、维修环境条件以及现有的保障能力。

初始的保障方案主要内容如图3-5所示：

(1) 使用和维修保障的原则：如使用保障是采用集中保障还是分散保障；基层级或中继级修理是采用换件修理为主还是以部件修理为主。

(2) 维修级别划分：说明是采用二级维修，还是采用三级维修。

(3) 各维修级别的主要任务：规定各维修级别应完成的任务。

(4) 使用与维修的环境、限制条件、约束和要求。

(5) 人力和人员：说明使用与维修装备的人员和人力的限制、约束条件。

(6) 供应保障：说明备件和消耗品(包括油料、特种液、电、气等)供应的限制条件。

(7) 保障和测试设备：说明现役同类装备的保障和测试设备的配备方案，说明设备的选用准则和约束条件等。

(8) 训练和训练装置：说明训练和训练保障的约束条件，包括采用的训练类型、训练要求、训练设备的研制与选用要求等。

(9) 技术资料：说明使用与维修用的技术资料的配备要求。

(10) 计算机资源保障：说明采用的计算机及计算机软件的保障方案。

(11) 包装、装卸和储存：说明包装、装卸和储存采用的方案与要求。

(12) 运输和运输性：说明采用的运输方案与要求。

(13) 设施：说明设施的配备方案，包括利用现有设施、改建现有设施和新建设施的要求。

2. 提出备选的保障方案

当设计备选方案(一般有两个以上)确定后，就要根据提出的战术技术指标要求、初始的保障方案和使用方案建立备选的保障方案，一个装备备选方案可能有几个备选保障方案。

根据新研装备的使用要求、使用方案和备选设计方案，研究新装备在预期的环境中使用时，所必须具备的使用功能及其必须进行的使用与维修工作，在进行分析时，可以参考现役同类装备的使用与维修工作任务，并采用 FMEA 或故障模式、影响及危害性分析(FMECA)来确定修复性维修工作项目，再用以可靠性为中心的维修分析(RCMA)来确定预防性维修工作项目，根据功能分析确定使用工作项目。根据确定的使用与维修工作项目，制定备选保障方案。

备选保障方案的内容涉及保障要素的各个方面。例如，维修级别采用二级和三级就是两个不同的方案；测试时采用机内测试还是采用机外测试也是两个不同的方案；考虑运输时，采用运输方式不同方案也就不同；各维修级别规定完成的任务不同，方案也会发生变化；另外，为了达到可用度要求，可采用不同的可靠性与维修性组合来达到可用度要求，但是可靠性和维修性发生变化，而造成对维修和保障要求的变化,这也是不同的方案。

表 3-2 给出了三个典型的备选保障方案。

表 3-2 三个典型的备选保障方案举例

方案内容	方案 1	方案 2	方案 3
维修等级	二级维修	三级维修	二级维修
维修内容	基层级进行部件的更换和修理时间不超过 1h 的修理工作……	基层级只进行部件的更换和保养工作……	基层级进行部件的更换和修理时间不超过 1h 的修理工作……
维修的环境、限制条件、约束和要求	在野外进行大量的维修工作……	在野外进行大量的维修工作……	
人力和人员	人员技能和技术水平要求提高……	可利用现有的人员……	人员技能和技术水平要求提高……
供应保障	采用五级供应方案……	采用三级供应方案……	采用三级供应方案……
保障和测试设备	需要增加大量新设备……	增加少量新设备……	对现有设备进行大量改进……
训练和训练装置	训练工作由承制方和订购方共同完成……	训练工作由承制方和订购方共同完成……	训练工作由承制方完成……
计算机资源保障	软件后续保障由承制方完成……	软件后续保障由订购方完成……	软件后续保障由订购方和承制方共同完成……
包装、装卸和储存	室内储存……	室外储存……	室内储存……
运输和运输性	三种运输方式……	三种运输方式……	两种运输方式……
设施	增加新设施……	利用现有设施……	对现有设施改造……
设计影响	使用可靠性和维修性要求、可用性要求、费用限制等	使用可靠性和维修性要求、可用性要求、费用限制等	使用可靠性和维修性要求、可用性要求、费用限制等
……	……	……	……

3. 制定备选保障计划

在提出备选保障方案后,通过初步的使用与维修工作项目分析,确定初步的保障资源需求,进一步拟定备选保障计划。

4. 保障方案的优化

在装备研制过程中,随着装备设计工作及保障性工作的进展,保障方案逐步细化,保障资源规划工作越来越具体,保障计划反复修改,在更深入的权衡分析工作中,保障方案将得到不断优化,并确定保障方案。

5. 制定保障计划

保障计划由保障方案细化而来。由于保障计划中包含保障资源,应进一步进行详细的使用与维修工作分析,对每一项使用与维修工作的具体内容,要求进行分析研究,确定每一项工作的程序,每一步工序需要的人力、设备、工具、设施、技术文件、备件和消耗品等。在确定资源需求时,应考虑装备的年度使用强度、每项使用与维修工作的频度、工作时间和工时数等,在规划保障资源的基础上制定保障计划。

1)保障计划内容

(1)使用保障计划。使用保障计划包括如下内容:

① 所有使用保障工作项目及内容和技术要求,分类列出。

② 每个工作项目的实施时机、步骤,方法、所需时间等,其详细程度应能据以确定保障资源。

③ 与每个工作项目相适应并经优化组合的保障资源。

(2)维修保障计划。维修保障计划包括如下内容:

① 所有维修工作项目及内容和要求按不同维修级别(基层级、中继级、基地级)列出。

② 维修对象(装备的部位、设备或部件)和维修时机(或维修间隔期)。

③ 每个工作项目的实施步骤、方法、人员及所需时间等。

④ 战场装备战损修复项目与技术要求,抢修实施程序和方法,抢修与抢救设施、设备及战时器材保障等与每个工作项目相适应并经优化组合的保障资源。

2)保障计划编制

(1)编制依据。保障计划编制依据如下,

① 已确定的保障方案。

② 进行使用与维修工作分析,确定装备每项使用、维修与保障工作所需的保障资源。

③ 预期使用环境中按年度使用基数规定的工作频度、工作间隔、工作时间及工时数。

④ 已确定装备的维修级别。

(2)编制要求

① 在保障方案框架内进行,内容与产品设计相适应,满足装备及各部件的使用与维修保障要求;通过保障性分析确定保障计划中使用与维修工作项目及内容,应能根据每个工作项目的实施步骤方法的详细程度来确定保障资源需求。

② 可参照 GJB 2116 A—2015《武器装备研制项目工作分解结构》,按工作分解结构展开,确保不出现重复和遗漏,保证各保障要素间的协调;编制过程中应注意使用和维修工作项目与产品设计之间的相互作用、相互影响;应优化组合已确定的保障资源需求,并纳入保障计划。

(3) 编制方法。

① 确定使用与维修工作项目。执行 GJB 1371—92《装备保障性分析》工作项目 301，明确使用与维修工作项目和要求；执行 GJB 1371—92《装备保障性分析》工作项目 302，拟定备选保障计划。

② 确定各维修工作的修理级别。对每项维修工作按下列步骤进行修理级别分析，并纳入保障计划：

a. 执行 GJB 2961—1997《修理级别分析》，进行非经济性分析和经济性分析，确定每项工作的维修级别。

b. 汇总各维修级别(如基层级、中继级、基地级)上应完成的维修工作。

c. 在各个维修级别上，按维修工作类型(如保养、监控、功能检测、拆修、更换等)分类。

d. 汇总列入保障计划。

③ 进行使用与维修工作分析。执行 GJB 1371—92《装备保障性分析》工作项目 400 系列，进行"使用与维修工作分析""早期现场分析"和"停产后的保障性分析"，确定装备使用与维修保障资源需求，针对产品和各个维修级别的每一项预防性维修和修复性维修及使用保障工作项目，详细列出其使用与维修作业步骤、时机、人员和所需时间以及应达到的技术要求。

④ 将规划的保障资源纳入保障计划。按 GJB 4355—2002《备件供应规划要求》、GJB 5238—2004《装备初始训练与训练保障要求》、GJB 5432—2005《装备用户技术资料规划与编制要求》、GJB 5967—2007《保障设备规划与研制要求》分别进行备件供应规划、装备初始训练与训练保障规划、装备用户技术资料规划、保障设备规划。确定每项保障工作的保障资源需求，并进行协调、优化和综合，形成最终的保障资源需求，将其纳入保障计划。明确新的或关键的保障资源，以及现有使用维修保障资源的可利用情况。

⑤ 形成最终保障计划。进行各有关使用与维修工作项目及保障资源的费用效能评价，核实进行过的综合权衡分析结果，整理并形成最终的保障计划。

以上描述了规划使用与维修保障过程的基本程序。实际上，规划使用与维修保障的过程是一个反复迭代的过程。在规划过程中开展的保障性分析工作项目也是互相交叉进行的。例如，在完成工作项目 301 确定功能要求后，就应进行工作项目 401 使用与维修工作分析；在确定备选保障方案之后，要确定备选保障计划，再进行工作项目 303 评价与权衡分析，对备选保障方案进行权衡分析，优化保障方案和保障计划。工作项目 301、303、401 是反复迭代、相互交叉进行的。

6. 规划使用与维修保障的输入和输出

1) 规划使用与维修保障的输入

在规划使用与维修保障的过程中，所需的主要数据如下：

(1)使用方案。使用方案是装备任务要求、部署、使用方式及环境等的描述,应明确使用装备的作战部队采取的战斗态势与保障工作的指导原则,规定装备部署的编制、基地设置与保障工作的标准等。

(2)历史数据。历史数据包括现役同类装备的使用数据,使用、储存、运输等情况,故障模式、频度、发生时机、修复故障时间、各级预防性维修的间隔期和维修时间,以及所需保障资源的状况及部队保障能力等。

(3)新装备的设计信息。新装备的设计信息包括装备的设计方案、装备及其组成部分的主要功能、装备的可靠性维修性信息等。

2)规划使用与维修保障的输出

规划使用与维修保障的主要输出有:

(1)保障方案,通常包括使用保障方案和维修保障方案。

(2)保障计划,通常包括使用保障计划和维修保障计划。

(3)保障资源需求,主要是保障资源种类的需求。

(4)通过权衡分析,影响装备设计,对确定装备设计方案做出贡献。

7. 研制各阶段规划使用与维修保障的主要工作

1)论证阶段

订购方应提出初始保障方案,并规定有关的保障约束条件。

2)方案阶段

承制方应根据初始保障方案,开展有关保障性分析工作,确定使用与维修工作项目,制定备选保障方案;开展设计方案、使用方案和保障方案之间的权衡分析和各备选方案的权衡分析等,确定保障方案。订购方应积极配合并提供有关信息,溢出有关承包商维修的方针政策和承包商维修的初步建议。

3)工程研制阶段

承制方应进一步开展功能分析和使用与维修工作项目分析,确定每项使用与维修工作的程序、方法和所需的保障资源,制定保障计划。随着系统和设备设计的进展,反复开展功能分析、权衡分析、修理级别分析、以可靠性为中心的维修分析等提出优化各种使用维修保障时间和保障资源要求的设计建议,并提出备件和设备清单、人员工种和技术等级要求、初始训练大纲、技术文件清单以及保障设施建设的建议等。

8. 规划使用与维修保障应考虑的问题

1)承包商维修

在军方控制下的维修机构(如三级维修机构)完成的维修任务称为建制维修;由商业机构(承制方或第三方机构)按合同完成的装备维修称为承包商维修。

军方应根据维修工作项目和维修保障资源,建立和完善军队的维修机构,保证装备得到有效的维修保障;同时,还要根据委托承包商维修的方针政策和军方现有的维修能力,对军队建制维修和委托承包商维修进行权衡,在经济核算的情况下,对一些技术要求高的、大型复杂的、数量不多的装备和一些高新技术部件,军队不一定都要建立维修生产能力,可以由承制方或其他企业单位承担部分维修保障任务。例如,军队完成基层级和中继级(小、中修)所规定的维修任务或只完成基层级维修任务,其他修理任务由承制方或其他企业单位完成。

还有一种为临时承包商维修形式,即按合同由承包商完成3年左右的维修保障任务(包括初始部署保障),并在合同中明确承包商维修转为建制维修时双方的职责。

承包商维修在平时一般是可行的,战时会遇到很多问题,美军也在分析战时承包商维修存在的问题与对策,我军尚无这方面的实践,应考虑在平战结合的前提下,研究委托承包商维修的方针、政策和具体实施方法。

2) 储存状态的保障

从使用保障和维修保障的定义分析,储存状态的保障有其特殊性。储存状态的保障涉及所有的综合保障要素,而且储存保障问题也将影响装备设计。如果说装备列装后,主要处于使用(动用)状态、维修状态和储存状态这三种状态,那么规划保障还应当包括规划储存保障,应制定储存保障方案和储存保障计划。把"储存"仅作为一项综合保障要素是不够的,应加强储存保障的研究,在装备研制过程中,同样要规划储存保障方案和确定储存过程中所需的保障资源。GJB 3872—1999《装备综合保障通用要求》的附录A中,使用保障方案包括储存,把规划储存保障纳入规划使用保障的范畴。但储存期间会有一定的检查和维修工作,而且一定的封存方案会对应有一定的维修保障方案。

3.3 常用分析方法与技术

3.3.1 功能分析

1. 目的

保障性分析工作项目301是通过功能分析确定装备系统的功能要求,包括装备和保障系统的功能要求,或者说包括使用、维修和补给功能,以进一步确定使用与维修工作项目,为制定装备保障方案打下基础。

2. 确定功能要求的主要内容

1) 确定使用应具备的使用功能及其保障功能

在实际分析过程中,首先应根据新研装备的各种作战和训练任务剖面中分解与归纳出装备的各项功能；其次应分析在装备使用过程中，为充分发挥、保持和恢复装备各项使用功能，并根据使用方案，确定装备系统必须具备的储存、运输、维修和补给等功能。

2）确定新研装备的独特功能要求

新装备的研制总是出于现役装备不能满足作战使用要求而提出来的，为应对新的威胁或新的任务需求增加一些新的功能要求或更高的功能要求，这些都可能对保障系统功能提出新的要求，从研制一开始必须予以关注，尽早考虑和解决这些特殊的保障功能要求。

3）确定功能要求的风险

特别是对确定的特殊功能及其所需要的保障系统的功能所存在的风险应尽早得到确认，并特别关注特殊功能要求在技术上的成熟程度及其在使用维修与保障等方面可能遇到的问题。

4）确定使用与维修工作

为保证实现确定的功能要求，在装备使用过程中应完成使用与维修工作项目，这是制定保障方案的重要工作。利用 FMEA/FMECA 确定修复性维修工作项目；利用 RCMA 确定预防性维修工作项目；通过对新研装备的使用功能分析，确定不属于上述两类的其他使用与保障工作项目，如使用前的准备、使用、使用后的保养、校正、运输、封存、启封、自救、拖救以及油、液、电、气、弹的加注补充等。

3. 功能分析方法

功能分析的主要分析工具是功能框图，在装备设计和可靠性维修性分析时，都要利用功能框图。为了确定维修、储存、补充等保障功能，应以使用功能框图为基础，当某一使用功能不能实现时，则是一个维修功能流程的起点，如图 3-6 所示。

无人机地面控制站的使用功能可分为指挥与协调、任务规划、飞行控制、数据链管理、任务控制和情报处理等，这可以认为是第一层次使用功能；任务控制功能要求又可分解为平台控制、设备选择、目标处理、摄像头控制和图像磁记录，指挥与协调、任务规划、飞行控制、数据链管理、情报处理同样可以分解为第二层次功能要求，如此可继续分解出第三、四层次功能要求。任一层次的任一功能要求不能实施时，即发生了故障，则需要进行维修。当输出功率不正常时，首先进行故障隔离，确定故障后可由乘员更换故障件后继续使用，或送基层级修理单位进行检修后继续使用，或送中继级修理单位进行特修后继续使用，或送大修厂大修后作为备件以后使用，或报废如图 3-7 右下方所示，即发动机系统出现故障后的维修保障功能框图。当检查或运行中发现缺油、水、气时，则应加注燃油、润滑油或冷却液，或充电、气等，如图 3-7 左下方所示，即发动机系统的使用保障功能框图。使用与维修保障功能框图还可以向下分解，各使用功能都可以引出一组使用与维修保障功能，最后汇总出保障系统必须具备的使用与维修保障功能。

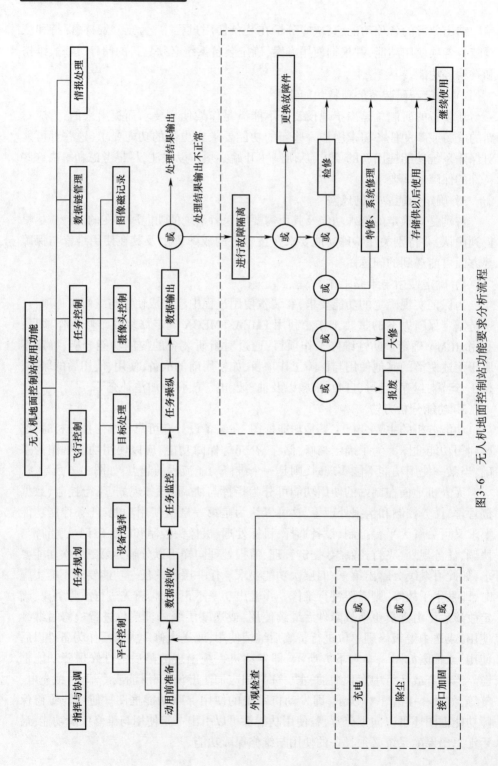

图3-6 无人机地面控制站功能要求分析流程

3.3.2 保障方案的评价与权衡分析

1. 目的

通过保障性分析工作项目303,评价与权衡分析各备选保障方案,优化并确定保障方案。

2. 备选方案权衡分析的一般程序

(1) 建立评价与权衡准则。为进行权衡分析建立一系列评价指标,以此来研究新装备系统是否满足使用要求。这些准则应是一些影响装备和保障系统设计的关键参数和要求,一般应包括战备完好性参数、任务成功性参数、保障系统生存性要求、保障系统的机动性(每一保障单元的运输量)要求、保障单位的人力要求和费用约束等。

(2) 建立评价解析关系式或模型。评价解析关系式或模型用于表示装备的保障性、设计和使用参数与被评价准则的参数之间的关系。

(3) 备选保障方案权衡分析。利用已建立的解析关系式或模型对备选保障方案进行评价与权衡分析,按照评价选择最佳的保障方案。

(4) 对涉及较高风险的变量或对装备的保障性有关键影响的变量进行敏感性分析。

(5) 记录评价与权衡分析结果。

(6) 当有更详细的和精确的信息时,修正评价与权衡分析结果。

3. 备选方案权衡分析的方法

目前,备选保障方案权衡分析所采用的方法分为单因素评价与权衡分析和多因素评价与权衡分析。这些方法的目的、适用范围等如表3-3所列。

表3-3 备选保障方案权衡分析方法对比表

方法	评价与分析内容	评价与分析的目的	优 缺 点	适 用 范 围
单因素评价与权衡分析	人员数量与技术等级分析	确定所需的人员总数、专业分类、技术等及所需技能等	缺乏定量模型,局部优化	人员的数量与技术等级往往受到部队编制、兵员来源、服役年限等的限制,常作为限制条件
	训练权衡分析	确定为每一备选保障方案提供合格的使用与维修人员要求的最佳训练方法	缺乏定量模型,局部优化	仅对某一备选保障方案确定所采用的训练方法、所需的训练器材等
	修理级别分析	确定当装备的部件发生故障时是修理还是报废,如是修理,应在哪一维修级别修理	有定量方法和模型,但需要大量费用数据	可以从费用角度确定最佳的修理级别

续表

方法	评价与分析内容	评价与分析的目的	优缺点	适用范围
单因素评价与权衡分析	诊断权衡分析	确定每一备选保障方案所采用的故障诊断方法,决定所采用的最佳诊断测试方案	缺乏定量模型,局部优化	可确定每一备选保障方案所采用的故障诊断方法
	能源权衡分析	确定用油量省、油料品种少而且通用性好的备选保障方案	缺乏定量模型,局部优化	可确定每一备选保障方案的用油数量、品种
	生存性权衡分析	影响装备设计,提出作战环境下的保障方案与战时保障资源的特殊要求	缺乏定量模型,局部优化	可确定战时的保障方案和战时保障资源的特殊要求
	运输性权衡分析	确定装备的最佳运输性设计与运输方案,以便满足装备的运输要求	缺乏定量模型,局部优化	确定每一备选保障方案的运输方案
	保障设施权衡分析	确定最佳的保障设施配套方案	缺乏定量模型,局部优化	可确定每一备选保障方案的设施要求
多因素评价与权衡分析	战备完好性敏感度分析	确定战备完好性参数对可靠性参数、保障系统参数和保障资源参数变化的敏感度,以明确关键的问题	有模型,但分析非常复杂,需要大量的数据	对某一具体的备选保障方案,确定各参数之间的关系式比较困难
	比较评价	通过新研装备与现役装备在达到保障性目标的能力上进行比较,来确定各备选保障方案达到保障性目标的可能性	有可用的模型,定量与定性分析相结合	可进行两个方案之间的比较
	综合分析	从费用、训练、供应等方面进行综合权衡分析,确定最佳的备选保障方案	无固定模型可用,需根据情况重建	可进行几个备选保障方案之间的比较
	使用方案、设计方案与保障方案之间的权衡分析	从更宽的范围内,评价确定最佳的保障方案	无固定模型可用,需根据情况重建	可比较全面的备选保障方案的优劣

3.3.3 故障模式、影响分析

1. 目的

系统地分析零件、元器件、设备所有可能的故障模式、故障原因及后果,以便发现设计、生产中的薄弱环节,加以改进,以提高产品的可靠性。

FMEA(FMECA)是一种自下而上(由元器件到系统)的故障因果关系的单因素分析方法。它是一种最重要的预防故障发生的分析工具。该方法为人们提供了一种规范化、标准化、系统化的有效分析工具。

2. FMECA 的类型

FMECA 类型如图 3-7 所示。

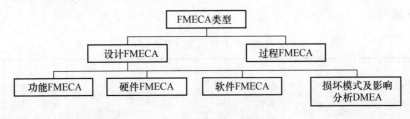

图 3-7　FMECA 类型

这里只介绍硬件 FMECA。

3. 基本概念

1）故障模式

故障模式(Failure Mode,FM)是指故障的表现形式,如短路、开路、断裂、过度耗损等。

2）故障影响

故障影响(Failure Effect,FE)是指每种故障模式对产品使用、功能或状态所导致的后果。其可分为三个层次的影响：局部影响是指该故障模式对当前所分析层次产品的影响;高一层次影响是指对当前所分析层次紧邻上一层产品的影响;最终影响是指对初始约定层次产品的影响。

3）严酷度

严酷度(severity)是指故障模式所产生后果的严重程度,一般分为 4 类。

严酷度类别是按故障模式对"初始约定层次"产品的影响程度进行确定的。对重点型号来说,其"初始约定层次"应为无人机,其严酷度类别及定义如表 3-4 所列。

表 3-4　无人机常用的严酷度类别及定义

严酷度类别	严重程度定义
Ⅰ类(灾难的)	引起人员死亡或飞机毁坏、重大环境损害
Ⅱ类(致命的)	引起人员的严重伤害或重大经济损失或导致任务失败、飞机严重损坏及严重环境损害
Ⅲ类(中等)	引起人员的中等程度伤害或中等程度的经济损失或导致任务延误或降级、飞机中等程度的损坏及中等程度环境损害
Ⅳ类(轻度的)	不足以导致人员伤害或轻度的经济损失或飞机轻度的损坏及环境损害,但它会导致非计划性维护或修理

4) 危害性

危害性(criticality)是对产品中每个故障模式发生的概率及其危害程度的综合度量,可分为故障模式危害度和产品危害度。

4. FMECA 的工作内容

1) 故障模式影响分析

FMEA 一般是通过填写 FMEA 表格进行的,常用的 FMEA 表及其填写内容,如表 3-5 所列。

表 3-5 硬件故障模式及影响分析(FMEA)表

代码	产品或功能标志	功能	故障模式	故障原因	任务阶段与工作方式	故障影响			严酷度类别	故障检测方法	设计改进措施	使用补偿措施	备注
						局部影响	高一层次影响	最终影响					
对每个产品采用一种编码体系进行标志	记录被分析产品或功能的名称与标志	简要描述产品所具有的主要功能	根据故障模式分析的结果,依次填写每个产品的所有故障模式	根据故障原因分析结果,依次填写每个故障模式的所有故障原因	根据任务剖面依次填写发生故障时的任务阶段与该阶段内产品的工作方式	根据故障影响分析的结果,依次填写每一个故障模式的局部、高一层次和最终影响并分别填入对应栏			根据最终影响分析的结果,按每个故障模式确定其严酷度类别	根据产品故障模式原因、影响等分析结果依次填写故障检测方法	根据故障影响、故障检测等分析结果依次填写设计改进与使用补偿措施		简记要录其栏注和充明 对他的释补说

2) 危害性分析(CA)

(1) 定性分析。定性分析是绘制危害性矩阵,如图 3-8 所示。危害性矩阵用来确定和比较每一种故障模式的危害程度,进而为确定改进措施的先后顺序提供依据。危害性矩阵的横坐标是严酷度类别,纵坐标是故障模式发生概率等级。其中 A 级是经常发生的;B 级是有时发生的;C 级是偶然发生的;D 级是很少发生的;E 级是极少发生的,可按统计或经验确定。从图 3-9 所标记的故障模式分布点向对角线(OP)作垂线,以该垂线与对角线的交点到原点的距离作为度量故障模式危害性的依据。距离越长其危害性越大,应尽快采取改进措施。图中 1 距离比 2 大,

则故障模式 M_1 危害性更大。

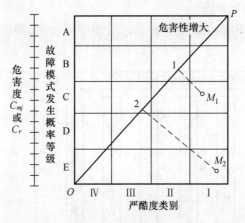

图 3-8 危害性矩阵

（2）定量分析。定量分析是计算故障模式危害度（C_{mj}）和产品危害度（C_r），并填写危害性分析表，如表 3-6 所列。

表 3-6 危害性分析表

代码	产品或功能标志	功能	故障模式	故障原因	任务阶段与工作方式	严酷度类别	故障概率或故障率数据源	故障率 λ_p	故障模式频数比 α_j	故障模式影响概率 β_j	工作时间 t	故障模式危害度 C_{mj}	产品危害度 $C_r = \sum C_{mj}$	备注

① 故障模式危害度 C_{mj}。第 j 种故障模式危害度 C_{mj} 的计算公式为

$$C_{mj} = \lambda_p \cdot \alpha_j \cdot \beta_j \cdot t \tag{3-1}$$

式中：λ_p 为通过可靠性预计得到的产品故障率(1/h)。α_j 为产品将以故障模式 j 发生故障的百分比，$j = 1, 2, \cdots, N$，产品故障模式数，可用试验或使用数据得 $\sum_{j=1}^{N} \alpha_j = 1$；$\beta_j$ 为故障模式影响概率，是产品以故障模式 j 发生故障而导致"初始约定层次"产品出现某严酷等级的条件概率，由分析人员根据经验判断得到，$0 \leq \beta_j \leq 1$；t 为产品每次任务的工作时间(h)。

② 产品危害度 C_r。产品的危害度 C_r 是该产品在给定的严酷度类别和任务阶段下，各种故障模式危害度 C_{mj} 的总和。其计算公式为

$$C_r = \sum_{j=1}^{n} C_{mj} = \sum_{j=1}^{n} \lambda_p \times \alpha_j \times \beta_j \times t \tag{3-2}$$

式中：n 为该产品在相应严酷度类别下的故障模式数。

5. FMECA 的实施步骤

FMECA 的实施步骤如图 3-9 所示。从图中可看出，必须在 FMEA 的基础上才能做 CA。

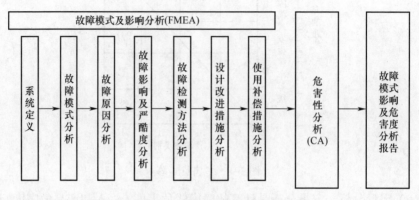

图 3-9 FMECA 的实施步骤

6. 应注意的事项

要使 FMECA 工作在提高产品可靠性方面发挥最大的效益，必须注意以下事项：

（1）应由设计人员在进行产品设计过程中同时做 FMECA，而不是仅由可靠性专职人员去做，或者是在设计图纸完成后再补做。

（2）应尽早进行，而且在整个研制过程中应根据需要多次反复迭代进行。

（3）产品的分析层次一定要明确，如最终影响、严酷度是对哪一层次产品而言的定义必须明确。

（4）注意不同层次的故障模式和故障影响存在着一定的关系，即低层次产品故障模式对紧邻上一层次产品影响就是后者的故障模式、低层次产品故障模式是紧邻上一层次产品的故障原因。

（5）为了提高产品的固有可靠性，表格中的补偿措施必须是与设计、生产有关的，而不应仅填写如"修理""更换"等。

（6）FMECA 完成后，应列出严酷度为 Ⅰ、Ⅱ 类单点故障模式清单，如表 3-7 所列，以便各级技术主管能抓住重点解决问题。

表 3-7 严酷度 Ⅰ、Ⅱ 类单点故障模式清单

序号	产品名称	故障模式	最终故障影响	严酷度等级	设计改进措施	使用补偿措施	故障模式未被消除原因	备注

7. 无人机系统 FMECA 案例

对无人机系统进行 FMECA，可使设计、制造、使用及维修部门明确哪些故障模式对无人机飞行安全、任务完成、维修和后勤保障有影响，其分析结果可为设计综合评定、维修性、安全性等工作提供信息，还可为维修人员诊断故障提供依据。通过对某型无人机飞控系统进行 FMECA 分析，以求达到前述目标，从而为无人机系统使用和维修过程中各个阶段提供必要的信息和指导，并可采用改进生产工艺、提高维修级别等措施，降低致命故障发生的概率，以保证该型号无人机系统的整体可靠性和安全性。

1）飞控系统组成及工作流程

某型无人机飞控系统由飞行控制计算机、陀螺仪、航向系统、高度传感器、油量传感器、缸温传感器及舵机组成，设备工作流程如图 3-10 所示。

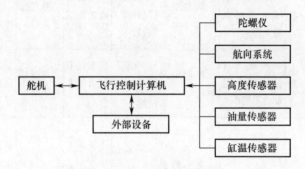

图 3-10　飞控系统工作流程

2）飞控系统 FMEA 分析

按故障模式最终对该型无人机飞控系统影响的最坏潜在后果，对该型无人机划分了 4 类严酷度类别，如表 3-8 所列。对Ⅰ类(灾难的)和Ⅱ类(致命的)故障模式，在设计中应尽量避免，对Ⅲ类(临界的)和Ⅳ类(轻度的)故障模式，主要应作好预防维修工作。确定严酷度类别的目的在于控制识别Ⅰ、Ⅱ类故障模式。

表 3-8　某型无人机严酷度类别划分

严酷度类别	严重程度或故障后果
Ⅰ类(灾难的)	造成无人机毁坏
Ⅱ类(致命的)	造成系统性能的严重降低，使无人机任务失败的故障
Ⅲ类(临界的)	使系统性能轻度下降或系统轻度损坏，导致无人机任务延迟
Ⅳ类(轻度的)	不会导致上述三种后果的故障，但需进行非计划维修

将飞控系统所有的故障列出,得到 FMEA 表,如表 3-9 所列。

表 3-9　无人机飞控系统 FMEA 表

部件名称	功能	代码	故障模式	故障原因	任务阶段与工作方式	故障影响 局部影响	故障影响 最终影响	解决方法	严酷度类别
飞行控制计算机	控制稳定飞机的姿态角和飞行高度,飞机设备状态管理,全机设备供电,飞机状态参数及机上任务设备参数的采集与处理	F1	运算放大器的输出始终偏向一个很大的值	半边供电,线路 2 故障	飞机飞行全过程	飞机不能正常飞行	执行任务失败	检查二极管和三端稳压块,若有损坏,更换	II
		F2	通电后稳压电源的电流无输出	线路 1 损坏	飞机飞行全过程	飞机不能正常飞行	执行任务失败	更换电源稳压块	II
		F3	操纵飞行控制指令时舵机不动作	控制电路断路	飞机飞行全过程	飞机不能正常飞行	执行任务失败	顺着遥控通道检查每一电子器件	I
		F4	A/D 转换采集的数据不对	电平转换电路有故障或 A/D 转换电路有问题	飞机飞行全过程	飞机不能正常飞行	执行任务失败	检查出采集的数据是某路不对,就查出该路分配在哪个模拟多路开关上,看是否该芯片损坏,及时更换元件	II
陀螺仪	测量飞机的姿态角并输出与其成比例的电信号	F5	陀螺快速修正时间不在规定的范围内	继电器压力不合适	飞机飞行全过程	不能正常控制飞机飞行	飞机飞离指定区域	检查继电器	II
		F6	水平的状态下输出信号不为零	电刷位置不合适	飞机飞行全过程	不能正常控制飞机飞行	飞机飞离指定区域	将陀螺固定在标准陀螺架上保持水平,修正检查	II
		F7	陀螺输出信号变化不均匀	电刷压力不合适或电位计表面脏	飞机飞行全过程	不能正常控制飞机飞行	飞机飞离指定区域	更换电刷压力和清洗电位计表面,必要时应更换	II

第3章 无人机系统综合保障方案

续表

部件名称	功能	代码	故障模式	故障原因	任务阶段与工作方式	故障影响 局部影响	故障影响 最终影响	解决方法	严酷度类别
航向系统	测量飞机航向	F8	航向输出数值不对	模拟电路板中电压转换电路故障	飞机飞行全过程	不能正常控制飞机飞行	飞机飞离指定区域	更换模拟电路板中电压转换电路	Ⅱ
航向系统	测量飞机航向	F9	航向输出数据跳动	计算机电路板可能接触不良	飞机飞行全过程	不能正常控制飞机飞行	飞机飞离指定区域	返厂维修	Ⅱ
高度传感器	测量飞机的高度	F10	输出偏离要求值很大	稳压管损坏、放大电路损坏、紧固件松动	飞机飞行全过程	遥测高度值不准确	任务失败	更换相应损坏部件或元器件	Ⅰ
高度传感器	测量飞机的高度	F11	灵敏度很低	放大电路或积分器损坏	飞机飞行全过程	遥测高度值不准确	任务失败	更换相应损坏部件或元器件	Ⅱ
油量传感器	测量飞机实时油量	F12	油量指示偏差明显过大	差压传感器、恒流源电路和一、二级放大电路有故障	飞机飞行全过程	遥测油量值不准确	任务失败	更换相应损坏部件或元器件	Ⅱ
缸温传感器	测量飞机气缸头温度	F13	遥测指示发动机缸温超出工作范围	感温头的电阻值损坏	飞机飞行全过程	遥测缸温值不准确	发动机停车	更换感温头	Ⅱ
舵机	调整和稳定飞机的姿态角和飞行高度	F14	舵机振荡	电位计接触不良或电容损坏	飞机飞行全过程	遥控飞机不动作	飞机坠毁	检查电位计和电容,如有损坏则更换	Ⅰ
舵机	调整和稳定飞机的姿态角和飞行高度	F15	舵机半边工作速度明显下降	放大器烧坏;电位计或开关接触不良;伺服电机的电刷接触不良	飞机飞行全过程	遥控飞机舵机动作不均	飞机坠毁		Ⅰ

3) 飞控系统 CA 分析

(1) 分析方法

分析方法为解析式法。解析式法主要计算故障模式的危害度(C_{mj})和装备的危害度(C_r)。

① 故障模式频数比(α)。故障模式频数比是装备故障表现为确定故障模式的比率。如果考虑无人机飞控系统所有可能的故障模式，则其故障模式频数比之和为 1。故障模式频数比一般通过统计得出。在缺少统计数据时，也可分析评估得出。

② 故障影响概率(β)。故障影响概率是假定某故障模式已经发生，导致确定的严酷度等级的最终影响条件概率。某一故障可能产生多种最终影响。要指明该故障模式引起的每一种最终故障影响的百分比，此百分比即为 β。引起多种最终影响的 β 值之和应为 1。β 代表了某一故障模式可能发生的对系统的多重故障影响。

按照 GJB/Z 1391—2006《故障模式、影响及危害性分析指南》规定 β 值：实际丧失为 1，很可能丧失为 0.1~1，有可能丧失为 0~0.1，无影响为 0。

③ 零部件故障率(λ_p)。零部件故障率可通过可靠性预计获得。如果是从有关手册和其他参考资料查到的装备的基本故障率 λ_0，则可以根据需要用应用系数 π_A、环境系数 π_E、质量系数 π_Q 以及其他修正系数来修正工作应力的差异，即

$$\lambda_p = \lambda_0(\pi_A \cdot \pi_E \cdot \pi_Q) \tag{3-3}$$

④ 故障模式的危害度(C_{mj})。危害度是装备致命度的一部分。对给定的严酷度类别和任务阶段而言，装备的第 j 个故障模式危害度为

$$C_{mj} = \lambda_p \cdot a_j \cdot \beta_j \cdot t \tag{3-4}$$

⑤ 装备的危害度(C_r)。危害度是指预计将由该装备的故障模式造成的某一特定类型(以装备故障模式的严酷度类别表示)的装备故障数。就某一特定的严酷度类别和任务阶段而言，装备的危害度(C_r)是该装备在这一严酷度类别下的各故障模式的危害度(C_{mj})的总和，即

$$C_r = \sum_{j=1}^{n} C_{mj} = \sum_{j=1}^{n} \lambda_p \cdot a_j \cdot \beta_j \cdot t \tag{3-5}$$

式中：n 为该装备在相应严酷度类别下的故障模式数。

(2) 危害度矩阵。绘制危害度矩阵的目的是比较每种故障模式的危害程度，进而为确定改进措施的先后顺序提供依据。危害度矩阵是在某一特定严酷度级别下，装备各个故障模式危害度或装备危害度相对结果的比较。

危害度矩阵的横坐标一般按距离表示严酷度类别(Ⅰ、Ⅱ、Ⅲ、Ⅳ)；纵坐标可以为装备的危害度(C_r)、故障模式的危害度(C_{mj})、故障概率等级。其做法是：首先按 C_r、C_{mj} 或概率等级在纵坐标上查到对应的点，再在横坐标上选取代表其严酷

度类别的直线,并在直线上标注装备或故障模式的位置,从而构成装备或故障模式的危害度矩阵。在该矩阵上,可得到故障模式危害度的分布情况。

危害度矩阵的作用是从标记的故障模式分布点向对角线作垂线,以该垂线与对角线的焦点到原点的距离作为度量故障模式致命性的依据,距离越长,其危害性越大,越需要尽快采取改进措施。

4) 具体分析

将飞控系统所有可能的故障模式和该故障模式的严酷度都列举出来,并计算各种故障模式出现的概率,从而计算每种故障模式对飞控系统的危害度(C_m),以及在不同严酷度下装备的致命度 V,如表 3-10 所列。

表 3-10 某型无人机飞控系统危害度表

代码	故障模式	严酷度类别	故障率 λ_p	故障模式频比数 a_j	故障影响概率 β_j	工作时间 t	故障模式危害度 $C_m(\times 10^{-6})$
F1	运算放大器的输出始终偏向一个很大的值	II	0.6	0.0184	0.9	30	0.2981
F2	通电后稳压电源的电流无输出	II	0.3	0.0172	0.9	30	0.1393
F3	操纵飞行控制指令时舵机不动作	I	0.1	0.018	1	2	0.0036
F4	A/D 转换采集的数据不对	II	0.5	0.0417	1	2	0.0417
F5	陀螺快速修正时间不在规定的范围内	II	0.6	0.0345	0.5	10	0.1035
F6	水平的状态下输出信号不为零	II	0.4	0.0797	0.5	30	0.4782
F7	陀螺输出信号变化不均匀	II	0.2	0.1032	0.4	30	0.2477
F8	航向输出数值不对	II	0.4	0.1175	0.8	10	0.3760
F9	航向输出数据跳动	II	0.6	0.1051	0.7	8	0.3531
F10	输出偏离要求值很大	I	0.3	0.0767	1	30	0.5522
F11	灵敏度很低	II	0.5	0.0705	0.5	30	0.5288
F12	油量指示偏差明显过大	II	0.4	0.0932	1	2	0.0746
F13	遥测指示发动机缸温超出工作范围	II	0.3	0.0963	0.6	30	0.5200
F14	舵机振荡	I	0.6	0.061	1	30	1.098
F15	舵机半边工作速度明显下降	I	0.2	0.067	1	30	0.402
$C_{rI} = 2.05584 \times 10^{-6}, C_{rII} = 3.160946 \times 10^{-6}$							

从表 3-10 可以看出,在严酷度Ⅰ中,危害度最高的是 F14,舵机振荡,可知该故障模式的原因是电位计接触不良或电容损坏;在严酷度Ⅱ中,故障模式 F11 高度传感器灵敏度很低,危害度最高。在不同的严酷度下,对系统危害高的故障可以从表 3-10 的模式量化数据中直接得出。同时,利用表 3-10 的数据,以严酷度为横坐标,故障模式危害度为纵坐标,绘制危害度矩阵。可以由危害度矩阵看出,综合考虑故障模式的危害度和严酷度,故障风险优先的顺序依次是 F14、F10、F11、F13、F6、F15、F8、F9、F1、F7、F2、F5、F12、F4、F3。所以,必须采取相应的措施来对故障风险高的进行改进或加大检查力度,才能有效地提高装备的使用效率。

5) 结论

(1) 舵机的故障为重点。严酷度Ⅰ中 4 个故障舵机的故障达到 50%,这些故障会导致严重后果,因此,应该考虑舵机的故障问题,以增加飞控系统的可靠性。

(2) 对得出的关键故障模式应该做好故障解决工作,实施相关的改进措施,防止故障的发生。

(3) 飞控系统应该具有强有力的故障诊断系统。考虑到飞控系统的重要性,可以在飞控系统的维护中应用故障特征提取及专家系统分析的故障诊断方法。

3.3.4 故障树分析

1. 目的和用途

1) 目的

故障树分析(Fault Tree Analysis,FTA)是通过对可能造成产品故障的硬件、软件、环境、人为因素进行多因素分析,画出故障树,从而确定产品故障原因的各种可能组合方式和(或)其发生概率的一种分析技术。其目的是帮助判明潜在的故障或计算产品发生故障的概率。以便采取相应的改进设计措施,也可用于指导故障诊断、改进运行和维修方案。

2) 主要用途

(1) 从安全性的角度出发,比较各种设计方案;或者已确定了某种设计方案,评估其是否满足安全性要求。

(2) 对于大型复杂系统,通过 FTA 可能发现由几个非致命的故障事件组合导致的意外致命事件,据此采取相应的改进措施。

(3) 为制定使用、试验及维修程序提供依据。

(4) 对于不曾参与系统设计的管理和使用维修人员来说,故障树为他们提供了一个形象的管理、使用维修的"指南"或查找故障的"线索表"。

2. 基本概念

1) 故障树

故障树(Fault Tree,FT)是一种特殊的倒立树状逻辑因果关系图,它用事件符号、逻辑门符号和转移符号描述系统中各种事件之间的因果关系。逻辑门的输入事件是输出事件的"因",逻辑门的输出事件是输入事件的"果"。

2) 事件符号与逻辑门符号

在故障树分析中各种故障状态或不正常情况均称为故障事件,用一定的符号表示。而故障树中逻辑门只描述事件间的因果关系。转移符号则是为了避免画图时重复和使图形简明而设置的符号。工程中常用的故障树符号如表3-11所列。

表 3-11　工程中常用的故障树符号

分类	符号	说明
事件	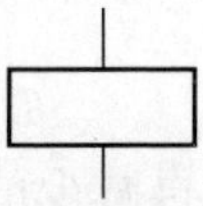 矩形	顶事件或中间事件
	 圆形	底事件,代表部件的故障模式;部件故障;软件故障;人及环境影响等
	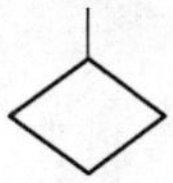 菱形	未展开事件,其输入无须进一步分析或无法分析的事件
逻辑门	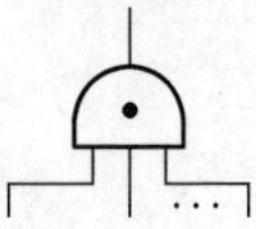 与门	仅当所有输入事件发生时,输出事件才发生
	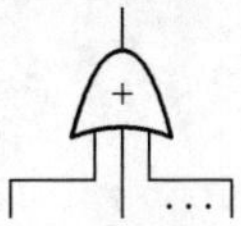 或门	至少一个输入事件发生时,输出事件才发生
	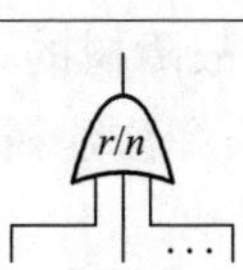 r/n 表决门	当 n 个输入事件中有 r 个或 r 个以上的事件发生时,输出事件才发生($1 \leq r \leq n$)
	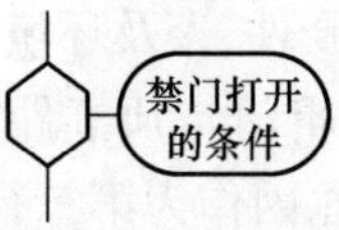 禁门（禁门打开的条件）	当禁门打开条件事件发生时,输入事件方导致输出事件的发生

续表

分类	符　号	说　　明
子树转移	A 转入　A 转出	将树的一个完整部分(子树)转移到另一处复用,用 A 作标记

3) 割集

割集(Cutset,CS)是故障树的若干底事件的集合,如果这些底事件都发生将导致顶事件发生。

4) 最小割集

最小割集(Minimal Cutset,MCS)是底事件的数目不能再减少的割集,即在该最小割集中任意去掉一个底事件之后,剩下的底事件集合就不是割集。一个最小割集代表引起故障树顶事件发生的一种故障模式。

3. 建立故障树

1) 建树的依据

(1) 系统图。

(2) 本次分析的目的。

(3) 顶事件定义。

2) 建树的基本原则

(1) 明确建树边界条件,简化系统的构成。

(2) 严格定义故障事件。

(3) 从上向下逐级建树。

(4) 建树时不允许门—门直接相连。

(5) 把对事件的抽象描述具体化。

3) 建树的步骤和方法

(1) 建树步骤如图 3-11 所示。

(2) 建树方法。故障树的建造是 FTA 法的关键,因为故障树的正确和完善程度将直接影响定性分析和定量计算的准确性。现以一种演绎法建树为例,作简单介绍：

先写出顶事件(即系统不希望发生的故障事件)表示符号作为第一行,在其下面并列写出导致顶事件发生的直接原因——包括软件、硬件、人及环境因素等作为第二行。把它们用相应的符号表示出来,并用适合的逻辑门与顶事件相连。再将导致第二行的那些故障事件(称中间事件)发生的直接原因作为第三行,用适合的逻辑门与中间事件相连。按这个线索步步深入,一直追溯到引起系统发生故障的

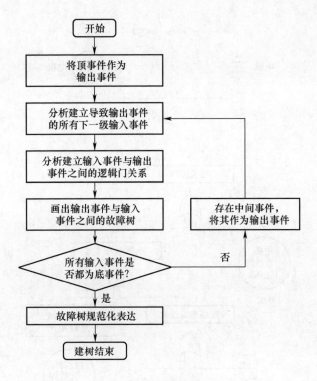

图 3-11 建树步骤

全部原因,因而不需要继续分析为止(称为底事件)。这样就形成一棵以顶事件为"根",中间事件为"节",底事件为"叶"的倒置的故障树。

(3) 示例。图 3-12 是以某型无人机"电机过热"为顶事件,按第(2)小节所述建树方法建立的"电机过热"故障树。

4. 故障树分析方法

故障树分析可以分为定性分析和定量分析两种。

1) 定性分析

定性分析的目的在于寻找导致顶事件发生的原因和原因组合,识别导致顶事件发生的所有故障模式,即找出全部最小割集,它可以帮助判明潜在的故障,以便改进设计。可以用下行法或上行法求最小割集。如图 3-13 中最小割集就是:电机一次故障$\{X_1\}$,绕组一次故障及保险丝一次故障$\{X_2,X_4\}$,电源一次故障及保险丝一次故障$\{X_3,X_4\}$,共三个。

在各底事件发生概率较小,且其差别不大的情况下,可按下述原则进行定性分析:

(1) 阶数(最小割集中所含底事件数)越小的最小割集越重要。

(2) 在低阶最小割集中出现的底事件比高阶最小割集中的底事件重要。

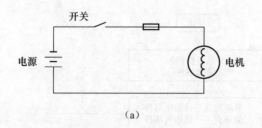

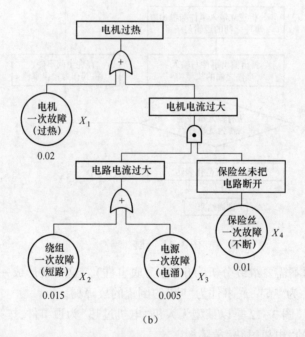

图 3-12 电机工作原理图及"电机过热"故障树

(a)电机工作原理图;(b)电机过热故障树。

(3) 在不同最小割集中重复出现次数越多的底事件越重要。

按上述原则即可将底事件及最小割集按重要性进行排序,以便确定改进措施的顺序。

2) 定量分析

计算顶事件发生概率的近似值方法。根据底事件的发生概率,按故障树的逻辑门关系,计算顶事件发生概率的近似值。

$$P(T) = F_S(t) \approx \sum_{j=1}^{N_K} P[K_j(t)] \approx \sum_{j=1}^{N_K} (\prod_{i \in K_j} F_i(t)) \tag{3-6}$$

式中:$P(T)$ 为顶事件发生的概率;$F_S(t)$ 为系统的不可靠度;K_j 为第 j 个最小割集,$j=1,2,\cdots$;N_K 为最小割集总数;$P[K_j(t)]$ 为在时刻 t 第 j 个最小割集发生的概率；$F_i(t)$ 为在时刻 t 第 j 个最小割集中第 i 个部件的不可靠度。

按图 3-13 中底事件发生的概率，运用式(3-6)，即可算出"电机过热"的概率。

$$P(电机过热) \approx 0.02 + 0.015 \times 0.01 + 0.005 \times 0.01 = 0.0202$$

3) 概率重要度分析

实践证明，系统中各元部件并不是同样重要的，有的元部件故障就会引起系统故障，有的则不然。一般认为，一个部件或最小割集对顶事件发生的贡献称为重要度。有多种重要度，本章仅介绍概率重要度，可用于指导改进设计的顺序。

$$\Delta g_i(t) = \frac{\partial F_s(t)}{\partial F_i(t)} \tag{3-7}$$

式中：$\Delta g_i(t)$ 为第 i 个部件的重要度；$F_s(t)$ 为系统不可靠度；$F_i(t)$ 为第 i 个部件的不可靠度。

式(3-7)的物理意义：第 i 个部件不可靠度的变化引起系统不可靠度变化的程度。$\Delta g_i(t)$ 越大，则第 i 个部件越重要，改进第 i 个部件，可使系统不可靠度快速下降。

5. 应注意的事项

（1）FTA 一般用于安全性分析。应与 FMEA 结合进行。FTA 选择 FMEA 所确定的严酷度 Ⅰ 类的故障模式作为顶事件进行多因素综合分析。

（2）由设计人员建树，并由有关的技术人员参加审查，以保证故障树逻辑关系的正确性。

（3）应在研制阶段的早期即进行 FTA，以便及早发现问题，及时改进。随着设计的进展，系统技术状态的变化，FTA 还要反复进行。

（4）对于大型复杂系统，所建的故障树比较庞大，一般应利用计算机辅助进行 FTA，以提高分析效率和分析结果的可信度。

6. 无人机起降系统 FTA 分析示例

从 FMECA 中可见，最不希望出现的是严酷度为 Ⅰ、Ⅱ 类的事件，需对所有此类事件进行故障树分析。因此，经过对无人机起降系统的分析，选取"阻力伞意外放出""起降系统丧失支撑功能"作为顶事件分别进行故障树分析。

（1）根据建立故障树原则，系统分析，可得故障树如图 3-13、图 3-14 所示。

（2）确定最小割集。利用下行法，求得上述故障树的所有最小割集均为 $\{x_1\},\{x_2\},\{x_3\},\{x_4\},\{x_5\},\{x_6\},\{x_7\}$。可知，所有底事件均为单点故障。对于单点故障都是应该尽力避免的，所以应该采取一定的补偿措施，如增加冗余部件、监控成品质量等，以减少单点故障的出现概率。

（3）根据 CA 结果，进行故障树定性分析。可以根据所有故障模式的危害度对产品进行优先排序。对于图 3-14 中的故障树，其优先排序结果是控制盒、拔销器。对于图 3-15 中的故障树,其优先排序结果是主起落架、前起落架。

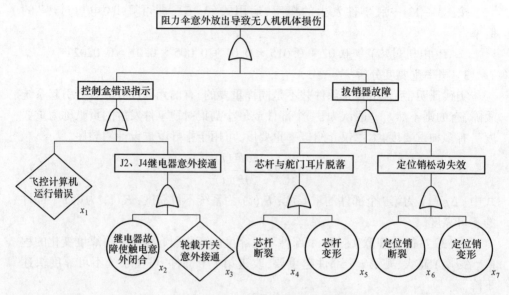

图 3-13 阻力伞意外放出故障树

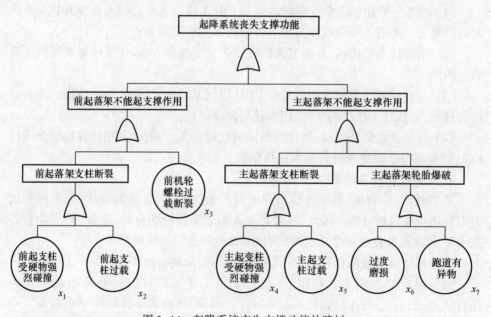

图 3-14 起降系统丧失支撑功能故障树

(4) 按 CA 结果先对危害性较大的产品进行改进,如对控制盒进行优选元器件,或者增加继电器冗余,以提高其可靠性;对主起落架的支柱进行增大转接处 R 的改进,避免应力集中。

3.3.5 以可靠性为中心的维修分析

以可靠性为中心的维修分析强调以装备的可靠性特性为依据,对故障后果进行具有逻辑性的分析,进而确定应采取的预防性维修工作项目。针对不同的分析对象(系统、设备或结构)和不同的处理方式,有多种分析逻辑可供采用,但它们的基本分析程序是相似的。

1. 确定重要功能

(1) 可能影响安全。

(2) 可能影响任务完成。

(3) 可能导致重大的经济损失。

(4) 产品的隐蔽功能故障与另一相关(或备用)产品的故障综合可能导致产生上述一项或多项影响。

(5) 可能引起从属故障而导致产生上述一项或多项影响。

2. 故障模式和影响分析

对每项重要功能产品进行故障模式和影响分析时,要考虑到所有的功能和所有可能的故障。

3. 确定工作类型

对重要功能产品的各功能故障,应用逻辑决断图确定预防性维修工作类型。

(1) 将预防性维修工作类型按其内容及实施的时机划分为保养、操作人员监控、使用检查、功能检查、定时拆修、定时报废和综合工作 7 类。

(2) 逻辑决断图的分析流程始于决断图的顶层,由对问题的回答为"是"或"否"决定分析流程的走向。该决断图分为两层:第一层为确定故障影响,含 5 个问题;第二层为选择预防性维修工作类型,含 5~6 个问题。

(3) 根据产品的故障特性,确定各种预防性维修工作类型的适用性(对防止某种故障的发生是可行的)。

(4) 根据对产品故障后果的消除程度,确认各种预防性维修工作类型的有效性。

(5) 参照类似产品的经验数据和相关试验数据,确定预防性维修工作的间隔期。

(6) 根据经济性因素和非经济性因素,提出实施预防性维修工作维修级别的建议。

图 3-15 给出了逻辑决断图的概要,其详细要求的陈述可参见 GJB 1378A—2007《装备以可靠性为中心的维修分析》和 HB 6211—89《飞机、发动机及设备以可靠性为中心的维修大纲的制定》。

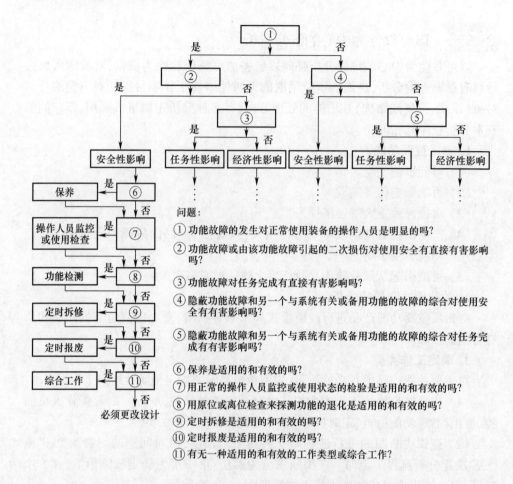

图 3-15 系统和设备的 RCMA 逻辑决断图

在进行以可靠性为中心的维修分析时,还要注意以下几点:

(1) 在分析过程中,若因缺乏足够的信息不能对逻辑决断图中的问题给出确定的回答时,可先给出暂定的答案。由于给出的暂定答案往往会偏于保守(即经济性不好的预防性维修工作类型,甚至更改设计),所以要非常谨慎地做出决策。待可获得足够的信息时,应及时重新确定出适用和有效的预防性维修工作类型。

(2) 应注意维修间隔期的探索,即在将装备投入使用后,通过分析装备的使用与维修数据及研制试验提供的数据等,调整预防性维修工作类型及维修间隔期。

(3) 除进行以可靠性为中心的维修分析外,一般还需要在该分析工作的后期进行区域检查分析。区域检查一般为目视检查,尤其适用于需划分区域的大型装备(如大型运输机),其主要内容为检查非重要产品的损伤情况、检查由邻近产品故障引起的损伤和对重要产品的维修工作中需进行目视检查的部分进行检查,而进行区域检查分析的目的就是通过分析确定需进行区域检查的产品及其间隔期要求。

详细的分析方法见 GJB 1378A—2007《装备以可靠性为中心的维修分析》。

3.3.6 修理级别分析

修理级别分析(Level of Repair Analysis, LORA)的目的是确定维修工作在哪一级维修机构执行最为经济有效。LORA 要反复迭代进行。

修理级别分析是指在装备的研制、生产和使用阶段,对预计有故障的产品,进行非经济性或经济性的分析以确定可行的修理或报废的维修级别的过程。

修理级别分析是装备保障性分析的重要组成部分,其目的是确定可行的和费用效能好的实施装备修理工作的维修级别或做出报废决策,并以分析结果影响装备的设计。此处,要明确所谓"维修级别",是指根据装备的使用需求、任务特点和组织维修的能力等所确立的并在一定时间内相对稳定的维修机构的建制,如当前采用的三级维修体制中的基层级、中继级和基地级三个实施维修工作的维修级别。而修理级别分析则是指用以决定实施故障件修理的合理的维修级别的分析工作。

按照国家军用标准 GJB 2961—1997《修理级别分析 LORA》的要求,规范化的修理级别分析工作由 4 个系列共 5 项工作项目组成,如表 3-12 所列。

表 3-12 修理级别分析工作项目

工作项目编号	工作项目名称
工作项目 100 系列	修理级别分析的规划与控制
工作项目 101	规划和计划
工作项目 102	评审
工作项目 200 系列	数据的准备和管理
工作项目 201	输入数据准备
工作项目 300 系列	评估
工作项目 301	评估的实施与报告制定
工作项目 400 系列	应用
工作项目 401	分析结果的应用

1. 在规划维修的分析过程中 LORA 的主要作用

(1) LORA 工作的结果主要用于确定每一项维修工作项目在哪一个级别上进行维修,进一步确定各维修级别的维修工作内容,从而为确定每个维修级别上的保障资源提供重要输入,如果将装备所有层次产品的修理级别都确定下来,则可以汇总出在所有维修级别上的维修工作项目,为制定维修方案提供依据。

（2）LORA 工作的结果还可以用于为设计更改提供输入。

2. 进行 LORA 需要的主要信息(输入)

（1）产品结构等方面的设计工程资料,主要用于了解产品的结构特点。

（2）功能要求分析结果所确定维修工作项目,通过维修工作分析,确定每项维修工作的工时和所需的资源等。

（3）经济性信息,包括产品的成本、测试及保障设备的经济性信息、运输条件及其费用估算、维修人员的费用信息等。

（4）产品可靠性维修性信息。

（5）可用于检测故障的测试设备或机内自检设备(BITE)的信息。

（6）部队的编制体制,各级维修机构和备件库的设置与确定的维修原则等。

（7）其他有关数据。

3. LORA 的准则

LORA 的准则可分为非经济性分析和经济性分析两类准则。

非经济性分析是在限定的约束条件下,对影响修理决策主要的非经济性因素优先进行评估的方法。非经济因素是指那些无法用经济指标定量化或超出经济因素的约束因素,主要考虑安全性、可行性、任务成功性、保密要求及其他战术因素等,如以修复时间为约束进行 LORA 就是一种非经济性修理级别分析。

在装备实际修理级别分析工作中,非经济性分析约占整个修理级别分析工作的 85%,经济性分析仅占 15% 左右。经济性分析是一种收集、计算、选择与维修有关的费用,对不同修理决策的费用进行比较,以总费用最低作为决策依据的方法。进行经济性分析时需广泛收集数据,根据需要选择或建立合适的 LORA 费用模型,对所有可行的修理决策进行费用估算,通过比较,选择出总费用最低的决策作为 LORA 决策。

进行 LORA 时,经济性因素和非经济性因素一般都要考虑,无论是否进行非经济性分析,都应进行以总费用最低为目标的经济性分析。

4. 分析过程

1）分析流程

原则上,对每一需进行预防性维修和修复性维修的产品都应按图 3-16 所示的工作流程进行修理级别分析。

在进行分析时,一般将待分析产品分为 3 层,即外场可更换单元(LRU)、内场可更换单元(SRU)和内场可更换子单元(SSRU)。同时,还要将产品的约定层次与维修级别加以结合,以代码的形式标明约定的产品层次在哪一级进行修理。

分析流程主要包括以下主要步骤:

（1）划分产品层次并确定待分析产品。为了便于分析和计算,需要根据装备的结构及复杂程度对所分析的装备划分产品层次,进而确定出待分析项目。较复

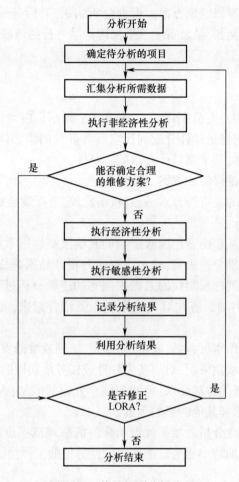

图 3-16 修理级别分析流程

杂的装备层次可多些,简单的装备层次可少些。

(2) 收集资料确定有关参数。进行 LORA 通常需要大量的输入数据,按照所选分析模型所需的数据元清单收集数据,并确定有关的参数。进行经济性分析常用的参数如费用现值系数、年故障产品数、修复率等。

(3) 进行非经济性分析。对每一待分析产品首先应进行非经济性分析,确定合理的维修级别(基层级、中继级、基地级分别以 O、I、D 表示);如不能确定,则需进行经济性分析,选择合理可行的维修级别或报废(以 X 表示)。在实际分析中,为了减少分析工作量,可以采用 LORA 决策树对明显可确定维修级别的产品进行筛选。

(4) 进行经济性分析。利用经济性分析模型和收集的资料,定量计算产品在所有可行的维修级别上修理的有关费用,以便选择确定最佳的维修级别。

(5) 确定可行的维修级别方案。根据分析结果,对所分析产品确定出可行的维修级别方案编码。例如,某装备上三个修理产品可行的维修级别方案如下:

产品 1:(I,D,DX)

产品 2:(D、DX)

产品 3:(O、I、IX)

这里,在不同级别报废分别用 OX、IX 和 DX 表示。应当注意,在确定可行的维修级别方案时,不能把子部件分配到比它所在部件的维修级别还低的维修机构去维修;一个项目弃件,其子项目也必须随之弃件。

(6) 确定最优的维修级别方案。

根据上述确定出的各可行方案,通过权衡比较,选择满足要求的最佳方案。

2) 非经济性分析

非经济性分析是从超出费用因素影响的其他限制性因素方面考虑,并参照已有类似装备的修理级别分析决策,确定出对所分析产品实施修理或报废处理的维修级别。它是对一系列的限制性因素做出问答的逻辑分析过程,在回答了所有问题后,将属于"是"的各项回答和对应的限制原因结合起来,确定出初定的实施修理或报废的维修级别。

所考虑的非经济因素可包括:安全性、保密、法规或维修方案的约束;对产品特定的实施修理的维修级别限制;对战备完好性或任务成功性的影响;装卸与运输方面的限制;对保障设备的特殊要求;包装与储存方面的限制;人力与人员条件的制约;对设施的专门要求和其他的影响因素。

不能单凭非经济性分析的结果就做出最终的修理或报废的决策,但先进行非经济性分析可以适当地缩小更为复杂的经济性分析的工作量。

3) 经济性分析

对待分析产品通常需进行经济性分析。进行经济性分析,要定量地估算在不同维修级别进行修理所对应的修理费用,并通过对费用的比较,选择出费用最低的实施修理的维修级别。考虑到对不同产品进行修理时,有可能共用同一台保障设备,所以在作费用比较时,要考虑由于共用保障设备产生的影响,将相关方案加以组合,从中寻求费用最低的组合方案,从而也确定了对相关的多项产品经济地实施修理的维修级别。

进行经济性分析时要考虑在装备使用期内与维修级别决策有关的费用,一般包括以下几项:

(1) 备件费用。备件费用是指对待分析产品进行修理时所需的初始备件费用、备件周转费用和备件管理费用之和。备件管理费用一般用备件管理费占备件采购费用的百分比计算。

(2) 维修人力费用。维修人力费用包括与维修活动有关人员的人力费用,它等于修理待分析产品所消耗的工时(人—小时)与维修人员的小时工资的乘积。

(3) 材料费用。修理待分析产品所消耗的材料费用,通常用材料费用占待分析产品的采购费用的百分比计算。

(4) 保障设备费用。保障设备费用包括通用和专用保障设备的采购费用和保障设备本身的保障费用两部分。保障设备本身的保障费用可以采用保障费用因子来计算。保障费用因子是指保障设备的保障费用占保障设备采购费用的百分比。对于通用保障设备采用保障设备占用率来计算。

(5) 运输与包装费用。运输与包装费用是指待分析产品在不同修理场所和供应场所之间进行包装与运送等所需的费用。

(6) 训练费用。训练费用是指训练修理人员所消耗的费用。

(7) 设施费用。设施费用是指对产品维修时所用设施的相关费用,通常用设施占用率来计算。

(8) 资料费用。资料费用是指对产品修理时所需文件的费用。

LORA 需要大量的数据资料,如每一规定的维修工作类型所需的人力和器材量、待分析产品的故障数据和寿命期望值、装备上同类产品的数目、预计的修理费用(保障设备、技术文件、训练、备件等费用)、新品价格、运输和储存费用、修理所需日历时间等。因此,从新装备论证阶段和方案阶段初期开始就应注意收集有关数据资料。

4) 敏感性分析

对各项分析中涉及的输入参数进行敏感性分析,按其敏感程度予以排序,以确定各输入参数对费用的影响,据以有针对性地进行必要的决策调整和对设计施加影响。

修理级别分析的具体方法见 GJB 2961—1997《修理级别分析 LORA》。

5. LORA 模型

LORA 模型与装备的复杂程度、装备的类型、费用要素的划分、分析的时机等多种因素有关。在 LORA 中采用的各类分析模型有其特定的应用范围,现对如下几种常用模型进行介绍。

1) LORA 决策树

对于待分析产品,可采用图 9-17 给出的 LORA 决策树,初步确定待分析产品的维修级别。通过决策树不能明显确定的产品则采用其他模型。

分析决策树有 4 个决策点,首先从基层级分析开始。

(1) 在装备上进行修理不需将故障件从装备上拆卸下来,是指一些简单的维修工作,利用随机(车、炮)工具由使用人员(或辅以修理工)执行。这类工作所需时间短,技术水平要求不高,多属于较小的故障排除工作,其工作范围和深度取决于作战使用要求赋予基层级的维修任务和条件。

将装备设计成尽量适合基层级维修是最为理想的。但是基层级维修受部队编制和作战要求(修复时间、机动性、安全等)诸多方面的约束,不可能将工作量大的维修工作都设置在基层级进行。这就必须移到中继级修理机构和基地级修理机构进行。

(2) 报废更换是指在故障发生地点将故障件报废更换新件,取决于报废更新与修理费用权衡。这种更换性的修理工作一般是在基层级进行的,但要考虑基层级备件储存的负担。

(3) 必须在基地级修理是指故障件复杂程度较高,或需要较高的修理技术水平并需要较复杂的机具设备。如果在装备设计时存在上述修理要求,就可采用基地级修理决策,同时也应建立设计准则,尽可能地减少基地级修理的要求。

(4) 如果故障件修理所需人员的技术水平要求和保障设备都是通用的,或即使是专用的但不十分复杂,那么该件的维修工作应设在中继级进行。

如果某待分析产品在中继级或基地级修理很难辨识出何者优先时,则可采用经济性分析模型做出决策。应该指出,同类产品,由于故障部位和性质不同,可能有不同的维修级别决策。例如,根据统计分析,坦克减震器的修理约有5%在基层级,20%在中继级,45%在基地级,还有30%报废。

2) 报废与修理的对比模型

在装备研制过程的早期,供 LORA 用的数据较少,因此,只能进行一定的非经济性分析和简单的费用计算。早期分析的目的是把待分析产品按照报废设计还是修理设计加以区分,以确定设计准则。

当一个产品发生故障时,将其报废可能比修复更经济,这种决策要根据修理一个产品的费用与购置一件新品所需的相关费用的比较结果做出。下式给出了这种决策的基本原理。若下式成立,则采用报废决策。

$$(T_{bf2}/T_{bf1})N < (L+M)/P \tag{3-8}$$

式中:T_{bf1} 为新件的平均故障间隔时间;T_{bf2} 为修复件的平均故障间隔时间;L 为修复件修理所需的人力费用;M 为修复件修理所需的材料费用;P 为新件单价;N 为预先确定的可接受因子。

这里 N 是一个百分数(通常为50%~80%),它说明了产品的修复费用所占新件费用的百分比临界值,超过这一比值则决定对其报废处理。

3) 经济性分析模型

如果完成某项维修任务,对维修级别没有任何需要优先考虑的因素时,则修理的经济性就是主要的决策因素,这时要分析各种与修理有关的费用,建立各级修理费用分解结构,并制定评价准则。有很多经济性分析模型,此处举一例进行说明。

对飞机的控制组件进行 LORA,已知参数如下:

产品名称:飞机控制组件;

单价(D):5000元;
每架飞机控制组件的数量(N_{qpei}):2;
飞机总数(N):500架;
飞行团数(N_z):20个(每个飞行团25架飞机);
预期寿命(T):10年;
预计每月飞行小时数(T_r):20h/月;
平均故障间隔时间($\overline{T}_{bf}$):10h。

当确定对某产品进行修理时,首先选用LORA决策树,考虑非经济性因素,进行维修级别决策,然后进行经济性分析。

(1)LORA决策树。利用图3-17中LORA决策树,决策结果如下:

60%的故障件在基层级修理;

5%的故障件报废;

10%的故障件必须在基地级修理;

10%的故障件显然在中继级修理;

15%的故障件需用LORA费用模型进一步决策。

(2)经济性分析。15%的故障件需用修理级别分析费用模型进行决策。先计算飞机控制组件中的月修理次数(N_r),即

$$N_r = (N \times T_r / \overline{T}_{bf}) \times N_{qpei} \times 15\% = (500 \times 20/10) \times 2 \times 15\% = 300(次/月)$$

下面用修理级别分析费用模型进行计算。假设费用模型中仅考虑中继级修理(I)和基地级修理(D)。下面给出修理级别分析采用的费用模型:

$$C_I = C_{se} + C_{sem} + C_{td} + C_{tng} + C_s + C_1$$

$$C_D = C_{se} + C_{sem} + C_{td} + C_{tng} + C_{ss} + C_{ps} + C_{rp} + C_1$$

式中:C_I为中继级总费用;C_D为基地级总费用;C_{se}为保障设备费用;C_{sem}为保障设备维修费用;C_{td}为资料费用;C_{tng}为训练费用;C_{ss}为安全库存费用;C_{ps}为故障件的包装、装卸、储存和运输费用;C_s为备件的发运和储存费用;C_{rp}为修理件供应费用;C_1为修理故障件的人力费用。

将数据代入公式,计算如下:

① 中继级修理费用计算:

$$C_{se} = C_z N_z = 100000 \times 20 = 2000000(元)$$

$$C_{sem} = C_{se} R T = 2000000 \times 0.01 \times 10 = 200000(元)$$

$$C_{td} = 100000(元)$$

$$C_{tng} = C_t N_z = 30000 \times 20 = 600000(元)$$

$$C_s = 12R_bTN_r = 120 \times 10 \times 12 \times 300 = 4320000(元)$$

$$C_1 = 12R_gTN_r\overline{M}_{ct} = 300 \times 10 \times 12 \times 5 \times 2.5 = 450000(元)$$

② 基地级修理费用计算：

$$C_{se} = 50000(元)$$

$$C_{sem} = 0(元)$$

$$C_{td} = 0(元)$$

$$C_{ss} = N_rT_{an}D = 300 \times 0.5 \times 5000 = 750000(元)$$

$$C_{ps} = 12C_pTN_r = 300 \times 10 \times 12 \times 150 = 5400000(元)$$

$$C_{rp} = DTN_r = 300 \times 2 \times 5000 = 3000000(元)$$

$$C_1 = 12R_{gd}TN_r\overline{M}_{ct} = 300 \times 10 \times 12 \times 12 \times 2.5 = 1080000(元)$$

③ 计算两种方案的总费用：

$$C_I = C_{se} + C_{sem} + C_{td} + C_{tng} + C_s + C_1 = 7670000(元)$$

$$C_D = C_{se} + C_{sem} + C_{td} + C_{tng} + C_{ss} + C_{ps} + C_{rp} + C_1 = 10285000(元)$$

因为 $C_D > C_I$，所以这些故障件应在中继级完成修理。

在确定了要实施的预防性维修工作类型和产品故障后是否修、由谁修之后，还必须确定为完成这些维修工作所需的具体作业及维修资源和要求。为此，还需进行维修工作分析与确定。

3.3.7 使用与维修工作项目分析

使用与维修工作项目分析（Operation and Maintenance Tasks Analysis，O&MTA）的目的是确定每项使用与维修工作项目所需的保障资源和每项使用与维修工作的程序、方法。

要提出详细的保障系统的组成方案，就需要先确定所应完成的全部使用与维修工作。通常，要维持大型装备的运行并在其发生故障时予以修复，可能需要进行几千项的使用与维修工作项。因此，为了确定应完成的全部使用与维修工作而进行的使用与维修工作分析是一大项艰巨而细致的工作。

1. 在规划使用与维修保障的分析过程中 O&MTA 的主要作用

（1）使用与维修工作分析是将新研装备的使用与维修工作分解为有序的作业号或操作工序（要素或活动要素），然后再按每个工序的内容分别确定其所需的人力、作业时间、使用与维修保障设备的规格和数量、备件、人员训练、消耗品的规格和数量等,为规划保障资源提供输入。

(2)为进一步开展修理级别分析提供信息。

2. 进行 O&MTA 需要的信息(输入)

(1) FMEA、RCMA、LORA 等工作的结果。

(2) 现有的各维修级别的维修能力和维修内容及相应的保障能力,可用或预计可用的保障资源情况,现役同类装备的使用维修的现场数据和资料。

(3)装备预计的年训练任务的类别和使用强度、主要零部件的使用寿命和故障率等；

(4)各种保障资源的费用信息。

(5)其他有关信息,包括使用方案、使用与维修的原则、使用与维修工作项目的要素信息等。

3. 使用与维修工作分析过程

确定使用与维修工作时,应分析与设计结构和使用情况相一致的层次。除要涵盖需要保障资源的全部功能外,还应确认出使用与维修工作涉及的危险品、废料、有害气体和污水等对环境的影响。

在确定预防性维修、修复性维修、使用和其他保障工作时,应以装备的硬件和软件为对象,根据 FMECA 的分析结果,确定修复性维修工作要求；根据 FMECA 和 RCMA 的分析结果,确定预防性维修工作要求。对于不能依据 FMECA 和 RCMA 的分析结果予以确定的使用和其他保障工作,则应通过分析装备的功能要求和预期的使用情况去确定。

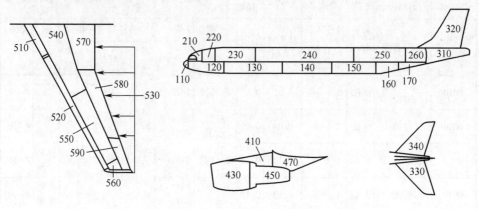

图 3-17 A300 飞机的分区

通过使用与维修工作分析,最终要确定出完成各项使用与维修工作所需的保障资源,这是这项分析工作的关键输出,其分析过程如图 3-18 所示。

目前,尚未发布过关于使用与维修工作分析的专门的国家军用标准,但可参照 GJB 1378A—2007《装备以可靠性为中心的维修分析》或 GJB/Z 1391—2006《故障

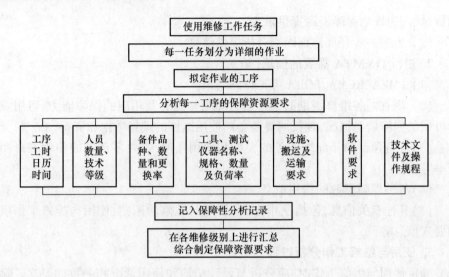

图 3-18 使用与维修工作分析过程

模式影响及危害性分析指南》中的相关部分进行分析和表述分析结果。表 3-13 给出了一个列表进行使用与维修工作分析的示例。

表 3-13 使用与维修工作分析表

项目名称	控制器汇总板	件号	A101-153-6		组件名称	流量控制器		件号	A101-153		说明事项：分解前应再测试，以确定故障部位	
维修工作任务	更换有故障电路板	工作任务编号	03		工作频数	0.002		维修级别	中继级			
维修作业工序号	工序名称	维修时间/h	操作人员		总工时/人时	日历时间/h	维修设备		备件及消耗品		技术文件	
			数量	等级			名称	编号	名称 件号	数量	名称	编号
0010	确定故障部位	0.05	1	4	0.05	0.05	测试器	1622-5			检测手册	Z-102
0020	分解	0.09	1	4	0.09	0.09	扳手起子	6811-1 6011-2	电路板接线座螺钉 A101-153-8 A101-8239 832567-M	1 4 6	拆装手册	Z-101
0030	更换线路板	0.10	1	4	0.10	0.10	起拔器	6314-1			拆装手册	Z-101
0040	装配	0.12	1	4	0.12	0.12	扳手起子	6811-1 6011-2			拆装手册	Z-101
0050	测试	0.05	2	4	0.10	0.05	测试器	1622-5			检测手册	Z-102
合计					0.46	0.41			A101-153-8 A101-8239 832567-M	1 4 P6		

进行使用与维修工作分析时,还应注意如下几点:
(1)对所认定的每一种故障模式,都应有对应的维修工作予以处理,但所需进行的维修工作与装备的各种故障模式间并非必定是一一对应的,因为一种维修工作有可能对应不止一种故障模式。
(2)在同一维修级别上完成相应的使用与维修工作所需的总的保障资源应是对各单项分析结果经进一步分析后的资源需求整合结果,而不应是简单叠加的结果。
(3)使用方使用与维修人员的专业职能划分与分析结果间存在着相互影响,分析时应予以考虑。

3.3.8 生存性分析

在规划维修的分析过程中,生存性分析的目的是确定战场实施抢修所需的保障资源。

1. 在规划维修的分析过程中生存性分析的主要作用
(1)确定影响装备设计的生存性因素和解决办法。
(2)评价和权衡备选保障方案是否满足生存性方面的要求。
(3)确定实施战场抢修的方法(技术和组织)及其所需的特殊保障资源。

2. 进行生存性分析需要的信息(输入)
(1)有关装备的可靠性、维修性信息,还包括战伤损坏模式及影响分析的信息。
(2)战场修理策略,包括战场抢修的对象(如损伤程度为中损和轻损)、抢修方式(如伴随现地抢救和定点抢修)、各维修级别任务分工等。
(3)历史上有关战场损伤率,各类损伤所占的比例等数据。
(4)现役同类装备,各类战场损伤的主要抢修技术和抢修工时数据。
(5)现有的战场保障资源(设备、设施、备件供应、人员、运输等)情况。

3.4 规划保障资源

保障资源是使用与维修装备所需的物资与人员的统称,是构成装备保障系统的物质基础。在装备系统研制中,应通过规划保障资源对规划保障过程中提出的初步保障资源需求进行协调、优化和综合,并形成最终的保障资源需求。保障资源主要包括:人力和人员,备件和消耗品,保障设备,训练和训练保障,技术资料,保障设施,包装、装卸、储存和运输所需的保障资源,计算机资源保障等。本章主要阐述保障资源规划的过程、方法和工作内容等。

研制装备的同时确定并优化保障资源要求是装备交付部队使用时能够及时、

经济有效地建立保障系统和在使用阶段以最低费用与最少人力提供装备所需保障的重要保证。

保障资源直接影响战备完好性和寿命周期费用,一般来说,保障资源越充足,战备完好性越高而费用也可能越高。进行保障资源规划,一方面要满足使用要求,另一方面要受到费用的制约,因此,需要掌握权衡分析方法,制定规划程序,必要时,还要作定量计算和计算机模拟研究,以保证所采办的保障资源既充足又"切合实际"和"负担得起"。

3.4.1 需求形成的一般过程

1. 保障资源规划的工作程序

规划保障资源应按 GJB 1371—92《装备保障性分析》的规定进行,其一般过程及工作项目如图 3-19 所示。

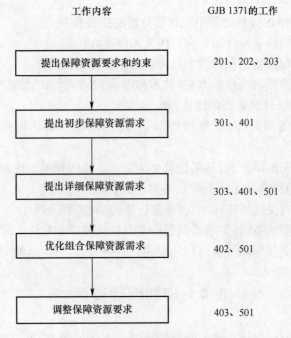

图 3-19 规划保障资源的工作程序

2. 保障资源的规划工作内容

1）提出保障资源要求和约束

在论证阶段,订购方应通过实施保障性分析工作项目 201（使用研究）、202（硬件、软件及保障系统标准化）、203（比较分析）,对各项保障资源提出要求和约束:

(1) 人员与人力。
(2) 初始供应保障期。
(3) 保障设备的通用化、系列化、组合(模块)化。
(4) 技术资料阅读能力。
(5) 训练与训练器材研制。
(6) 现有保障设施的利用。
(7) 运输和储存方式。
(8) 费用等。

2) 提出初步保障资源需求

在方案阶段,通过实施保障性分析工作项目303(备选方案的评价与权衡分析)、401(使用与维修工作分析),提出初步保障资源需求,要重点考虑新的、关键的和技术复杂的保障资源,对这些保障资源要重点规划。

3) 确定详细保障资源需求

在工程研制阶段,装备工程样机已研制出来,且已具备详细确定全面保障资源所需的设计数据。为此,需要首先利用工作项目301(确定功能要求)的结果,明确保障功能要求,确定应进行的使用与维修工作。由于保障资源要求直接由使用与维修保障方案产生,所以工作项目401(使用与维修工作分析)是核心分析工作。通过使用与维修工作分析和演示试验,记录每一项工作,每一步作业所需保障资源,包括人员数量、技术专业及技术等级、测试和保障设备、训练器材、备件、设施等。然后将其记录汇总在相应的保障性分析记录中。

4) 优化组合保障资源需求

经过使用与维修工作分析得出的保障资源需求是针对完成各具体的使用与维修工作而提出的资源需求,通过综合协调,使保障资源从总体上得到优化,并根据使用方案,优化各级保障机构的资源配置。在优化组合保障资源时,应考虑如下原则:

(1) 必须满足平时和战时的战备完好性目标要求。通过现场数据收集分析,建立保障资源品种、数量与战备完好性之间的关系模型,进行影响分析。

(2) 在不影响系统战备完好性和部队战斗力的前提下,尽量减少新研制的保障资源,选用通用的和现有的保障资源。在装备研制时,列出类似装备的保障资源清单,首先选用清单中的保障资源。

(3) 尽量降低保障资源的费用。建立保障资源品种、数量与费用的关系,在满足战备完好性要求的条件下,使保障资源的费用尽量低。

(4) 应考虑新装备部署后对现有保障系统的影响。避免由于新装备的部署,有可能与旧装备争用保障资源,而使装备的可用度水平降低。

(5) 应考虑装备部署后保障资源的保障问题。

(6) 注意对保障资源的品种和数量进行不断的修正。在装备的使用过程中应注意收集保障资源消耗数据,通过对保障资源的评价,不断修正保障资源及其配置。

5) 调整和完善保障资源需求

在定型试验过程中要用规划和研制的保障资源,实施对被试装备的保障,验证其对装备的匹配性和适用性。在初始部署和使用阶段进行保障性目标评估,并考虑在停产后的保障问题。

当一种新研装备投入部队使用时,往往与现有装备同时使用,部队的保障机构或保障系统要同时保障多种装备,因此,在装备部署初期要进行工作项目 402 早期现场分析,以确定:新研装备对现有装备、对共用的保障资源是否有冲突或不协调之处,做到既要保证新研装备对保障资源的要求,又不与现有装备争用保障资源而降低现有装备保障效能。

一些大型复杂装备的实际使用寿命可达 20 年或更长。在这样长的时间里,保障资源的供应会遇到很多问题。例如,制造装备的生产线甚至整个工厂都关闭;又如,生产线虽未关闭,但生产的产品已改型换代,与部队装备不再匹配或者货源已严重不足等。凡此种种,都需预先加以考虑,并通过工作项目 403(停产后保障分析)制定相应的停产后保障计划,以保证装备在整个服役期内都有充足的保障资源供应。

在初始部署后,根据工作项目 501(保障性试验)的结果,找出存在的问题,及时改进和调整保障资源。

3. 规划保障资源的技术运用

规划保障资源贯穿在寿命周期的各个阶段,是一个渐进的过程,与主装备研制同步进行,以确保所需资源能按期提供。图 3-20 说明如何在产品研制过程中综合利用各种保障性分析技术、故障模式影响和危害性分析(FMECA)、以可靠性为中心的维修分析(RCMA)、修理级别分析(LORA)等,将保障资源要求转换为设计要求,综合到产品设计中去。图的中间部分是综合运用保障性分析(LSA)技术,规划并研制设施、人员技能(要求)、训练、保障和测试设备、包装、储存运输(PH&T)、备件等。图的左边给出技术资料的规划、研制直到交付。图的右边给出备件等保障资源通过综合供应保障程序(ISSP)向用户提供保障资源。

3.4.2　规划人力与人员

人力和人员作为保障资源的重要要素,是指平时和战时使用与维修装备所需人员的数量、专业及技术等级。

有关人员的需求,通常按技术专业(如机械、光学、电工、电子等)进行分类。同时,每一技术专业又根据技术能力分为不同的技术等级。

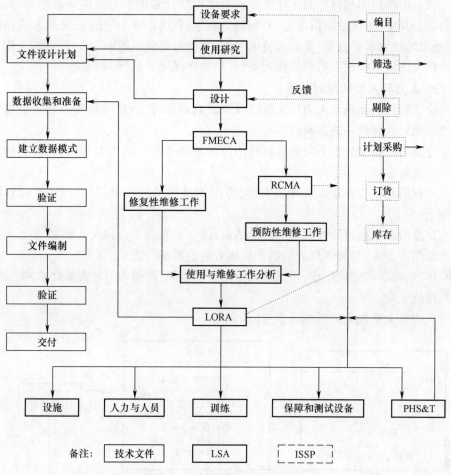

图 3-20 保障资源的规划过程

1. 规划人力和人员的原则

进行人力与人员的规划应遵循如下原则：

(1) 尽量降低对人力与人员的要求，减少工种数量和每个保障单元的人数。

(2) 人力和人员的编配应考虑各维修级别的任务划分。

(3) 应考虑人力和人员因调动、更新对使用和维修造成的影响，要制定补充和更新人员培训措施。

(4) 应考虑战场条件下应急抢修人员的配备和战伤人员的补充。

2. 规划人力与人员的工作内容

承制方规划人力和人员应明确如下要求：

(1) 规定各维修级别所需人员数量、专业分类、技术等级、特殊技能要求等。

(2) 根据使用和保障的工作内容和频度以及计划的人力结构来提出人力、人员需求。其中,包括使用情况;人力编制的数量;预想的军官、士兵、文职人员和结构;预想的技术水平分布;专业人员的来源;潜在的安全和健康危险;计划的工作负荷对使用环境下操作人员和维修人员(包括软件保障人员)的影响等。

3. 人力与人员的规划过程

论证阶段明确现有人力和人员情况以及约束条件,分析人员和技能短缺对系统战备完好性和费用的影响。

方案阶段初步分析平时和战时使用与维修装备所需的人力和人员,提出初步的人员配备方案。

工程研制阶段修正人员配备方案,考虑人员的考核与录用,并与训练计划相协调。

定型阶段根据保障性试验与评价结果,进一步修订人力和人员要求,提出人力和人员编配方案,是装备形成初始作战能力的重要条件之一。

生产、部署和使用阶段,根据现场使用评估结果,调整人力和人员要求,配备使用与维修人员。

人力和人员规划流程如图 3-21 所示。

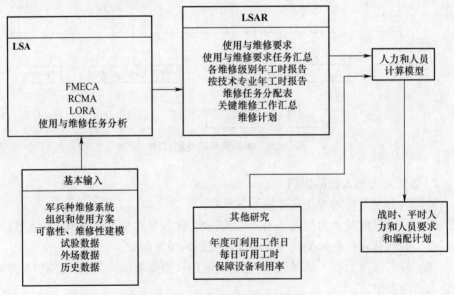

图 3-21 人力和人员规划流程

4. 维修人员数量计算模型

维修人员数量计算常用相似装备类比法和工程计算法两种方法。相似装备类比法主要是参照相似装备的人员数量进行适当增删,主要取决于规划人员的经验水平。这里主要介绍工程计算法。

各维修级别上所需人员的数量直接与该级别的维修任务有关。可按下式通过各项维修任务所需的工时数推算出所需人数。

$$q = \left(\sum_{j=1}^{r} \sum_{i=1}^{K_j} n_j f_{ji} H_{ji} \right) \frac{\eta}{H_o} \qquad (3-9)$$

式中:q 为某维修级别上所需维修人员数;r 为某维修级别上负责维修的装备型号数;K_j 为 j 型号装备维修任务项目数;n_j 为某维修级别上需维修 j 型号装备的数量;f_{ji} 为 j 型号装备对第 i 项任务的平均频数;H_{ji} 为 j 型号装备完成第 i 项维修任务所需工时数;H_o 为维修人员每人每年规定完成的工时数;η 为维修工作量修正系数,$\eta > 1$。

3.4.3 规划供应保障

供应保障规划工作的目的是根据系统战备完好性要求和费用约束条件,按装备寿命周期内使用与维修需要确定备件和消耗品的品种与数量,并按合同要求交付初始备件和消耗品,提出后续备件供应建议和停产后备件供应保障办法。

1. 备件供应要求

在装备论证时,使用方应根据现行供应和维修体制提出备件供应要求,包括定量、定性要求及供应约束条件。

1)备件供应定量要求

(1)备件满足率和备件利用率。

(2)平均保障延误时间。

2)备件供应定性要求

(1)系列化、通用化、组合化要求。

(2)包装、装卸、储存和运输要求。

(3)编码要求。

(4)供应技术文件要求。

(5)装备更改和停产后供应保障要求。

(6)备件质量保证要求(包括功能、结构、精度与原件一致性的要求等)。

3)备件供应约束条件

(1)装备说明(包括装备部署状况、数量、使用频度等)。

(2)维修体制。

(3)供应体制。

(4)费用限额。

(5)使用、维修和储存地点环境。

(6)初始保障时间(当该时间不确定时,可用保证期代替)。

(7) 修理周转期。
(8) 平均供应反应时间。
(9) 备件供应保障责任移交说明。

2. 规划供应保障的原则和主要工作内容

供应保障工作主要包括初始供应保障和后续供应保障两个方面。初始供应保障的重点是确定初始备件和消耗品的需求量,是装备部署后能尽快形成初始作战能力的重要条件之一。后续供应保障的重点是对备件和消耗品库存量进行控制,满足装备的正常使用和维修的需要。

1) 确定备件品种和数量的原则

备件供应的关键是能比较准确地确定备件的品种和数量。GJB 1371—92《装备保障性分析》工作项目 401 的使用与维修工作分析提供了确定备件品种与数量的基本方法。然而,备件数量的确定受多种因素影响,诸如装备的使用方法、维修能力、环境条件、使用条件、管理能力等,也可参考过去的经验和类似装备的数据,并根据装备使用中的数据收集和分析,修订备件清单,得到相对比较合理的备件需求。

在确定备件品种和数量时,应考虑如下原则:

(1) 要考虑平时和战时的区别,战时除了正常消耗,还要考虑战损的影响,国外资料统计表明战时的器材更换率是平时的 2.2 倍。

(2) 备件的品种与数量直接与装备的战备完好性高低有关,要以达到战备完好性要求为目标,建立备件品种和数量与战备完好性之间的关系。

(3) 在确定备件品种和数量时,应考虑在达到战备完好性要求的情况下,以费用作为约束条件。

(4) 应考虑初始备件与后续备件的区别,初始备件通常考虑保证某一规定的使用期限,有时过于保守,一般情况数量偏高;后续备件可以通过现场数据收集系统,加以修正。

2) 供应保障工作内容

初始供应保障工作是整个供应保障工作的基础,其中大部分是在装备研制阶段由承制方完成,主要内容有:

(1) 确定各维修级别所需备件和消耗品的品种与数量,并编写各种供应清单。

(2) 拟定新研制装备及其保障设备及训练器材所需备件的订购要求,包括检验、生产管理、质量保证措施及交付要求。

(3) 制定备件和消耗品库存管理的初始方案。

初始供应保障应满足规定的初始使用期,该使用期由使用部门制定,并纳入相关合同。

后续供应保障工作一般是由使用方负责规划实施的。各军兵种按初始供应拟定的清单及管理要求,结合初始使用期的实际情况,进行备件和消耗品供应数据的收集和分析并做出评价,及时修订备件需求,调整库存和供应网点,改进供应方法,实施和修订装备停产后供应保障计划。

3. 规划供应保障的过程

在论证阶段,订购方应提出供应保障要求和约束条件,有关备件的内容可根据相似装备经验给出或按使用可用度模型论证提出。

在方案阶段,承制方应制定规划备件供应工作计划,明确备件和消耗品的确定原则与方法。

在工程研制阶段,确定平时与战时所需备件和消耗品的品种与数量,编制初始备件和消耗品清单,还应提出后续供应建议。

在定型阶段,根据保障性试验与评价结果,进一步修订备件和消耗品清单。

在生产、部署和使用阶段,根据现场使用评估结果,调整备件和消耗品清单。

在装备整个寿命周期内,应按图 3-22 所示的流程进行备件供应的规划及优化。

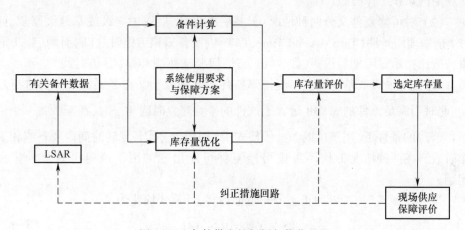

图 3-22 备件供应的规划与优化过程

备件供应的规划与优化的过程从装备系统的使用要求和保障方案出发,利用保障性分析记录得到的有关数据,在新装备研制中根据备件供应要求、失效率、平均修复时间、备件满足率和利用率、修理周转期、报废率等进行备件计算;根据费用约束、维修级别、约定维修层次等,制定初始备件清单。在备件计算和库存量优化的基础上,根据缺备件的风险、备件满足率和利用率、费用等评价每项备件库存量和全系统供应保障的有效性。评价之后,为各维修级别和供应站制定稳定的库存量清单。在装备现场使用中,应对备件供应保障进行持续评价,并为保障性分析、库存量优化与评价提供反馈。

4. 备件供应计算常用模型

备件供应计算因其寿命分布不同而采用不同的计算模型,常见的备件寿命分布有指数分布、正态分布等。

1) 指数寿命件备件计算模型

该模型主要使用于恒定失效率的零部件。装备中某项零部件所需备件的数量计算公式为

$$P = \sum_{j=0}^{s} \frac{(N\lambda t)^j}{j!} \exp(-N\lambda t) \qquad (3-10)$$

式中:S 为装备中某零部件所需备件数量;P 为要求的备件满足率,即在规定保障时间内需要该备件时,能得到它的概率;N 为某零部件在装备中的单机用数;λ 为装备中某零部件的失效率(10^{-6}/h)(假定备件在存放期内无失效);t 为周转期内累积工作时间。

鉴于泊松(Poisson)方程的通用性,式中的 t 可按不同情况分别处理。例如:

(1) 对消耗件,t 用初始保障期(1~2年)内装备累积工作时数(h)或备件更新周期内累积工作时数(h)。

(2) 对可修复件又分两种情况:①基层级更换,后送中继级或基地级修复,此时 t 按修理周转期(Turn Around Time,TAT)内装备累积工作时数(h)计算,TAT 取值一般比初始保障期短很多,如 3~6 个月,但要注意周转期(日历时间)也不能太短,以保证中继级或基地级不出现待修备件排队现象。②在基层级对该件进行修复,此时当满足该件的 $MTBF_i$ 远大于该件的平均修复时间 $\overline{M}_{cti}$ 时,在至少备一个供换件修理的条件下,用该件的 $\overline{M}_{cti}$ 代替式中 t 即用 $\overline{M}_{cti}$ 代替周转时间内装备累积工作时数。在两种情况下均不考虑可修复件可能出现的因不值得再修复的报废问题。

当 $N\lambda t > 5$ 时,可以用正态分布近似计算,计算式简化为

$$S = N\lambda t + \mu_p \sqrt{N\lambda t} \qquad (3-11)$$

式中:μ_p 为正态分布分位数,可从 GB 4086.1 中查出,P 与 μ_p 值的对应关系如表 3-14 所列。

表 3-14 P 与 μ_p 值的对应关系

P	0.9	0.95	0.99	0.995
μ_p	1.28	1.65	2.33	3.09

计算举例:

例 3-1 某型装备有同型闸流管 20 只,闸流管失效率 λ 为 10^{-4} 次/h。在 2 年保证期内,每年累积工作 5000h。求在保障水平大于等于 90% 条件下,需多少

备件?

解:因闸流管是不修复件,属第一种情况,t 按保证期内累积工作时间计算,即 $t = 2\times5000 = 10000(h)$,$N = 20$ 只,$\lambda = 10^{-4}$ 次/h。将条件 $N\lambda t = 20$,$P \geq 0.9$ 代入式(3-11)迭代运算后,得 $S = 26$ 只,即需备 26 只闸流管。

例 3-2 某装备有信号处理印制电路板插件 20 块,每块失效率 $\lambda = 10^{-5}$ 次/h,在 2 年保证期内的维修方案是,印制电路板后送基地级修理周转时间为 6 个月,按每月 30 天,每天工作 24h。求在保障水平 P 大于等于 95% 条件下,需备多少块?

解:此题由于印制电路板插件是可修复件,且采用后送修理方案,属第二种情况中的第①类,t 应按周转期内累积工作小时计算,即 $t = 6\times30\times24 = 4320(h)$,$N = 20$,$\lambda = 10^{-5}$ 次/h,将 $N\lambda t = 20\times10^{-5}\times4320 = 0.864$,$P \geq 0.95$,代入式(3-11),迭代运算后得 $S = 3$,即需备 3 块印制电路板插件。

以上是假定印制电路板可以无限次修复且不会引起报废,但印制电路板一般不可能修无限次,按美国标准(MIL-P-551100《印制板插件通用规范》)规定,一般按可修 5 次计算,即备 1 块可修复板,相当备 5 块不修复板。再看 2 年保证期内预计故障次数:$17520\times20\times10^{-5} \approx 3.5$(次),按 $P = 0.95$ 查备件计算表,需 7 块,再除以 5 并向上取整得出需配 2 块。所以,备 3 块可保障 2 年用。

例 3-3 某装备有电源印制电路板插件 10 块,用的是分立元件,保证期内维修方案为基层级原件修复。每件故障率为 10^{-4} 次/h,修复时间 $M_{cti} = 1h$,2 年保证期内按总工作时数 10^4 h 计算,求按 $P = 0.95$ 时所需备件数量。

解:这属于可修复件中的第二种情况,可直接用 $M_{cti} = 1h$,代入式(3-6)中的 t 进行计算,$N\lambda t = 10\times10^{-4}\times1 = 10^{-3}$,理论上不足 1 块,按约定,不足 1 块的备 1 块。下面再估算 2 年保证期内预计故障数:$10^4\times10\times10^{-4} = 10$。为满足 2 年保证期内不再补订备件,需再增加 1 块备件,即共备 2 块。

例 3-4 按例 3-1 数据,用式(3-11)近似计算备件需求量。

解:由例 3-1,$N\lambda t = 20$,对应 $P = 0.9$ 的 $\mu_p = 1.28$。

将数据代入式(3-10)得

$$S = 20 + 1.28\sqrt{20} \approx 25.72$$

取整得 $S = 26$,与例 3-1 相同。

但是当 $N\lambda t$ 很小时,用式(3-11)计算误差较大,例 $N\lambda t = 0.15$,$P = 0.99$,用式(3-10)计算 $S = 2$,用式(3-11)计算 $S = 1.05$,所以对于小 $N\lambda t$,建议还是用式(3-10)计算。

2) 正态寿命件备件计算模型

已知正态寿命件均值 E,标准差 σ,更换周期 t(如果是磨损,寿命 t 用工作时数;如果是腐蚀、老化寿命 t 可以用日历时数近似)和需要备件时能得到备件的概率 P(保障水平)条件下,单项件(单个可更换单元 LRU)备件需求量为

$$S_N = \frac{t}{E} + \mu_p \sqrt{\frac{\sigma^2 t}{E^3}} \tag{3-12}$$

利用式(3-11)可以很容易导出式(3-12),只需按正态分布近似计算指数寿命件备件的条件,将 $E = \frac{1}{N\lambda}, \sigma^2 = \frac{1}{(N\lambda)^2}$ 代入式(3-12)即可。

计算举例

例3-5 已知某正态寿命件的平均寿命 $E = 10^3\text{h}$,方差 $\sigma^2 = 200^2\text{h}^2$,更换周期 $t = 2\times 10^4 \text{h}$,求对应 $P = 0.95(\mu_p = 1.65)$ 时的备件数 S_N。

解:$S_N = \frac{2 \times 10^4}{10^3} + 1.65 \sqrt{\frac{4 \times 10^4 \times 2 \times 10^4}{10^9}} \approx 21.5 \approx 22$

即需要22个备件。

5. 无人机地面控制系统抢修备件携行量模型

无人机地面系统作战距离远,装备保障采取的是伴随保障方式,在机动过程中,增加运输车携带大量的抢修设备不但降低了部队的机动性,而且由于行动车辆众多,容易暴露部队作战行动,并且自身安全受到威胁。抢修备件的数量、种类及抢修方式的选择有很大的关系,因此,在无人机部队抢修能力有限的条件下,研究抢修方式及维修性试验,使携带与其相关的抢修设备使抢修平均时间最短是十分有效的。

1) 损伤模式分析

损伤模式特指在战争环境中,由于敌对行动而引起的损伤形式。无人机地面系统属于高新技术装备,设计复杂、电子元器件多,科技含量高,集成度高,战时主要遭到敌激光制导炸弹、航空炸弹、火箭弹、反辐射导弹、电磁脉冲导弹等武器的攻击,其损伤模式如穿透、分离、变形、裂缝、卡住、燃烧等,地面控制系统主要损伤模式及成因如表3-15所列。

表3-15 地面控制系统主要损伤模式及成因

模式	原因
分离	破片、冲击波、震动造成天线振子分离、脱落
穿透	破片的比动能大于天线的变形功
裂缝	震动造成
变形	冲击波造成
卡住	冲击波引起天线回转盘停止转动,破片进入回转盘
短路	破片的穿透,造成短路
断路	破片的穿透,造成断路

2) 模型目标分析

地面控制系统在战争中会出现多种损伤模式,每种损伤模式都可以采用换件修理和非换件修理两种抢修方式,而非换件抢修又有多种抢修方法,如切换、替代、重构、拆换、原件修理等方法。抢修速度是战场抢修主要的考虑因素,它将直接影响装备的作战效能。平均抢修时间是衡量抢修速度的衡量指标,是指在战场上使损伤装备恢复基本功能所需时间的平均值,即抢修时间总和与抢修时间之比。相对来说,换件抢修平均所需时间最短,但需要大量的抢修备件,非换件抢修平均所需时间较长,但不需要大量的备件,在携带能力有限的情况下,不可能任何损伤修理都是换件抢修。因此,在抢修备件携带量为定值的前提下,为使平均抢修时间最短,探讨地面控制系统抢修的设备携行量是必要的。

3) 模型分析

对于战时重损和报废控制系统,抢修的意义不大,所以本章提到的战场抢修主要是针对轻损和中损易修复地面控制系统,每种损伤模式都必须尽快得到抢修。抢修备件包括抢修工具和抢修器材。

根据假设,定义模型参数:γ 为被攻击次数;n 为战损模式数;t_{ic} 为第 i 种战损模式采用换件抢修的平均修复时间;t_{in} 为第 i 种战损模式采用非换件抢修的平均修复时间;m_{ic} 为第 i 种战损模式采用换件抢修所需抢修备件的重量;m_{in} 为第 i 种战损模式采用非换件抢修所需抢修备件的重量;p_i 为第 i 种战损模式的平均损伤概率;x_i 为第 i 种战损模式采用换件抢修的比率;$m(x)$ 为实际所需抢修器材的重量;M 为无人机部队抢修备件的最大携行重量;T 为平均抢修时间。其中

$$x_i = \frac{\text{换件抢修次数}}{\text{抢修总次数}} = \frac{\text{换件抢修次数}}{\text{换件抢修次数} + \text{非换件抢修次数}}$$

$$T = \frac{\sum_{i=1}^{n} p_i \gamma [t_{ic} x_i + t_{in}(1 - x_i)]}{\sum_{i=1}^{n} p_i \gamma}$$

$$= \frac{\sum_{i=1}^{n} p_i [t_{ic} x_i + t_{in}(1 - x_i)]}{\sum_{i=1}^{n} p_i}$$

$$m(x) = \sum_{i=1}^{n} p_i \gamma [m_{ic} x_i + m_{in}(1 - x_i)]$$

在无人机部队运输能力优先的约束条件下,选择何种抢修方法并分配该方法所需的抢修备件使平均抢修时间最小的最优模型为

$$\begin{cases} \min T \\ \text{s.t. } m(x) \leqslant M \\ 0 \leqslant x_i \leqslant 1, i = 1,2,\cdots,n \end{cases}$$

可以看出,该模型是模糊线性规划模型。

4) 模型应用

某型无人机地面控制系统 1 套,该无人机分队配备电子设备维修及照相判读车(1 套)、机械维修车(1 套)和地面保障与维修设备(1 套),其抢修备件最大携行量为 500kg,为满足作战需要,携带控制系统被敌 4 次攻击即携带 4 次抢修所需的抢修备件,其可能发生的主要战损模式和数据如表 3-16 所列。

表 3-16 可能发生的主要战损模式和数据

战损模式	战损概率/%	平均抢修时间/min		设备质量/kg	
		换件	非换件	换件	非换件
测控天线变形	75	20	40	20	10
天线座断裂	60	15	35	10	5
反射面穿孔	90	10	20	15	8
振子变形	40	8	15	5	3
发电机破裂	45	25	70	50	20
升降机故障	35	30	80	35	25
传输线变形	70	6	15	5	2
中放器故障	50	10	25	30	18
操控界面故障	30	18	55	12	6
功率放大器故障	40	12	35	40	20
接收机故障	45	15	30	30	16

利用单纯型法求解该问题,结果为

$$x = (0,0,0,1,1,1,0,1,1,1,1)$$

$$T = 35\text{min}$$

从结果可知,测控天线变形、天线座断裂、反射面穿孔、传输线变形全部采用非换件抢修方式,振子变形、发电机破裂、升降机故障、中放器故障、操控界面故障、功率放大器故障、接收机故障全部采用换件抢修方式。

本节根据无人机地面控制系统战场损伤模式特点,针对战时无人机部队抢修备件携带数量确定问题,给出了求解有限抢修备件携行量的约束条件下抢修时间最短的优化算法,分析了主要的地面控制系统战场损伤模式的抢修方式,提出了备件的携行种类建议,达到快速抢修的目的。

3.4.4 规划保障设备

作为重要的保障资源,保障设备是指使用和维修装备所需的设备,包括测试设备、维修设备、试验设备、计量与校准设备、搬运设备、拆装设备、工具等。

1. 保障设备要求

保障设备要求是指与战备完好性等有关的定性与定量要求。

1) 保障设备定性要求

（1）尽量采用现有的和通用的保障设备。

（2）尽量选择综合测试设备。

（3）应与装备同步研制,同步交付部队使用。

（4）保障设备要求应与其他保障资源相匹配。

（5）应尽量简化品种。

（6）应考虑保障设备的保障问题。

（7）应考虑保障设备保证期要求。

（8）要考虑软件保障所需的设备和工具要求。

2) 保障设备定量要求

（1）保障设备利用率。

（2）保障设备满足率。

2. 保障设备分类

1) 按保障设备配备的维修级别分类

按保障设备配备的维修级别,可将保障设备分为:

（1）基层级保障设备。由于各军兵种的保障体制不同,又有不同的叫法,如在航空系统称为一级维修保障设备;在装甲兵系统,乘员通常完成一定的保障维修保养工作,如坦克随车工具主要供乘员使用。完成基层级维修工作的保障设备称为小修保障设备和保养设备。

（2）中继级保障设备。在航空系统又称为二级保障设备。在装甲兵系统又称为中修保障设备等。

（3）基地级保障设备。这些保障设备主要由修理厂用于装备的翻修工作。

2) 按保障设备的用途和功能分类

按保障设备的用途和功能,可将保障设备分为保养设备、修理设备,并进一步分为:

（1）检查、测试设备。

（2）清洗、润滑设备。

（3）调整、校准设备。

（4）安装、拆卸、分解、组装设备。

（5）充、填、加、挂设备。

（6）牵引、拖曳设备。

（7）顶起、吊挂、支撑设备。

（8）运输、储存设备。

（9）抢救设备等。

3）按保障设备的来源分类

按保障设备的来源，可将保障设备分为：

（1）随机（车）设备（包括部分测试设备）。随装备一起并按规定的比例、数量交付保障设备。

（2）推荐订货设备（含二级维修设备和场站设备等）。由承制方推荐给用户采购的保障设备。

4）按保障设备是否通用分类

按保障设备是否通用，可将保障设备分为：

（1）通用保障设备：在军队中广泛使用且具有多种用途的保障设备，如手工工具（如钳子、螺丝刀、锤子和扳手等）、压气机、示波器、电压表等。

（2）专用保障设备：具有有限用途或专为某一装备（或部件）研制的用于完成其特定保障功能的设备。

3. 保障设备的规划过程

论证阶段，确定有关保障设备的约束条件和现有保障设备的信息。

方案阶段，确定保障设备的初步需求。

工程研制阶段，确定保障设备需求，制定保障设备配套方案，编制保障设备配套目录，提出新研制与采购保障设备建议，按合同要求研制保障设备。

定型阶段，根据保障性试验与评价结果，对保障设备进行改进，修订保障设备配套方案。

生产、部署和使用阶段，根据现场使用评估结果，进一步对保障设备进行改进，修订保障设备配套方案。

结合保障设备规划的特点，将图 3-21 保障资源规划一般过程细化为图 3-23 保障设备规划与研制流程。

由于装备类型不同，保障设备的规划流程可能有所不同，但有些关键点是应当进行控制的，如保障设备配套方案完成的时机、评审的日期、交付日期等。

4. 保障设备数量的确定方法

目前，虽然还没有公认的和成熟的确定保障设备品种与数量的计算方法，但工程上常用的类比法和估算法还是行之有效的。

1）保障设备数量确定方法之一——类比法

类比法也称为经验法，其基本思路是分析人员首先选择新研装备的相似装备，

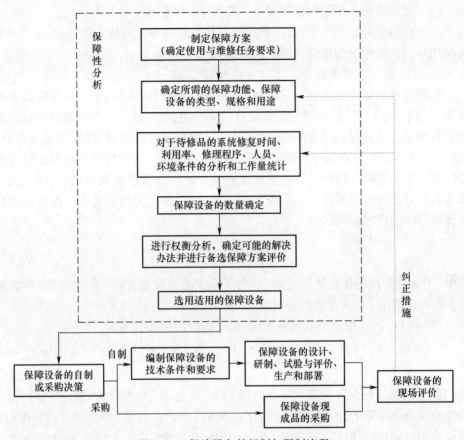

图 3-23 保障设备的规划与研制流程

其次是根据相似装备的保障设备配套情况确定新研装备所需的保障设备数量。这种方法简单,但精度不高,然而目前用得比较普遍。

根据部队的编制、维修方案、维修专业划分来确定配套比例和配套原则,由于装备不同选择的配套比例也有所不同,如航空系统某种机型的配套比例为1:1、1:4、1:8、1:24。这个是可以变化的。所谓1:1,就是每架飞机配备1台(件)保障设备。

规定了配套比例后,对某一机件选择比例就成了关键。选择配套比例的一般原则如下:

(1)凡常用的,装备使用前后或再次出动时所需的保障设备一般按1:1配套,不常用的视情况按1:4、1:8配备。

(2)修理或专业分队常用的保障设备按1:4配备,不常用的按1:8或1:24配备。

（3）非正常情况使用的保障设备一般按1∶24配备。

此处介绍的只是一种举例，配套比例与每个保障单元的装备数量有关，不同装备使用时应制定相应的配套比例和选择准则。

2）保障设备数量确定方法之二——估算方法

保障设备估算方法是通过估算利用保障设备的时间多少，来估算保障设备的数量。利用式（3-13）估算利用保障设备的总时间，通过时间的大小选择保障设备的配备数量。估算时间时应利用工作的频度、完成工作的时间，经费限制等参数。式（3-9）表示如何计算某项保障设备的年度使用时间。这种计算一定要在每一修理级别上重复进行。这种计算不能算作有关保障设备需求的最终结果，这是因为基本数据并没有说明并行任务是否完成。但是，它确实为确定维修所需的每次保障设备时间提供了预测。

$$T = Q\Big(\sum_{i=1}^{n} f_i \times T_i\Big) \tag{3-13}$$

式中：T 为保障设备年度使用时间；Q 为所保障的系统总数；f_i 为第 i 项工作的频度；T_i 为完成第 i 项工作的任务时间。

式（3-13）是一种简单的估算方法，比较精确的估算方法为

$$T_{ijk} = N \times r_{ij} \times n_i \times (M_{ijk} + T_{1ijk}) \times R_i \times (1 + r_k \times T_{LT_K}) \times (1 + P_k \times P_{Mk} + C_k \times C_{Rk}) \tag{3-14}$$

式中：T_{ijk} 为第 k 种保障设备对装备的第 i 种产品的第 j 种维修活动的利用时间；N 为保障设备所保障的使用场所的数量；r_{ij} 为第 i 个产品的第 j 种维修活动频率（每单位使用时间的活动数）；n_i 为在每一使用场所类型为 i 的单位数量；M_{ijk} 为第 k 种保障设备对装备的第 i 种产品的第 j 种维修活动的有效维修时间；T_{1ijk} 为与第 k 种保障设备对装备的第 i 种产品的第 j 种维修活动的准备或其他的直接使用时间；R_i 为保障设备对第 i 个产品每个单位每个日历时间的平均利用率；r_k 为第 k 种保障设备的维修活动频率；T_{LT_k} 为第 k 保障设备每个保障设备维修活动的平均后勤延误时间；P_k 为第 k 种保障设备实施预防维修的平均时间；P_{Mk} 为第 k 种保障设备完成预防性维修活动频率；C_k 为第 k 种保障设备实施校准的平均时间；C_{Rk} 为第 k 种保障设备完成校准活动频率。

式（3-14）成立的假设是产品保障的预防维修和校准的时机，是使用时间的函数，并且不按照日历时间计算。

3.4.5 规划技术资料

作为保障资源的要素之一，技术资料是指使用与维修装备所需的说明书、手册、规程、细则、清单、工程图样等的统称。

1. 技术资料保障要求

技术资料包括装备使用与维修中所需的所有技术资料。技术资料是装备使用与维修人员正确使用与维修装备的基本依据,要特别注意提交给部队的技术资料必须充分反映所部署装备的技术状态和使用与维修的具体要求。装备使用和维修所需的技术资料必须严格审查程序,进行审核与修改,以确保技术资料的准确性、清晰性和易读性。

由于装备的复杂程度和各军兵种的习惯做法,技术资料的分类方式各不相同,对技术资料的要求、种类、内容及格式也有所不同。为了实现装备的互用性,技术资料的要求、种类、格式应尽量保持一致。

对技术资料的要求主要包括:

(1) 技术资料的约束条件。

(2) 尽量减少技术资料的种类,以便于装备的保障。

(3) 提高技术资料的准确性,减少技术资料的错误率。

(4) 尽量降低对阅读者的技术水平要求,提高技术资料的可读性。

(5) 要提出技术资料的交付要求,包括交付时机和交付媒介要求。

(6) 技术资料编写应符合有关标准的规定。

(7) 要同时考虑软件保障所需的技术资料。

2. 技术资料分类及确定原则

1) 技术资料分类

(1) 按服务对象,技术资料可分为:

① 使用操作类。保证正常使用操作装备所需的用户技术资料。

② 维修类。保证用户维修装备所需的用户技术资料。

③ 辅助类。与用户正常使用和维修关系较为密切的其他用户技术资料。

(2) 按适用场合,技术资料可分为:

① 一级用户技术资料。保证装备正常使用和一级维修所需的用户技术资料。

② 二级用户技术资料。保证进行二级维修所需的用户技术资料。

③ 三级用户技术资料。保证进行三级维修所需的用户技术资料。

(3) 按交付方式,技术资料可分为:

① 一类用户技术资料。在交付装备的同时,按固定数量交付的用户技术资料。

② 二类用户技术资料。不随装备同时交付而按合同规定的时间、数量等要求交付的用户技术资料。

(4) 按订购方式,技术资料可分为:

① 订购装备时必须同时订购的用户技术资料,即为满足用户正常使用的需求,不论用户采用什么使用和维修方案,不论装备数量多少都必须订购的用户技术

资料。

② 用户可选择订购的用户技术资料,即用户根据订购装备的数量、用户的使用维修方案,可以订购也可以不订购的用户技术资料。

根据资料给出的使用与维修技术资料体系共38项(表3-17),并按服务对象、适用场合、交付方式和订购方式分类。此体系表是针对军用飞机编制的,但其基本思路对其他装备也有参考价值。

表3-17 使用与维修技术资料体系表示例

序号	项目名称	服务对象	适用场合	交付方式	定购方式
1	飞行手册	使用	一级	一类	必备
2	飞行基本质量检查与装载数据手册	使用	一级	一类	必备
3	航空弹药技术数据手册	使用	一级	一类	必备
4	航空弹药存放手册	使用	一级	一类	必备
5	航空弹药投放手册	使用	一级	一类	必备
6	飞机货物装载手册	使用	一级	一类	必备
7	飞行人员检查单	维修	一级	一类	必备
8	飞机维修手册	维修	一级	一类	必备
9	飞机维护规程	维修	一级	一类	必备
10	飞机电路图册	维修	一级	一类	必备
11	飞机系统图册	维修	一级	一类	必备
12	无损检测手册	维修	一级	一类	必备
13	动力装置安装手册	维修	一级	一类	必备
14	发动机维修手册	维修	一级	一类	必备
15	机载设备维修手册	维修	一级	一类	必备
16	航空弹药装填程序手册	维修	一级	一类	必备
17	地面保障设备与工具说明书	维修	一级	一类	必备
18	飞机图解零部件目录	维修	二级	二类	备选
19	飞机结构修理手册	维修	二级	二类	备选
20	飞机故障分析手册	维修	二级	二类	备选
21	腐蚀控制手册	维修	二级	二类	备选
22	发动机图解零部件目录	维修	三级	二类	备选
23	发动机修理手册	维修	三级	二类	备选
24	发动机故障分析手册	维修	三级	二类	备选
25	机载设备图解零部件目录	维修	二级	二类	备选

续表

序号	项目名称	服务对象	适用场合	交付方式	定购方式
26	机载设备故障分析手册	维修	二级	二类	备选
27	专用保障设备图解零部件目录	维修	二级	二类	备选
28	飞机大修手册	维修	三级	二类	备选
29	发动机大修手册	维修	三级	二类	备选
30	维修大纲	维修	二级	二类	备选
31	飞机说明书	辅助	一级	一类	必备
32	随机备件目录	辅助	一级	一类	必备
33	推荐备件订货目录	辅助	一级	一类	必备
34	有寿机件目录	辅助	一级	一类	必备
35	地面保障设备配套目录	辅助	一级	一类	必备
36	履历本	辅助	一级	一类	必备
37	服务通报	辅助	一级	一类	必备
38	一、二类用户技术资料目录	辅助	一级	一类	必备

2）技术资料的规划原则

技术资料规划应注意如下问题：

（1）使用方须提出明确的技术资料编写格式要求，并提供有关现技术资料。

（2）承制单位必须制定详细的技术资料编写计划，计划中必须有明确的进度、评审点、评审要求等。

（3）确保技术资料要求与保障方案、部队保障体制相匹配。

（4）当交付数字式技术资料时，应满足有关标准的规定。

（5）对技术资料进行验证和核实。

（6）要考虑技术资料的保存方法，使之在遇到灾害时免遭破坏。

（7）技术资料交付部队正式使用前，必须经过试用。

（8）技术资料的形式应便于修订、使用，如采用活页式的、电子文档式等。

3. 技术资料规划过程

论证阶段，确定有关约束条件。

方案阶段，提出初步的技术资料项目要求，编制初步的技术资料配套目录，提出技术资料编制要求等。

工程研制阶段，确定技术资料配套目录，编制技术资料并进行初步评价。

定型阶段，对主要的使用和维修技术资料进行初步的评估并修改、出版。

生产、部署和使用阶段，根据现场使用评估结果，修订已编制的技术资料。

细化的技术资料规划至少应包含下述内容：
(1) 对每个维修级别的技术资料要求说明。
(2) 重要技术资料编写进度。
(3) 操作和维修程序验证与审核日程。
(4) 预计的更改通知及与原技术资料合并问题。

具体的技术资料规划与研制、验证、修改过程如图 3-24 所示。

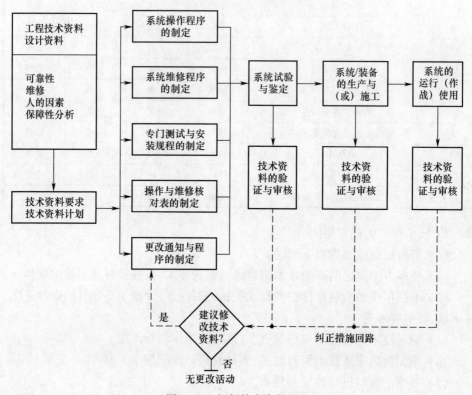

图 3-24 规划技术资料流程

3.4.6 规划训练与训练保障

作为保障资源的要素之一，训练和训练保障是指训练装备使用和维修人员的活动与所需的程序、方法、技术、教材和器材等。

1. 训练与训练保障要求

训练与训练保障要求应包括如下各项：
(1) 有关训练与训练保障的约束条件。
(2) 简化装备的训练要求，降低对教员的要求。

(3) 尽量减少训练器材的品种和数量。
(4) 训练器材的研制尽量与装备研制同步进行。
(5) 初始训练应在装备部署之前完成。
(6) 编制训练大纲和计划方面的要求。

2. 训练与训练保障分类及确定原则

1) 训练的分类

装备训练通常分为初始训练和后续训练。初始训练的目的是使部队尽快掌握将要部署的新装备。初始训练通常由承制单位完成,使用部门配合。

后续训练是在装备使用阶段,为培养装备的使用与维修人员而进行的训练,受训人员通常在上岗前接受此种训练,后续训练也是一种不断为部队输送合格人才的训练,它一直延续到装备的全寿命过程。这类训练一般由使用方组织,由部队自训、训练基地和院校组成的训练系统完成,其训练计划正规,训练要求更为严格。

2) 规划训练和训练保障应遵循的原则

训练和训练保障规划应注意如下问题:
(1) 确保使用与维修人员按计划完成初始训练。
(2) 要明确使用方和承制方在开展和实施每一阶段训练的职责。
(3) 要保证训练所需的器材按时研制与提供。
(4) 要考虑训练设备和器具的保障、训练场地以及临时训练的保障条件。

3. 训练与训练保障的规划过程

在论证阶段,确定训练和训练保障的约束条件。

在方案阶段,初步确定人员的训练要求。

在工程研制阶段,根据使用与维修人员必须具备的知识和技能,编制训练教材,制定训练计划,提出训练器材采购和研制建议。进行训练器材的研制,并按合同要求实施初始训练。

在定型阶段,根据初步的保障性试验与评价结果,修订训练计划、训练教材和编配训练器材建议,进行训练器材的研制、采购。

在生产、部署和使用阶段,应根据现场使用评估的结果,进一步修订训练计划、训练教材。

4. 训练与训练保障的规划方法

规划训练与训练保障开始于方案阶段,使用方提出装备的训练和训练保障要求,其中包括训练方案、训练时机、训练器材等方面的要求。承制方应制定训练大纲和训练计划。

训练大纲是指导训练的基本文件,它包括培养目标和要求、受训人员、期限、训练的主要内容与实施训练的机构组成与要求等。训练计划是实施大纲的具体安排和要求,其中包括训练目的、课程设置、课时与进度安排、训练所需的资源、教材要求、训练的方法以及考核办法与要求等。训练计划中起重要作用的是课程设置与教材,它要满足为达到培养目标所应具有的专业知识和能力要求。

承制方通过使用与维修工作分析,可以得出使用与维修该装备的人员技能要求。在工程研制阶段,随着研制工作的进展,对人员的技能要求逐步明确,即应开始训练条件的准备工作,如拟制训练大纲、训练计划、编写教材、设计教具和训练器材等。这时教员的准备尤为重要,拟参与初始训练的教员至少应参加工程研制阶段的试验,以便获得必要的知识,熟悉新装备。

随着装备研制过程的进展,应配套研制训练器材,训练器材包括装备实物、教材、手册、视听设备、模型教具、模拟训练器材等。

初始训练阶段所用的训练器材,一般由承制部门来研制,因为承制部门掌握大量装备的信息,同时负责初始训练。由于早期训练的人员数量不大,早期的训练器材可能要简单一些,有些训练科目可以采用装备实物进行。后续训练的训练器材要求更全面、更有效。

在装备部署前,应完成装备的初始训练,并完成训练器材的研制。

3.4.7 规划保障设施

作为保障资源的要素之一,保障设施是指使用与维修装备所需的永久性和半永久性的建筑物及其配套设备。保障设施的建造周期比较长,因此必须尽早将保障设施需求确定下来,并尽早做出建造计划,保证建造资金。

1. 保障设施分类

保障设施可以按不同方式分类:

1) 按结构和活动能力区分

(1) 永久性设施:主要包括维修车间、供应仓库、试验场(站)、机场、码头等。这些设施虽数量不多,但造价昂贵,是重要的不动产。充分、有效地利用这些设施对提高部队战斗力至关重要。

(2) 半永久性设施:主要包括临时性的供应仓库、修理帐篷等,是部队临时性设施,也是战时后方供应基地或修理基地设置的重要设施。

(3) 有的把修理工程车、抢修工程车、加油车、抢救车、抢修船、器材供应车等称为移动性设施,也有称为保障装备的。这些设施对机动作战部队或对部队装备进行支援保障都很重要。

2) 按预定的用途区分

(1) 维修设施:又分基地级维修设施、中继级维修设施和基层级维修设施。基地级和中继级维修设施一般包含有维修车间、仓库等,其中有固定的生产设备和试验台架等。

(2) 供应设施:存放备件、补给品的仓库和露天储存点属于固定式供应设施。

器材供应车属移动式供应设施。

(3) 训练设施:靶场、训练基地等对保证部队训练是必不可少的,如美军的装甲部队训练中心、步兵训练中心等。装备所需要的人力和人员,一般都要在这里接受上岗前培训。

(4) 专用设施:如光学、微电子、有害或有毒物品储存设施。

2. 保障设施确定原则

在进行保障设施规划时应考虑如下问题:

(1) 规划设施的基本准则是提高现有设施的利用率,充分发挥其作用,尽量减少新的设施需求。

(2) 在规划设施需求时,应考虑同一兵种不同装备对同一设施的要求,同时也应考虑其他军兵种对设施的要求,因为一种设施,可以保障多种装备。

(3) 设施应建在交通便利、开展保障工作最方便的地点,要具有安装设备和完成作业的足够面积和空间。

(4) 应确保作业所需的工作环境(如温度、湿度、洁净度、照明度等)和建造质量,并符合国家规定的环境保护要求。

(5) 必须具备安全防护装置和必要的消防设备。

(6) 在设计过程中,应进行费用分析,合理确定建造周期、建造费用、维护费用等方面的问题。

(7) 要明确新设施对现有设施的影响。

(8) 应尽量减少系统所需设施的数量并考虑设施的隐蔽要求,使保障设施在战时受攻击的可能性降到最低限度。

3. 保障设施的规划过程

保障设施规划过程开始于装备方案论证阶段,使用方首先提出保障设施的约束条件,并向承制方提供现有设施的数据;承制方通过保障性分析,初步确定设施的类型、空间及配套设备需求,经分析现有设施不能满足要求时,则应制定新的设施需求。对于装备的使用、维修、训练、保管等所必需的设施,如跑道及障碍物、码头、厂房、仓库等,应尽早确定。

由于新建设施建设周期长,应尽早确定对新设施的要求,经使用方认可后,具体建造一般由使用方完成。同时还要分析新研装备对现有设施的影响,以确定是否需要改进或扩建,以免影响装备的正常使用。

在建造设施时应制定设施建设计划。该文件包括:设施要求合理性的说明、设施的主要用途、被保障装备的类型和数量,设施地点、面积,设施设计准则、翻建或新建及其基本结构,以及通信、能源、运输等方面的要求。

在装备部署前,应基本完成保障设施的建造,以便装备部署到部队时,有足够的保障设施。

规划保障设施流程如图 3-25 所示。由于新研设施建设周期长,分析过程应尽早开始,尽早定下。一般在方案阶段就应开始,随着设计进展,逐步确定。同时还要分析新研装备对现有设施的影响,以确定是否需要改进或扩建。

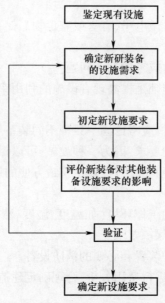

图 3-25 规划保障设施流程

3.4.8 规划包装、装卸、储存和运输保障

作为保障资源的要素之一,包装、装卸、储存和运输(Packaging, Handling, Storage & Transportation, PHS&T)保障是指为保证装备及其保障设备、备件等得到良好的包装、装卸、储存和运输所需的程序、方法和资源等。

1. 包装、装卸、储存和运输保障的内涵

包装——包括为准备分配产品所需的各种操作和装置,如防腐包装、捆包、装运标记、成组化及集装箱运输。

装卸——在有限范围内将货物从一地移动到另一地。通常限于单一的区域,如在货栈之间或在仓库区之间或从库存转移到运输状态。常用装卸设备有铲车、货盘起重器、滚轴系统、起重机和辊轴车等。

储存——货物短期或长期储存,可以储存在临时性的或永久性的设施中。

装运——利用通常可利用的设备,如火车、卡车、飞机、轮船将货物从一地转移一段相当远的距离。

运输性——某项装备用牵引、自行推进或通用运输工具通过公路、铁路、河道、航空或海洋等方式得以移动的内在特性。

运输方式——具体装运货物的各种办法,即卡车、飞机、火车或轮船。

规划 PHS&T 的目的是确定装备及其保障设备、备件、消耗品等能得到良好的包装、装卸、储存和运输条件,使之处于良好状态。

在某些情况下,装备的运输要求是设计约束条件,它在达到装备的战备完好性目标方面起着重要作用,因而必须加以充分重视。应在方案阶段着手制定装备的 PHS&T 计划,并贯穿整个研制过程。

2. 包装、装卸、储存和运输保障的规划要求

1) 一般要求

对 PHS&T 规划应明确如下要求和约束:

(1) 产品(或包装件)的尺寸、重量、重心及堆码方法的限制。

(2) 采用标准的包装容器和装卸设备、简便的防护方法、应尽量避免特殊的要求。

(3) 包装、储运条件及储存期要求。

(4) 包装、运输环境条件要求。

在规划 PHS&T 时,应执行 GJB 1181—91《军用装备包装、装卸、贮存和运输通用大纲》。

2) 对包装等级的要求

包装等级通常分 A、B、C 三级。A 级包装为装备提供最优良的防护,能在全天候条件下经受住户外储存 1 年以上而不发生装备变质。B 级防护较次于 A 级,但也能使在较好的环境条件下储存 18 个月。C 级防护为最低级防护,用于在已知有利的条件下做物资保护。

3) 包装容器及设计要求

应尽量选用标准包装容器,需要专门设计时应考虑:

(1) 每一包装容器中货物的品种和数量。

(2) 包装容器重复使用程度。

(3) 储存空间和装卸、码放约束。

(4) 易碎品及其装卸约束。

(5) 需要的起吊和系固要求。

(6) 采用通用包装方式。

(7) 外形尺寸,包括重量的限制。

(8) 应与现行邮件传递方式对包装要求一致。

4) 运输方式选择

常用运输方式有飞机、卡车、轮船、火车等,采用哪种方式受运输路线、交通条件限制,还可以按照容量、速度、可用性进行权衡选择。各种运输方式按容量、速度、可用性排序如表 3-18 所列。

表 3-18　各种运输方式按容量、速度、可用性排序

运输方式	容量	速度	可用性
飞机	第四	第一	第四
卡车	第三	第二	第一
轮船	第二	第四	第三
火车	第一	第三	第二

3. 包装、装卸、储存和运输保障的规划原则

在进行 PHS&T 规划时，应考虑如下问题：

（1）PHS&T 计划要结合装备的研制、生产、调配计划和装备使用管理来制定。

（2）PHS&T 计划要与其他专业工作协调一致，并符合装备的安全性要求。

（3）应考虑人机工程、产品储存期、产品清洁度和防腐、防污等方面的因素。

（4）要规定明确的装备包装、装卸、储存和运输要求。

（5）要考虑对静电敏感的物品和危险器材的包装、装卸、储存和运输要求。

（6）要考虑采用标准的装卸设备和程序。

（7）要明确机动性和运输性要求。

（8）对于导弹、弹药和其他装备，要说明在规定条件下的储存寿命、使用寿命，以及机动性和运输特性。

（9）要考虑可以提高包装、装卸、储存和运输效率的其他途径，如系统或分系统设计的模块化和标准化。

4. 包装、装卸、储存和运输保障规划过程

在方案论证阶段，使用方应提出 PHS&T 的要求或约束条件，并提供现役装备 PHS&T 方面的信息；承制方进行保障性分析，确定 PHS&T 的需求。

在工程研制阶段，确定 PHS&T 所需程序和方法及所需资源，对 PHS&T 需求进行评审，并开始资源的研制。

在装备定型时，应对 PHS&T 保障的有效性进行验证与考核，以证明 PHS&T 需求的适用性。在装备部署前，应完成 PHS&T 计划的实施工作。

3.4.9　规划计算机资源保障

作为保障资源的要素之一，计算机资源保障是指使用与维修装备中的计算机所需的设施、硬件、软件、文档、人力和人员。

随着装备的日益复杂，装备中所使用计算机的数量越来越多，计算机资源保障问题越来越突出，并已成为综合保障领域中的重要部分。

1. 计算机资源保障要求

计算机资源保障要求通常有如下各项：

（1）要提出约束条件，如使用环境、包装限制、标准化约束（包括高级语言选择、数据结构、模块化）等。

（2）要规定软件、测试程序和测试设备等的升级要求。

（3）要规定软件再编程要求。

（4）要提出计算机系统的安全保密、敏感信息保护、关键性硬件诸如编译器、模拟器、仿真装置选配原则及软件开发与维护要求等。

2. 计算机资源保障确定原则

规划计算机资源保障应注意如下问题：

（1）要列出所需的接口。其包括系统之间数据共享的传递格式，人机接口以及各分系统之间的配合。要明确需要适应新要求的其他系统。如果可行，要考虑在不同武器系统之间采用标准化的接口，以提高使用和保障效率。

（2）要规定与自动数字网、装备数据网和其他网络的接口。

（3）要明确软件备份内存、备份通过量、计算机内存的增长、软件划分、模块化设计和软件模块大小等方面的要求。

（4）如果有理由肯定某项具体技术会在系统的寿命期内过时淘汰，应要求承制方制定停产后保障建议；当合适而且合算时，要考虑一次性购买整个寿命期的备件。

（5）规定使用部门参与和控制任务软件和数据的程度。要为使用和保障部门明确配置管理和软件质量控制要求。

（6）规定有关计算机程序和配套的文档、有关软件、源数据、设施、硬件、固件、人力、人员以及使用和保障任务关键计算机系统所需的其他因素的具体要求和约束条件，要确保系统交付后可以在使用环境下保障和使用软件。

3. 计算机资源保障的规划过程

在方案论证阶段，使用方应提出计算机资源保障的要求，并提供现役装备计算机资源保障方面的信息；承制方通过保障性分析提出装备计算机资源保障方面的需求。

在工程研制阶段，承制方应制定计算机资源保障计划，并加以实施。

在装备定型阶段，应对计算机资源保障要求进行考核；在装备部署前应保证完成计算机资源保障计划的实施。

3.5 无人机系统综合保障方案

如前所述，无人机系统的综合保障方案一般应包括使用保障方案和维修保障方案。从无人机系统综合保障工程的实践看,均有使用保障和维修保障的案例,但理论探讨和总结不足;从实用性和紧迫性角度看,使用保障方案急需完善和规范。故本书重点讨论无人机系统的使用保障方案。

3.5.1 研制阶段的使用保障方案

使用保障方案最初通常是由使用方提出的,它给出如何对无人机系统实施保障的设想或要求。其中某些要素,特别是保障资源常常以约束条件的形式作为定性要求的一部分。

使用保障方案一般是通过研究并参照以往无人机系统综合保障的实践经验提出的,对新型无人机系统也可参照理论研究和仿真试验的成果提出。

研制阶段的使用保障方案是一个以初始保障方案为基础,在研制试验验证中不断迭代,到研制结束时产生的优化后的方案。研制阶段的使用保障方案越充分,定型后的无人机系统在使用中占用的保障资源就越少,使用保障方案就越容易规范。

鉴于目前尚未见到明确的无人机系统使用保障方案的规范,本节给出使用保障方案一般应包括的基本要素。

1. 使用的一般说明

保障方案至少包括:
(1) 明确的功能性能及指标。
(2) 系统的环境适应性。
(3) 起降场地要求。
(4) 最大起飞风速。
(5) 雨中飞行能力及限制。
(6) 飞行准备时间及再次飞行准备时间。

2. 使用人员编配及分工

根据无人机系统的不同而不同,一般应包括:
(1) 指挥员。
(2) 飞行控制手。
(3) 任务设备手。
(4) 情报处理员。
(5) 机械检测员。
(6) 电气检测员。
(7) 驾驶员。

3. 使用保障的基本原则

(1) 分散保障与集中保障相结合。

(2) 基层级保障是使用保障的基本力量。
(3) 基地级保障是使用保障的根本力量。
(4) 中继级保障是使用保障能力的倍增器。

4. 必备的保障资源
(1) 无人机系统技术说明书。
(2) 无人机系统使用维护说明书。
(3) 无人机系统操作使用教程。
(4) 基层级检测仪器设备。
(5) 基层级备品备件。
(6) 基层级随装工具。
(7) 滑降类无人机跑道要求。
(8) 中继级仪器备件工具及工装。
(9) 现有设施改建和新建设施的要求。

5. 使用人员的训练和训练保障方案
(1) 接装培训方案。
(2) 升级培训方案。
(3) 训练方案的建议。
(4) 训练设备的研制与选用要求的建议。

6. 能源弹药补给方案
(1) 基层级燃油滑油等自带数量及补给方案。
(2) 基层级火箭切割器等自带数量及补给方案。
(3) 基层级高低温电池等自带数量及补给方案。
(4) 基层级弹药自带数量及补给方案。
(5) 中继级特种冷却液及气源配备数量及补给方案。

7. 运输方案
(1) 公路运输方案。
(2) 水路运输方案。
(3) 铁路运输方案。
(4) 空中运输方案。
(5) 自救拖救方案。

8. 包装装卸方案
(1) 光电侦察平台包装装卸方案。
(2) 合成孔径雷达包装装卸方案。
(3) 气象布撒设备包装装卸方案。
(4) 火箭弹药等火工品包装装卸方案。

(5) 方舱装卸方案。

(6) 无人机吊装卸载方案。

(7) 各类包装装卸要求。

9. 储存方案

(1) 驻地库房要求。

(2) 驻地库房储存期保养要求。

(3) 野外工房要求。

(4) 野外工房储存期保养要求。

10. 特种条件下的使用方案

(1) 高原条件下的使用方案。

(2) 高温条件下的使用方案。

(3) 高寒条件下的使用方案。

(4) 沙漠等地域的使用方案。

3.5.2 使用阶段的使用保障方案

不同型号的无人机系统，其使用方法不同，所需保障资源不同，使用保障方案也有所不同。篇幅有限，这里仅以两个典型无人机系统的使用保障方案为例讨论其组成要素。

1.《××地区机动作战装备保障方案》(示例一)

××地区机动作战装备保障方案是为保障使用单位在××地区进行机动作战而制定的。其可分为两大部分：一部分是装备保障方案的总体描述部分，即装备保障方案的正文部分，主要起着指导性的作用；另一部分是装备保障方案执行计划部分，即装备保障方案的附件部分，是用于指导装备保障行动开展的各类装备保障计划。

××地区机动作战装备保障方案包括以下要素：

1) 装备指挥所编成

2) 装备保障原则与方式

(1) 保障原则。

(2) 保障方式。

3) 装备机构编成及任务

(1) 上级装备机构。

(2) 本级装备机构。

4) 保障关系

5) 物资保障

6) 装备管理

7) 通信、警戒与防卫
8) 装备指挥所开设地点与完成时限
9) 各保障机构开设地点与完成时限
10) 附件

附件 1:装备指挥机构编组计划
附件 2:装备通信保障计划
附件 3:装备保障防卫计划
附件 4:军械装备保障计划
附件 5:装甲装备保障计划
附件 6:工化装备保障计划
附件 7:车辆装备保障计划

在附件中主要包含以下内容:

(1)《××地区机动作战装备指挥机构编组计划》。
① 指挥机构编成。
② 任务区分及指挥关系:主要包括装备保障指挥机构任务和指挥关系。
③ 有关保障:主要包括警戒勤务、工程保障、通信保障等。

(2)《××地区机动作战装备通信保障计划》。
① 对上通信与指挥控制系统保障。
② 对下通信与指挥控制系统保障:主要包括无线电短波通信、卫星通信、移动通信、有线电通信、指挥控制系统、运动通信与简易信号通信。
③ 无线电管理。
④ 有关要求。

(3)《××地区机动作战装备保障防卫计划》。其主要内容包括防卫区域的划分、防卫力量的编成、负责人、防卫部署及任务区分、防卫措施等。

(4)《××地区机动作战装备保障计划》。
① 有关部署配置:主要是对本级的装备保障力量进行配置。
② 弹药保障:主要包括加大量及消耗限额区分、战前弹药补充、战中弹药补充、预备弹药库(所)的建立。
③ 技术保障:主要包括武器装备战损预计、保障力量编组、修理原则及方法、修理能力预计。
④ 库、所防卫。
⑤ 有关要求。
⑥ 完成时限。

(5)《××地区机动作战装甲装备保障计划》。
① 部署与任务:主要包括对本级装甲力量的部署与任务的区分。

②装甲装备维修保障:主要包括战前装甲装备维修保障、战中装甲装备维修保障。

③装甲器材保障。

④通信、防卫保障。

⑤完成时限。

(6)《××地区机动作战工化装备保障计划》。

①保障部署:主要对本级的工化保障力量进行有关保障部署。

②工化维修器材保障:主要包括战前保障和战中保障。

③专用弹药保障:主要包括战前保障、战中保障、预备弹药库(所)的建立。

④维修保障。

⑤库、所防卫。

⑥有关要求。

⑦完成时限。

(7)《××地区机动作战车辆装备保障计划》。

①保障原则。

②车辆维修保障力量部署:主要对本级车辆保障力量进行编成部署。

③战损率预计与损坏程度区分。

④警戒防卫。

⑤完成时限。

2.《××旅纵深突击作战装备保障方案》(示例二)

此装备保障方案是为保障××装甲旅的纵深突击作战行动而制定的,分为正文和附件两部分,包括以下要素:

1) 装备保障的原则与方法

2) 装备保障机构及任务分工

(1) 基本装备指挥所编成。

(2) 预备装备指挥所编成。

(3) 伴随保障队编成。

(4) 基本抢修所编成。

(5) 机动保障队编成。

(6) 器材保障所编成。

(7) 弹药保障所编成。

3) 装备保障机构各时节的展开地域

(1) 集结地域。

(2) 战斗实施时展开地域。

(3) 转入防御时展开地域。

4）装备修理保障

（1）修理能力分析。

（2）装备修理方法。

5）弹药器材保障

（1）消耗量预计。

（2）补充方法。

6）通信保障

7）防卫保障

8）完成时限

9）附件

附件1：装备保障机构人员编组计划

附件2：装备通信保障计划

附件3：装备维修保障计划

附件4：装备器材防卫计划

附件5：弹药保障计划

3.5.3 典型使用保障方案结构分析

上述两个装备保障方案属不同级别，但是在装备保障方案的组织结构和内容构成上都存在着很大的共同点。

在构成内容上，都包含：

1. 对装备保障指导

对装备保障指导主要包括保障原则、保障要求和主要采取的保障方式等。

2. 对装备保障行动指导

对装备保障行动指导主要是对维修保障、弹药保障、器材保障、通信保障、防卫保障内容的规定等。

3. 对装备保障执行行动的描述

对装备保障执行行动的描述主要体现在装备保障方案的附件，即装备保障计划部分。

示例采用了常用的两种装备保障行动计划分类方式：一是按照业务归口部门划分装备保障行动计划（如示例一），分为军械装备保障计划、装甲装备保障计划、工化装备保障计划、车辆装备保障计划等；二是按照保障业务行动的内容划分装备保障计划（如示例二），分为维修保障计划、器材保障计划、通信保障计划、弹药保障计划等。各种分类在内容上都是对装备保障具体行动的设计与规划。

各部队的业务归口部门设置存在差异，不利于装备保障方案执行计划的统一。因此，按照保障业务活动将装备保障方案执行计划分为装备保障力量部署计划、装备通信保障计划、装备保障防卫计划、装备维修保障计划、装备器材保障计划、装备(设备)供应保障计划、弹药保障计划以及运力保障计划等较为合理。

3.5.4 使用保障方案特点分析

通过对上述典型装备保障方案的分析,将装备保障方案特点概括为以下几点:

1. 指导性

装备保障方案有明显的指导作用,主要表现在:

(1) 保障原则和保障要求上。二者是对装备保障提出的总原则、总要求,是对装备保障行动提出的权威性指导意见。

(2) 装备保障方案的内容上。装备保障方案内容包含装备保障的所有内容,在装备保障力量的部署、通信保障和防卫保障的要求与原则、维修保障的措施、器材保障和弹药保障的部署要求中,都有着明确的规定或要求。

2. 可操作性

只有指导性的装备保障方案是不能完成部队的装备保障任务的,除了对装备保障行动的指导作用,装备保障方案还具有可操作性的特点。这在装备保障方案执行计划方面表现得尤为突出。装备保障人员可以根据装备保障方案执行计划的规定,完成各类相应的保障任务。

3. 层次性

装备保障方案的层次性主要体现在三个方面:制定装备保障方案的机构具有层次性、装备保障方案描述对象具有层次性、装备保障方案的内容具有层次性。

首先,装备保障方案是装备保障指挥机构用于指挥保障力量进行保障行动的保障文书。制定装备保障方案的指挥机构具有层次性,不同级别的装备保障指挥机构考虑的保障活动的范围不同,使得装备保障方案也带有明显的层次性特点。

其次,装备保障方案的描述对象是装备保障系统。装备保障系统分为多个级别,各级别装备保障系统均具有自己特定的保障任务,上级的装备保障系统对下级的装备保障系统具有支援作用,它们相互协作共同完成保障任务。装备保障方案作为对装备保障系统的描述,装备保障系统层次性也决定了装备保障方案具有层次性。

最后,装备保障方案内容的层次性,突出表现在装备保障方案对保障关系描述上。通过对保障关系约定,上、下级的装备保障力量就会形成一个整体,不同级别的装备保障方案就形成了一个层次分明的集合体。

4. 可结构化

通过典型示例分析能够得出,虽然不同的装备保障方案在表现形式上和内容表达方式上存在着一定的差异性,但是反映到关键要素和本质上,却存在着极大的相似性。

首先,装备保障方案具有相对固定的格式,在两个典型装备保障方案示例中已经有过介绍,这里不再重复。

其次,装备保障方案的制定目的相同,都是为了给装备保障行动提供指导性原则和可操作性的方法。在上文示例中,虽然二者的拟制级别不同、隶属关系不同,但在内容上却表现出极大的共性,主要表现在:

(1) 二者都含有对装备保障指挥机构编组的描述。
(2) 二者都含有对通信保障的描述。
(3) 二者都含有对防卫保障的描述。
(4) 二者都含有对弹药保障的描述。
(5) 二者都含有对器材保障的描述。
(6) 二者都含有对保障关系的描述。
(7) 二者都含有对完成时限的描述。

3.5.5　使用保障方案要素分析

装备保障方案的要素是构成装备保障方案不可或缺的重要组成部分。对装备保障方案要素的正确理解和把握,不仅可以加强对装备保障方案的理解,更重要的是,装备保障方案的要素是装备保障方案进行结构化研究的基础和前提,对构建装备保障方案结构化模型有着十分重要的作用和意义。

1. 装备保障方案总体描述的要素分析

装备保障方案总体描述的要素主要包括装备保障的总体保障原则、总体保障要求以及对各个装备保障方案具体执行计划的原则、要求等,概括起来可分为保障原则和保障要求。

1) 保障原则

保障原则主要包括战时装备保障的总原则、装备保障部署原则、装备通信保障原则、装备防卫保障原则、装备维修保障原则、装备器材保障原则、装备(设备)供应保障原则、弹药保障原则、运力保障原则等。

2) 保障要求

保障要求主要包括装备保障的总体要求、装备保障部署要求、装备通信保障要求、装备防卫保障要求、装备维修保障要求、装备器材保障要求、装备(设备)供应保障要求、弹药保障要求、运力保障要求等。

2. 装备保障方案执行计划的要素分析

装备保障方案执行计划是在装备保障方案总体描述的指导下,用于指导装备保障行动的具体执行方法。

1) 装备保障力量部署计划的要素分析

装备保障力量部署计划的要素分析主要包括装备保障力量的名称、编组、力量编成、初始集结地域、初始集结时限、配置地域、配置时限、主要保障任务等。

2）装备通信保障计划的要素分析

装备通信保障计划的要素分析主要包括装备通信保障力量的名称、编组、力量编成、配置地域、配置时限、通信保障方式、通信保障任务及通信保障措施与策略等。

3）装备保障防卫计划的要素分析

装备保障防卫计划的要素分析主要包括装备保障防卫力量的名称、编组、力量编成、配置地域、配置时限、防卫区域划分、防卫保障任务、防卫保障的措施与策略等。

4）装备维修保障计划的要素分析

装备维修保障计划的要素分析主要包括装备维修力量的名称、编组、力量编成、配置地域、开设时间、维修保障任务、保障对象、维修能力、保障关系及维修保障措施与策略等。

5）装备器材保障计划的要素分析

装备器材保障计划的要素分析主要包括装备器材保障力量名称、编组、力量编成、配置地域、开设时间、器材保障任务、保障关系、器材保障措施与策略等。

6）装备（设备）供应保障计划的要素分析

装备（设备）供应保障计划的要素分析主要包括装备（设备）供应保障力量的名称、编组、力量编成、配置地域、开设时间、保障任务、保障关系、装备（设备）供应保障措施与策略等。

7）弹药保障计划的要素分析

弹药保障计划的要素分析主要包括弹药保障力量的名称、编组、力量编成、配置地域、开设时间、保障任务、弹药加大量、弹药储备标准、保障关系及弹药保障措施与策略等。

8）装备运力保障计划的要素分析

装备运力保障计划的要素分析主要包括装备运力保障力量的名称、编组、力量编成、配置地域、开设时间、保障任务、保障关系及运力保障措施与策略等。

3.5.6 无人机系统使用保障方案要素

鉴于目前尚未见到明确的无人机系统使用保障方案的规范，本章通过对典型使用阶段保障方案的结构、特点和要素进行分析，结合无人机分队使用流程，给出无人机综合保障的基本要素。

无人机分队是在上级的指挥下行动，其保障方案是上级总体行动综合保障方案的具体化方案，应包括以下基本要素（可酌情增加裁减）：

1. 分队综合保障组编成

2. 装备保障原则与方式

1）保障原则

2）保障方式

3. 分队综合保障组任务

4. 保障关系

1）上级装备机构

2）分队综合保障组

3）各站综合保障小组

5. 物资保障

1）油料补充及加强保障

2）火工品补充及加强保障

3）电池补充及加强保障

4）弹药补充及加强保障

5）备品备件补充及加强保障

6. 装备修理保障

1）常规修理保障

2）异常修理保障

（1）上级支援保障。

（2）伴随保障。

（3）远程支援保障。

7. 通信保障

8. 防卫保障

9. 警戒保障

10. 完成时限

附件 1:无人机分队综合保障组编组计划

附件 2:无人机分队通信保障计划

附件 3:无人机分队防卫保障计划

附件 4:燃油及滑油保障计划

附件 5:火箭切割器等火工品保障计划

附件 6:电池补充及加强保障计划

附件 7:弹药补充及加强保障计划

附件 8:备品备件保障计划

附件 9:外翼等易损件保障计划

附件 10:气囊等消耗品保障计划

附件11：任务区域电子地图保障计划
附件12：任务区域空域保障计划
附件13：任务区域气象保障计划
附件14：任务区域电磁频谱保障计划
附件15：抢修及后送保障计划
附件16：任务区域饮食保障计划
附件17：任务区域医疗救护保障计划
附件18：伴随支援及远程支援保障计划

第4章
无人机系统综合保障方案评估

无人机系统装备综合保障评估工作是要全面评估其保障效果、提出改进建议、实现方案优化，评估目标包括其完整性、合理性和有效性。本章首先围绕无人机系统装备综合保障评估内涵、评估对象、评估目标、研究思路等开展问题域分析，构建评估框架；其次提出其完整性、合理性和有效性评估方法，建立评估的组织模型、流程模型和资源模型；最后开展无人机系统综合保障方案评估系统的分析与设计。

4.1 装备综合保障方案评估概述

4.1.1 装备综合保障方案评估的内涵

评估是对人或事物的价值、作用地位做出判断的过程，并按照一定的标准，给予评估的人或事物判断结果。装备保障方案的评估具有复杂性、动态性、模糊性，需要借助长期保障工作实践积累的经验，将感性认识上升为科学的、量化的描述。为此，本书将装备综合保障方案评估定义为：依据装备保障工作建设的目标和原则，以提高实际装备保障质量为标准，根据装备综合保障方案的特点，在充分利用装备综合保障方案评估信息的基础上，采用科学的评估方法和手段，对装备综合保障方案优劣进行判断的过程。

装备综合保障方案评估是装备保障工作中十分重要的部分，它具有指导使用单位保障工作建设的作用，通过综合保障方案评估信息的反馈，实现对装备保障工作的调控，以实现预期的效果。装备综合保障方案评估作为对装备保障实施效果优劣评判的重要手段，不仅能判断装备保障工作是否满足需求，还能使装备保障工作更好的发展。

4.1.2 装备综合保障方案评估特点

装备综合保障方案类型多样、构成要素多元、层次关系复杂，随战场态势变化频繁,相应的综合保障方案的评估具有以下特点。

1. 评估内容复杂

无论按照哪种标准划分所形成的保障方案都具有多种类型,每种类型都具有各自不同的特点。再结合保障方案所属的作战单元层次,形成了评估对象层次的多样性。例如,团以下保障力量以伴随保障为主;师/旅级作战单元保障方案的制定则既要考虑各下属作战单元的伴随保障的特点,又要考虑本级直属力量对下级的支援。保障方案的类型不同,特点不一,评估的关注点也就不同。

2. 评估标准多样

保障方案的制定需要多种类型的专业人员密切合作进行,人员的素质、经验对方案的质量起到了决定作用。而个人经验往往只能意会不可言表,是难以量化的。因此,评估中往往采用"好、不好、不太好","适合、较不适合、很不适合"等模糊标准。另外,由于评估对象的多样,关注点各有侧重,不同的保障方案评估参数的选取也存在差异。

3. 评估方式多维

为了使评估结果达到良好效果,可以从多个角度对方案进行评估。既可以依据装备保障方案的结构化描述,评估方案要素的完整性;也可以对装备保障方案的文本描述,评估静态方案的可行性,如是否战斗决心和部队的战斗任务相符合,是否与现实的保障环境和本级的保障能力相符合,是否与保障实施的客观条件相符合等;还可以采用仿真手段,将装备保障方案的运用过程动态化,评估方案的保障效能。具体采用何种手段,需要依据评估目的而定。

4.1.3 装备综合保障方案评估问题分析

方案评估,实际上就是根据相关的评估准则要求,采用一套客观、特定的方法或步骤,对一个或多个方案同时进行分析、判断、测度后形成一个有价值的结论(可以是建议,也可以是排序),为方案的决策者提供技术上的辅助。若要想把装备保障方案评估问题展开,分析清楚,就必须对评估目标、评估对象、所展开的评估活动、涉及的关键技术方法等情况有所了解。

1. 评估对象分析

本书所讨论的评估对象主要是战术级装备保障方案,即部队军、旅以下各级的装备保障方案。在对方案进行评估时,需要注意几点:

1) 备选方案

装备保障方案是与作战方案相对应的。一个作战方案可以对应一个装备保障方案,也可以同时对应多个装备保障方案,即存在多个备选方案。因此,在评估时,可能评估的是单一方案,也可能是多个备选方案。对单一方案一般是给出评估和优化建议,对备选方案一般是给出方案的优劣排序。

2) 保障方案组

当我们在谈论一个战术级装备保障方案时,其实是在讲一个装备保障方案组,它包含了本级及其以下各层次的装备保障方案。这是因为装备保障方案的制定一般是按照指挥层次从上至下进行的。此时,要对战术级装备保障方案进行评估,就必须对每一层次的装备保障方案均进行评估。例如,对旅的装备保障方案进行评估,就需要分别对旅、团、营以及分队的装备保障方案进行评估。

3) 保障约束

在制定装备保障方案之时,敌情分析、作战任务、作战地域、现有的保障实力、首长决心等都是制约装备保障方案形成的重要因素。方案生成后,这些信息已经被隐去了。但是在对方案进行评估时,这些约束条件必须要考虑进来。

4) 保障方案内容组成

装备保障方案是装备指挥、保障力量部署、维修、器材、弹药等多个要素组成。在对方案进行评估时,不仅会关心装备保障方案的整体设计如何,往往还会关注组成要素的设计效果。例如,会关心方案中装备维修部分的情况。这样的做法,也利于提出装备保障方案的某组成要素的改进意见。

2. 评估目标分析

装备保障方案是对装备保障系统的规划与完整说明。因此,可以说装备保障方案是构建装备保障系统的设计方案。装备保障方案制定的好坏直接影响装备保障系统的实际运行效果,从而影响保障效果。因此,在构建装备保障系统前必须对前期设计的装备保障方案进行评估与优化,最终使得方案实施后装备保障系统的保障效能最大限度地得到发挥。

对装备保障方案进行评估,实质上是依据作战保障的理想模式,借助定量评估、定性说明及综合评估等手段,对方案的作用效果进行全面评估、形成评估结论、出具评估报告的过程。根据作用效果,可以导出装备保障方案评估的核心目标为"三性",即完整性、合理性和有效性。根据这"三性"的评估结果,可以发现装备保障方案中的薄弱环节,并提出改进意见,从而实现最优化目标。

1) 装备保障方案的完整性

装备保障方案的完整性目标具有两个层面的含义:一是全面性,即装备保障方案的各项要素均已设计,没有缺项;二是规范性,即装备保障方案的各项要素的设计符合规范的要求。装备保障方案的完整性目标是其他目标的基础,反映出了装备保障方案的一种系统性。例如,装备保障指挥、保障力量的部署、维修保障、器材保障、弹药保障、通信保障、防卫保障、运输保障等均被完整、规范地加以说明。对装备保障方案的完整性目标进行评估是进行其他目标评估的前提条件,属于静态评估。

2) 装备保障方案的合理性

合理性以完整性目标为基础,同时又是对完整性目标的深化。装备保障方案的合理性是指装备保障方案设计和执行时的适用性与经济性。适用性是装备保障方案合理性的突出特征,它是指所设计的装备保障方案适应作战背景的特点和要求,具有一定的个性,如满足装备作战方案对装备保障的需求、符合首长的保障决心、现有装备保障能力可支持等。同时,装备保障方案的适用性受经济性特征的约束,即要符合成本效益原则。由于事关作战,经济因素的影响在本书中暂时不予以考虑。

3) 装备保障的有效性

有效性以完整性与合理性为基础,同时又是完整性和合理性目标的归宿。有效性是装备保障方案的核心目标,是装备保障方案发挥作用的关键。装备保障方案的有效性包含两个层面的含义:一是方案设计的有效性,即装备保障方案中的各项要素在业务层面均能够发挥作用;二是运行的有效性,即装备保障方案在实施后的装备保障系统的运行效果良好。

3. 评估方式分析

评估方式是指开展装备保障方案评估活动所采用的方法和形式,亦即怎样开展对装备保障方案的评估活动。如图 4-1 所示,按照装备保障方案的阶段生成过程,可以对过程中的每一个阶段分别进行评估。例如,方案制定阶段的评估,方案形成阶段的评估,方案实施阶段的评估。本书中装备保障方案的评估时机是在方案形成后但尚未实施前,因此评估工作是在方案形成阶段进行的。在该阶段,可按照装备保障方案的评估目标逐一进行评估。

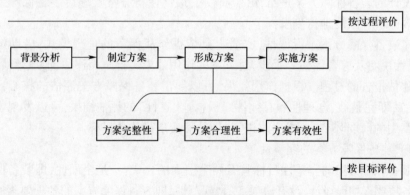

图 4-1 装备保障方案评估方式

4.1.4 装备综合保障方案评估问题研究

1. 评估问题的研究思路

装备维修保障仿真实验是以装备维修保障仿真系统为实验对象进行的。从仿真系统对仿真实验的影响来看,主要是通过仿真模型的变化来实现的,包括装备维修保障仿真层次的变化；仿真模型组成、结构的变化；仿真模型影响参数的变化。

在明确了评估对象、评估目标和评估方式后，即进入装备保障方案评估的具体操作程序，分别是构建评估指标体系、选择或设计定性或定量评估方法、选择或构建评估模型、分析综合得出的结论、提出评估报告等。其具体步骤如图4-2所示。

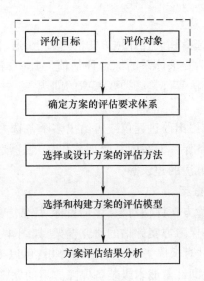

图4-2　装备保障方案评估问题的研究思路

1) 确定评估对象和评估目标

确定评估对象和评估目标是开展装备保障方案评估工作的基础。该项工作的目的是汇集并明确部队对装备保障方案评估的基本目标需求，并把这种需求转化为装备保障方案的评估要求体系。明确评估对象和评估目标，一方面有助于评估系统的结构组成，另一方面有助于为评估要求体系的构建提供依据。

2) 确定评估要求

评估要求是根据评估要素及其评估目的，所确定的反映评估要素某一方面或某些方面情况的特征依据。对于评估要素的定量特征，一般用定量参数或定量指标进行描述；对于评估要素的定性特征，一般用定性要求进行描述。由于装备保障方案中既存在定性要求又存在定量参数/指标，为了描述方式的统一性，在本书中不分定性描述还是定量描述，统一采用评估要求进行表达。

构建评估要求体系是进行装备保障方案评估的前提条件。装备保障方案的评估要求体系，是从装备保障方案的总目标或顶层系列目标出发，根据评估要素的目标和功能，逐层细化、发展为子目标，至要素的评估要求，最终形成整个方案的评估要求体系。它完整地、综合地反映出了装备保障方案各层次、各方面的情况。

3) 选择或设计评估方法

目前,可采用的定性、定量和综合方法很多。但是对装备保障方案评估而言,由于评估目的不同,评估对象的差异,在选择和设计评估方法时,需要选择成熟的、公认的评估方法,并注意评估方法与评估目的的匹配,注意评估方法的内在约束,掌握不同方法的评估角度与评估途径。

4) 选择和建立评估模型

构建评估模型是在选择和设计评估方法的基础上,通过一系列的定性、定量模型给出装备保障方案评估要求体系的综合评估值。其中,各级评估要求权重的确定原则,无量纲的处理办法等都是必须要考虑的问题。

5) 评估结果分析

基于评估结果分析,提出改进建议或者给出多个备选方案的评估排序。其中,改进建议可以是针对装备保障方案中某个要素设置的建议,也可以是针对装备保障方案评估要求或评估方法的建议等。

2. 评估问题的研究框架

根据上述对装备保障方案评估对象、评估目标、评估方式及对评估问题研究思路的分析,可以形成装备保障方案评估的研究框架,如图4-3所示。

由图4-3可知,通过对保障方案评估问题分析,可以得到战术级装备保障方案评估问题的研究框架,即针对战术级装备保障方案的完整性、合理性和有效性评估目标,分别构建装备保障方案的评估要求体系,选择或设计评估方法,建立装备保障方案的评估模型。

具体的研究内容分为三类:第一类是关于评估体系的构建,包括装备保障方案评估的完整性评估体系构建,装备保障方案评估的合理性评估体系构建,装备保障方案评估的有效性评估体系构建;第二类是评估方法的研究,包括基于定性方法的装备保障方案完整性评估,基于定量仿真方法的装备保障方案有效性评估,以及基于定性定量方法的装备保障方案合理性评估;第三类是装备保障方案评估系统的构建,包括装备保障方案综合评估的概念模型和保障方案评估系统的设计等。三个类别是递进关系。

4.1.5 装备综合保障方案评估体系构建原则

装备保障方案中包含大量的要素,评估问题也多种多样,因此在建立评估体系时,需遵循一定的原则,使评估体系能够对装备保障方案进行科学的评估。

1) 系统性原则

系统性原则是指构建的评估体系能够系统地反映评估目标。对于装备保障方案来说,其是在一定的作战背景下形成的,具有一定的"个性"。在构建评估体系时,需遵循系统性原则,既可以从整体上,也能从局部上判断装备保障方案是否满

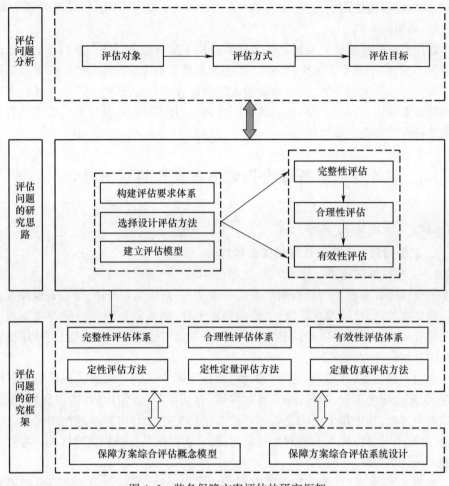

图 4-3 装备保障方案评估的研究框架

足相应的背景和要求。

2) 可操作性原则

可操作性原则是指构建的评估体系能够易于评估人员进行评估。装备保障方案中包含有定性和定量的评估问题,对于定性问题,需要评估人员主观上对装备保障方案是否满足要求进行判断,对于定量问题,需要使评估指标易于量化和计算,因此在构建评估体系时,应遵循可操作性原则,以便有效地对装备保障方案进行评估。

3) 层次性原则

层次性原则是指构建的评估体系各层之间的一种逻辑层次结构关系。装备保障方案中包含的要素是多元的,在建立评估体系时,需将所有的要素按所属层次的不同,建立纵深的层次结构关系,将装备保障方案中的要素清晰、明确地表述出来。

4) 通用性原则

通用性原则是指建立的评估体系能够适用于多种装备保障方案的评估。依据任务的不同,会形成不同的保障方案,如进攻作战装备保障方案和防御作战装备保障方案。作战任务的不同,会导致装备保障的侧重点不同,进而会产生多样化的装备保障方案。因此,所构建的评估体系应遵循通用性原则,使其能够适应不同背景下的装备保障方案完整性评估。

4.2 装备综合保障方案典型评估方法

4.2.1 装备综合保障方案定性评估方法

1. 装备保障方案完整性评估体系构建

1) 完整性评估体系分析

装备保障方案完整性具有两个方面的含义:一是结构完整性,即装备保障方案的各项要素均已设计,没有缺项;二是内容规范性,即装备保障方案的各项要素的设计符合规范的要求。因此,在构建装备保障方案完整性评估体系时,可从结构完整和内容规范两方面入手。

由前面对装备保障方案的分析来看,装备保障方案的要素组成包括装备保障指挥、保障力量的部署、维修保障、器材保障、弹药保障、通信保障、防卫保障、运输保障 8 个方面,其中每个组成要素都涉及对结构完整性和内容规范性的问题。因此,可以基于装备保障方案的八大要素组成,分别提出其在结构完整性和内容规范性方面的评估要求。

如表 4-1 所列,对于装备保障方案结构的完整性,可对各个组成要素的影响因素做进一步分析:

表 4-1 结构完整性影响因素

结构完整性要求	结构完整性影响因素
保障指挥结构完整性	保障指挥关系、保障指挥机构编组、保障指挥机构配置、保障指挥机构转移
保障力量部署结构完整性	保障力量部署形式、保障任务与力量区分、保障力量的部署地域
维修保障结构完整性	维修保障关系、维修力量的配置地域、维修力量的编组、维修保障配套措施
器材保障结构完整性	器材保障关系、器材库配置地域、器材库编组、器材的筹措储备和补充控制

续表

结构完整性要求	结构完整性影响因素
弹药保障结构完整性	弹药保障关系、弹药库配置地域、弹药库编组、弹药的储备和补充控制、弹药管理
运力保障结构完整性	运力编组、运力实施
防卫保障结构完整性	防卫任务、防卫区划分、防卫力量编组、防卫力量配置、防卫措施与方法
通信保障结构完整性	通信任务、通信力量编组、通信方式

通过分析保障指挥结构可知,保障指挥结构完整性主要受到保障指挥关系、保障指挥机构编组、保障指挥机构配置、保障指挥机构转移等要素结构完整程度的影响。

通过分析保障力量部署结构可知,保障力量部署结构完整性主要受到保障力量部署形式、保障任务与力量区分、保障力量的部署地域等要素结构完整程度的影响。

通过分析维修保障结构可知,维修保障结构完整性主要受到维修保障关系、维修力量的配置地域、维修力量的编组、维修保障配套措施等要素结构完整程度的影响。

通过分析器材保障结构可知,器材保障结构完整性主要受到器材保障关系、器材库配置地域、器材库编组、器材的筹措储备和补充控制等要素结构完整程度的影响。

通过分析弹药保障结构可知,弹药保障结构完整性主要受到弹药保障关系、弹药库配置地域、弹药库编组、弹药的储备和补充控制、弹药管理等要素结构完整程度的影响。

通过分析运力保障结构可知,运力保障结构完整性主要受到运力编组、运力实施等要素结构完整程度的影响。

通过分析防卫保障结构可知,防卫保障结构完整性主要受到防卫任务、防卫区划分、防卫力量编组、防卫力量配置、防卫措施与方法等要素结构完整程度的影响。

通过分析通信保障结构可知,通信保障结构完整性主要受到通信任务、通信力量编组、通信方式等要素结构完整程度的影响。

对于装备保障方案内容的规范性,可对各个组成要素的影响因素做进一步分析:

通过分析保障指挥组成内容可知,保障指挥内容规范性主要受到保障指挥关系的主客体、编组后的人员和指挥设备配置数量、指挥所配置位置坐标、转移路线、转移时机等内容规范程度的影响。

通过分析保障力量部署组成内容可知,保障力量部署内容规范性主要受到保障力量部署的具体形式、各保障单元具体负责的保障任务、保障力量部署地域的坐标等内容规范程度的影响。

通过分析维修保障组成内容可知,维修保障内容规范性主要受到维修关系主客体、维修力量配置地域坐标、维修力量编组的类别和数量、维修人员技术等级与数量、维修设备工具类别与数量、维修方法等内容规范程度的影响。

通过分析器材保障组成内容,可知器材保障内容规范性主要受到器材保障关系的主客体、器材库配置地域的坐标、器材库编组后的人员和设备配置、器材的筹措方法、器材的储备方法、器材的补充方法、补充时机、补充路线等内容规范程度的影响。

通过分析弹药保障组成内容可知,弹药保障内容规范性主要受到弹药保障关系的主客体、弹药库配置地域的坐标、器材库编组后的人员和设备配置、弹药的储备方法、弹药的补充方法、补充时机、补充路线、弹药的管理方法等内容规范程度的影响。

通过分析运力保障组成内容可知,运力保障内容规范性主要受到运力编组后的编组数量、各组的人员和车辆配置数量、运力实施方法、实施要求、实施原则等内容规范程度的影响。

通过分析防卫保障组成内容可知,防卫保障内容规范性主要受到具体的防卫任务、划分的各防卫区坐标、防卫力量编组后的编组数量、各组的人员和设备配置数量、防卫力量配置地域坐标、具体的防卫方法等内容规范程度的影响。

通过分析通信保障组成内容可知,通信保障内容规范性主要受到具体的通信任务、通信力量编组后的编组数量、各组的人员和通信设备配置数量、具体的通信方式等内容规范程度的影响,如表4-2所列。

表4-2 内容规范性影响因素

内容规范性要求	内容规范性影响因素
保障指挥内容规范性	保障指挥关系的主客体、编组后的人员和指挥设备配置数量、指挥所配置位置坐标、转移路线、转移时机
保障力量部署内容规范性	保障力量部署的具体形式、各保障单元具体负责的保障任务、保障力量部署地域的坐标
维修保障内容规范性	维修关系主客体、维修力量配置地域坐标、维修力量编组的类别和数量、维修人员技术等级与数量、维修设备工具类别与数量、维修方法
器材保障内容规范性	器材保障关系的主客体、器材库配置地域的坐标、器材库编组后的人员和设备配置、器材的筹措方法、器材的储备方法、器材的补充方法、补充时机、补充路线

续表

内容规范性要求	内容规范性影响因素
弹药保障内容规范性	弹药保障关系的主客体、弹药库配置地域的坐标、器材库编组后的人员和设备配置、弹药的储备方法、弹药的补充方法、补充时机、补充路线、弹药的管理方法
运力保障内容规范性	运力编组后的编组数量、各组的人员和车辆配置数量、运力实施方法、实施要求、实施原则
防卫保障内容规范性	具体的防卫任务、划分的各防卫区坐标、防卫力量编组后的编组数量、各组的人员和设备配置数量、防卫力量配置地域坐标、具体的防卫方法
通信保障内容规范性	具体的通信任务、通信力量编组后的编组数量、各组的人员和通信设备配置数量、具体的通信方式

2）完整性评估体系确定

依据前面对装备保障方案完整性评估体系的分析结果，以结构完整性和内容规范性作为装备保障方案完整性的一级评估指标，以基于装备保障方案八大组成要素的影响因素分析作为二级评估要求体系，则可建立装备保障方案的完整性评估体系，如图4-4所示。

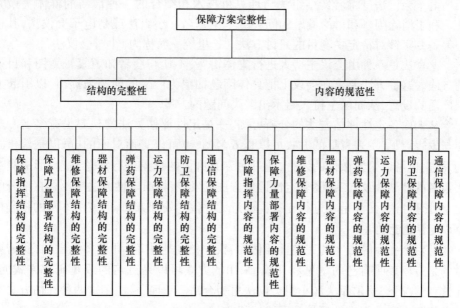

图4-4　装备保障方案完整性评估体系

2. 方法的适用性分析

定性评估方法又称软方法评估方法，是一种直接利用评估者或有关专家的智慧来进行评估的方法，即是评估者根据所掌握的信息，通过对事物运动规律的分析，在把握事物内在本质联系基础上进行决策的方法。目前，主要的定性分析方法有德尔菲法、头脑风暴法、反头脑风暴法、名义小组方法、电子会议法和戈登法等。

德尔菲法是一种面向专家进行调查研究并由专家集体判断形成结论的评估方法。它是以匿名方式通过几轮函询征求专家们的意见，组织评估小组对每一轮的意见都进行汇总整理，作为参照资料再发给每一个专家，供他们分析判断，提出新的意见。如此反复，专家的意见渐趋一致，最后做出最终结论。

头脑风暴法是集中有关专家召开会议，在融洽轻松的会议气氛下，由专家们发散思维、自由地提出尽可能多的方案。为了促进专家思维之间的相互激发，专家的选择范围较广泛，该方法不适用于一些具有机密性和高技术含量及专业性问题。

反头脑风暴法是对已经形成的设想、意见、方案进行可行性研究的一种会议形式。会议的参加者对已提出的设想、意见、方案禁止作确认论证，而只允许提出各种质疑或评论。反头脑风暴法特点同头脑风暴法一样，与头脑风暴法不同的是，反头脑风暴法是对已经形成的意见的讨论。

名义小组法是由管理者先选择一些问题有研究或有经验的人作为小组成员，并向他们提供与决策问题相关的信息，小组成员各自事先独立提出决策建议并在会上分别陈述自己的方案，最终选出大家赞同的方案。

电子会议法是将名义小组法与计算机技术相结合的一种最新的群体决策方法。利于消除闲聊和讨论偏题的问题。不论是名义小组法或是电子会议法，其核心都是专家针对特定主题目的研讨方法。这里统一简称为"小组会议法"。

戈登法是一种由会议主持人进行集体讲座，不让与会者知道真正意图和目的的方法。这种方法要求在会议上把具体问题抽象为广义的问题来提出，以引起人们广泛的设想，从而给主持人暗示出解决问题的方案。

从上面各定性评估方法的分析可知：一是定性评估方法的核心是有多名专家参与发表意见，发表意见的方式可以是匿名的，也可以是面对面的，可以是聚焦式的发言，也可以是发散性的发言，通过对专家群体的意见进行汇总整理，形成提交决策者的评估建议；二是随着定性评估方法的发展，目前定性方法中都存在部分的定量处理办法，尤其是在进行专家群体意见收敛的处理方面，但方法本身的核心仍是以定性思想为主。

针对装备保障方案的完整性评估而言，评估主题明确，评估体系已知，所需要做的是专家表明自己的意见和建议，采用的方式可以是匿名的或是研讨方式的。在这种情况下，德尔菲法和小组会议法更为合适。下面，将应用这两种评估方法对装备保障方案的完整性评估问题进行研究。

3. 基于德尔菲法的装备保障方案完整性评估方法

1) 德尔菲法的评估过程

（1）设计问卷，拟定评估提纲。以问卷调查表的形式，把拟定评估目标写成几方面的问题,问题的含义要求明确,不易产生二义性。

(2) 征询专家意见。选定专家,向专家发放第一次问卷调查表,要求每位专家提出自己评估的意见和依据,并说明是否需要补充资料。

(3) 意见分析处理。回收发送给专家的调查问卷,分析专家的评估结果是否集中,如果评估结果比较发散,则需要继续调查,直到专家的评估结果集中。

(4) 得出结论。经过多轮调查,如果专家的评估结果满足收敛要求,则可以根据多轮的专家评估结果计算得出最终的评估结论。

可见,在德尔菲法中最关键的环节是问卷调查表的设计、专家的权重以及专家意见的分析处理。

2) 保障方案完整性问卷调查的设计

问卷调查表的设计核心在于问卷内容的设计以及每项内容的评判准则。在装备保障方案完整性评估中,已知评估要求体系,因此可以从评估要求体系入手设计调查问卷,并将各个评估要求的影响因素作为评判准则。考虑到装备保障方案完整性的评估要求含义相对清晰明确,不易产生二义性。不论采用打钩方法还是打分方法都可以聚焦专家意见。而打分方法可以更细致地统计出专家的建议,减少专家意见反馈的次数。因此,这里将打钩和打分对应起来,以便更明确地反映专家的意图。

如表4-3所列,表中给出了调查内容与评分等级。专家可以对调查的内容在好、一般、差三个区段内打钩和打分。这三个区段与得分值的对应关系分别是:"好"对应10分,"一般"对应区间[9,6],"差"对应区间[5,0]。

表4-3 装备保障方案完整性评估问卷调查表

调查内容与评分等级	A. 好	B. 一般	C. 差	得分值
1. 保障指挥结构完整程度				
2. 保障力量部署结构完整程度				
3. 维修保障结构完整程度				
4. 器材保障结构完整程度				
5. 弹药保障结构完整程度				
6. 运力保障结构完整程度				
7. 通信保障结构完整程度				
8. 防卫保障结构完整程度				
9. 保障指挥内容规范程度				
10. 保障力量部署内容规范程度				
11. 维修保障内容规范程度				
12. 器材保障内容规范程度				

续表

调查内容与评分等级	A. 好	B. 一般	C. 差	得分值
13. 弹药保障内容规范程度				
14. 运力保障内容规范程度				
15. 通信保障内容规范程度				
16. 防卫保障内容规范程度				

对问卷调查表中的16项内容的具体评判可参照图4-5卡片中的具体内容。若调查的条目中包含卡片的全部内容，则选择"好"，打分结果为10分。若调查的条目中只包含1/3以上的内容则选择"一般"，打分情况根据包含内容的多少而定，打分结果从6~9分。若调查的条目中包含的内容低于1/3，则选择"差"，打分结果从0~5分。

3）保障方案专家权重的计算方法

（1）专家来源分析。由于装备保障方案评估工作的复杂性，需要不同评估视角和知识背景的专家对其进行评估，从参与装备保障方案评估的角色来看，主要涉及：

① 作战指挥部门。作战指挥部门能够从宏观上掌握装备保障方案评估的目标和方向，切实弄清装备保障方案是否满足作战任务，保证实际工作符合相关规定，通过亲自开展评估和收集其他相关评估主体的信息反馈，能够获取更全面、有效的信息，更好地发挥指导、监控等作用。人员一般包括作战指挥部门首长、作战参谋等。

② 装备保障部门。装备保障部门是装备保障工作的实施者，包括以下三类：

a. 装备保障指挥人员，包括装备保障机构领导、机关和分队装备保障指挥员，主要负责装备保障的计划、组织、实施、控制、决策等。

b. 装备保障管理人员，包括战技参谋、军械、装甲、车辆、工化等各业务部门人员，装备使用人员，主要负责装备在使用过程中的管理工作。

c. 装备保障技术人员，包括各级维修保障人员，主要负责维修故障的装备。

装备保障部门是现实中整个装备保障活动的直接参与者，作为评估专家，通过全程参与装备保障方案评估活动，能够准确把握装备保障方案中存在的薄弱环节。

③ 装备保障专家。装备保障专家主要来自部队维修保障机构、院校、研究院所及军工厂等单位，业务领域应涵盖装备保障方案所涉及的维修保障、弹药保障、器材保障等各个领域。他们要参与装备保障方案评估的全过程，包括制定指标体系、实施评估、对评估结果进行汇总反馈等。

（2）专家权重的确定。如何发挥专家们各自的优势，克服各自的局限性直接影响装备保障方案评估工作的质量。因此，专家权重的设置应该从不同评估专家的角度综合考虑，力争做到客观公正。基于上述分析，本书主要从以下两个方面考虑确定专家权重：

保障指挥结构的完整性	保障力量部署结构的完整性	维修保障结构的完整性	器材保障结构的完整性
√保障指挥关系 √保障指挥机构编组 √保障指挥机构配置 √保障指挥机构转移	√保障力量部署形式 √保障任务区分 √保障力量区分 √保障力量部署地域	√维修保障关系 √维修力量配置地域 √维修力量编组 √维修保障配套措施	√器材保障关系 √器材库的配置地域 √器材库的编组 √器材的筹措储备与补充控制
弹药保障结构的完整性	运力保障结构的完整性	防卫保障结构的完整性	通信保障结构的完整性
√弹药保障关系 √弹药库的配置地域 √弹药库的编组 √弹药的筹措储备与补充控制 √弹药管理	√运力的编组 √运力的实施	√防卫任务 √防卫区划分 √防卫力量编组 √防卫力量配置 √防卫措施与方法	√通信任务 √通信力量编组 √通信方式
保障指挥内容的规范性	保障力量部署内容的规范性	维修保障内容的规范性	器材保障内容的规范性
√保障指挥关系的主客体 √编组后的人员数量 √指挥所配置的位置坐标 √转移路线 √转移时机	√保障力量部署的具体形式 √各保障单元具体负责的保障任务 √保障力量部署地域坐标	√保障关系的主客体 √维修力配置地域的坐标 √维修力量编组的类别与数量 √维修人员技术等级与数量 √维修设备工具类别与数量 √维修方法	√保障关系的主客体 √器材库地域的坐标 √器材库人员与设备数量 √器材筹措方法 √器材储备方法 √器材补充方法 √器材补充时机与补充路线
弹药保障内容的规范性	运力保障内容的规范性	防卫保障内容的规范性	通信保障内容的规范性
√弹药保障关系的主客体 √弹药库配置地域的坐标 √器材库编组后的人员与设备数量 √弹药储备方法 √弹药补充方法 √弹药补充时机与补充路线 √弹药的管理方法	√运力编组后的编组数量 √各组的人员与车辆配置数量 √运力实施方法 √运力实施要求 √运力实施原则	√具体的防卫任务 √划分的各防卫区坐标 √编组人员及人员配置 √防卫力量配置地域坐标 √具体的防卫方法	√具体的通信任务 √通信力量编组后的编组数量 √各组人员和通信设备配置数量 √具体的通信方法

图 4-5 装备保障方案完整性评估中调查问卷的评判准则

一是领导权重:不同的评估专家有不同的领导职位,其评估效力自然不尽相同,一般来说,评估专家的领导职位越高,其权重越大。

二是业务权重:不同的评估专家根据其不同的业务专长,对装备保障方案某一业务领域的评估有不同的可靠程度,一般来说,评估专家的业务专长对于评估对象所需的业务素质越贴近,其权重越大。

① 领导权重的计算。参与装备保障方案评估的专家中的一部分担任着领导

职务,故在对某一方案进行评估时,拥有的话语权自然不同,其权重应与其所任领导职务的高低相匹配。假设共有评估专家 n 名,评估专家 v 在某装备保障方案评估中的领导权重为 $L(v)$,则

$$L(v) = \frac{h(v)}{\sum h(i)}, i = 1, 2, \cdots, n \tag{4-1}$$

式中:$h(v) \geq 1$ 为整数,称为领导等级系数,表示评估专家所担任的领导职务的等级。在确定 $h(v)$ 时,可以通过不同领导职务等级系数的划分进行确定。表 4-4 给出一个领导等级划分及对应权重值分配方法。

表 4-4 领导等级划分标准示例

领导等级	组 成	$h(v)$
作战指挥部门	作战部门首长	9
	作战参谋	8
	其 他	7
装备保障部门	装备部门首长	6
	战计参谋	5
	维修分队人员	4
	其他	3
装备保障专家	专家	2

② 业务权重的计算。参与装备保障方案评估的专家拥有不同的业务背景,故在对装备保障方案的业务领域进行评估时,拥有的话语权自然不同,其权重应与他的业务经历与评估任务所需要的专业素质的贴近程度有关。假设共有评估专家 n 名,评估专家 v 在装备保障方案评估中的业务权重为 $E(v)$,则

$$E(v) = \frac{h'(v)}{\sum h'(i)}, i = 1, 2, \cdots, n \tag{4-2}$$

式中:$h(v) \geq 1$ 为整数,称为业务等级系数,表示评估专家所拥有的业务精深的等级。在确定 $h(v)$ 时,可以通过不同业务等级系数的划分进行确定。表 4-5 给出一个业务等级划分及对应权重值的分配方法。

表 4-5 业务等级划分标准示例

业务等级	组成	$h(v)$
院士		9
专业组长		7

续表

业务等级	组成	$h(v)$
专家	保障领域专家	6
	保障领域研究人员	5
	保障领域管理人员	4
	基层保障技术人员	3

③专家权重整合。在确定了评估专家的领导权重和业务权重之后，下面给出评估专家 v 对于装备保障方案评估总的权重 $P(v)$ 的计算公式：

$$P(v) = \beta_1 \cdot L(v) + \beta_2 \cdot E(v) \tag{4-3}$$

式中：β_1、β_2 分别表示领导权重和业务权重的系数，且满足 $\beta_1 + \beta_2 = 1$，一般取 $\beta_1 = \beta_2 = 0.5$。

4）保障方案专家意见汇总分析处理方法

专家意见汇总后，可能出现两种情况：一种是专家意见高度一致，即仅通过一轮意见反馈就能形成统一的意见；另一种是专家意见出现部分一致和部分分歧，对分歧部分需要进行再一轮的问卷调查和反馈，重新判断专家意见的一致性。如此往复，直至形成统一意见为止。

对于专家意见的收敛，本书通过分析专家打分结果的均值、方差和峰值等情况，分析确定数据的集中特征、离散特征和分布特征，并由此形成专家的最终意见。

问卷调查结论汇总分析如表4-6所列。按照专家打分的条目，应一一分析给出该条目的专家加权平均值、偏度值和峰度值。

表4-6 问卷调查结论汇总分析

评估内容	加权均值	偏度值	峰度值
1. 保障指挥结构完整程度			
2. 保障力量部署结构完整程度			
3. 维修保障结构完整程度			
4. 器材保障结构完整程度			
5. 弹药保障结构完整程度			
6. 运力保障结构完整程度			
7. 通信保障结构完整程度			
8. 防卫保障结构完整程度			
9. 保障指挥内容规范程度			
10. 保障力量部署内容规范程度			
11. 维修保障内容规范程度			

续表

评估内容	加权均值	偏度值	峰度值
12. 器材保障内容规范程度			
13. 弹药保障内容规范程度			
14. 运力保障内容规范程度			
15. 通信保障内容规范程度			
16. 防卫保障内容规范程度			

(1) 集中特征的度量。加权均值是指综合考虑各位评审专家的权重和相应的评分值后得到的分值。该值反映了专家对该调查条目完整性的集中看法。

$$E_j = \sum_{i=1}^{n} w_i x_{ij} \quad (4-4)$$

式中：E_j 为第 j 项评估内容的加权均值；w_i 为第 i 位专家的权重；x_{ij} 为第 i 位专家对 j 项内容的打分值。

(2) 离散特征的度量。标准方差是对数据离散特征的度量，它反映了各评审专家评分分布的离散程度。其计算方法如下：

$$D_j = \sum_{i=1}^{n} (x_{ij} - E_j)^2 \omega_i \quad (4-5)$$

$$\sigma_j = \sqrt{D_j} \quad (4-6)$$

式中：D_j 为第 j 项评估内容的方差。

(3) 分布特征的度量。偏度值是表征各评审专家评分分布情况的特征量之一，用于描述各专家的评分值是否对称均匀地分布在加权均值的两侧。偏度计算方法如下：

$$E_{pj} = \frac{D_{3j}}{\sigma_j^3} \quad (4-7)$$

式中：E_{pj} 为第 j 项评估内容的偏度值；D_{3j} 为第 j 项评估内容的得分值的三阶中心矩；σ_j 为第 j 项评估内容的标准差，σ_j^3 为标准差的立方。

三阶中心矩的计算方法如下：

$$D_{3j} = \frac{\sum_{i=1}^{n} (x_{ij} - E_j)^3}{n} \quad (4-8)$$

式中：n 为参与评估的专家数。

偏度值的绝对值越大，说明专家的评估结果分布偏倚程度越大。一般当偏度值的绝对值大于 2 时偏倚程度就已经很大，因此当 $|E_{pj}| \geqslant 2$ 时，专家的评估结果不可接受。

峰度值也是表征各评审专家评分分布情况的特征量之一,用于分析专家的评分结果是较为均匀地分布,还是侧重出现在中心附近。它可以反映出考虑专家评估结果的收敛情况。峰度的计算方法如下:

$$E_{Fj} = \frac{D_{4j}}{\sigma_j^4} \tag{4-9}$$

式中: E_{Fj} 表示第 j 项评估内容的峰度值;D_{4j} 表示第 j 项评估内容的四阶中心矩; σ_j^4 表示第 j 项评估内容的标准差的 4 次方。

四阶中心矩的计算方法如下:

$$D_{4j} = \frac{\sum_{i=1}^{n}(x_{ij} - E_j)^4}{n} \tag{4-10}$$

一般情况下,当峰度值小于 3 时,专家意见分布比较分散;当峰度值大于或等于 3 时,专家的意见收敛度就已经比较集中,则专家的评估结果可接受,反之则不接受。

(4) 装备保障方案完整性的计算方法。第一轮问卷调查分析完成后,对偏度值和峰度值不满足要求的评估内容,需要重新设计调查问卷,进行第二轮调查,针对专家新的评估结果以及不同意第一轮的意见进行统计分析。如此反复进行调查,当偏度值和峰度值满足要求时则可停止调查。最后计算保障方案完整性评估总得分。

$$X = \frac{\sum_{j=1}^{m} x_j}{m} \tag{4-11}$$

式中: m 表示评估的项目数; x_j 表示第 j 个调查条目的得分值,该得分值是经过几轮调查询问后满足偏度值和峰度值的结果,所以 x_j 可能来自不同的专家意见征询轮次。

对于最终的评估结果,设立评估等级标度如表 4-7 所列。

表 4-7 评估等级标度

等级	好	一般	差
标度	[10,9)	[6,9)	(5,0)

依据最终的评估总得分所处的区间判断保障方案完整性的优劣程度。

5) 示例分析

选取 10 位专家,其中从事装备保障研究的院校专家 5 名,部队首长 3 名,从事装备保障方案制定的战技科干部 2 名。向所有专家发送调查问卷,进行第一轮调查,评分结果汇总如表 4-8 所列。

表4-8 第一轮专家评分结果汇总

评估项	1	2	3	4	5	6	7	8	9	10
1. 保障指挥结构完整程度	10	10	10	10	10	10	10	10	10	10
2. 保障力量部署结构完整程度	7	8	6	6	9	8	9	8	8	9
3. 维修保障结构完整程度	10	10	10	10	10	10	10	10	10	10
4. 器材保障结构完整程度	7	8	8	7	8	8	7	8	7	7
5. 弹药保障结构完整程度	9	9	8	8	9	8	9	8	8	9
6. 运力保障结构完整程度	8	7	9	8	8	9	7	8	8	9
7. 通信保障结构完整程度	6	7	6	6	7	8	8	6	6	8
8. 防卫保障结构完整程度	6	7	7	6	6	7	7	6	7	7
9. 保障指挥内容规范程度	9	8	8	9	9	9	9	9	9	9
10. 保障力量部署内容规范程度	10	9	9	10	10	9	9	9	9	9
11. 维修保障内容规范程度	10	10	10	10	10	10	10	10	10	10
12. 器材保障内容规范程度	9	9	8	9	9	9	9	9	9	9
13. 弹药保障内容规范程度	6	7	6	9	6	8	9	9	9	7
14. 运力保障内容规范程度	10	10	9	10	10	10	10	10	10	10
15. 通信保障内容规范程度	9	10	9	9	10	10	9	10	10	10
16. 防卫保障内容规范程度	6	7	7	7	6	6	7	9	9	6
专家权重 ω	0.12	0.12	0.12	0.12	0.12	0.10	0.10	0.10	0.05	0.05

计算第一轮各评估项得分的加权均值、偏度值和峰度值,计算结果如表4-9所列。

表4-9 第一轮专家评分分析结果汇总

评估内容	加权均值	偏度值	峰度值
1. 保障指挥结构完整程度	10	—	—
2. 保障力量部署结构完整程度	7.67	1.890	2.935
3. 维修保障结构完整程度	10	—	—
4. 器材保障结构完整程度	7.56	1.251	3.764
5. 弹药保障结构完整程度	8.51	1.365	3.896
6. 运力保障结构完整程度	8.05	1.189	3.952
7. 通信保障结构完整程度	6.54	1.228	3.565
8. 防卫保障结构完整程度	6.54	1.342	3.634
9. 保障指挥内容规范程度	8.76	1.254	3.543
10. 保障力量部署内容规范程度	9.46	1.431	3.654

续表

评估内容	加权均值	偏度值	峰度值
11. 维修保障内容规范程度	10	—	—
12. 器材保障内容规范程度	8.54	1.343	3.780
13. 弹药保障内容规范程度	7.18	1.864	2.563
14. 运力保障内容规范程度	9.49	1.257	3.487
15. 通信保障内容规范程度	9.44	1.325	3.556
16. 防卫保障内容规范程度	7.37	1.786	2.782

第一轮的调查分析：由表 4-9 知，第 1、3、13 项评估项加权均值为满分 10 分，不存在峰度和偏度值，其评估结果高度统一，即专家不存在歧义，调查结果满足要求。第 2、13、16 项内容的峰度值均小于 3，不满足大于或等于 3 的要求，需要重新进行第二轮调查。对于其他的评估项，偏度值和峰度值都满足要求，无须进行第二轮调查。

第二轮调查：将第一轮的分析结果发送给专家，并对不满足要求的三项内容重新设计调查问卷进行第二轮调查。第二轮调查结果如表 4-10、表 4-11、表 4-12 所列。

表 4-10 第二轮调查问卷

调查内容	A. 好	B. 一般	C. 差	得分值
1. 保障力量部署结构完整程度				
2. 弹药保障内容规范程度				
3. 防卫保障内容规范程度				

表 4-11 第二轮专家评分结果汇总

评估项	1	2	3	4	5	6	7	8	9	10
1. 保障力量部署结构完整程度	7	8	7	6	8	7	8	7	8	8
2. 弹药保障内容规范程度	7	8	7	8	6	8	7	8	8	7
3. 防卫保障内容是规范程度	6	7	8	7	7	6	7	8	8	7
专家权重 ω	0.12	0.12	0.12	0.12	0.12	0.10	0.10	0.10	0.05	0.05

表 4-12 第二轮专家评分分析结果汇总

评估内容	加权均值	偏度值	峰度值
1. 保障力量部署结构完整程度	7.27	1.756	3.435
2. 弹药保障内容规范程度	7.37	1.824	3.547
3. 防卫保障内容是规范程度	7.05	1.795	3.476

第二轮的调查分析：由表4-12知，第二轮调查问卷的三项内容均满足要求。无须再进行第三轮调查。

整理两轮的问卷调查结果，由式(4-11)，可以计算装备保障方案完整性评估总得分为

$$X = \frac{\sum_{j=1}^{m} x_j}{m} = 8.411$$

由完整性评估总得分知：$X = 8.411$，处于第二等级区间，即保障方案完整性的定性评估结果为一般。

4. 基于小组会议法的装备保障方案完整性评估方法

1) 小组会议法的评估过程

小组会议法是专家在会议研讨过程中，针对特定的主题，充分地表达自身的观点，经过反复地迭代讨论，形成一致性的意见，具体过程如图4-6所示。

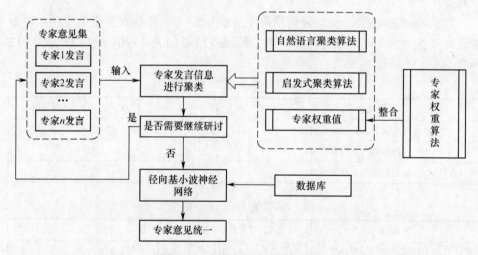

图4-6 小组会议法的评估过程

(1) 在专家研讨过程中，通过自然语言聚类方法进行聚类，将专家群体的意见进行初步整理。

(2) 进一步利用启发式聚类算法引导专家对研讨议题反复思考，给出更具有针对性的评估意见，形成几个较为集中的子群体。

(3) 在研讨过程中，明确给出各个专家的发言权重。

(4) 针对评估发言的随机性、参与评估人员主观上的不确定性和其认识上的模糊性，利用神经网络进行意见统一，并结合自然语言研讨时的结论形成阶段性/最终评估报告。

可见,在小组会议法中最关键的环节专家发言信息的聚类方法、专家权重算法和专家群体意见的统一收敛方法。其中,聚类方法包括初步的自然语言聚类方法以及进一步的定量聚类方法。由于专家权重算法在前节中进行了介绍,这里不再赘述。

2) 基于 HAC 的专家群体意见自然语言聚类法

研讨过程中,专家的意见差别可能会比较大,如何克服研讨专家群体的分散化思维,快速从众多信息中科学提炼出研讨关注的焦点问题,使参加研讨的专家群体的思维最终基本达成一致,是专家意见收敛的核心。会议发言或文字描述是参与装备保障方案评估的专家对研讨议题发表观点的重要手段。本书采用自然语言的聚类算法,在"统计–反馈"过程中使专家将自己的意见向与自己观点相似度较高的方向调整,形成若干相对集中的意见群体。

聚类是把一组个体按照相似性归成若干类别。它的目的是对数据进行自组织,使得属于同一类别的个体之间的距离最小,而不同类别上的个体间的距离最大。常用的聚类算法主要包括以下几类:基于划分的聚类算法是提前给定一个包含 n 个数据对象或元组的数据库;基于划分的聚类算法是要生成数目为 k 的簇;基于分层的聚类算法,是对给定数据对象集合按层次进行分解,算法的结果是形成一棵以数据子集为节点的聚类树,它表明了类之间的相互关系,另外层次分解时采用自底向上或自顶向下的顺序,该方法还可以进一步分为凝聚和分裂两种形式;基于密度的聚类算法,它的提出是为了发现任意形状的聚类结果,该算法基于样本的领域条件,整个样本空间被低密度区间划分开,且不需要预先知道聚类的数目,只需一遍扫描就可以完成聚类任务;基于网格的聚类算法采用一个多分辨率的网格数据结构,它将数据空间划分为有限单元(cell)的网络结构,并且所有的处理都以单个的单元为对象;基于模型的聚类算法是给每个簇假定一个模型,然后去寻找能够很好满足这个模型的数据集。

装备保障方案评估的研讨考虑到装备保障方案层次性特征,故本书选择采用合并型层次聚类(Hierarchical Agglomerative Clustering, HAC)来进行聚类分析。HAC 是一种自底向上的方法,将每一个对象看作一个聚类,把它们逐渐合并成越来越大的聚类。在每一层中,根据一些规则将距离最近的两个聚类合并,直到满足预先设定的终止条件。

根据 HAC 的原理,本书提出了基于 HAC 的装备保障方案评估研讨聚类模型,如图 4-7 所示。

该模型分为 4 个关键步骤:分词、提取特征词、相似度计算和聚类处理,前三步都是在为聚类处理做准备,HAC 的依据是相似度计算,相似度计算是模型比较关键的部分。装备保障方案评估研讨专家意见一般以简单的句子给出,而直接对句子求解相似度难度较大,因此将其经过分词和提取特征词后转化为词语语义相似

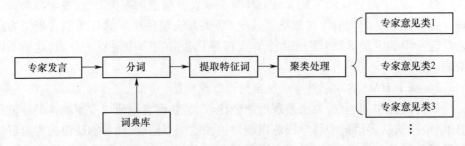

图 4-7 基于 HAC 的专家意见聚类处理过程

度来求解。

(1) 分词。研讨专家意见是以句子的形式存在的,后续需要计算专家意见之间的相似度,而句子之间的相似度是以词语之间的相似度为基础的。对于英文,词之间以空格进行分隔,但是对于中文,字和字之间没有间隔,有些是要有几个字组合在一起才能表达明确的意义,所以对中文的理解,要将其切分为词语,因此对保障方案评估中得到的专家意见首先要进行分词。

现行的分词方法分为三类:基于规则、基于统计和基于理解的分词方法。

① 基于规则的分词方法,也称机械分词法。它是按照一定的规则将待分析的句子与已建立的词典库进行匹配,若在词典库中找到对应的词语,则匹配成功,主要方法是最大匹配法(Maximum Matching Method,MM)和逆向最大匹配法(Reverse Maximum Matching Method,RMM)。

② 基于统计的分词方法。它是指由于词是稳定的字的组合,相邻的字同时出现的次数越多,就越有可能构成一个词,因此字与字相邻共现的频率或概率能较好地反映成词的可信度。可以对待分对象中相邻共现的各个字的组合的频度进行统计,计算它们的互现信息,计算两个汉字的相邻共现率,互现信息体现了汉字之间结合关系的紧密程度,当紧密程度高于某一个阈值时,便可认为此字组可能构成了一个词。

③ 基于理解的分词方法。它是一种边切分边理解的分词方法。首先,建立一个包含所有可能出现的词和它们的各种语义信息的词典库;其次,对于待分的句子,按照某种原则切分子串,与词典库中的词相匹配以后,取出该词所有的语义信息;最后,进行语义分析,若语义分析正确,则匹配成功。

基于规则分词方法虽然需要建立词典库,但是总体来说比较简单,精度也不是很高,据统计,单纯使用正向最大匹配的错误率为 1/169,单纯使用逆向最大匹配的错误率为 1/245;基于统计的分词方法不用建立词典库,它是要根据上下文进行统计,因此用于段落分词要多一些;基于理解的分词法其实是用机器模拟了人对句子的理解过程,这种方法需要大量的语言知识和信息。

第4章 无人机系统综合保障方案评估

据上述内容,装备保障方案评估研讨专家意见的结构比较明了和清晰,分词就变得相对比较容易,因此,这里采用基于规则分词法中相对精确的逆向最大匹配法来进行分词,提出了基于 RMM 装备保障方案评估研讨专家意见的分词方法。具体算法过程描述如下:

首先定义进程 P,其中 x 为待分词的装备保障方案评估研讨专家意见所包含的汉字个数,如图 4-8 所示。RMM 法的核心思想是将待分词的装备保障方案评估研讨专家意见与装备保障方案评估研讨专家意见词典库中的词条进行比对。首先定义预处理分词进程,引入一个计数参数 k,在将 k 置零后将待分的装备保障方案评估研讨专家意见与词典库进行比对,若能匹配成功,则直接形成分词结果;当匹配不成功时去掉最左边的一位,此时计数参数 $k=k+1$,取后$(x-k)$位的装备保障方案评估研讨专家意见再进行匹配处理,若能成功匹配,则判断 k 是否为零,k 为零,表示待分词的装备保障方案评估研讨专家意见是一次匹配成功,若 k 不为零,则要将去掉的最左边的 k 重新与装备保障方案评估研讨专家意见词典库进行比对,分词成功以后,输出分词结果。

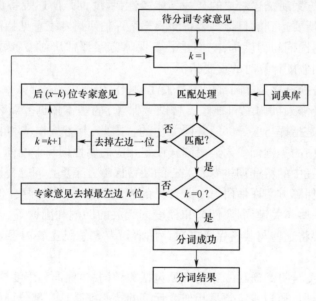

图 4-8 预定义的分词进程

在定义了预定义的分词进程 P 以后,假设装备保障方案评估研讨专家意见词典库中最长词条所包含的汉字个数为 a,待分词的装备保障方案评估研讨专家意见包含的汉字个数为 b。

① 若 $a \geq b$,则表示待分词的装备保障方案评估研讨专家意见中的汉字个数小于词典库中的最长词条的汉字数,此时应该将整个装备保障方案评估研讨专家意

见与装备保障方案评估研讨专家意见词典库进行匹配,利用预定义进程 P 得到分词的结果。

② 若 $a<b$,则表示待分词的装备保障方案评估研讨专家意见中的汉字个数大于词典库中的最长词条的汉字数,此时取装备保障方案评估研讨专家意见的后 a 个字进行分词,同样利用预定义进程 P 得到后 a 个字的分词结果;再取装备保障方案评估研讨专家意见剩余的 $(b-a)$ 个字,此时,需要比对 $(b-a)$ 与词典库中的最长词条的汉字数 a 的大小关系,当 $(b-a) \leq a$ 时,则可以直接将装备保障方案评估研讨专家意见剩余的 $(b-a)$ 个字与词典库进行匹配,进行分词处理,但是当 $(b-a)>a$ 时,这样就与前述的 $a<b$ 的情况一样,因此,返回计算,则需要重新取剩余装备保障方案评估研讨专家意见 $(b-a)$ 个字的后 a 个字进行分词处理,需要注意的是,在 $a<b$ 的条件下,最终需要将所得的分词结果进行合并,得到一个完整的分词结果。

(2) 提取特征词。将装备保障方案评估专家意见的结构分为三部分,即关键词、属性词和程度词。关键词是研讨专家意见中涉及装备保障方案的中心词;属性词是装备保障方案所描述对象的某一具体属性;程度词是所述装备保障方案评估研讨专家意见所要达到的目标。装备保障方案评估研讨专家意见特征值提取就是区分关键词、属性词和程度词,它们是装备保障方案评估研讨专家意见的主要内容,也是进行相似度计算时的重要指标。

例如,装备损坏率是保障部门主要关注的,作为组织装备维修保障(确定保障装备数、组织维修人员调配和维修器材供应保障)的基本依据。而装备战损率与损坏率的关系是指挥与保障部门共同关注的。因此,装备战损率和装备损坏率就作为研讨过程中的关键词。词典里同样设定相应的属性词和程度词。研讨系统通过提取研讨过程中的特征词将专家关心的装备保障方案重点问题提炼出来。

虽然装备保障方案评估研讨专家意见的表述已经是比较扼要,但分词进行完成后,还会有一些与关键词、属性词和程度词无关的助词和副词等,因此在进行特征值提取时,要将这些与装备保障方案评估研讨专家意见主要内容意义表达无关的词去掉。

(3) 相似度计算。研讨专家的意见包括关键词、属性词和程度词三部分结构,装备保障方案评估研讨专家意见相似度计算的核心就是这三部分词语之间的相似度计算。根据装备保障方案评估研讨专家意见词语相似度计算的特点,这里提出了基于知网的装备保障方案评估研讨专家意见语义相似度计算方法。

装备保障方案评估研讨专家意见包含三部分词语,本书所计算的研讨专家意见词语相似度,是指同类词语的相似度,如关键词与关键词的相似度,属性词与属性词的相似度,而程度词是一些指标和目标方面的描述,可能是一些具体的数字,也可能是一些程度上的定性描述,所以计算它的相似度对装备保障方案评估研讨专家意见的相似度意义不大。因此,基于知网的装备保障方案评估研讨专家意见语义相似度计算方法计算的是关键词和关键词、属性词和属性词的相似度,分别计算其相似度后,再对二者进行加权处理,得到装备保障方案评估研讨专家意见的相似度。

知网是一个以汉语和英语的词语所代表的概念为描述对象,以揭示概念与概念之间以及概念所具有的属性之间的关系为基本内容的装备保障知识库。知网中最基本的概念是"义项"和"义原",义项是对词汇语义的一种描述,每一个词可以表达为几个义项,义原是用来描述义项的最小意义单位,每个词语都需要用若干个义原来进行描述和定义。知网对词语的定义方式采用的是义原树,义原树就是将描述词语的所有义原用树状结构组织起来,知网共采用的义原有 1500 多项,其组合形成了对词语的定义。

① 词语相似度。假设有词语 W_1 和 W_2:

W_1 的义项有 n 个,F_{11},F_{12},$\cdots$,F_{1n},用 F_{1i} 表示,$i = 1,2,\cdots,n$;

W_2 的义项有 m 个,F_{21},F_{22},$\cdots$,F_{2n},用 F_{2j} 表示,$j = 1,2,\cdots,m$。

定义词语 W_1 和 W_2 的相似度 $\mathrm{Sim}W(W_1,W_2)$ 为

$$\mathrm{Sim}W(W_1,W_2) = \max_{i=1,2,\cdots,n,j=1,2,\cdots,m} \mathrm{Sim}F(F_{1i},F_{2j}) \tag{4-12}$$

式(4-12)的含义是,两个词语 W_1 和 W_2 的相似度 $\mathrm{Sim}W(W_1,W_2)$ 等于二者各义项之间相似度 $\mathrm{Sim}F(F_{1i},F_{2j})$ 的最大值。

由于义项是用多个义原来描述的,义原的相似度计算是目前需要考虑的问题。

定义两个义原 T_1,T_2,其相似度 $\mathrm{Sim}T(T_1,T_2)$ 为

$$\mathrm{Sim}T(T_1,T_2) = \alpha/(d + \alpha) \tag{4-13}$$

式中:d 为 T_1,T_2 在义原层次体系中的路径长度,是一个正整数;α 为一个可调节的参数,其含义是相似度为 0.5 时的路径长度。

在知网中,将实词的语义表达分为 4 个部分:

a. 第一独立义原描述式:将两个义项的这一部分的相似度记为 $\mathrm{Sim}T(T_1,T_2)$。

b. 其他独立义原描述式:语义表达式中除第一独立义原以外的所有其他独立义原(或具体词),将两个义项的这一部分的相似度记为 $\mathrm{Sim}T_2(T_1,T_2)$。

c. 关系义原描述式:语义表达式中所有的用关系义原描述式,将两个义项的这一部分的相似度记为 $\mathrm{Sim}T_3(T_1,T_2)$。

d. 符号义原描述式:语义表达式中所有的用符号义原描述式,将两个义项的这一部分的相似度记为 $\mathrm{Sim}T_4(T_1,T_2)$。

在此定义的基础上,义项 F_1 和 F_2 的语义相似度 $\mathrm{Sim}T(F_1,F_2)$ 为

$$\mathrm{Sim}T(F_1,F_2) = \sum_{i=1}^{4} \beta_i \prod_{j=1}^{i} \mathrm{Sim}T(T_1,T_2) \tag{4-14}$$

式中：β_i ($1 \leq i \leq 4$) 为各义原的调节参数，且 $\beta_1 + \beta_2 + \beta_3 + \beta_4 = 1$，$\beta_1 \geq \beta_2 \geq \beta_3 \geq \beta_4$，表示从第一独立义原到符号义原的相似度对整个义项的相似度依次递减，第一独立义原对义项相似度影响最大，因此 β_1 比较大，一般在 0.5 以上。

② 装备保障方案评估研讨专家意见相似度。对于装备保障方案评估研讨专家意见，分别计算对应的关键词和关键词、属性词和属性词之间的相似度后，就可以计算整个装备保障方案评估研讨专家意见的相似度。

假设两个研讨专家意见 V_1 和 V_2，V_1 的关键词和属性为 W_{11}、W_{12}，V_2 的关键词和属性为 W_{21}、W_{22}，那么装备保障方案评估研讨专家意见求 V_1 和 V_2 的相似度 $\mathrm{Sim}V(V_1, V_2)$ 为

$$\mathrm{Sim}V(V_1, V_2) = \gamma_1 \mathrm{Sim}W(W_{11}, W_{21}) + \gamma_2 \mathrm{Sim}W(W_{12}, W_{22}) \tag{4-15}$$

式中：γ 为关键词和属性词在计算相似度时的权重，根据实际情况确定。

(4) 聚类处理。聚类处理是将研讨专家意见归类的一个过程。首先对装备保障方案评估研讨专家意见聚类处理做如下假设：

① 装备保障方案评估研讨专家意见集 $V = \{V_1, V_2, \cdots, V_i, \cdots, V_n\}$。

② 将 V 中的每个装备保障方案评估研讨专家意见 V_i 都看作一个包括单个装备保障方案评估研讨专家意见的类 $C_i = \{V_i\}$，因此，这些类构成了 V 的一个聚类 $C = \{C_1, C_2, \cdots, C_i, \cdots, C_n\}$。

③ 设 t 为相似度阈值，当两个装备保障方案评估研讨专家意见相似度 $\geq t$ 时，才符合聚类基本条件，并归为一类；当两个装备保障方案评估研讨专家意见相似度 $< t$ 时，则认为二者属于同一类。

聚类处理算法处理过程：

① 计算其他聚类 $C_j (j \neq i)$ 分别与 C_i 的相似度 $\mathrm{Sim}(V_i, V_j)$，计算的相似度有 $(n-1)$ 个。

② 判断 $\mathrm{Sim}(C_i, C_j)$ 是否达到相似度阈值要求，若 $\mathrm{Sim}(C_i, C_j) \geq t$，则将其列为可能相似的对象；若 $\mathrm{Sim}(C_i, C_j) < t$，则二者肯定不相似。

③ 取满足相似度阈值要求的 $\mathrm{Sim}(C_i, C_j)$，取它们中的最大值即 $\mathrm{Max\,Sim}(C_i, C_j)$，将二者聚为一类 $C_i C_j$。

④ 将新的 $C_i C_j$ 归类继续与其他类进行聚类，设 $C_i C_j$ 与 C_k（C_k 为其他任一类），则分别计算 $\mathrm{Sim}(C_i, C_j)$ 和 $\mathrm{Sim}(C_j, C_k)$，取均值 $\mathrm{Average} = [\mathrm{Sim}(C_i, C_j) + \mathrm{Sim}(C_j, C_k)]/2$，若 $\mathrm{Average} \geq t$，则认为 C_k 与 $C_i C_j$ 相似，将其聚为新类 $C_i C_j C_k$；若 $\mathrm{Average} < t$，则认为 C_k 与 $C_i C_j$ 不相似，不进行聚类。

⑤ 重复上述步骤，直至 C 中所有对象均不符合以上聚类条件，则聚类完成。

3) 基于启发式算法的专家群体意见打分结果聚类法

通过自然语言聚类方法对专家提出的定性的保障方案评估任务的意见进行聚类后，研讨主持人将得到的结果提交给研讨专家继续讨论，引导专家得到更具有针

对性的评估意见。针对其中的定性和定量化问题,由主持人交由专家打分或投票表决,这一过程必须反复进行,使专家形成较为集中的认识。

专家意见的启发式聚类算法可以描述为:研讨专家群体 $E = \{e_1, e_2, \cdots, e_m\}$($m \geq 2$),对研讨主持人提出的方案集 $T = \{t_1, t_2, \cdots, t_n\}$($n \geq 2$)做出判断。设专家群体 F 中的第 i 个专家对方案集 T 中的第 k 个备选方案给出的判断值为 p_k^i($p_k^i \geq 0, 1 \leq i \leq m, 1 \leq k \leq n$),则称 $\boldsymbol{P}^i = (p_1^i, p_2^i, \cdots, p_n^i)$,$1 \leq i \leq m$,为第 i 个专家的偏好矢量,它表示在该专家来看,各个备选方案的重要程度。专家可以用不同的方式表达自己的偏好。为了便于统一处理,需要对偏好矢量进行规范处理,即 $\sum_{k=1}^{n} p_k^i = 1$。$\boldsymbol{P}^i$ 是一个 n 维矢量,$\boldsymbol{P}^i \in \boldsymbol{R}^n$。专家群体偏好矢量组成一个 $m \times n$ 决策矩阵:

在考虑专家权重的前提下,对各个专家偏好矢量进行集结即得出群体偏好矢量。记为

$$\boldsymbol{P}^g = \sum_{i=1}^{m} \text{Power}(i) \boldsymbol{P}^i$$

在进行聚类前,先定义专家偏好矢量相似度。设两个专家的偏好矢量分别为

$$\boldsymbol{P}^i = (p_1^i, p_2^i, \cdots, p_n^i), \boldsymbol{P}^j = (p_1^j, p_2^j, \cdots, p_n^j)$$

则

$$S(\boldsymbol{P}^i, \boldsymbol{P}^j) = (\boldsymbol{P}^i, \boldsymbol{P}^j) / (\|\boldsymbol{P}^i\| \cdot \|\boldsymbol{P}^j\|) \tag{4-16}$$

式中:$(\boldsymbol{P}^i, \boldsymbol{P}^j)$ 为 $\boldsymbol{P}^i$ 和 $\boldsymbol{P}^j$ 矢量内积,$\|\boldsymbol{P}^i\|$ 和 $\|\boldsymbol{P}^j\|$ 分别为矢量 $\boldsymbol{P}^i$ 和 $\boldsymbol{P}^j$ 的范数(长度),称 $S(\boldsymbol{P}^i, \boldsymbol{P}^j)$ 为专家 e_i 和 e_j 的偏好矢量相似度,简记为 S^{ij},$S^{ij} \in [0, 1]$。引入一个相似度阈值 δ,$0 \leq \delta \leq 1$,采用启发式聚类算法对专家群体进行聚类分析到子群体簇 $C = \{C_1, C_2, \cdots, C_Q\}$,$Q = |C| \leq m$,其中,$|C|$ 为子群体个数,C_i($1 \leq Q \leq m$)为第 i 个子群体。

算法 启发式聚类算法。

输入 专家集合 $E = \{e_1, e_2, \cdots, e_m\}$($m \geq 2$) 和专家偏好矢量相似度阈值 δ。

输出 子群体集合 $C = \{C_1, C_2, \cdots, C_Q\}$,$1 \leq Q \leq m$

```
BEGIN
  k = 1;
  C_k = {e_1};    //将 e_1 放入第一个簇中
    FOR i = 2 to m     //依次考察剩下专家
    FOR r = 1 to k     //计算专家 e_i 与已有的每个簇的专家的平均相似度
        S^r = 0;
          FOR j = 1 to |C_r|    //依次取簇 C_r 中的成员 e_j
            IF(S^{ij} ≥ δ) S^r = S^r + S^{ij}
            ELSE
```

$$S^r = 0;\quad //只要有一个相似度小于阈值,则置 S^r = 0$$
$$\text{break};$$
END IF
$$S^r = S^r / |C_r|;\quad //求相似度平均值$$
ENDFOR

ENDFOR
$$S^t = \max(S^r);\quad //取平均相似度最大的簇 C_t$$
IF ($S^t != 0$)
$$C_t = C_t \cup e_i;\quad //将 e_i 并入簇 C_t 中$$
ELSE
$$k = k + 1;$$
$$C_k = \{e_i\};\quad //生成一个新簇 C_k 并将 e_i 并入其中$$
END IF
ENDFOR
END

这个算法的基本思想是：先把 E 的头一个元素 e_1 放到 C_1 簇中，E 中减去 e_1；然后循环取 E 的头一个元素 e_i，依次考察已存在的簇，如果存在一个簇 C_t，C_t 中的每个元素与 e_i 的相似度都大于等于 δ，且平均相似度最大，则把 e_i 放到 C_t 中，E 中减去 e_i，否则将 e_i 放入一个新的簇中，E 中减去 e_i，直到 E 为空为止。该算法需要对专家集扫描两遍，因而算法的时间复杂度为 $O(n^2)$。

4）基于小波神经网络的专家群体意见统一收敛法

在利用启发式聚类算法将专家意见聚类成几个子群体的基础上，对专家意见进行统一。为了降低该过程中人为因素的干扰，引入神经网络的思想，将各个子群体作为分析对象，与数据库中已有的案例进行对比，快速准确地得到统一的专家意见。普通的神经网络对网络的初始值异常敏感，不同的初始值会导致完全不同的结果，一旦取值不当，就会引起网络振荡而不能收敛，同时又极易陷入局部极值而无法得到最好的权值分布，最终影响网络泛化能力。为了克服上述问题，这里采用径向基小波神经网络建立意见统一模型。该方法引入小波变换的多分辨逼近能力，能够自适应地确定最优分解层数，提高专家意见收敛的速度，改善意见统一的精度。

小波神经网络引入小波变换的多分辨逼近能力，能够自适应地确定最优分解层数。同时，可以通过选择网络的分解层数达到控制网络的精度目的，可以在训练时间和训练精度之间进行权衡，如图4-9所示。

小波变换的多分辨率逼近能力函数可表示为

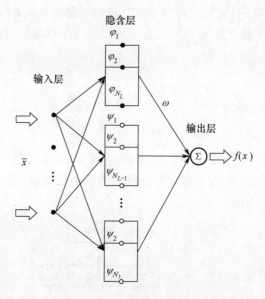

图 4-9 小波神经网络结构

$$f(x) \approx \sum_{k}^{N_L} c_{L,k}\varphi_{L,k}(x) + \sum_{j=1}^{L}\sum_{k=1}^{N_j} d_{j,k}\psi_{j,k}(x) \qquad (4-17)$$

式中：L 为分解层数；N_j 为对函数 f 进行 j 层小波分解时的小波函数个数。该函数可以通过有限数量的多分辨率基函数进行逼近。

选择高斯径向基函数

$$\varphi(x) = \exp\left(\frac{\|x-c\|^2}{2\sigma^2}\right)$$

作为尺度函数，其中，c 代表中心位置，σ^2 为函数的宽度。墨西哥小波作为小波函数。

$$\psi(x) = (1-x^2)\exp\left(\frac{\|x-c\|^2}{2\sigma^2}\right)$$

该小波框架满足允许条件和框架性质，在时域和频域快速衰减，框架常数非常接近 1。上式写成径向基函数(Radial Basis Funetion, RBF)形式为

$$f(\bar{x})s_{0,k}\varphi_{0,k} = \sum_{k} s_k^0 \varphi_k^0(\|\bar{x}-\bar{c}_k\|)$$

$$\approx \underbrace{\sum_{k=1}^{N_L} s_{L,k}\varphi_{L,k}(\|\bar{x}-\bar{c}_k\|)}_{\text{粗糙逼近}} + \underbrace{\sum_{j=1}^{L}\sum_{k=1}^{N_j} d_{j,k}\psi_{j,k}(\|\bar{x}-\bar{c}_{j,k}\|)}_{\text{精细逼近}} \qquad (4-18)$$

式中：s 和 d 为小波参数；c_i 是基函数 $\|\bar{x}-\bar{c}\| = \sqrt{(x_1-c_1)^2+(x_2-c_2)^2+\cdots+(x_n-c_n)^2}$

式中第一部分为粗糙估计,第二部分为从分辨率 1 到分辨率 L 的细节信息。这时,分辨率 j 的扩展和平移 $2^{-j}n$ 可以写为如下无压缩无平移的尺度函数 $\varphi(t,\sigma)$ 和小波函数 $\psi(t,\sigma)$。

$$\begin{cases} \varphi_{2j}(t,\sigma) = \varphi\left(t - 2^{-j}n, \dfrac{\sigma}{2^j}\right) \\ \psi_{2j}(t,\sigma) = \psi\left(t - 2^{-j}n, \dfrac{\sigma}{2^j}\right) \end{cases} \quad (4-19)$$

径向小波神经网络的训练实质上包括确定基函数的中心($c_{j,k}$)和宽度($\sigma_{j,k}$),确定总分解层数(L)和每个分辨率的基函数数量(N_j),以及网络权值。训练过程如图 4-10 所示。

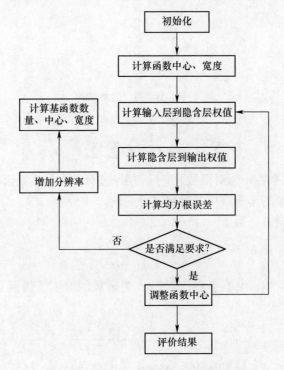

图 4-10 径向小波神经网络的训练过程

(1) 初始化网络,确定粗略逼近中小波函数个数 N_i,初始分解层数 L。
(2) 采用 K-均值聚类算法选择基函数中心 $c_{j,k}$ 和宽度 $\sigma_{j,k}$。
(3) 计算网络权值。由式(4-19),网络的粗糙逼近加上 L 层精细分解,输出可以写为

$$\hat{F} = [\varphi^0 \psi^1 \cdots \psi^M][w^0 w^1 \cdots w^L]^{\mathrm{T}} = \boldsymbol{B} \cdot \boldsymbol{W} \quad (4-20)$$

式中：B 为 $r \times p$ 矩阵（r 为训练样本数，p 为基函数数量），表示输入层和隐含层之间的权值；W 为 $p \times q$ 矩阵（q 为输出节点数量），表示隐含层和输出层之间的权值。

未知的输出权值矩阵可以通过采用最小二乘法得到，即

$$W = \min \|F - BW\|^2 \tag{4-21}$$

引入伪逆法得

$$W = (B^T B)^{-1} B^T F = B^+ F \tag{4-22}$$

式中：B^+ 为 B 的伪逆矩阵。

（4）判断是否满足训练终止条件。如是，则结束训练；如否，则增加分阶层数，转至步骤（2）。训练终止条件为当整体方差增加或基函数数量超过训练样本数量时停止该重复过程。

4.2.2 装备综合保障方案定量评估方法

1. 装备保障方案有效性评估体系构建

1）装备保障方案有效性评估体系分析

装备保障方案的有效性评估目的主要是从装备保障方案的运行效果进行评判，因此采用仿真手段是可行的办法。只不过采用仿真手段再现的是装备保障方案所描述的装备保障系统的运行过程。此时，需要的信息就不仅仅是装备保障系统的信息，还需要装备保障对象系统和使用任务系统的相关信息。所以，与静态的保障方案评估方法相比较而言，仿真评估方法更复杂些。

进行装备保障仿真评估的最终目的是验证在实际作战条件下，制定的装备保障方案是否满足装备作战单元的各种作战与保障任务要求，从而为完善装备保障方案提供决策依据，而最能反映装备保障方案有效性指标或者说最能反映装备保障系统运行效果的指标是战备完好性与任务持续性参数。装备在不同的状态和要求下，其战备完好和任务持续性实质上都涉及了任务系统、保障对象系统和保障系统相关属性与特点，只不过参数的评估内容上各有侧重，所代表的目的有所不同，下面从战备完好和任务持续两方面对综合反映装备保障能力的参数进行列举。

（1）保障能力评估综合参数。

① 战备完好率。战备完好率表示当要求装备投入作战（使用）时，装备准备好能够执行任务的概率。求解战备完好率必须考虑装备的使用和维修情况，当装备在执行任务前没有发生需要进行修理的故障，即装备立即可投入使用，当装备在执行任务前发生故障，但修理时间短于装备再次投入作战所需的时间，有足够的时间修理受损装备进而投入下一次作战。可见，战备完好率是装备在任务转换状态中使用的综合参数。

在计算战备完好率时，必须考虑系统的使用和维修情况。当装备作战单元在

执行任务前没有发生需要维修的故障,立即可投入作战或使用;或者当装备作战单元在执行任务前发生需要维修的故障,但是其维修时间短于再次投入作战或使用所需的时间,有足够的时间进行修理以投入下一次作战或使用。在这种情况下,装备作战单元的战备完好率为

$$P_{or} = R(t) + Q(t) \times P(t_m < t_d)$$

式中:$R(t)$ 为装备作战单元在执行任务前不发生故障的概率;$Q(t)$ 为装备作战单元在执行任务前的故障概率,$Q(t) = 1 - R(t)$;t 为任务持续时间(h);t_m 为装备作战单元的修理时间(h);t_d 为从发现故障到任务开始的时间(h);$P(t_m < t_d)$ 为装备作战单元的维修时间 t_m 不大于到下一项任务开始时间 t_d 的概率。

② 使用可用度。装备作战单元的使用可用度(Operational Availability, A_o)是装备作战单元当需要时能够正常工作的程度,是一种与能工作时间与不能工作时间有关的稳态可用度参数,它考虑固有可靠性、维修性及测试性、预防性维修和修复性维修,以及管理、使用和保障等各种因素的影响,能够真实反映外场使用环境的可用性。A_o 的表达式为能工作时间与能工作时间、不能工作时间之和的比,其中的不能工作时间不仅包括在装备使用过程中排除故障和预防性维修造成的装备不能工作时间,还要考虑供应保障及行政管理延误等因素导致的不能工作时间,即要考虑除装备改进时间外的一切不能工作时间。

$$A_o = \frac{能工作时间}{能工作时间 + 不能工作时间} = \frac{\text{MTBF}}{\text{MTBF} + \overline{D}} = \frac{\text{MTBF}}{\text{MTBF} + \text{MLDT}}$$

③ 装备完好率。装备作战单元的装备完好率(Readiness)是装备作战单元完好性的概率度量,它是装备作战单元中能随时遂行使用与作战任务的装备完好数与实有数的比值,通常用百分数表示,主要用以衡量装备作战单元的技术现状和管理水平,以及装备作战单元对作战、训练、执勤的可能保障程度。

$$作战单元装备完好率 = \frac{作战单元完好装备数(R)}{作战单元装备总数(M)} \times 100\%$$

④ 任务可靠度。任务可靠度是装备作战单元在规定任务执行过程中,在规定的任务剖面中完成规定功能的能力的概率度量,一般适用于运行过程中不进行维修的情况。在任务剖面中,任务可靠性模型可以用任务可靠性框图表示出来,任务可靠性框图中的逻辑关系可能有串联、并联、混联、冷储备系统、表决系统及其组合等。

⑤ 可信度。可信度(D)是可信性的概率度量。可信性表示装备作战单元在任务开始时可用性给定的情况下,在规定的任务剖面中的任一随机时刻,能够使用且能完成规定功能的能力,若任务期间不允许维修时,可信度相当于任务可靠度。影响可信度的因素较多,关系复杂,目前还没有相应的公式能够推算,通常采用仿真的方法进行计算。

⑥ 任务效能。任务效能是指装备作战单元在规定的条件下达到规定任务目标的能力,是能够达到给定任务目标程度的概率度量。通常认为,只要装备作战单元处于可用状态,就一定能够执行相应的任务,所以仅考虑装备故障以及排除故障对任务能力的影响。一般是装备使用可用度与任务可信度综合计算。

⑦ 任务成功概率。任务成功概率是任务持续性的概率度量,反映装备作战单元完成特定任务的能力,是装备作战单元任务成功完成次数和任务执行总次数的比值,通常用百分数来表示,即

$$任务成功概率 = \frac{任务成功完成次数}{任务执行总次数} \times 100\%$$

以上这些表征战备完好性与任务持续性的参数分别涉及作战任务的起止时间、成功判据等任务要求参数,保障对象的可靠性、维修性、保障性等特性参数以及保障系统的保障能力与各种保障资源等参数,因此,战备完好性与任务持续性参数涉及任务系统、保障对象系统和保障系统各个层次的参数体系,能够作为综合参数予以提出。

(2) 保障能力评估综合参数选取。

根据前文确立的指标选取原则,所选取的评估参数应该是能够系统、全面地反映装备保障各方面特性,具有较强的实际可操作性,同时指标应该能够很好地满足完备性、可扩展性的原则。下面基于以上原则对本书选用的评估综合参数进行分析选取。

装备作战单元仿真过程中,要想求得某一时刻装备作战单元的装备完好率,只需统计装备作战单元编成内装备总数,以及在该时刻装备作战单元内完好装备的数量即可。该参数获取过程较为容易,能够客观反映装备作战单元内装备完好的情况,所以确定装备完好率作为本书选用的装备保障能力仿真评估的综合参数之一。

在计算使用可用度过程中,使用的数据可以通过日常的使用记录获得。同时,使用可用度也是目前我军装备保障领域战备完好性评估使用最为广泛的一个评估指标。所以,确定使用可用度作为本书选用的装备保障能力仿真评估的综合参数之一。

由于装备作战单元由数个含有多种不同装备的基本作战单元组成,在作战任务的不同阶段对装备性能的要求也不相同。例如,在行军阶段只需装备的行军部分保持正常即可,对其他部分没有要求;在射击阶段只需要火控、火力和搜索系统正常即可,对行军部分没有要求。装备作战单元在执行任务前不发生故障概率的描述方法非常复杂,所以在实际计算过程中,一般不采用战备完好率作为装备作战单元战备完好性的评估指标。

任务可靠度、任务可信度和任务效能三者密切相关,均存在数学模型建立比较复杂、不易获取的问题,所以一般不选取作为仿真评估的综合参数。

任务成功概率是反映装备作战单元系统执行任务能力的任务持续性指标,在仿真过程中,只需要统计任务成功的次数和总的任务运行次数即可计算装备作战单元的任务成功概率。从作战部队的角度来说,最关心的就是执行任务能否成功,而任务成功概率直接反映了装备作战单元执行任务成功的概率情况,任务成功概率也是作战部队最关心的指标之一,所以确定任务成功概率作为本书装备作战单元装备保障能力评估的综合参数之一。

基于以上分析,本章选择反映战备完好性的装备作战单元装备完好率,装备作战单元使用可用度和反映装备作战单元任务持续性的任务成功概率,作为装备作战单元装备保障仿真评估的综合参数。

(3)"三个系统"参数分析。

装备作战单元执行任务过程中,需要任务系统、保障对象系统和保障系统(简称"三个系统")密切配合,缺一不可。在装备作战单元保障仿真评估过程中,评估综合参数的获得需要"三个系统"的参数作为计算的基础。下面分别介绍这三个系统相关的参数。

① 任务系统参数。任务系统对装备保障能力的影响通常体现在对保障的要求和保障活动实施环境、战斗损伤和战斗物资消耗方面,在保障能力评估过程中,任务系统的参数作为输入参数出现。这里从任务执行主体对装备质量的要求和任务执行时间、区域、任务量、任务环境,以及造成的战斗损伤、弹药消耗等几个方面对任务系统参数进行分类,分类结果如表4-13所列。

表4-13 任务系统参数描述

参数类型	具体参数名称	说明
执行主体名称	装备作战单元名称	执行任务的装备作战单元的名称
装备质量要求	装备完好(在航、出动、参战)要求	任务开始时或任务期间要求装备作战单元必须达到的装备完好(在航、出动、参战)数量要求
任务时间	任务开始时间 任务结束时间	任务开始的日历时间 任务结束的日历时间
战斗损伤参数	任务期间发生战损次数	装备作战单元在执行任务期间,受对方打击造成的战斗损伤次数
	装备作战单元战损比例	装备作战单元发生一次战损后,装备损坏数量占编制数量的百分比
	轻损比例	装备作战单元发生一次战损后,装备轻损数量占损坏数量的百分比
	中损比例	装备作战单元发生一次战损后,装备中损数量占损坏数量的百分比
	重损比例	装备作战单元发生一次战损后,装备重损数量占损坏数量的百分比

续表

参数类型	具体参数名称	说　　明
战斗损伤参数	报废比例	装备作战单元发生一次战损后,装备报废数量占损坏数量的百分比
弹药消耗参数	弹药消耗种类和数量	任务期间装备作战单元需要发射的弹药种类及其数量
任务量	广义工作时间	任务期间装备作战单元的工作时间,可以用储存时间、连续开机时间、行驶里程等不同的寿命单位表示
	转换系数	由广义工作时间转换到日历工作时间的转换系数
任务环境	温度、湿度、路况、风力、腐蚀程度等	装备作战单元任务区域的地理和自然环境

需要说明的是,任务系统参数一般适合装备基本作战单元、装备作战单元以及装备体系等评估对象的任务描述,其中装备作战单元还要特别考虑弹药消耗参数和战斗损伤参数。同时,根据装备所处的状态,任务参数的选取略有不同。例如,弹药消耗参数和战斗损伤参数一般只在作战或演习状态才予以考虑,而在日常或任务转换时由于装备并未参加战斗所以不予考虑。其他对于任务状态的描述性参数的选取,各个层次的评估对象、状态基本一致。

② 保障对象系统参数。保障对象参数一般认为属于设计性参数,它体现了装备内在的特性。这类参数反映装备自身接受保障或易于保障的能力,一旦装备定型,设计参数也就达到了相对稳定,对于保障对象系统参数的选取,主要收集保障对象系统同装备保障能力有关的参数,如装备的可靠性、维修性参数,而对保障对象的战斗性能等参数不予考虑,这里从保障对象规模、可靠性、维修性、系统内装备可靠性关系等方面进行选取,详细参数的描述如表 4-14 所列,需要明确的是系统内装备可靠性关系是为计算装备作战单元的可靠度而设置的,它是装备系统内部各个装备的逻辑关系的描述,装备间的逻辑关系根据任务的不同而有所差异。

表 4-14　保障对象系统参数选取

使用时域	装　　备	装备作战单元/装备基本作战单元
作战或演习任务状态	(1) 任务可靠度; (2) 任务维修度; (3) 不工作可靠度; (4) 严重故障平均时间间隔(MTBCF); (5) MTTRF; (6) MTBF; (7) 恢复功能的任务时间; (8) 战斗工作可靠度	装备种类和数量 (1) 任务可靠度; (2) 任务维修度; (3) MTBCF; (4) MTTRF; (5) 各装备在任务中的可靠性关系

从参数体系的框架中可知,保障对象系统通常由4个层次构成,即单装、装备基本作战单元、装备作战单元和装备体系,各个层次在参数选取上基本一致,但是同一个参数在不同层次所代表的含义以及计算方法可能不同。例如,可靠度、维修度一般认为是单一装备设计属性,而如果针对装备作战单元,其可靠度和维修度的含义就有较大的差别,因此引用了系统内装备可靠性关系的说明。

另外,保障对象在日常任务状态和作战、演习状态所需用的参数略有不同,在作战、演习状态更多地考虑装备的致命性故障,如果装备损坏对于当前任务没有影响,则一般不予以修理,如必须修理,也应考虑装备的战场抢修所体现的能力等。根据本书研究的内容,这里仅给出作战任务下保障对象系统的相关参数及其描述,如表4-14和表4-15所列。

表4-15 保障对象系统参数描述

参 数 名 称	参 数 描 述
装备种类和数量	各类武器装备的种类和数量
平均故障间隔时间(MTBF)	在规定的条件下和规定的时间内,产品的寿命单位总数与故障总次数之比
平均维修间隔时间(MTBM)	在规定的条件下和规定的时间内,产品寿命单位总数与该产品计划维修和非计划维修时间总数之比
严重故障平均间隔时间(MTBCF)	在规定的一系列任务剖面中,产品任务总时间与严重故障总数之比,也称致命性故障间隔时间
不工作可靠度:储存可靠度、装载可靠度等	在规定的不工作条件和时间内,产品保持规定功能的概率
平均修复时间(MTTR)	产品在任意规定的维修级别上,修复性维修总时间与该级别上被修复产品的故障总数之比
平均维修时间	产品的预防性维修和修复性维修总时间与产品计划维修和非计划维修事件总数之比
恢复功能的任务时间(MTTRF)	在规定的任务剖面和规定的维修条件下,装备严重故障的总修复性维修时间与严重故障总数之比
平均直接维修工时(DMMH)	在规定的条件和时间内,产品的直接维修工时与该产品的维修事件总数之比
装备间的可靠性关系	装备作战单元中各装备间存在的逻辑关系

③ 保障系统参数。作为装备保障活动的主体力量,保障系统能力的建设直接影响整个装备作战单元能力的保障能力的发展,选取的装备保障系统参数,应当能对整个保障系统的配置建设、保障实践、能力考察等方面起宏观指导作用。这类参数是属于保障系统自身所属较高层次的参数,一般能够涉及保障系统自身的各个方面,这里从保障规模、任务完成情况以及保障服务时间三方面来理解保障系统能力参数。

a. 保障规模是指保障系统在从事保障活动时,运用的一系列保障资料,诸如人员、器材、设备、技术资料等在数量、种类、质量上的度量。保障规模的建设就是保障系统保障资料的建设,它的好坏直接影响保障活动能否顺利进行,进而影响对整个装备作战单元的战备完好和任务持续性,因此,保障规模作为保障系统的综合参数,是整个保障计划的制定、保障方案实施的基础要素。

b. 任务完成情况是评估保障系统是否运转顺利、保障系统是否有效的核心参数,任务完成情况的好坏实际上涉及保障力量的规模、保障时间和资源的使用等诸多方面,无论在日常状态还是在作战任务状态,任务完成情况都能客观反映整个保障系统对所属工作的执行能力。

c. 保障服务时间是指保障系统完成某项保障任务所需花费的时间,是评估保障系统是否及时的重要度量,保障服务时间对保障资源满足平时战备完好和战时使用要求程度的通用参数,保障服务时间也包括由于设备不适用、人员技术能力不合格、材料不配套、指挥管理失误而造成的延误时间。

以上从三个方面描述装备保障系统的能力,一般认为保障规模用于评估整个保障系统的固有能力,是相对"静态"的参数,无论是日常建设还是作战演习,保障规模都应当作为方案制定、任务落实的基础性参数。而任务完成情况适合于评估保障系统的总体执行任务的能力,保障系统能力大小是完成保障任务的关键。保障服务时间主要评估对时间有严格要求的保障任务,体现保障系统的处理保障任务是否及时的能力,如在战场中,保障服务时间直接关系装备能否快速恢复、装备能否迅速部署、作战行动能否按计划顺利实施等。这里将三个方面所涉及的具体评估参数列于表 4-16。

表 4-16 保障系统能力参数

参数类型	具 体 参 数	说 明
保障规模	修理班组有效规模(单位:人、班组数、工时、组时) 器材有效规模(单位:t) 弹药有效规模(单位:t) 运输有效规模(单位:t)	可用的有效资源数量
任务完成情况	维修任务完成率 弹药供应任务完成率 器材供应任务完成率 部署任务完成率	
保障服务时间	平均维修服务时间 平均弹药补充时间	

2) 装备保障方案有效性评估体系确定

根据上一节分析,即可确定装备保障方案有效性评估体系分为综合保障能力参数和三个系统的参数,如图 4-11 所示。

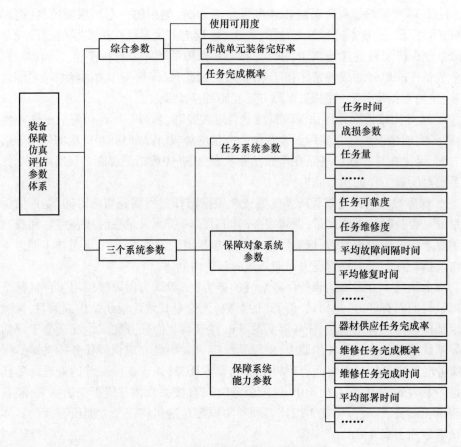

图 4-11 装备保障仿真评估参数体系

2. 方法的适用性分析

对装备保障方案有效性评估而言,最好的方法是定量仿真方法,利用仿真方法与手段可以很好地呈现保障方案在实施过程中的运行状态,暴露可能存在的问题。对于仿真机理而言,有离散型系统仿真和连续性系统仿真。对于仿真手段而言,目前比较流行的有 BP 神经网络仿真、Petri 网络仿真、分布交互式仿真和高层体系结构(High Level Architecture,HLA)仿真等。这里重点对 HLA 仿真进行介绍。

建模与仿真 HLA 定义了一个通用的技术框架,在这个技术框架下,可以接受现有的各类仿真过程的共同加入,并实现彼此的互操作。每一个描述了一定功能的仿真过程称为 HLA 的一个联邦成员(Federate),为实现某种特定的仿真目的而进行交互作用的若干联邦成员的集合,称为联邦(Federation),整个运行过程称为联邦运行(Federation Execution)。在 HLA 框架下,联邦成员通过运行时间支撑系统(RTI)构成一个开放性的分布式仿真系统,整个系统具有可扩充性。其中,联邦成员可以是真实实体系统、构造或虚拟仿真系统以及一些辅助性的仿真应用。在联邦的运行阶段,这些成员之间的数据交换必须通过 RTI。

装备保障系统主体上属于离散系统,所以采用的仿真机制一般是离散仿真机制。当对装备保障系统的研究问题较为简单的话,一般可采用集中式仿真方式,采用 Petri 网等仿真工具。当对装备保障系统的研究问题较为复杂,一般可采用分布式仿真方式,如分布式交互式仿真(DIS)或 HLA。在此处,拟采用基于 HLA 的装备保障系统仿真评估方法。

3. 装备保障方案有效性参数的仿真计算方法

对装备作战单元的装备完好率、使用可用度和任务成功概率进行评估计算,首先要有适合的仿真方法对装备作战单元任务中的装备保障过程进行描述。其次,建立装备作战单元装备保障仿真模型。通过对装备保障行动仿真过程中产生的相关数据进行收集计算,即可完成对装备作战单元保障能力的评估。

下面,在明确参数获取过程的基础上,给出装备作战单元的装备完好率、使用可用度和任务成功概率仿真评估方法。

1) 使用可用度仿真计算方法

这里假设以旅装备作战单元保障能力为研究对象进行评估,则由于旅装备作战单元中通常包含若干个营级的装备基本作战单元,所以各种评估参数也是有层次的。

首先分析一下装备基本作战单元使用可用度计算公式中的各项参数。MTBF 是指装备基本作战单元平均故障间隔时间,即为各营产生影响执行任务的致命故障的平均间隔时间。$\bar{D}$ 是平均不能工作时间,这里即为平均保障延误时间 (MLDT),是装备故障平均维修时间 $\bar{M}$,平均保障延误时间 $\bar{T}_{ld}$ 和平均管理延误时间 $\bar{T}_{ad}$ 之和。其中,平均维修时间 $\bar{M}$ 是指实施修复性维修工作所用的平均时间,它反映了有关 R&M 设计特性(如故障率、平均修复时间)。平均保障延误时间 $\bar{T}_{ld}$ 和平均管理延误时间 $\bar{T}_{ad}$ 主要反映了装备保障系统的组成要素(如保障体制、管理和资源)对装备保障性的影响。造成保障延误的原因有多种。例如,申请备件延误时间,是由于等待获取备件或备件不足造成的供应保障延误时间;人员延误时间,是由于缺乏维修人员延误维修的时间;设备延误时间是由于缺少测试设备、维修设备与工具(或设备不匹配、设备完好率较低)等造成的装备不能工作时间;技术资料延误时间,是由于缺少技术资料或技术资料不适用(不能满足维修人员训练需要)造成的装备不能工作时间;运输延误时间,由于送修装备等待运输造成的延误时间;维修设施延误时间,是由于缺少所需的维修设施(或设施不匹配),使得维修能力有限造成等待维修的时间等。管理延误时间是指由于行政管理性质方面的原因造成装备延误不能工作的时间。其具体原因也是多方面的,如由于申报、批准装备维修计划造成的行政管理延误时间;由于计划不周或管理不善造成装备不能工作的时间;由于维修机构、人员配备不合理造成装备维修延误的时间等。

在装备作战单元仿真中,装备作战单元按照作战任务依次加入仿真联邦开始运行,然后根据故障分布规律产生故障,此时可统计得到装备作战单元已正常工作的时间;故障装备进入装备保障成员进行维修直至维修完毕恢复正常使用状态,此时可统计得到装备作战单元的不可工作时间,按照定义,不可工作时间包括维修时间和延误时间等;装备恢复使用状态后,装备基本作战单元在任务时间内继续运行,继续统计装备基本作战单元可工作时间,按照上述过程依次循环收集数据,即可得到营装备基本作战单元的使用可用度参数,如图4-12所示。

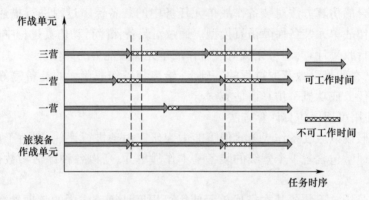

图4-12 旅装备作战单元使用可用度的运行机理

按照装备作战单元作战任务的层次关系,旅担负的作战任务可分解为营担负的基本作战任务,所以,旅的使用可用度计算的基础是各营装备的使用情况,假设某一时刻旅装备作战单元内2/3的营处于可工作状态,则表示该旅处于可工作状态。旅装备作战单元使用可用度的计算可以用图4-13表示。在任务过程中,依次收集各营装备作战单元可以工作的开始时间和结束时间,通过汇总分析即可得到旅装备作战单元的可工作时间和不可工作时间,从而对旅装备作战单元的使用可用度进行计算。

根据使用可用度的公式可知,要计算装备基本作战单元的使用可用度,首先需要统计装备基本作战单元的可工作时间和不可工作时间。对于装备基本作战单元中不可修系统来说,装备损坏后,即表示任务失败,此时可工作时间为仿真开始到故障产生的时间,剩余时间为不可工作时间。下面以可修系统为例给出装备基本作战单元使用可用度仿真流程。

在仿真流程中,维修过程模块实际上包含故障装备从产生故障到恢复使用状态返回装备基本作战单元继续作战任务的全过程,包括维修等待时间、维修时间、

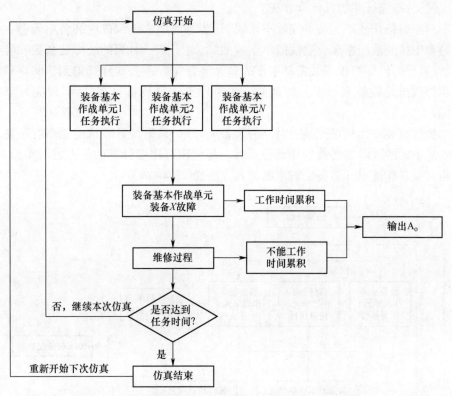

图 4-13 基本任务下装备作战单元使用可用度仿真流程

运输时间等。

在装备基本作战单元任务中,大多数都是复杂任务。根据装备基本作战单元复杂任务和基本任务关系的剖析,可以认为装备基本作战单元复杂任务下完好性的仿真方法,即通过对基本任务下的装备基本作战单元完好性仿真过程的循环调用。

装备基本作战单元复杂任务使用可用度仿真与基本任务下的使用可用度仿真的不同之处在于:复杂任务包含若干个顺序执行的基本任务,只是在循环调用过程中需要考虑包括任务成功与否及各基本任务之间能否顺利转换等问题的判定。

如果仿真过程中能够分别统计出整个复杂任务仿真过程中的每一个基本任务的能工作时间与不能工作时间,分别记为 T_{Yi} 和 T_{Ni}（i 代表复杂任务中第 i 个基本任务）,那么有

$$复杂任务下的基本作战单元使用可用度 = \frac{\sum_i T_{Yi}}{\sum_i (T_{Yi} + T_{Ni})}$$

2) 装备完好率仿真计算方法

对于装备作战单元装备完好率来说,营装备使用成员编成内装备单元会在仿真过程中按照战损率和自然故障率生成故障,对于某一时刻的故障装备数和装备总数进行统计,即可根据装备基本作战单元装备完好率公式计算得到该时刻装备基本作战单元装备完好率。类似的方法可用于计算装备日完好率、周完好率等指标。

要计算装备作战单元某一时刻的装备完好率,只需统计在该时刻所有装备基本作战单元的故障装备数量和装备总数。与使用可用度计算的仿真方法类似,可以得到装备作战单元装备完好率的仿真方法,如图4-14所示。

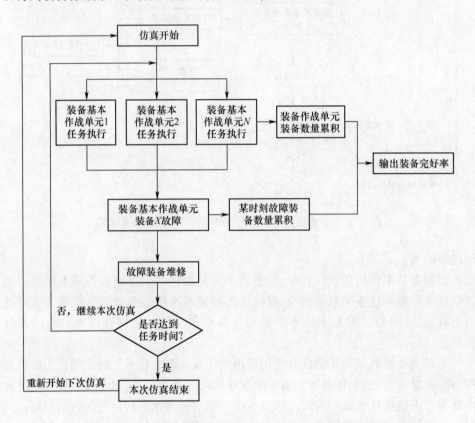

图4-14 装备作战单元装备完好率仿真流程

3) 任务成功概率仿真计算方法

根据装备作战单元任务成功概率计算公式可知,仿真开始后,对装备作战单元的执行任务过程进行仿真,每运行一次仿真过程均会有一个任务成功或失败的输出结果,仿真评估成员向装备作战单元成员订购这些成功或失败的次数,同时订购仿真运行的总次数即可求得装备作战单元的任务成功概率。

由于装备作战单元的任务具有层次性,所以,旅级装备作战单元在实际作战中担负的作战任务可分解为各营担负的装备基本作战任务。假设在作战任务分解中,各营担负任务的重要性相同,旅装备作战单元编成内 2/3 的营作战任务成功,则表示旅的作战任务成功。所以,每次仿真结束后,记录每个营的任务完成情况即可判断本次仿真旅的任务是否完成,仿真评估成员通过收集每次仿真各营任务完成情况,可以完成对旅本次仿真是否成功的判断,完成判断后对数据结果进行记录,最终即可通过记录的任务成功的次数和仿真运行的总次数对旅的任务成功概率进行计算。

根据装备作战单元完成任务的流程以及装备作战单元任务完成概率公式,基本任务下装备作战单元任务完成概率的仿真流程如图 4-15 所示。

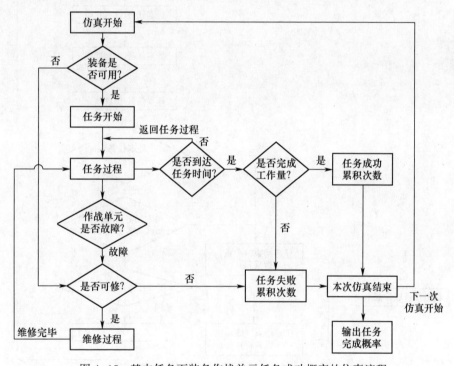

图 4-15 基本任务下装备作战单元任务成功概率的仿真流程

在仿真开始前,在仿真前端根据作战单元中基本任务涉及的装备功能系统的历史故障与维修记录,分析给出其可用度,也即在该基本任务开始时刻装备作战单元可以工作的概率 P。仿真开始后,首先根据 P 确定的概率随机确定装备作战单元是开始执行任务还是因不可用而进行维修。对于开始时不可用或任务开始后故障的情况,如果装备单元可修,则进入维修过程,修复后继续工作,否则直接判定基本任务失败，结束本次仿真。在任务过程中，仿真模型同时进行任务时间的控制，达到任务时间约束的要求时即终止本次仿真，进行任务量检查并转入下次仿真。经过多次仿真可得到装备作战单元完成该基本任务的任务完成概率。

对复杂任务装备作战单元的任务完成概率的仿真，仍然可以通过循环调用基本任务下的装备作战单元任务完成概率仿真过程的方法来实现。

下面讨论复杂任务下装备作战单元任务完成概率的仿真流程，如图4-16所示。

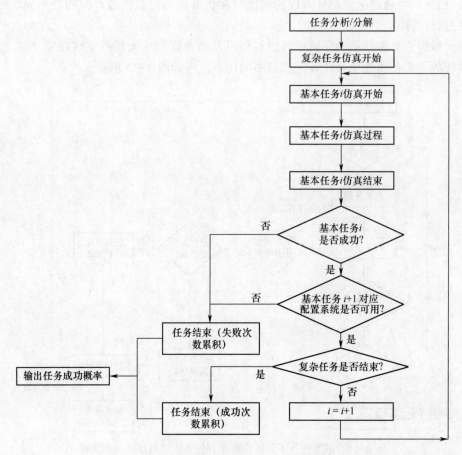

图4-16 复杂任务下装备作战单元任务完成概率的仿真流程

在复杂任务下装备作战单元任务完成概率的仿真中，需要考虑阶段之间的相关性，即基本任务之间转换概率的问题：在基本任务成功完成之后，如果能够顺利转换为下一个基本任务，则任务继续；否则，整个任务失败。所以，在复杂任务仿真过程中，造成任务失败有两种情况：某基本任务失败和基本任务间转换失败。而任务的成功则需要各个基本任务顺次成功完成。

4. 基于 HLA 的装备保障仿真联邦结构

装备保障仿真联邦是一个在虚拟环境下对装备作战单元在执行任务时的装备保障过程模拟的仿真演示平台,装备保障仿真评估是装备保障仿真联邦中仿真评估成员的功能。装备保障仿真联邦的结构是在对装备保障系统中的作战任务模型、保障对象系统模型和保障系统模型的运行及交互进行详细分析的基础上确定的,联邦由不同的联邦成员组成,充分考虑仿真的功能性,从仿真需求出发,采用面向对象分析技术和模块化思想把真实系统及其运行过程抽象化、条理化和模块化,选取功能上相对独立、承担着主要仿真任务或具有独立行为能力的实体作为联邦成员。装备保障仿真联邦中既可以由真实系统中的实体单元构成,如装备使用类成员等;也可以由具有管理和协调控制能力的某类功能的抽象模型构成,如导调成员;还可以由便于仿真系统控制和显示的模型构成,如仿真管理成员、仿真显示成员、数据收集成员等。各个成员利用仿真联邦的 RTI 进行交互操作和数据传递。

整个联邦应能完整地反映装备作战单元装备保障过程模型,联邦成员之间通过发布/反射对象属性,发送/接收交互类实例来进行。按照 HLA 的规范,可以把联邦成员划分为保障业务类成员和仿真监控类成员两大类。其中,保障业务类成员主要包括维修力量类成员、器材保障力量类成员、保障指挥机构类成员、装备使用单元类成员等;仿真监控类成员主要包括仿真管理成员、想定管理成员、导调成员、数据记录成员、仿真显示成员和仿真评估成员等。相关联邦成员的内部反映了作战任务系统、保障对象系统和保障系统中的部分模型,其结构如图 4-17 所示。

装备保障仿真联邦中主要成员担负的功能如下。

(1) 仿真管理成员:对仿真运行过程进行实时管理和控制,协调仿真对象,确定仿真开始与结束时间,运行过程中调整时钟变化,根据仿真想定选择加入联邦的联邦成员,并控制成员的加入、退出以及仿真运行的跳时、暂停、继续与结束。

(2) 想定管理成员:设定仿真层次;设置装备保障仿真的初始态势,包括保障对象的编成、部署与上下层之间的关系,装备指挥机构的编成、部署与上下层之间的关系,保障力量的编成、部署与上下层之间的关系;建立作战任务体系,并为每个保障对象分配作战任务。使装备作战单元的作战任务和组织结构在该联邦成员中得以实现。

(3) 导调成员:在仿真运行过程中实时传输导调信息与命令,修改仿真实体的模型参数,对仿真过程进行干预。

(4) 保障指挥机构成员:对保障资源分配进行初始化,即根据各下级装备作战单元的任务为其分配保障资源,配置维修分队;统计各项装备保障数据。保障系统中的部分内容在该联邦成员中实现。

(5) 仿真评估成员:收集评估数据,最终评估装备作战单元的使用可用度、装

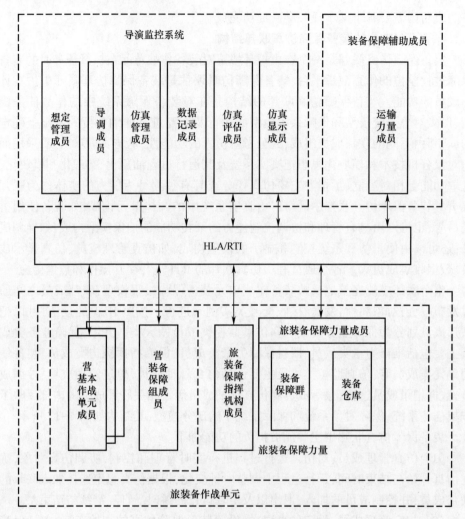

图 4-17 装备保障仿真联邦结构

备完好率与任务成功概率;根据参数的计算结果评估装备保障方案的优劣。

(6) 装备使用类成员,即装备作战单元成员:模拟装备作战单元的任务执行过程以及在执行任务的过程中所经历的故障事件和维修事件,并将其反映到导调成员和相应保障业务类成员。装备作战单元成员一般是一个独立的仿真系统,它可以仿真出本单元运行过程中的性能参数和装备故障,并向其他联邦成员发送其需要的信息。保障对象模型和装备保障过程的部分内容在该联邦成员中实现。

5. 基于 HLA 的装备保障仿真评估运行流程

装备保障仿真联邦开始运行后,各个联邦成员启动并加入联邦,向仿真管理成员发送加入成功的交互,然后等待命令;想定管理成员根据想定方案,设置仿真初始态势,将作战任务分解至并向仿真管理成员通知初始化设置完毕;仿真管理成员向顶层装备指挥机构发出初始化设置完毕的命令,顶层装备指挥机构收到初始化设置完毕的命令后,从指定数据文件中读取装备保障想定,并根据需要调整保障计划,调整完毕后向仿真管理成员通知保障计划调整完毕;仿真管理成员收到保障计划调整完毕的交互后,向其他联邦成员发送仿真初始化的命令;其他联邦成员收到仿真初始化命令后,从指定的数据文件中读取相关的初始化想定数据,初始化完毕后向仿真管理成员发送初始化完毕的交互;仿真管理成员确定所有成员都完成初始化后,设置仿真时间,向各个联邦成员发送开始仿真的命令。仿真初始化的运行过程如图 4-18 所示。

接到开始仿真的命令后,装备作战单元成员根据编成以及分配的作战任务,不断产生自然故障、战场损伤以及预防性维修请求;首先由自身保障力量成员对其进行保障,若超出自身保障力量的能力,则向装备指挥机构上报情况;装备指挥机构根据上级保障力量的情况对下级保障力量进行支援;当达到计划的备件补充时机或备件数量低于标准量时,装备保障力量向装备指挥机构请求补充备件,装备指挥机构根据上级保障力量的情况对下级装备保障力量进行备件补充。

当到达作战任务结束时间时,仿真管理成员向其他联邦成员发送结束命令;并判断全部仿真是否结束,若仿真次数到达预定次数,则全部仿真结束,否则仿真管理成员再次向其他联邦成员发送开始仿真的命令;仿真评估成员根据仿真数据进行评估,给出评估结果。如图 4-19 所示。

6. 示例分析

1) 任务想定

某防空旅由导弹一、二、三营,高炮四、五、六营以及直属营、修理营组成。在一次演习中,该旅导弹分队承担集团军指挥所的防空支援任务,要求 9 月 11 日 18 时前进入阵地,9 月 21 日 18 时结束任务。接到上级命令后,该旅派出导弹一营,导弹二营,导弹三营以执行作战任务,导弹一营于 9 月 11 日 8 时由驻地出发,使用 10 号公路以公路行军方式机动至军指挥所附近展开防守,抗击来袭之空中目标,保卫军指挥所的安全。导弹二营、导弹三营于 9 月 11 日 9 时由驻地出发,使用 11 号公路以公路行军方式机动至军指挥所附近展开防守,抗击来袭之空中目标,保卫军指挥所的安全。同时,旅装备部决定,由修理营派出部分人员与导弹营自身保障人员携带部分备件和保障装备组成三个营装备保障组,分别伴随导弹一、二、三营机动,执行伴随保障任务。旅修理营组成装备保障群配置于相应地域,为部队提供维修保障支援。

2) 任务分析与描述

该旅导弹营装备的导弹武器系统是针对低空和超低空的空中目标而设计的防空装备作战单元。它能够自主全天候高性能工作,并且能够在行进间完成跟踪和

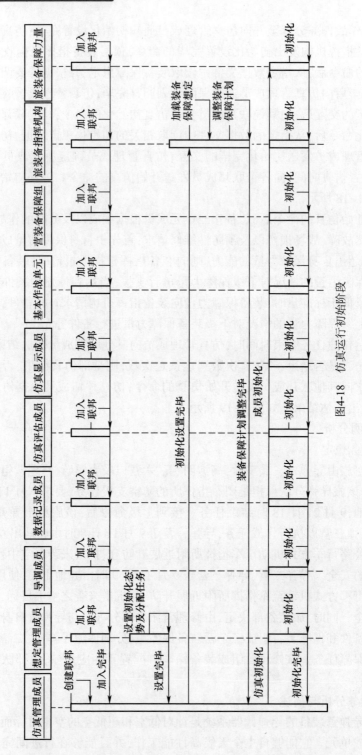

图4-18 仿真运行初始阶段

第4章 无人机系统综合保障方案评估

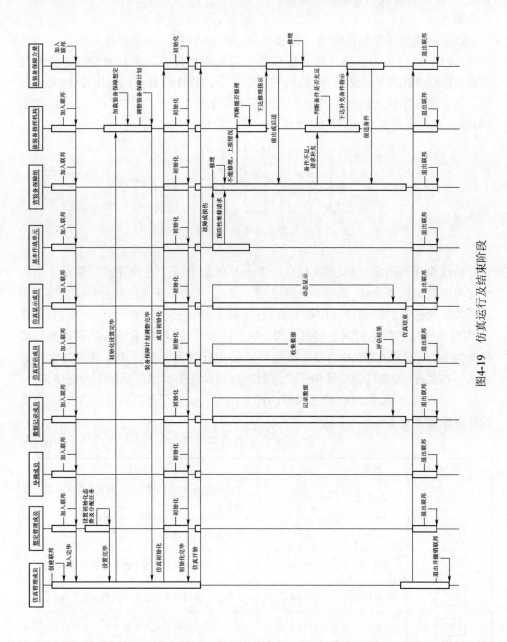

图4-19 仿真运行及结束阶段

射击。在历年的打靶和演习任务中,该旅积累了大量的使用和装备保障数据。

该旅是弹炮合一的防空装备作战单元,由导弹一~三营和高炮四~六营以及直属营、修理营构成。导弹武器系统以营为装备作战单元,每营含一个导弹连和一个保障连。

该旅的典型任务包括作战任务和训练(演习)任务。本例以该旅装备作战单元训练(演习)任务为基础进行分析和仿真。重要目标的防护和对空火力拦截是该旅在作战中担负的主要任务,同时它也是一个过程比较复杂的使用任务,可以分解为一系列顺序执行的基本任务,并最终简化为图4-20所示的行军、展开、搜索(射击)、撤收4个顺序执行的基本任务。

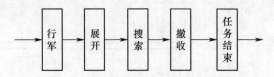

图4-20 装备作战单元任务简化分解

由该旅任务想定可知,本次任务由3个导弹营分4个阶段完成。假设3个营中有两个营的任务成功,则旅的任务成功。因此,三个营任务之间是并行表决的关系。各阶段任务的成功性可作如下假设:在行军阶段任务持续时间为3h,只要在3h内发生致命故障的时间不超过0.5h,就算任务成功;在搜索任务阶段任务持续时间为240h,只要在240h内发生致命故障的累计时间不超过10h就算搜索任务成功。在展开、撤收任务阶段由于任务时间短以及任务要求的原因不考虑维修。

为了直观起见,采用IDEF3模型的任务描述方法对任务进行描述,IDEF3模型的任务描述图元如表4-17所列。

表4-17 交汇点的符号与类型

符号	名称	关系	描述
→	连接线	串行与	连接线起始点的任务结束后,连接线结束点的任务才能开始
&	异步与	并行与	交汇点前的所有子任务必须完成
O	异步或	并行或	交汇点前的所有子任务中的只要有一个完成即可
x	异或	串行并联	交汇点前的所有子任务中必须有一个完成
k/n	表决	并行表决	交汇点前的所有子任务中至少有 k 个完成

旅作战任务IDEF3模型如图4-21所示。

第4章 无人机系统综合保障方案评估

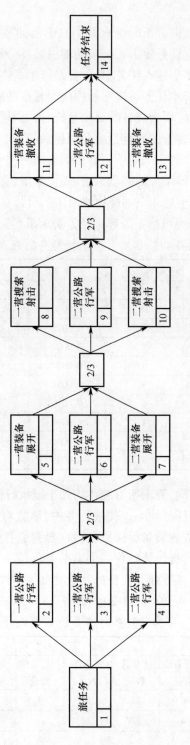

图4-21 旅作战任务IDEF3模型

3) 数据输入与分析

由于各营装备相同,在数据分析时选取其中一个营的数据即可。由导弹营担负的任务分析可知,本次防空任务要求每个营的参战装备分别完成公路行军、阵地展开、搜索射击和阵地撤收4个基本任务,其中公路行军基本任务对应功能模块为装备的底盘系统,阵地展开基本任务对应功能模块为装备的底盘系统和火控系统,搜索射击基本任务对应功能模块为装备的火控系统、火力系统和雷达系统,阵地撤收基本任务对应功能模块为装备的底盘系统和火控系统。

在数据采集过程中,将武器系统内所有装备的故障种类归纳整理,通过计算可以得到整个装备作战单元武器系统的底盘系统、火控系统、雷达系统和火力系统的可修系统部件的故障概率。上述4个功能模块对应的可修系统部件的相关参数如表4-18所列,其中 k 表示每类可修系统部件任务要求最小工作件数量。

表4-18 装备功能模块可修系统部件对应参数表

装备	编号	装机数量	故障率	修复率	k
底盘系统	01	18	0.0022	0.07	1
	02	18	0.0020	0.09	1
火控系统	03	4	0.0005	0.04	1
	04	4	0.0007	0.08	1
	05	4	0.0004	0.07	1
火力系统	06	4	0.0004	0.07	4
	07	4	0.0010	0.06	1
	08	4	0.0007	0.08	1
雷达系统	09	8	0.0008	0.15	1
	10	8	0.0005	0.12	1

在每个基本任务执行期间,要求所有装备均处于能执行任务状态,系统中所有可修部件均必须处于能执行任务状态。作战任务中,该旅将一个修理营部署在导弹营的后方,和装备仓库组成旅装备保障群负责向导弹营提供执行任务期间的保障支援。根据任务,为导弹营提供伴随保障的营装备保障组也会根据任务需求携行一定数量和种类的备件。各导弹营在任务开始时刻工作件数量、故障件数量、携行备件数量和相关数据如表4-19、表4-20所列。

表4-19 导弹营装备可修系统部件统计表

可修系统部件标号	导弹一营			导弹二营			导弹三营		
	工作件数量	故障件数量	携行备件数量	工作件数量	故障件数量	携行备件数量	工作件数量	故障件数量	携行备件数量
01	18	1	4	18	0	4	18	0	4
02	18	0	4	18	1	4	18	1	4

续表

可修系统部件标号	导弹一营			导弹二营			导弹三营		
	工作件数量	故障件数量	携行备件数量	工作件数量	故障件数量	携行备件数量	工作件数量	故障件数量	携行备件数量
03	4	0	1	4	1	1	4	1	1
04	4	0	1	4	0	1	4	0	1
05	4	0	1	4	0	1	4	0	1
06	4	1	2	4	0	2	4	0	2
07	4	0	2	4	0	2	4	0	2
08	4	0	1	4	1	1	4	1	1
09	8	0	1	8	0	1	8	0	1
10	8	0	1	8	0	1	8	0	1

表 4-20 装备作战单元任务相关数据表

基本任务	行军	展开	搜索	撤收
基本任务涉及的功能系统	底盘系统	底盘系统、火控系统	底盘系统、火控系统、火力系统、雷达系统	底盘系统、火控系统
任务时间/天	0.3	0.07	10	0.07
工作时间/天	0.25	0.0625	9.583	0.0625
是否允许修理	是	否	是	否
转入概率	0.9	0.85	0.82	0.78

其中,转入概率是指当本阶段任务成功结束后,以多大的概率转入下一阶段。对于第一个阶段来说,则表示任务开始时装备作战单元的完好率。

4) 装备保障仿真评估运行

装备保障仿真联邦各成员开发完毕后,仿真联邦按照各自功能加入联邦开始运行。首先运行 PRTI,然后各联邦成员初始化后加入联邦,进行任务描述,想定管理成员提取每个子任务的任务名称、执行单元、任务目标、任务起始时间等属性,生成 SendMission 交互类(表示导调成员向装备作战单元联邦成员下达带保障要求的作战任务),并将交互类发给所有作战单元联邦成员,作战单元联邦成员根据 SendMission 交互类的 Object 参数值确定哪些任务是自己的任务,根据 Type 参数(下达任务的类型)确定任务的类型。保障指挥机构成员根据导调成员的任务描述模型,对装备保障资源进行分配,生成 SendSupport 交互类(表示保障指挥机构成员向装备作战单元联邦成员分配保障资源),并将交互类发给所有的装备作战单元联邦成员,装备作战单元联邦成员根据 RecUnit 参数值(接收资源的装备作战单元 ID)和 SpareTake 参数值(携带备件数量)确定自己的备件携带量。随后,装备作战单元进入自己内部的仿真程序,当有故障事件或有维修事件发生时,与保障业务类联邦成员发生交互。在以上过程中,仿真评估成员向装备作战单元成员、保障指挥机构成员和其他保障业务类联邦成员等订购评估所需的信息,完成仿真评估。输出结果如图4-22所示。

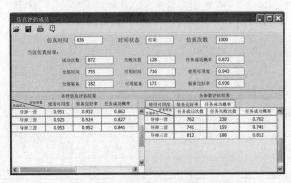

图4-22 仿真评估成员输出数据

在仿真过程中,采用了多次仿真的方法来获取最终结果,使数据更加准确可靠。

最终得到结果如下:

装备作战单元的使用可用度=0.943。

装备作战单元的装备完好率=0.936(为复杂任务结束时的完好率值)。

装备作战单元的任务成功概率=0.872。

以上结果中,装备作战单元的任务成功概率为0.872,明显高于装备基本作战单元的任务成功概率,考虑到仿真前针对旅任务成功定义的假设:三个营中有两个营任务成功,则旅的任务表示为成功。所以该结果也是合理的。

4.2.3 装备综合保障方案综合评估方法

1. 装备保障方案合理性评估体系构建

1) 装备保障方案合理性评估体系分析

装备保障方案合理性评估目标主要是用于评估装备机关拟制的装备保障方案的合理程度、适用程度,即现有装备保障能力和客观条件能否满足相应的需求。装备保障方案完整性反映的是要素的齐全,其顶层要素包括保障指挥、保障力量部署、维修保障、器材保障、弹药保障、运力保障、通信保障、防卫保障,装备保障方案合理性是在完整性基础上判断各要素是否合理,其顶层要素合理性关注的是:保障指挥渠道是否畅通,保障力量部署是否合理,维修保障、器材保障是否合理,弹药保障是否合理,运力保障是否充分,防卫保障是否得当,通信保障是否顺畅。由此,可以建立装备保障方案合理性的顶层评估体系,如图4-23所示。

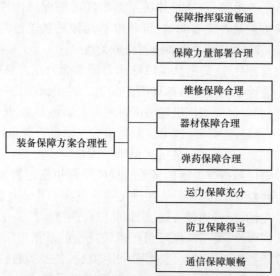

图 4-23 装备保障方案合理性的顶层评估体系

(1) 保障指挥要求评估体系。保障指挥评估时关注的是保障指挥渠道的畅通情况,评估保障指挥渠道是否畅通可从以下几个方面来分析:首先,要保证有完备明确的保障指挥关系,因为如果保障指挥关系不明或不完整,保障指挥渠道畅通就无从谈起;其次,从保障指挥机构的角度来看,要保证保障指挥渠道畅通,保障指挥机构必须能够保持高效率的运转,这和保障指挥机构编组的优劣直接相关。此外,保障指挥机构的设置地点应当隐蔽、安全,即便在遭受敌方攻击时,也要能够迅速反应,有效转移,及时恢复保障指挥机构的运行。

通过上述分析,结合保障指挥组成要素的考虑,建立起图 4-24 所示的保障指挥要求评估体系,包括保障指挥关系完备明确、保障指挥机构设置合理、保障指挥机构配置地点可行、保障指挥机构抗毁性以及保障指挥机构转移有效。

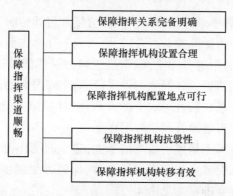

图 4-24 保障指挥要求评估体系

保障指挥关系完备明确，是从整体关系的角度考虑保障指挥渠道是否畅通。对于装备保障指挥关系是否完备明确，可从以下几种关系进行判断：直接指挥关系、指导与协调关系、协同支援关系和协商保障关系。

保障指挥机构设置合理，是指从保障指挥力量的能力是否与指挥任务的需要相匹配的角度考虑是否影响保障指挥渠道的畅通。对于保障指挥机构设置情况，可从以下角度进行判断：保障指挥机构编组方式是否满足要求，是否与现有的保障指挥能力相协调，以及装备保障指挥席位及数量的设置是否得当。

保障指挥机构配置地点可行，是指从保障指挥机构所处的环境是否安全便利的角度考虑是否影响保障指挥渠道的畅通。保障指挥机构配置地点是否可行，可从以下几方面进行判断：配置地域的大小满足指挥机构的开设要求，配置地域的隐蔽性以及地质的安全性，配置地域交通、水源的便利性等。

保障指挥机构抗毁性，是指从保障指挥机构安全以及受损后的再生能力的角度考虑是否影响保障指挥渠道的畅通。保障指挥机构的抗毁性，可从以下几方面进行判断：指挥机构各项功能的恢复再生能力、隐蔽手段等。

保障指挥机构转移有效，是指从保障指挥机构机动能力和安全的角度考虑是否影响保障指挥渠道的畅通。保障指挥转移是否有效，可从以下几方面进行判断：转移的方式、转移中的安全情况、转移后的展开时机。

保障指挥要求评估体系评判准则如图4-25所示。

保障指挥关系完备明确	保障指挥机构设置合理	保障指挥机构配置地点可行	保障指挥机构抗毁性	保障指挥机构转移有效
√直接指挥关系 √指导与协调关系 √协同支援关系 √协商保障关系	√保障指挥机构编组方式满足部队保障指挥要求 √保障指挥机构设置与现有保障指挥能力相协调 √席位（含数量）设置科学	√配置地点合适 √配置地域面积符合开设要求 √配置地域隐蔽 √配置地点地质安全 √配置地域交通便利 √配置地域水源充足	√主要功能（指挥、通信、情报等）的恢复能力 √其他功能恢复能力 √恢复后于指挥所的伪装情况	√转移方式（时机、路线和顺序）合理 √转移过程中的安全 √到达目的地后展开及时

图4-25 保障指挥要求评估体系评判准则

(2) 保障力量部署要求评估体系。保障力量部署评估时关注的是保障力量部署的合理性，评估保障力量部署是否合理，可从以下几个方面进行分析：首先，保证合理地将现有的保障力量进行编组，编组是保障力量部署是否合理的基础；其次，在编组的基础上，将编组后的各保障力量进行部署，部署后的保障力量必须利于对部队实施保障，这就要求在部署形式上的合理性，且保障力量部署的地域要安全、便利，使保障力量能够有效地开展保障工作。

通过分析，结合保障力量编组要素的考虑，建立起图4-26所示的保障力量编组要求评估体系，包括保障力量部署样式合理、保障力量编组样式合理、保障力量配置地域可行，具体评判准则参见图4-27。

保障力量部署样式合理，是指从具体的部署样式是否满足保障任务需要的角

第4章 无人机系统综合保障方案评估

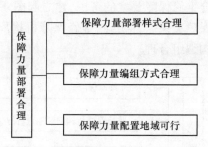

图 4-26 保障力量部署要求评估体系

保障力量部署样式合理	保障力量编组方式合理	保障力量配置地域可行
✓与作战部署样式相适应 ✓与现有的保障力量规模匹配 ✓利于保障力量之间的衔接 ✓充分考虑敌方的威胁程度 ✓战场自然地理条件良好	✓考虑部队作战行动与保障任务的需求 ✓考虑重点作战方向、兼顾一般作战方向 ✓照顾原有力量建制 ✓考虑专业对口与综合配套	✓配置地点合适 ✓配置地域面积符合开设要求 ✓配置地域隐蔽 ✓配置地点地质安全 ✓配置地域交通便利 ✓配置地域水源充足

图 4-27 保障力量部署要求评估体系评判准则

度考虑是否影响保障力量部署得合理。对于保障力量部署样式是否合理,可从以下几方面进行判断:与作战部署样式相适应,与现有的保障规模相匹配,利于保障力量之间的衔接,充分考虑敌方的威胁程度,以及战场自然地理条件良好。

保障力量编组方式合理,是指从各保障力量编组后的能力是否满足保障任务需求的角度考虑是否影响保障力量部署得合理。对于保障力量编组方式是否合理,可从以下几方面进行判断:考虑部队作战行动与保障任务的需要,考虑重点作战方向、兼顾一般作战方向,照顾原有力量建制,考虑专业对口与综合配套。

保障力量配置地域可行,是指从部署地域是否安全便利的角度考虑是否影响保障力量部署得合理,可从以下几方面进行判断:配置地点合适、配置地域面积符合开设要求、配置地域隐蔽、配置地域地质安全、配置地域交通便利、配置地域水源充足。

(3)维修保障要求评估体系。维修保障评估时关注的是维修保障的合理性,评估维修保障是否合理,可从以下几个方面进行分析:首先是要有完备明确的维修保障关系,这是开展装备维修保障工作的基础;其次从维修保障机构的角度来看,要保证维修保障的合理性,必须使维修保障机构能够高效地开展维修保障工作,这和维修保障机构的编组优劣以及配置地点的安全便利情况息息相关,此外,分配给维修保障机构的任务需在其保障能力之内。

通过上述分析，结合维修保障要素的考虑，建立起图 4-28 所示的维修保障要求评估体系，包括维修保障关系完备明确、维修保障机构配置地点可行、维修任务分工合理、维修保障机构编组合理。

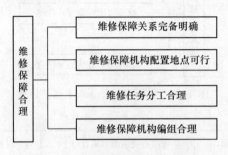

图 4-28　维修保障要求评估体系

维修保障关系完备明确，是指从整体的角度考虑是否影响维修保障的合理。对于维修保障关系是否完备明确，可从以下几种关系的完备明确性进行判断：本级隶属部队的维修保障关系，上级配属部队的维修保障关系，地方支援部队的维修保障关系，友邻单位支援部队的维修保障关系。

维修保障机构配置地点可行，是指从维修保障机构所处环境安全便利的角度考虑是否影响维修保障的合理。维修保障机构配置地点是否可行，可从以下几方面进行判断：配置地点合适、配置地域面积符合维修机构开设要求、配置地域隐蔽、配置地域地质安全、配置地域交通便利、配置地域水源充足。

维修任务分工合理，是指从维修保障任务分配是否科学的角度考虑是否影响维修保障的合理。维修任务分工是否合理，可从以下几方面进行判断：维修任务量预计科学、与现有维修能力匹配、与部队保障需求协调。

维修保障机构编组合理，是指从编组后的能力是否满足维修保障任务需求的角度考虑是否影响维修保障的合理。维修保障机构编组是否合理，可从以下几方面进行考虑：维修人员预计科学维修设备/工具预计科学维修机构能力符合维修任务分工需求，其评判准则如图 4-29 所示。

维修保障关系完备明确	维修保障机构配置地点可行	维修任务分工合理	维修保障机构编组合理
√本级隶属部队的维修保障 √上级配属部队的维修保障 √地方支援部队的维修保障 √友邻单位支援部队的维修保障	√配置地点合适 √配置地域面积符合开设要求 √配置地域隐蔽 √配置地点地质安全 √配置地域交通便利 √配置地域水源充足	√维修任务量预计科学 √与现有维修能力匹配 √与部队保障需求协调	√维修人员预计科学 √维修设备/工具预计科学 √维修机构能力符合维修任务分工需求

图 4-29　维修保障要求评估体系评判准则

(4) 器材保障要求评估体系。器材保障评估时关注的器材保障的合理性,评估器材保障是否合理,可从以下几个方面进行分析:首先必须有完备明确的器材保障关系,这是进行器材保障的基础;其次对于器材保障机构,能够高效地实施和开展器材保障工作,与器材机构的编组情况和配置地点安全便利情况是分不开的;最后器材保障任务要能够及时地完成,而这和器材的储备和补充情况是分不开的。

通过上述分析,结合器材保障组成要素的考虑,建立起图 4-30 所示的器材保障要求评估体系,包括器材保障关系完备明确、器材机构配置地点可行、器材保障机构编组合理、器材的储备与补充合适。

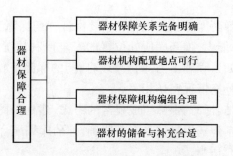

图 4-30 器材保障要求评估体系

器材保障关系完备明确,是指从整体的角度考虑是否影响器材保障的合理。对于器材保障关系是否完备明确,可从以下几种关系的完备明确性进行判断:本级隶属部队的器材保障关系,上级配属部队的器材保障关系,地方支援部队的器材保障关系,友邻单位支援部队的器材保障关系。

器材保障机构配置地点可行,是指从器材保障机构所处环境安全便利的角度考虑是否影响器材保障的合理。器材保障机构配置地点是否可行,可从以下几方面进行判断:配置样式可行,配置地点合适,配置地域面积符合维修机构开设要求,配置地域隐蔽,配置地域地质安全,配置地域交通便利,配置地域水源充足。

器材保障机构编组合理,是指从编组后的器材保障能力是否满足器材保障任务需求的角度考虑是否影响器材保障的合理。器材保障机构编组是否合理,可从以下几方面进行考虑:器材保障任务预计科学,器材保障人员专业、数量设置合理,设备/工具的种类、数量设置合理。

器材的储备与补充合适,是指从器材种类、数量是否满足器材保障任务需求的角度考虑是否影响器材保障的合理。器材储备与补充是否合适,可从以下几方面进行判断:器材需求量的预计科学,器材品种、数量的储备适当,器材的补充方式合理,如图 4-31 所示。

(5) 弹药保障要求评估体系。弹药保障评估时关注的是弹药保障的合理性,评估弹药保障是否合理,可从以下几个方面进行分析:首先必须有完备明确的弹药

器材保障关系完备明确	器材保障机构配置可行	器材保障机构编组合理	器材的储备与补充合适
√ 本级隶属部队的器材保障 √ 上级配属部队的器材保障 √ 地方支援部队的器材保障 √ 友邻单位支援部队的器材保障	√ 配置样式可行 √ 配置地点合适 √ 配置地域面积符合开设要求 √ 配置地域隐蔽 √ 配置地点地质安全 √ 配置地域交通便利 √ 配置地域水源充足	√ 器材保障任务预计科学 √ 器材保障人员专业、数量设置合理 √ 设备/工具的种类、数量设置合理	√ 器材需求量的预计科学 √ 器材品种、数量的储备适当 √ 器材的补充方式合理

图4-31 器材保障要求评估体系评判准则

保障关系,这是进行弹药保障的基础;其次,要保证弹药保障工作的高效实施,这与弹药库编配后的保障能力、弹药库所处位置的安全便利情况息息相关;最后,弹药本身是一种危险品,如果管理不当,则会影响弹药的保障工作,且弹药保障是否及时,与弹药的储备与补充情况密切相关。

通过上述分析,结合弹药保障组成要素的考虑,建立起图4-32所示的弹药保障要求评估体系,包括弹药保障关系完备明确、弹药库编配合理、弹药管理落实、弹药储备合理、弹药补充适当。

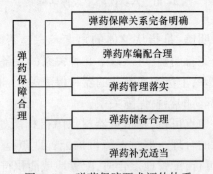

图4-32 弹药保障要求评估体系

弹药保障关系完备明确,是指从整体的角度考虑是否影响弹药保障的合理。对于弹药保障关系是否完备明确,可从以下几种关系完备明确性进行判断:本级隶属部队的弹药保障关系,上级配属部队的弹药保障关系,地方支援部队的弹药保障关系,友邻单位支援部队的弹药保障关系。

弹药库编配合理,是指从编配后的弹药保障能力以及弹药库位置安全便利的角度考虑是否影响弹药保障的合理。弹药库的编配是否合理,可从以下几方面进行考虑:弹药库保障人员/设备设置合理,配置地域隐蔽安全,配置地域交通便利,配置地域水源充足。

弹药库管理落实,是指从对弹药管理制度制定和执行情况的角度考虑是否影响弹药保障的合理。弹药库的管理落实情况，可从以下几方面进行考虑：弹药管理制度完善，弹药监控措施得当，弹药库条件设施符合规定。

弹药储备合理，是指从弹药种类、数量储备是否充足的角度考虑是否影响弹药保障的合理。弹药的储备是否合理，可从以下几方面进行考虑：弹药需求预计科学，现有弹药储备，加大弹药适当，加大弹药补充顺序合理，弹药消耗限额规定。

弹药补充适当，是指从弹药补充是否及时的角度考虑是否影响弹药保障的合理。弹药的补充是否适当，可从以下几方面进行考虑：弹药补充方式合理，弹药补充时机合适，弹药补充量考虑充分，如图4-33所示。

弹药保障关系完备明确	弹药库编配合理	弹药管理落实	弹药储备合理	弹药补充适当
✓本级隶属部队的弹药保障 ✓上级配属部队的弹药保障 ✓地方支援部队的弹药保障 ✓友邻单位支援部队的弹药保障	✓弹药库保障人员/设备设置合理 ✓配置地域隐蔽安全 ✓配置地域交通便利 ✓配置地域水源充足	✓弹药管理制度完善 ✓弹药监控措施得当 ✓弹药库条件设施符合规定	✓弹药需求预计科学 ✓现有弹药储备 ✓加大弹药适当 ✓加大弹药补充顺序合理 ✓弹药消耗限额规定	✓弹药补充方式合理 ✓弹药补充时机合适 ✓弹药补充量考虑充分

图4-33 弹药保障要求评估体系评判准则

（6）运力保障要求评估体系。运力保障评估时关注的是运力保障的充分情况。评估运力保障是否充分主要从两方面进行分析：首先，要对可能的运力需求有准确的预计，根据预计的情况分析当前的运力是否充足；其次，运力保障能够高效实施，这与编组后的运力保障能力息息相关。

通过上述分析，结合运力组成要素的考虑，建立起图4-34所示的运力保障要求评估体系，包括运力需求预计准确和运力的编组设置合理。

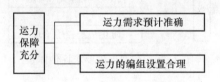

图4-34 运力保障要求评估体系

运力需求预计准确，是指从现有运力情况是否满足运力保障任务需求的角度考虑是否影响运力保障的充分。运力需求预计是否准确，可从以下几方面进行评判：弹药的运力需求预计科学，器材的运力需求预计科学，车辆的需求分析准确，油料的需求分析准确。

运力的编组设置合理，是指从编组后的能力是否满足运力保障任务需求的角度进行考虑是否影响运力保障的充分。运力编组是否准确，可从以下几方面进行评判:符合现有的运力能力,与运力需求相协调,车辆、油料设置科学,运输人员的设置科学,如图4-35所示。

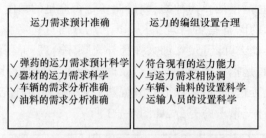

图4-35 运力保障要求评估体系评判准则

(7) 防卫保障要求评估体系。防卫保障评估时关注的是防卫保障得当,评估防卫保障是否得当,可从以下几方面进行考虑:从能力角度来看,防卫保障力量的能力必须对其防卫的区域进行有效的防卫,这和防卫编组后的能力以及划分的区域是相关的;从效果出发,防卫保障力量能否进行有效防卫与其采用的措施和配置的地点是分不开的。

通过上述分析,结合防卫保障组成要素的考虑,建立起图4-36所示的防卫保障要求评估体系,包括:防卫区划分合理,防卫力量编组适当,防卫力量配置地点合适,防卫措施与方法合理。

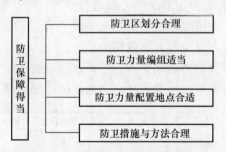

图4-36 防卫保障要求评估体系

防卫区划分合理,是指从防卫区域分配大小以及防卫任务的角度考虑是否影响防卫保障得当。防卫区划分是否合理,可从以下几个角度进行评判:充分考虑可能的敌方威胁,防卫任务明确,防卫区域划分界面清晰,防卫重点突出。

防卫力量编组适当,是指从编组后的能力是否满足防卫保障任务需求的角度考虑是否影响防卫保障得当。防卫力量编组是否适当,可从以下几个角度进行判断:考虑现有的防卫力量,考虑防卫任务量与防卫重点,防卫人员与装备的设置可行。

防卫力量配置地点合适,是指从防卫力量配置地点能否进行有效防卫的角度考虑是否影响防卫保障得当。考虑防卫保障是否得当,防卫力量配置地点是否合适,可从以下几个角度进行评判:专职力量配置在指挥机构和重要库所附近,兼职力量配置在本单位地域内,预备力量配置在便于机动、支援的位置。

防卫措施与方法合理,是指从防卫手段是否能进行有效防卫的角度考虑是否影响防卫保障得当。防卫措施与方法是否合理,可从以下几个角度进行评判:防敌侦察与监视措施与方法,防敌火力打击的措施与方法,防敌地面突袭措施与方法,防敌空降袭击措施与方法,防敌电子干扰措施与方法,如图 4-37 所示。

防卫区划分合理	防卫力量编组适当	防卫力量配置地点合适	防卫措施与方法合理
√充分考虑可能的敌方威胁 √防卫任务明确 √防卫区域划分界面清晰 √防卫重点突出	√考虑现有的防卫力量 √考虑防卫任务量与防卫重点 √防卫人员与装备的设置可行	√专职力量配置在指挥机构和重要库所附近 √兼职力量配置在本单位地域内 √预备力量配置在便于机动、支援的位置	√防敌侦查与监视措施与方法 √防敌火力打击措施与方法 √防敌地面突袭措施与方法 √防敌空降袭击措施与方法 √防敌电子干扰措施与方法

图 4-37 防卫保障要求评估体系评判准则

(8) 通信保障要求评估体系。通信保障评估时关注的通信保障的畅通情况。评估运力保障是否畅通主要从两方面进行分析:通信保障要能够有效进行,这和通信保障力量编组后的能力相关;通信保障作为重要的联络保障手段,必须配备多种联络方式,以保证通信保障的可靠。

通过上述分析,结合通信保障组成要素的考虑,建立起图 4-38 所示的通信保障要求评估体系,包括通信的编组设置合理和通信的方式选择合适。

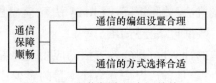

图 4-38 通信保障要求评估体系

通信的编组设置合理,是指从编组后通信力量的能力是否满足通信保障需求的角度,考虑是否影响通信保障的顺畅。通信保障是否顺畅,可从以下几方面进行判断:通信保障任务预计科学,通信人员专业、数量的设置合理,通信装备的种类、数量的设置合理。

通信的方式选择合适,是指从采用的通信方式是否完备的角度考虑是否影响通信保障的顺畅。通信方式选择是否合适,可从以下几方面进行判断:无线通信方式,有线通信方式,运动通信方式。

通信保障要求评估体系评判准则如图4-39所示。

通信的编组设置合理	通信的方式选择合适
✓ 通信保障任务预计科学 ✓ 通信人员专业、数量的设置合理 ✓ 通信装备的种类、数量的设置合理	✓ 无线通信方式 ✓ 有线通信方式 ✓ 运动通信方式

图4-39 通信保障要求评估体系评判准则

2) 装备保障方案合理性评估体系确定

根据上一节的装备保障方案合理性评估体系的分析,建立了图4-40所示的合理性评估体系。考虑到指标体系的简洁性对计算方法的影响,指标体系仅建立到第二层次,不再往下构建,这里对底层指标的影响因素分析可作为后续评估工作中的评判准则。

2. 方法的适用性分析

定性定量相结合的综合评估方法是指根据不同的评估目的,选择多个因素或指标,并通过一定的评估方法,将多个评估因素或指标转化为能反映评估对象总体特征信息的方法。经过多年的发展,定性定量综合评估方法已经发展为近30种方法,如加权法、加权积法、理想点法、字典序法、层次分析法、ELECTRE法、主成分分析法、因子分析法、聚类分析法、判别分析法、模糊综合评判法、灰色关联分析法、粗糙集评估法、云评估法、突变级数法、集对分析法、证据推理理论评估法、物元分析法、遗传算法、支持向量机法、关联矩阵法(RMA法)、模糊积分、可拓工程方法、信息熵、PROMETHEE法、数据包络分析DEA等。

这些方法解决问题的针对性很强,各方法的应用差异主要体现在:一是评估指标之间的相互独立与否;二是备选评估方案样本量的多少;三是评估指标之间的各项权重;四是评估中是否涉及不确定性问题4个方面。

针对装备保障方案评估而言,大部分方法都可以适用。但是对于装备保障方案的合理评估而言,由于评估体系已经明确,保障方案的层次划分也比较明确,但是评估指标间的相互关系不明确,各级指标间的权重尚不明确,因此可以考虑模糊综合评估方法。

3. 基于模糊综合的装备保障方案的合理性评估方法

1) 模糊综合评判法基本原理

描述装备保障方案合理性的评估要求之间不能建立起明确的关系,只能通过

第4章 无人机系统综合保障方案评估

图 4-40 装备保障方案合理性评估体系

定性比较才能判断出合理程度,因此判断过程存在一定的不确定性;并且基于定性判断的方式,不同认知程度的人员做出的判断也不一样,存在一定的主观性;另外,判断比较也不能简单地采用"好"或"不好"作为结论,因此这里选择采用模糊综合评估的方法来确定装备保障方案合理性的优劣程度。

模糊综合评判法的一般操作过程如下:

(1) 建立评估对象因素集 U。因素就是对象的各种属性和性能,在不同的场合,也称为参数指标或质量指标,它们能综合反映出对象的质量,因而可由这些因素来评估对象。

(2) 建立评语集 V,如某项指标的好坏,评语集是等级的集合。

(3) 确定指标权重 W。运用某种方法对建立的指标集赋予权重。

(4) 建立模糊评判矩阵,即建立一个从 U 到 $F(V)$ 的映射 f,通过 f 可以诱导出模糊评判矩阵 R,于是 (U,V,R) 构成一个综合评判矩阵。

(5) 综合评估。依据综合评估模型 $B = W\Theta R$ 对评估目标进行评估,其中"Θ"为模糊合成算子。

可见,在模糊综合评判法中最关键的环节是权重 W 的确定,以及建立映射 f,并进一步建立模糊评判矩阵 R,但这两项工作又没有统一的格式可以遵循,一般是采用统计实验或专家评分的方法求出。

2) 保障方案合理性评估体系权重确定

常用的权重确定方法有主观经验法、专家调查赋权法、德尔菲赋权法,这三种方法操作性好,但主观性强,存在权重的确定随意性大的问题。这里通过层次分析法来确定评估体系的权重,该法能够比较系统全面地考虑影响保障方案合理性的各个因素。在使用层次分析法确定评估体系权重过程中,引入了专家权重因素,使评估体系中各指标权重的设置更加客观。本章确定装备保障方案合理性评估体系权重的主要步骤如下:

(1) 建立层次分析结构。所建的层次分析结构中,目标层是装备保障方案合理性评估目标,中间层是 8 个一级指标,准则层是 8 个顶层指标对应的二级指标。所建立的层次分析结构如图 4-41 所示。

(2) 建立判断矩阵。分析上述的层次结构,发现装备保障方案合理性评估体系具有一定的结构化,底层的二级指标并不对方案合理性评估的中间层——地产生影响,实际上本身已做出了适当的归类,如"保障指挥关系完备性,保障指挥设置合理,保障指挥机构配置地点可行,保障指挥机构抗毁性,保障指挥机构转移有效"5 个指标只影响保障指挥渠道畅通,而并不对保障力量部署等其他中间层指标产生影响,同理其他底层指标也是如此。在建立评判矩阵时大大简化了矩阵的规模。

第4章 无人机系统综合保障方案评估

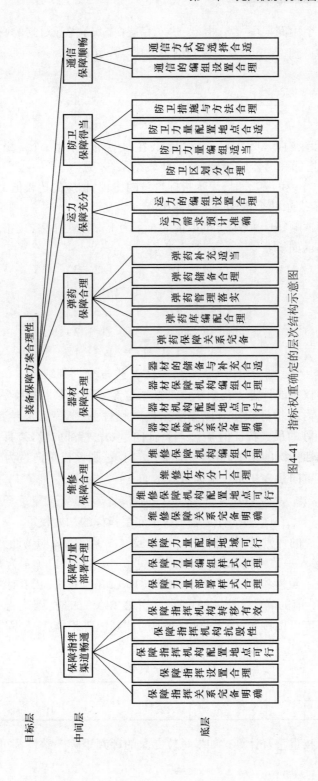

图4-41 指标权重确定的层次结构示意图

对于每一个中间层(一级)指标,建立底层(二级)指标对它的影响,该影响通过专家的比较得到,每个专家的评判结果构成一个矩阵。

$$C_{ij}^{zk} = \begin{pmatrix} c_{11}^{zk} & \cdots & c_{1j}^{zk} & \cdots & c_{1n}^{zk} \\ \vdots & & & & \vdots \\ c_{n1}^{zk} & & \cdots & & c_{nn}^{zk} \end{pmatrix} \tag{4-23}$$

式中:C_{ij}^{zk} 表示第 $k(k=1,2,\cdots,m)$ 位专家,在对中间层中第 z 个一级指标中所包含的第 i 个二级指标和第 j 个二级指标的比较结果;n 为第 z 个一级指标包含的二级指标的个数。当 i 和 j 相等时,表示指标自身的比较,相应的比较值为 1;当 i 和 j 不相等时,比较值表示两个指标的重要性比值。

以保障指挥顺畅性为例,n 的取值为 5,z 为 1。则其中专家 k 给出的结果建立的判断矩阵表示如下:

$$C_{ij}^{1k} = \begin{pmatrix} 1 & 1/2 & 2 & 1/2 & 3 \\ 2 & 1 & 3 & 1 & 4 \\ 1/2 & 1/3 & 1 & 1/3 & 2 \\ 2 & 1 & 3 & 1 & 3 \\ 1/3 & 1/4 & 1/2 & 1/3 & 1 \end{pmatrix}$$

若有 m 个专家,则会给出 $C_{ij}^{z1},C_{ij}^{z2},\cdots,C_{ij}^{zm}$ 共 m 个评判结果。

(3)初始权重的计算。初始权重是指每位专家给出判断矩阵后,由判断矩阵计算该专家认为的指标权重。以保障指挥顺畅性为例,专家 k 给出了判断矩阵 C_{ij}^{1k},计算该矩阵的最大特征值 $\lambda_{\max}^{1k}$ 与特征向量 ω_1^k,特征向量 ω_1^k 即为专家 k 对于保障指挥顺畅性指标的 5 个底层给出的权重向量,则该权重向量为专家 k 给出该指标的初始权重向量。初始权重向量表示如下:

$$\omega_1^k = (\omega_{11}^k, \omega_{12}^k, \omega_{13}^k, \omega_{14}^k, \omega_{15}^k) \tag{4-24}$$

式中:$\omega_{11}^k,\omega_{12}^k,\omega_{13}^k,\omega_{14}^k,\omega_{15}^k$ 分别表示 5 个底层指标的初始权重。

对于专家 k 的评判结果,进行一致性检验。以保障指挥顺畅性为例,将其最大特征值 $\lambda_{\max}^{1k}$ 带入一致性指标公式 C.I. $= \lambda_{\max} \cdot n/(n-1)$($n$ 为判断矩阵的阶数),利用随机一致性指标 R.I. 和一致性比率 C.R. $=$ C.I./R.I 对判断矩阵做一致性检验,R.I. 值的确定如表 4-21 所示,当 C.R. <0.1 时,则认为专家 k 的判断矩阵的一致程度可以接受,反之,则专家 k 的评判矩阵不能接受,需要让该位专家重新构造判断矩阵,并重新判断新的判断矩阵的一致性。

表 4-21 随机一致性指标 R.I.

阶数 n	1	2	3	4	5	6	7	8	9	10	11
R.I.	0	0	0.58	0.90	1.12	1.24	1.32	1.41	1.45	1.49	1.51

(4)指标权重整合计算。如果每位专家的评判矩阵一致性都可接受,则每位

专家的初始权重向量构成初始权重矩阵如下:

$$\boldsymbol{W}' = \begin{bmatrix} w_1^1 & \cdots & w_1^k & \cdots & w_1^m \\ \vdots & \ddots & & & \\ w_i^1 & & w_i^k & & \vdots \\ \vdots & & & \ddots & \\ w_n^1 & & \cdots & & w_1^1 \end{bmatrix} \quad (4-25)$$

式中:$\boldsymbol{W}'$ 表示初始权重矩阵;w_i^k 为第 k 位专家对第 i 个二级指标确定的初始权重;n 为二级指标的个数。

以保障指挥顺畅性为例,则其初始权重矩阵为

$$\boldsymbol{W}_1' = \begin{bmatrix} w_{11}^1 & \cdots & w_{11}^k \\ \vdots & & \vdots \\ w_{15}^1 & \cdots & w_{15}^k \end{bmatrix} \quad (4-26)$$

由于专家在评判过程中带有很强的主观因素,本章为了弱化专家主观因素的影响,在确定指标权重值的过程中引入专家权重,专家权重计算可采用 3.2.3 节中的方法,则最终指标的权重为

$$\boldsymbol{W} = \boldsymbol{P}\boldsymbol{W}'^{\mathrm{T}} = \begin{bmatrix} p(v_1) , \cdots, p(v_k) \end{bmatrix} \begin{bmatrix} w_1^1 & \cdots & w_1^k \\ \vdots & & \vdots \\ w_n^1 & \cdots & w_n^k \end{bmatrix}^{\mathrm{T}} = [w_1, w_1, \cdots, w_n]$$

$$(4-27)$$

式中:向量 $\boldsymbol{P}$ 为专家权重向量;向量 $\boldsymbol{W}$ 为指标最终的权向量。

在确定指标的权重过程中,涉及大量的矩阵计算,可借助 Matlab 工具,最终确定各级指标权重如表 4-22 所示。

表 4-22 装备保障方案合理性各评估指标的权重

评估目标	一级指标	权重	二级指标	权重
装备保障方案合理性	保障指挥渠道畅通	0.096	保障指挥关系完备明确	0.257
			保障指挥机构设置合理	0.231
			保障指挥机构配置地点可行	0.211
			保障指挥机构抗毁性	0.142
			保障指挥机构转移有效	0.159
	保障力量部署合理	0.084	保障力量部署样式合理	0.413
			保障力量编组方式合理	0.382
			保障力量配置地域可行	0.205

续表

评估目标	一级指标	权重	二级指标	权重
装备保障方案合理性	维修保障合理性	0.235	维修保障关系完备明确	0.227
			维修保障机构配置地点可行	0.199
			维修任务分工合理	0.328
			维修保障机构编组合理	0.246
	器材保障合理性	0.191	器材保障关系完备明确	0.248
			器材机构配置地点可行	0.189
			器材保障机构编组合理	0.256
			器材的储备与补充合理	0.307
	弹药保障合理性	0.188	弹药保障关系完备明确	0.197
			弹药库编配合理	0.130
			弹药管理落实	0.168
			弹药储备合理	0.258
			弹药补充适当	0.247
	运力保障充分	0.091	运力需求预计准确	0.5
			运力的编组设置合理	0.5

3）模糊映射确定

映射是指建立指标集到评语集的数学关系模型,常用 f 表示。f 的确定是进行评估的关键,通过 f 建立指标的模糊评判矩阵,进而实现评估。

模糊映射 f 的确定一般没有统一的方法,常用的手段是通过统计的方式或者借助专家经验的方式。这里采用问卷调查的形式,借助专家的经验建立指标集到评语集的模糊映射。其基本步骤如下：

首先,确定评语集。本章中将评语集 V 设置为 $V=\{优,良,中,差\}$。

其次,向专家发送调查问卷。参与问卷调查的专家的选取参考 3.2.3 节中专家的来源分析。专家选取完成之后,请专家对底层指标属于"优、良、中、差"的等级进行判断。评判准则参考本章第一节中给出的装备保障方案合理性评估体系影响因素,分别统计选择"优、良、中、差"的专家的人数。

最后,确定映射 f。设参与调查的专家人数为 M,对于某一指标,选择"优、良、中、差"的人数分别为 a,b,c,d,显然 $a+b+c+d=M$,则模糊映射如图 4-42 所示。

4）模糊评判矩阵构建

（1）二级指标模糊评判矩阵。对于二级指标,建立如下的模糊评判矩阵：

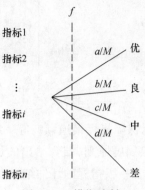

图 4-42 模糊映射

$$\boldsymbol{R}_i = \begin{bmatrix} r_{i1}^1 & r_{i1}^2 & \cdots & r_{i1}^j \\ r_{i2}^1 & r_{i2}^2 & \cdots & r_{i2}^j \\ \vdots & \vdots & & \vdots \\ r_{im}^1 & r_{im}^2 & \cdots & r_{im}^j \end{bmatrix} \quad (4-28)$$

式中：$\boldsymbol{R}_i$ 表示第 i 个一级指标的模糊评判矩阵；m 为对应第 i 个顶层指标中包含的二级指标的个数，评估体系中包含了保障指挥渠道畅通等 8 个一级指标，则 $i = 1, 2, \cdots, 8$，j 表示评估等级，本章中评语集中有 4 个等级，则 $j = 1, 2, 3, 4$。

$$r_{im}^j = \frac{x_j}{M} \quad (4-29)$$

式中：x_j 表示选择 j 等级的专家数；M 为专家总数。

以保障指挥顺畅性为例，其中包含保障指挥关系完备明确等 5 个二级指标，则建立的模糊评判矩阵如下：

$$\boldsymbol{R}_1 = \begin{bmatrix} r_{11}^1 & r_{11}^2 & \cdots & r_{11}^4 \\ r_{12}^1 & r_{12}^2 & \cdots & r_{12}^4 \\ \vdots & \vdots & & \vdots \\ r_{15}^1 & r_{15}^2 & \cdots & r_{15}^4 \end{bmatrix}$$

（2）构建一级指标的评判矩阵。由权重的计算方法，确定二级指标的权重向量如下：

$$\boldsymbol{W}_i = [\omega_{i1}, \omega_{i2}, \cdots, \omega_{im}] \quad (4-30)$$

式中：$\boldsymbol{W}_i$ 表示一级指标中所包含的二级指标的权重向量，以指标保障指挥渠道顺畅为例，则 i 为 1，m 为 5。

保障指挥渠道顺畅等一级指标评判向量如下：

$$B_i = W_i R_i = [\omega_{i1}, \omega_{i2}, \cdots, \omega_{im}] \begin{bmatrix} r_{11}^i & r_{12}^i & \cdots & r_{14}^i \\ r_{21}^i & r_{22}^i & \cdots & r_{24}^i \\ \vdots & \vdots & & \vdots \\ r_{m1}^i & r_{m2}^i & \cdots & r_{m4}^i \end{bmatrix}$$

$$= [r_{i1}, r_{i2}, r_{i3}, r_{i4}], \quad i = 1, 2, \cdots, 8$$

式中：$r_{i1}, r_{i2}, r_{i3}, r_{i4}$ 分别表示保障指挥渠道顺畅等一级指标，在评语集中各评估等级所占的百分比，利用最大隶属度原则，结合给出的评语集，可以得到反映专家评审团对保障指挥渠道顺畅等各一级指标的评估结果。

5) 模糊评估算子确定

针对不同的问题，所采用的模糊评估算子不尽相同。本章提出了一种基于"加权和"概念的评估算子，对最后的评估结果进行综合。

$$W = (\omega_1, \omega_2, \omega_3, \omega_4, \omega_5, \omega_6, \omega_7, \omega_8) \tag{4-31}$$

式中：W 表示保障指挥顺畅等 8 个一级指标的权重向量。

$$R = \begin{bmatrix} r_{11} & r_{12} & r_{13} & r_{14} \\ r_{21} & r_{22} & r_{23} & r_{24} \\ r_{31} & r_{32} & r_{33} & r_{34} \\ r_{41} & r_{42} & r_{43} & r_{44} \\ r_{51} & r_{52} & r_{53} & r_{54} \\ r_{61} & r_{62} & r_{63} & r_{64} \\ r_{71} & r_{72} & r_{73} & r_{74} \\ r_{81} & r_{82} & r_{83} & r_{84} \end{bmatrix} \tag{4-32}$$

式中：R 表示装备保障方案合理性评判矩阵。

装备保障合理性的综合评估结果 B 为

$$B = WR = [\omega_1, \omega_2, \omega_3, \omega_4, \omega_5, \omega_6, \omega_7, \omega_8] \begin{bmatrix} r_{11} & r_{12} & r_{13} & r_{14} \\ r_{21} & r_{22} & r_{23} & r_{24} \\ r_{31} & r_{32} & r_{33} & r_{34} \\ r_{41} & r_{42} & r_{43} & r_{44} \\ r_{51} & r_{52} & r_{53} & r_{54} \\ r_{61} & r_{62} & r_{63} & r_{64} \\ r_{71} & r_{72} & r_{73} & r_{74} \\ r_{81} & r_{82} & r_{83} & r_{84} \end{bmatrix} = [r_1, r_2, r_3, r_4]$$

$$\tag{4-33}$$

式中：r_1, r_2, r_3, r_4 分别表示装备保障方案合理性在评语集中各评估等级所占的百分比，最后利用最大隶属度原则，结合给出的评语集，可以得到反映专家评审团对装备保障方案合理性的评估结果。

4. 示例分析

假设选取由装备保障部门军事人员、军事专家等组成的 10 名专家评审团，对某装备保障方案的合理性进行评估，建立的评估指标体系和评语集如前所示，不再赘述。利用层次分析法确定的装备保障方案合理性评估指标体系各指标的权重如表 4-23 所列。

通过专家评审团评估各二级指标的优劣程度，数据如表 4-23 所列。

表 4-23 专家问卷调查结果汇总

一级指标	二级指标	优	良	中	差
保障指挥渠道畅通	保障指挥关系完备明确	10	0	0	0
	保障指挥机构设置合理	10	0	0	0
	保障指挥机构配置地点可行	9	1	0	0
	保障指挥机构抗毁性	10	0	0	0
	保障指挥机构转移有效	8	2	0	0
保障力量部署合理	保障力量部署样式合理	9	0	0	0
	保障力量编组方式合理	7	2	1	0
	保障力量配置地域可行	8	2	0	0
维修保障合理	维修保障关系完备明确	10	0	0	0
	维修保障机构配置地点可行	7	3	0	0
	维修任务分工合理	6	2	2	0
	维修保障机构编组合理	7	1	2	0
器材保障合理	器材保障关系完备明确	10	0	0	0
	器材机构配置地点可行	10	0	0	0
	器材保障机构编组合理	8	2	0	0
	器材的储备与补充合适	10	0	0	0
弹药保障合理	弹药保障关系完备明确	6	4	0	0
	弹药库编配合理	4	5	1	0
	弹药管理落实	8	1	1	0
	弹药储备合理	5	5	0	0
	弹药补充适当	4	6	0	0

续表

一级指标	二级指标	优	良	中	差
运力保障充分	运力需求预计准确	4	6	0	0
	运力编组设置合理	9	1	0	0
防卫保障得当	防卫区划分合理	8	1	1	0
	防卫力量编组适当	9	0	1	0
	防卫力量配置地点合适	5	5	0	0
	防卫措施与方法合理	8	2	0	0
通信保障合理	通信编组设置合理	5	2	3	0
	通信方式选择合适	8	2	0	0

1) 构建二级指标模糊评判矩阵

针对 8 个一级指标，建立其相应的二级指标模糊评判矩阵，即

$$R_1 = \begin{bmatrix} 1 & 0 & 0 & 0 \\ 1 & 0 & 0.1 & 0 \\ 0.9 & 0.1 & 0 & 0 \\ 1 & 0 & 0 & 0 \\ 0.8 & 0.2 & 0 & 0 \end{bmatrix}, R_2 = \begin{bmatrix} 0.9 & 0.1 & 0 & 0 \\ 0.7 & 0.2 & 0.1 & 0 \\ 0.8 & 0.2 & 0 & 0 \end{bmatrix}, R_3 = \begin{bmatrix} 1 & 0 & 0 & 0 \\ 0.7 & 0.3 & 0 & 0 \\ 0.6 & 0.2 & 0.2 & 0 \\ 0.5 & 0.4 & 0.1 & 0 \end{bmatrix}$$

$$R_4 = \begin{bmatrix} 1 & 0 & 0 & 0 \\ 1 & 0 & 0 & 0 \\ 0.8 & 0.2 & 0 & 0 \\ 0.5 & 0.4 & 0.1 & 0 \end{bmatrix}, R_5 = \begin{bmatrix} 0.6 & 0.4 & 0 & 0 \\ 0.4 & 0.5 & 0.1 & 0 \\ 0.8 & 0.1 & 0.1 & 0 \\ 0.5 & 0.5 & 0 & 0 \\ 0.4 & 0.6 & 0 & 0 \end{bmatrix}, R_6 = \begin{bmatrix} 0.4 & 0.6 & 0 & 0 \\ 0.9 & 0.1 & 0 & 0 \end{bmatrix}$$

$$R_7 = \begin{bmatrix} 0.8 & 0.1 & 0.1 & 0 \\ 0.9 & 0 & 0.1 & 0 \\ 0.5 & 0.5 & 0 & 0 \\ 0.8 & 0.2 & 0 & 0 \end{bmatrix}, R_8 = \begin{bmatrix} 0.5 & 0.2 & 0.3 & 0 \\ 0.8 & 0.2 & 0 & 0 \end{bmatrix}$$

2) 一级指标评判矩阵

由上述矩阵得出各一级指标隶属于相应评语等级的向量，即

$B_1^T = W_1 R_1 = [0.95, 0.05, 0, 0]$

$B_2^T = W_2 R_2 = [0.80, 0.16, 0.04, 0]$

$B_3^T = W_3 R_3 = [0.725, 0.135, 0.14, 0]$

$B_4^T = W_4 R_4 = [0.875, 0.11, 0.015, 0]$

$B_5^T = W_5 R_5 = [0.53, 0.43, 0.04, 0]$

$B_6^T = W_6 R_6 = [0.65, 0.35, 0, 0]$

$B_7^T = W_7 R_7 = [0.77, 0.18, 0.05, 0]$

$B_8^T = W_8 R_8 = [0.65, 0.2, 0.15, 0]$

相应的一级指标评判矩阵为

$$B_i = [B_1^T, B_2^T, B_3^T, B_4^T, B_5^T, B_6^T, B_7^T, B_8^T] = \begin{bmatrix} 0.95 & 0.05 & 0 & 0 \\ 0.80 & 0.16 & 0.04 & 0 \\ 0.725 & 0.135 & 0.04 & 0 \\ 0.875 & 0.11 & 0.015 & 0 \\ 0.53 & 0.43 & 0.04 & 0 \\ 0.65 & 0.35 & 0 & 0 \\ 0.77 & 0.18 & 0.05 & 0 \\ 0.65 & 0.2 & 0.15 & 0 \end{bmatrix}$$

3) 综合评估结果

由式(4-31)知,装备保障方案合理性综合评估结果为

$$B = WB_i = [0.757, 0.21, 0.033, 0]$$

依据最终的评判结果 B 来看,认为装备保障合理性的评估结论为优的比例是 0.757,良的比例是 0.21,中的比例是 0.033,差的比例是 0。依据最大隶属度原则,可以认为装备保障合理性的评估结论为优。

4.3 装备综合保障方案评估模型

在前面的章节中,陆续给出了装备保障方案的定性分析方法、定量仿真分析方法、定性定量相结合的分析方法等,以便独立使用这些方法用于评估装备保障方案。但实际上,装备保障方案的评估是个复杂的问题,不是依靠单个工具或某位专家的意见就可以提供决策判断的。往往需要大量的定性、定量以及定性定量相结合的分析工具的综合运用,以及多位行业内的专家通过研讨方式群体决策得出评估意见。

为此,本书借鉴钱学森提出的综合集成思想,提出构建装备保障方案评估系统(即综合研讨平台)的方法,目的是以专家群研讨的方式,集成各种定性/定量分析评估工具、模型方法以及知识信息,从而为装备保障方案评估决策提供手段和支撑。

要构建装备保障方案评估系统,则必须首先建立评估的概念模型。装备保障方案综合评估的概念模型主要包括方案综合评估的流程模型、组织模型与资源模型三方面。三个模型之间通过流程模型建立紧密的联系。流程模型描述的是研讨

的过程及其中间的各个研讨环节,组织模型描述的是参与方案研讨的各个角色与用户,资源模型描述的是研讨过程中需要用到的各种软硬件资源。只有把这三方面的信息梳理清楚,方可构建装备保障方案评估系统。

4.3.1 装备综合保障方案评估组织模型

装备保障方案评估的过程实际上是通过专家研讨产生的各种评估信息在不同的组织单元(Organizational Unit,OU)之间流动的过程,特别是对于保障方案从单一评估指标和综合评估指标相结合的角度进行评估,评估任务的执行更与评估组织的构成紧密相关。因此,在建立使用过程装备保障方案综合评估流程模型之前,必须建立组织模型来描述参与保障方案评估研讨的人员及其组成。

1. 组织建模方法

组织模型是用来定义业务机构中人的组织形式的模型,进行组织建模就是定义一个具有适当的组织层次,并对每一层次赋予适当的职责和权限的组织结构。组织层次是在同一级别上将具有相同性质和任务的组织单元集合在一起。

组织模型考虑的是人和组织的职责和权限及它们之间的关系,包括组织结构的描述、组织单元或基本组织单元的描述、人员描述等。这里主要使用组织单元、基本组织单元、工作组、角色等概念来描述组织模型。

(1) 组织单元:在组织模型中,组织单元人员、基本组织单元(BOU)或低层组织单元构成组织单元间的隶属关系构成业务的组织结构树,以描述静态层次结构。

(2) 基本组织单元:组织中完成一定基本任务的个人,或者个人与其他资源的组合,BOU 在组织模型中是稳定的、不可再分的,主要由人员组成。

(3) 工作组(Work Group,WG):为执行某一特殊任务而动态组建跨部门的一种人员组合,是动态树状结构的构成元素,由人员组成。

(4) 角色(Role,R):描述人和组织在业务流程和活动中的作用以及组织模型与其他模型之间的关联。

利用 CIM-OSA 方法中的组织单元和基本组织单元构建的组织模型如图 4-43 所示。

2. 保障方案综合评估组织模型

从装备保障实际工作的角度将参与保障方案评估的角色分为决策层角色和专家层角色。采用综合集成研讨的方式对装备保障方案进行评估,需要将上述角色区分为系统用户、评估项目用户、研讨用户,其中系统用户主要负责评估系统的管理与维护、数据库的管理与维护,包括系统管理员和数据库管理员;评估项目用户负责装备保障评估项目的管理、研讨会议的审批,专职项目管理员;研讨用户是对装备保障方案展开评估研讨的主体,任务是控制评估过程、参与保障方案评估的研讨,包括研讨主持人、研讨秘书、小组负责人、研讨专家。

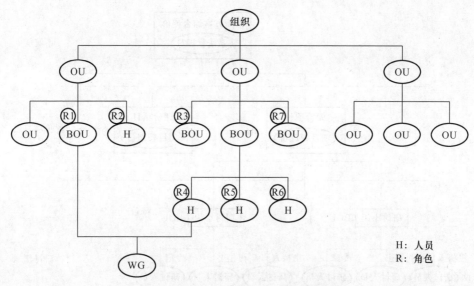

图 4-43　基于 OU 和 BOU 的组织模型

为了有效参与和完成装备保障方案评估工作,这三类人员在具体的评估项目中、在同一评估项目的不同阶段被赋予相应的职责和任务,彼此通过分工协作形成有机整体。按照系统用户的分类,将评估系统的组织结构划分为系统层、评估项目层和研讨层。其中,系统层是整个评估系统的最顶层(顶层 OU),由系统管理员和评估项目层中不同的评估项目组成;装备保障方案评估系统中的每一组方案评估工作都以项目的形式发布和实施,所有的评估项目构成了组织结构中的评估项目层(下层 OU),这一层由项目管理员和研讨任务层中的不同研讨任务小组组成;研讨层由具体的评估团体组成(底层 OU),其内部成员是划分了不同职责的研讨支持人、研讨秘书、小组负责人、研讨专家。这就构成了基于 OU 和 BOU 的层次化的装备保障方案评估系统的组织模型,如图 4-44 所示。

对组织模型中每一层用户在系统中担任角色的主要职责分别描述如下:研讨活动的负责人要对整个研讨活动的结果负责,对会议申请进行批复,并对参与研讨的专家名单进行最终决策。研讨专家则是研讨活动的核心,是研讨活动的主体。研讨活动组织者承担保障研讨活动有效运行的职责。因此,研讨任务的完成要通过三者的相互配合和合作。

1) 系统用户

研讨系统层中用户的主要是系统管理员和数据库管理员。

(1) 系统管理员:一般是由计算机专业人员担任,也可以由熟悉系统的装备保障方案评估参与人员兼任。其具体职责是对保障方案评估系统的管理与维护。

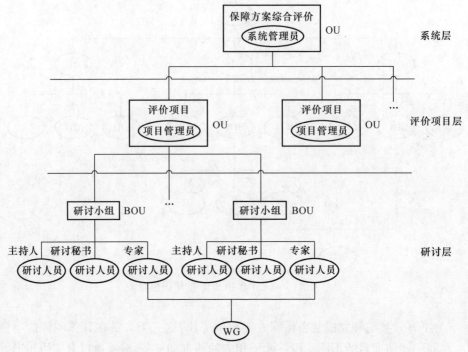

图 4-44 装备保障方案评估系统的组织模型

（2）数据库管理员：一般是由保障部门的参谋或业务人员担任，其具体职责包括：收集评估资源，如相似装备保障方案已有的研讨案例、军事知识、作战任务背景以及其他相关资源等。对研讨资源进行有效的管理，将研讨资源按种类、按形式进行分类归档，建立不同种类的评估资源数据库、模型库、知识库，方便专家在研讨过程中进行查询和调用。

2）评估项目用户

评估项目用户的主要是项目管理员，由装备保障方案评估的组织机构指定人员担任。其具体职责包括：①负责评估项目的组织与管理。作为决策部门和评估组织联系的桥梁，负责发布上级对评估项目的评估任务和评估目标；②负责研讨会议审批。研讨任务层中研讨主持人向项目管理员提交研讨会议申请，项目管理员根据这些信息确定允许研讨会议的举行与否。

3）研讨用户

研讨层中用户的主要包括研讨主持人、研讨秘书、研讨专家和研讨小组负责人。

（1）研讨主持人。在保障方案的评估过程中，对群体成员的适当激励在一定程度上会有效提高评估的绩效，研讨主持人一般由装备保障领域具有较全面了解的、知识渊博、威望较高的专家担任,对评估过程中保证研讨的正确思路、统观全局起着重要作用。研讨主持人对研讨过程拥有一定的控制权限,通过对发言权的获取与释放、投票表决程序的开启与关闭、研讨的推进与悬停等方式对研讨过程进行控制。其主要包括以下职责:

① 研讨人员管理。研讨申请获得批准后,会议组织者根据会议规模确定研讨人数,并按需求、按专业选择参与研讨的专家,邀请专家参与评估研讨,确保研讨的权威性。与会人员首先必须是相关领域的专家。

当目前研讨专家难以完成研讨任务或者研讨专家出现冗余时,需要请示项目管理员,方可以增减与会专家。此外,研讨小组负责人/主持人的任免也由研讨主持人决定。

② 申请研讨会议。申请研讨会议有着严格的审批程序,必须填写详细的会议信息,说明会议时间、会议名称、召开地点、会议目的、组织机构、会议规模、与会人员、会议日程等详细信息,上交给会议审批部门,等待会议的批准。

③ 研讨结果审核。研讨主持人要对研讨结果进行审查,并决定研讨结果是否生效。如果研讨结果不能达到研讨预期目标,则研讨主持人需要重新组织研讨或对研讨结果进行修改。

④ 会议进程的推进。主持人具有把握研讨会议进程的职责,如开始会议、暂停会议以及结束会议等,此外,还包括研讨会议的阶段转换。

⑤ 确定研讨会议议程、时间、地点以及研讨方式等。通常,研讨会议将提前设置会议的议程和主要议题,这是为了使研讨专家在研讨开始时掌握会议进程,对所参与的评估工作有一个整体的了解,合理安排自己的参与活动。此外,为了确保装备保障方案评估综合研讨的顺利进行,组织者可根据研讨的规模、专家的地理位置和身体状况等实际情况,选择合理的研讨方式以及研讨的时间、地点等。

⑥ 设置专家权重。设置专家发言、打分或投票的权重值。

(2) 研讨秘书。研讨秘书主要职责是对研讨会议过程中产生的信息进行记录、整理和存储、协助主持人进行研讨会议召开前的准备、研讨资源的收集与整理以及评估研讨过程中文档的分类和整理。研讨秘书一般是由保障部门的参谋或业务人员担任,其具体职责如下:

① 研讨信息管理。研讨秘书要密切关注研讨会议的进程,不断整理专家们的意见,概括和归纳其要点,并定时予以发布,使研讨专家随时可以了解研讨的动态以及当前讨论的核心问题等,研讨秘书可以采用多种方式进行记录,如手工输入、录音、录像等方式,为以后查阅专家意见进行意见综合提供依据。

② 收集和整理资料。

(3) 研讨专家。研讨专家首先是具有一定权威性的相关领域专家,如研究弹药保障的专家、研究维修保障的专家等;其次,相关装备保障职能部门的业务人员也是可作为选择的对象。其中,一部分比较权威的人本身就参与和确定评估任务目标的制定。他们在研讨过程中占主体地位,并运用其经验、知识与创造力,利用提供的各种资源,探讨影响保障方案优劣的瓶颈和评估关注点,通过与其他专家交流和交互,最终提出对评估议题的思路和意见。

专家通过以下两种主要方式参与研讨:①在研讨过程中,专家与其他人进行观点或意见的交流,可以通过投票、填写问卷或会议发言等方式进行群体讨论,从而了解其他专家的观点和看法,进而提出自己对所承担的评估任务的观点;②结合自身的经验知识,利用相关的资料和数据,采用适当的分析方法和评估工具,如筛选方案评估的参数及参数模型、选择评估方法,调用仿真模型等,从不同角度、不同层次和不同方面对自己的评估意见进行验证和证明。

(4) 研讨小组负责人。研讨小组负责人从研讨专家中产生,最初的研讨小组负责人由研讨主持人指定,根据问题研讨的需要,研讨小组负责人可以成为某一级研讨过程或某个研讨问题的主持人,可以指定其下级研讨流程的研讨小组负责人。研讨小组负责人应对本小组保障专家的学术水平、任职经历和知识结构等有相当程度的了解。在评估子任务研讨的小组中履行研讨主持人的某些职责。

4.3.2 装备综合保障方案评估流程模型

装备保障方案评估项目的实施主要是通过评估流程的运行来实现的,即通过此流程,评估项目被分解和转化为可执行、并相互关联的活动。活动就是一些具体的评估任务的集合,是一系列业务活动按照不同的关系组合在一起的集合,它反映的是参与装备保障方案评估的专家在装备保障方案评估过程中的活动集合。为了提高评估效率、有效控制评估过程、优化评估结果,有必要对装备保障方案评估工作展开的流程、参与评估人员的行为、评估方式等进行一定的规范。保障方案评估流程与评估过程中专家选择的研讨方式密切相关,研讨方式不同,研讨流程的差别可能很大。

评估流程涉及专家之间、专家与主持人之间、人与机器之间的交互,以及各种评估资源的调用,如何以综合集成研讨的方式为保障领域专家提供一种结构化、规范化而且灵活的评估流程,是实现保障方案评估的有序、高效进行的关键。

1. 流程建模方法

流程具有很强的逻辑性,仅简单地用文字来描述是很困难的,应该尽可能地借助模型。适用于描述流程的模型很多,在现有的流程建模方法中,最常用的模型有活动图、数据流图和跨职能流程图。它们各有特点,针对性也不同。

根据装备保障方案评估流程的特点,书中的流程模型结构采用网络图的描述方式,这种方式将评估流程看作一堆节点和连接弧所组成的有向图。其中,节点代表一个研讨任务,连接弧表明任务之间的顺序关系。模型中主要包括三类节点,分别是任务节点、逻辑节点和标志(开始/结束)节点。

1) 任务节点

任务节点包含人工节点、自动节点和过程节点。

(1) 人工节点：需要人来参与的研讨任务，通常由研讨参与者从自己的工作列表中选择执行。当某项工作执行完后，可以对此项工作进行提交，并且可以返回某些必要的处理结果。系统不直接负责此任务的具体执行过程，而是密切监视任务的状态，同时负责管理研讨过程中的相关数据。

(2) 自动节点：不需要人参与的，直接由系统负责执行的相关活动，如 Web 服务的调用、邮件的发送、信息的存取、数据的统计等，自动节点的加入可以提高研讨过程的自动化能力。

(3) 过程节点：人工节点和自动节点是研讨流程中的原子级单元，对研讨过程中一个较大的研讨任务，此类原子级单元的数量将大大增加，会影响参与评估人员对整体评估过程的把握和理解。因此，本书在模型设计中，添加了过程节点，将某些关系比较紧密的任务集合起来，在图上以一个节点表示，即用"过程"表示。过程实际上就是一个子流程，它的引入可以增强模型的表达能力，使得模型具有层次化的概念，如有需要，则可将过程节点进一步展开。在本书中任务节点统一使用图形囗表示。

2) 逻辑节点

逻辑节点包括与分节点、与合节点、或分节点、或合节点与循环节点。

与分节点和与合节点相对应，当与分节点收到前驱节点已完成的信息后，它的所有后继节点随之进入开始工作状态；与合节点等待前驱节点的完成，当与合节点的前驱节点全部完成时，与合节点通过，它的后继节点进入工作状态。与分节点、与合节点如图 4-45 所示。

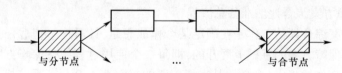

图 4-45　与分节点、与合节点

或分节点和或合节点相对应，同与合节点不同的是，或合节点始终等待前驱节点的完成情况，当其某一个前驱节点已经完成时，或合节点即已通过，或合节点的下一节点进入工作状态。

保障方案评估的综合集成研讨的进行不是一蹴而就的，多数情况下需要在确定的研讨任务上反复进行，从而加深对任务的理解；或者在的过程中，对某些问题进行反复表决，从而得到所需要的研讨结果，为了满足此类研讨要求，在研讨模型中加入了循环节点，当流程运行到循环节点时，根据建模时的设置，若满足循环节点的既定条件,则循环节点获得通过,循环节点未开始执行的后继节点进入工作状态,如果通过条件未满足,则进入循环过程,流程将自动流转到前面的某个节点。循环节点如图4-46所示。

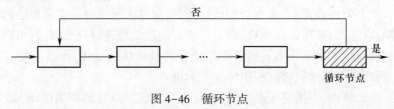

图4-46 循环节点

3) 标志节点

标志节点包括开始节点与结束节点。"开始节点",用图形⊕表示。开始节点是某个研讨人员进入研讨流程模型的入口节点,开始节点没有前驱节点,当保障方案评估进入一个新的评估阶段时,第一个被激活的就是本阶段的开始节点,然后由开始节点顺次执行其后继节点的任务。为了清晰地表达研讨流程的完整性,引入"结束节点",用图形⊗表示。结束节点是一个研讨流程模型的出口,它无后继节点。一旦流程运行到结束节点,则标志整个流程的结束。通过此类标志节点的引入,可以简化对流程开始的定义与结束的判断。

2. 方案综合评估总流程

针对装备保障方案综合评估的需要,遵循综合集成研讨"分析问题—解决问题—总结问题"的思想路线,本书提出了"装备保障方案综合评估"的4个阶段划分,即保障方案评估准备阶段、保障方案研讨阶段、评估意见收敛阶段、评估结论生成阶段。使用过程装备保障方案综合评估总流程如图4-47所示。

3. 方案综合评估准备流程

1) 保障方案综合评估准备总流程

保障方案综合评估工作是在确定某个作战想定,针对这一作战任务制定一个或多个装备保障方案的基础上展开的,即每一个使用过程装备保障方案综合评估项目对应一个作战想定(含各层基本指挥所的想定)、一个任务系统模型以及若干套给定的装备保障方案,一套保障方案包括若干个保障层次的保障方案/计划。

保障方案综合评估准备的主要工作是保障方案综合评估工作筹划,收集保障方案综合评估所需的其他相关信息和资源,并依据上级保障机构的评估要求对研讨会议进行前期规划,为开展保障方案综合评估做好基础工作。评估准备阶段细分为评估工作筹划、研讨会议的申请与审批、研讨会议准备。参与保障方案综合评估准备的人员包括项目管理员和研讨主持人。如图4-48所示。

2) 保障方案综合评估工作筹划

保障方案综合评估工作筹划是保障方案评估准备工作的第一步,主要任务是

第4章 无人机系统综合保障方案评估

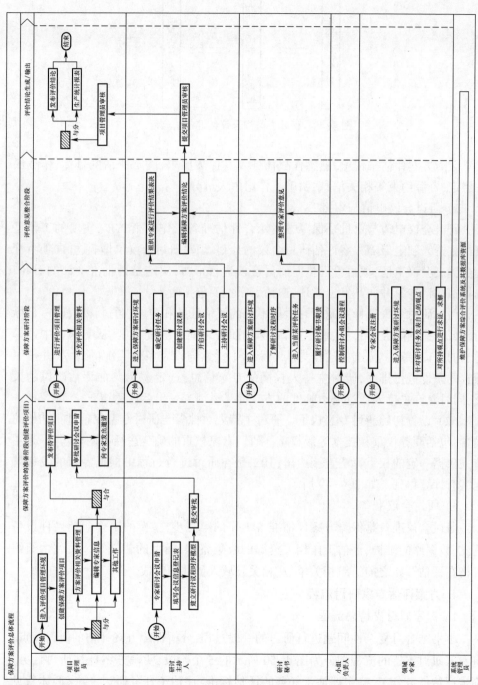

图4-47 使用过程装备保障方案综合评估总流程

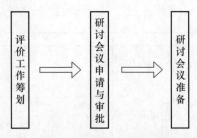

图 4-48 保障方案综合评估准备总流程

成立保障方案评估工作组,熟悉作战任务及其保障要求,确定评估的目标、作战任务想定、资源约束等相关信息,明确工作组中人员分工等。

3) 研讨会议申请与审批

研讨会议申请与审批是保障方案综合评估准备工作的第二步,主要的工作是研讨主持人制定保障方案评估研讨会议的计划、填写研讨会议申请表,并向项目管理员提交会议申请;项目管理员对研讨会议进行审核,决定是否批准会议的召开。选择拟邀请专家并向其发出邀请,邀请专家主要包括两步:

(1) 研讨专家选择及邀请。根据不同的评估任务和要求,通过评估任务、目标与领域专家的研究专长、从事专业、职称和职务之间的匹配程度,从专家库中选择适当的研讨专家。筛选的过程为从专家库中检索与设定条件匹配的专家,并按照预选的条件进行排序,研讨主持人权衡的专家信息,选定邀请参加评估研讨的人员,同时允许主持人通过电子邮件的方式向受邀请方发出会议邀请。

(2) 设置初始研讨专家权重。研讨主持人对拟参与研讨专家权重进行初始的设置,包括职务权重和技术等级权重。研讨专家权重的确定途径有两个:其一是主持人根据一定的权重算法直接给出;其二是在研讨进行过程中根据专家的发言情况实时计算得到。如图 4-49 所示。

4) 研讨会议准备

研讨会议准备是保障方案评估准备工作的第三步,主要的工作包括硬件设备调试、数据库的维护、评估工作相关资源的收集整理、模型的建立等。由评估组织机构在评估开始之前组织相关单位、相关领域人员共同完成。

4. 方案评估专家研讨流程

1) 专家研讨支持总流程

本书结合对复杂性问题进行研讨的一般过程,分析保障方案评估的研讨特点,将专家研讨支持的流程划分为图 4-50 所示的 5 个阶段:明确方案评估研讨任务、确定评估任务分工、确定评估子任务的评估标准、评估子任务研讨、专家群体意见收敛。

第 4 章 无人机系统综合保障方案评估

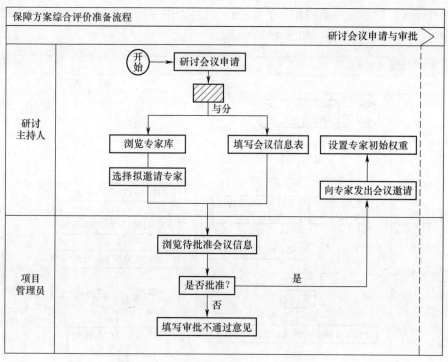

图 4-49 研讨会议申请与审批的流程

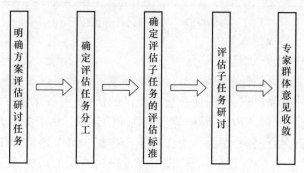

图 4-50 保障方案评估专家研讨支持总流程

2）明确方案评估研讨任务

明确方案评估研讨任务是装备保障方案评估研讨的第一步，主要目的是在研讨开始之前进一步明确装备保障方案评估的研讨任务。在评估准备阶段，已经给出与保障方案评估相关的任务想定背景、评估的约束条件（包括保障要求、评估目标、装备保障现状等），在正式研讨开始之前，参与研讨专家可以自行查看以上信息，从而消除与会专家的理解偏差，形成对保障要求、评估目标、需要研讨的主题的统一认识,同时增强专家的相互了解,为研讨过程中专家知识经验的充分发挥奠定基础。明确研讨任务流程如图 4-51 所示。

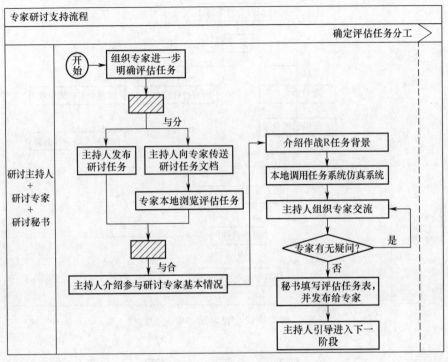

图 4-51　明确研讨任务流程

3) 确定评估任务分工

在进一步明确评估任务之后,参与保障方案评估的研讨专家根据上级装备保障机关提出来的保障要求、作战任务想定提供的信息、装备保障方案评估的目标,对于评估任务目标、资源约束、时限等形成共同的认识。由于保障方案评估的复杂性特征,需要将评估任务分解为一个评估子任务集。每个评估子任务都有自己的评估目标、研讨组织方式、评估标准、模型以及研讨专家的构成等。而评估子任务如何划分也是通过研讨得到的,即保障方案评估子任务的确定作为单独的研讨任务存在。

首先,由研讨主持人选择一种子任务分解研讨策略,综合评估过程提供三种研讨策略,分别为由专家直接指定分解方式、从已有的分解方式中选择、由专家提出新的分解方式。

其次,在选定的研讨策略下,研讨主持人组织研讨专家对分解方式进行研讨,以最终确定。这一过程通常会循环进行若干轮。

最后,经过专家研讨将评估任务分解以后,形成若干个评估任务集,每个任务集最终都被分配到相应的专家组,各组专家的研究领域、专业层次、职务等不同,研讨专家组成员主要从与会人员名单中选择,如果待评估子任务有特别专家需要,也可临时邀请个别研讨专家。评估子任务与专家组、专家与专家组并不是一一对应的关系,同一个评估子任务可以邀请多个评估子任务专家组进行研讨,同一个专家也可以接受不同评估子任务专家组的邀请,有时,某个评估子任务也需要全体专家共同研讨。

确定评估子任务流程如图 4-52 所示。

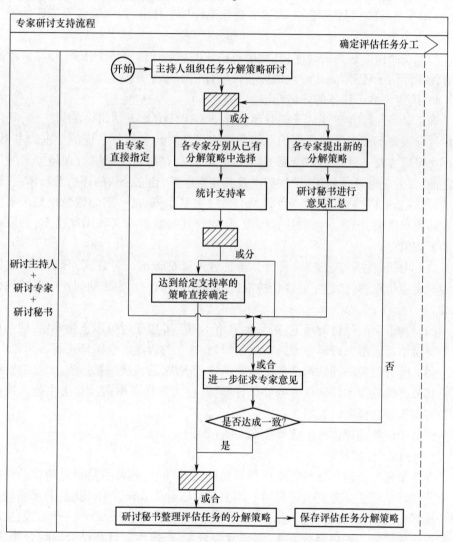

图 4-52　确定评估子任务流程

保障方案评估系统在案例库中提供若干种保障方案评估任务分解方式,当现有分解方式不能满足专家要求时,专家可以添加新的模板。如下列举主要的三类分解模板:

(1) 按照保障功能:将保障方案评估任务分解为装备部署保障评估子任务、装备保障防卫评估子任务、装备保障通信评估子任务、装备维修保障评估子任务、装备供应保障评估子任务、装备训练保障子任务等。

(2) 按照保障力量编制:××营装备保障评估子任务、××旅装备保障评估子任务、××军装备保障评估子任务、陆军装备保障评估子任务、海军装备保障评估子任务等。

(3) 按照保障任务的时序:驻地准备阶段的装备保障评估子任务、行军阶段的装备保障评估子任务、战斗阶段的装备保障评估子任务等。

4) 确定评估子任务的评估标准

确定装备保障方案评估子任务评估标准是保障方案评估研讨的第三步,是以使用过程装备保障方案综合评估目的和作战任务对装备保障系统的要求为基础。为了使保障方案的评估结果全面、客观、科学,需要在研讨专家进行保障方案的评估之前,首先分析评估目标、评估标准及其相互联系,建立公认的评估参数体系、量化的评估指标,以确立保障方案"好"的公认度;其次,通过一定的数学模型求解所要评估的参数值,即建立参数计算模型,从对评估参数的含义和用途出发,选取合适的参数模型。

(1) 由研讨主持人选择一种评估子任务的评估标准研讨方式,分别为由决策层专家直接给定、对已建立的评估标准进行讨论和修改、由专家研讨产生新的评估标准。

(2) 在选定的研讨策略下,第一种策略不需要专家研讨可以直接确定,后两种需要研讨主持人组织研讨专家进行反复研讨,这一过程通常会循环进行若干轮。

(3) 研讨得到的评估标准提交专家组进行表决,若表决结果达到预定的比例,则将其最终确定为本评估任务的评估标准,并存入数据库中;否则,由主持人决定是否需要重新选择研讨策略。

评估子任务的评估标准流程如图4-53所示。

5) 评估子任务研讨

评估子任务研讨是保障方案评估研讨的关键环节,其目的是将复杂评估任务分解成的评估子任务分别进行研讨。本书借鉴综合集成研讨中提出的同步研讨—异步求证—同步研讨的流程,对应评估子任务的研讨会议进行的每一个阶段,主要针对综合集成的三种内容或方式,即定性综合集成、定性定量相结合的综合集成,以及从定性到定量的综合集成。

其过程描述如下:首先召开评估子任务研讨的专家会议,从对评估任务的定性

第4章 无人机系统综合保障方案评估

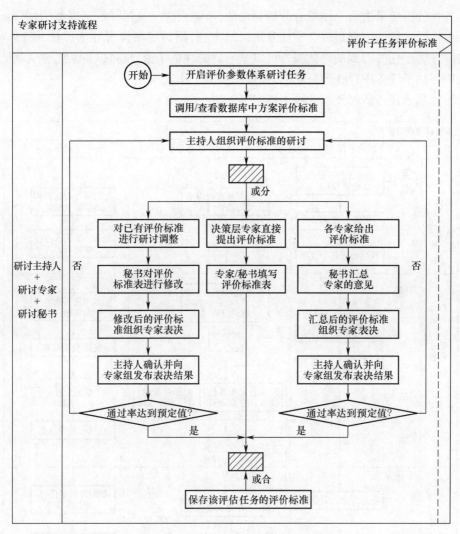

图 4-53 评估子任务的评估标准流程

描述性讨论开始,利用会议准备阶段收集的各种数据、信息和专家的经验知识,专家对研讨主持人确定的本次研讨议题各抒己见,通过互动在一定的时间压力下得到定性的推想或判断,即达到定性综合集成;之后进入异步求证阶段,根据上一阶段得到的阶段性评估意见,研讨专家在规定的时间内自行选择研讨时间,独立发表自己的观点,或者对其他人的已有观点进行评估,这一阶段相对来说时间的压力较小,允许研讨专家调用模型、方法和系统提供的工具进行定量的分析求证,人机结合为主,得到研讨专家个人证实的结论,即达到定性与定量相结合的综合集成,提交到下一个同步研讨阶段;在最后重新汇聚的研讨中,专家组对不同定性定量评估的各种分析结果进行总体综合分析与论证,可能再次反复运算定量模型,力求实现从定性到定量的综合集成。子任务研讨结束后,研讨秘书撰写评估子任务评估报告。评估子任务得到的评估报告可以是明确的评估结论,也可以是某些评估意见,说明评估子任务中存在的问题,以便进一步的工作安排。

评估子任务研讨流程如图4-54所示。

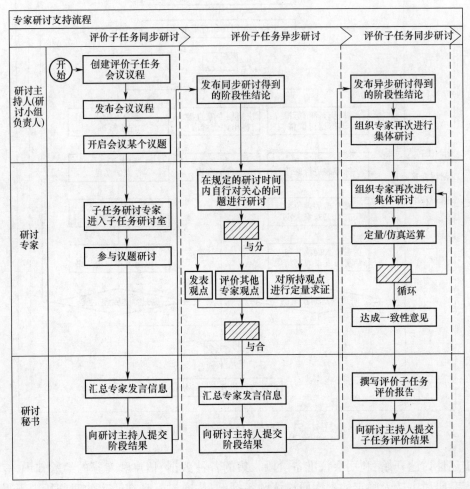

图4-54 评估子任务研讨流程

6) 专家群体意见收敛

专家群体意见收敛过程既存在于评估子任务的研讨中,也是使用过程装备保障方案综合评估的一个重要阶段,其最终目的是使研讨专家群体的分散化思维最终达成一致。在保障方案综合评估的专家研讨过程中,研讨的问题可能是定性的也可能是定量的,可能是结构化的也可能是非结构化的,根据研讨采取方式的不同,专家群体给出的评估意见的表达方式也不同。例如,描述性的自由文字发言、投票结果、定量的打分、问卷调查等。本章对使用过程装备保障方案综合评估中专家群体意见收敛进行深入研究,仅建立专家群体意见收敛流程,其他不再赘述。

专家群体意见收敛流程如图 4-55 所示。

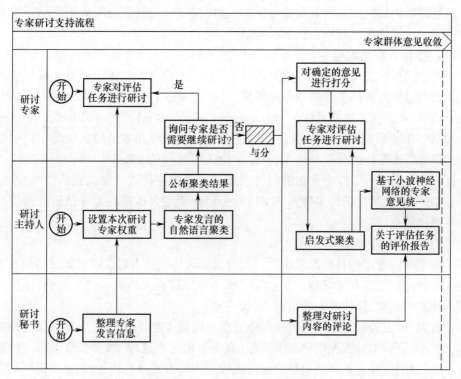

图 4-55　专家群体意见收敛流程

5. 方案评估结论生成流程

装备保障方案评估结论的生成是评估工作的最后一环,通过上述评估研讨活动,保障领域专家对确定的评估任务进行充分研讨,然后通过专家意见的收敛过程形成若干个阶段性的评估意见。最后将专家群体综合得到的评估意见,最终生成装备保障方案评估结论,即共同研讨形成最终的定性分析与定量描述相结合的保障方案评估结论。

首先,进入保障方案评估结论的创建阶段,在评估结论创建之前,可以查看各评估子任务研讨中产生的阶段性评估意见。其次,进入保障方案评估结论的编辑阶段。再次,结构化评估结论生成后,经过研讨专家群体的再确认,进入保障方案评估结论的输出阶段。最后,进入保障方案评估结论的浏览阶段,提供查看评估结论的功能,选择要查看的保障方案的层次和内容。另外,允许有权限的用户通过视听服务回放评估结论的生成过程。

评估结论生成后交由保障指挥决策层进行审核,评估过程中产生的新经验新知识经过评估组织机构评定后将添加到知识库中,评估流程模型可以经过选择后加入模型库中,评估过程中生成的日志将打包添加进保障方案评估案例数据库中,从而对以后的研讨起到启发和参考作用,这样使得过程装备保障方案评估系统的评估能力在评估的过程中得到不断的增强。

6. 主持人控制流程

以往的群体支持系统通过在群体任务、主意生成以及群体沟通方面提供多种工具辅助以提高群体工作的效率和效果,可提高群体工作的效率并减少项目时间。研究表明,虽然决策支持系统(Group Support System,GSS)平均可以减少50%的成本和90%的项目时间,但其实际的利用率并不高,经验和理论均表明仅仅提供技术并不能带来群体的效率和效果,因此主持人对过程的支持和引导作用成为一个关键因素。保障方案综合评估的研讨采用是以研讨主持人主导的模式,在整个保障方案评估过程中,研讨主持人的支持和引导作用主要体现在对评估流程的管理和对评估流程的控制中。

1) 评估流程管理

评估流程管理的目的是实现项目管理员和研讨主持人对保障方案评估项目中的各评估流程进行有效管理。其主要工作为评估流程文档的创建与编辑,评估流程的创建与编辑,评估流程的申请、审批与发布。

首先,由项目管理员依据装备保障要求和保障方案评估要求,创建评估流程建议,建议为研讨主持人提供创建新流程、直接引用已有流程、修改已有流程三种选择,用以说明保障方案评估项目的评估流程以何种方式进行创建,此建议遵循规范的格式,同时保留建议记录表。

其次,研讨主持人查看项目管理员提供的评估流程建议,决定是否接受此建议。若接受,则按照建议生成本次保障方案评估项目的评估流程;否则,向项目管理员提出修改建议。

最后,研讨主持人将本次评估流程提交项目管理员审批。审批通过后,发布评估流程并存档;否则,重新编辑对本次保障方案评估的评估流程建议。

评估流程管理的流程如图4-56所示。

2) 研讨流程控制

研讨流程控制的目的是引导保障方案评估工作推进和各研讨阶段的转换,并方便处理专家研讨流程运转时的各种例外。研讨主持人对研讨流程的控制贯穿于整个保障方案评估研讨流程中,在此仅对研讨主持人流程控制的主要内容进行描述:

(1) 利用日志库记录研讨过程中所发生的事件,这一过程由系统自动处理,其

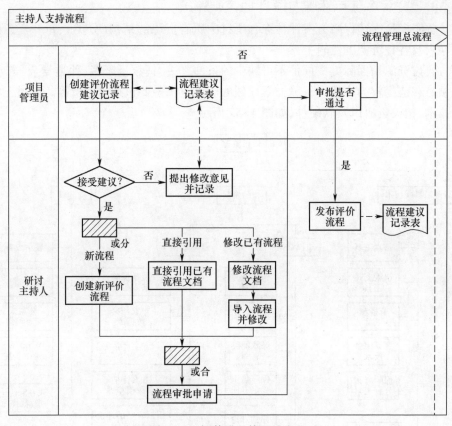

图 4-56 评估流程管理的流程

中记录的主要事件包括：每项研讨任务的开始和完成时间，保障专家发言频率，某种评估资源的使用轨迹（调用的人员、调用的时间、对资源所进行的操作），研讨过程中所发生的异常。研讨主持人在评估研讨过程中对日志库进行实时的查询，并且根据需要对其中的结果进行统计。

（2）利用可视化界面监控研讨流程中正在运行的各种信息，其中包括：保障方案评估研讨各任务的执行状态，包括进行中、已完成、未开始、悬停等，以及研讨任务的执行情况等。研讨主持人通过综合评估系统提供的流程控制界面掌握研讨流程的推进状态，并为参与研讨的保障专家提供研讨信息的统计结果。

（3）对研讨过程中参与研讨专家行为的管理与控制。

（4）研讨过程中出现异常的处理。

4.3.3 装备综合保障方案评估资源模型

资源模型描述保障方案评估综合研讨中所有资源的结构(分类)、每一资源的属性以及各种资源的逻辑关系。

研讨资源是保障方案评估不可缺少的条件之一,其数量繁多、种类复杂,涉及的领域和范围较为广泛。保障方案评估的研讨资源主要包括研讨所需的研讨工具或技术、相关资料以及软硬件,如图4-57所示。

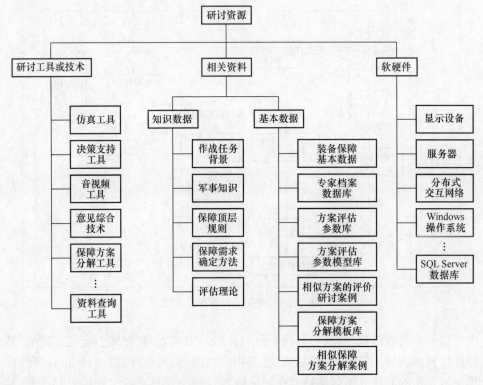

图4-57 保障方案评估综合研讨的资源模型

1. 研讨工具或技术

(1) 仿真工具:采用现代仿真技术和模拟技术集合而成,对研讨结果进行验证和权衡,实现从经验到理论、从定性到定量的综合集成。

(2) 决策支持工具:辅助研讨专家进行决策,即为保障方案评估过程提供相应的工具和方法支持,主要包括智力爆炸过程、因果分析、流程图、数据分析、投票工具等。

(3) 音视频工具:利用音视频会议系统,实现专家之间音视频的实时交互,使研讨专家可以进行声音和图像的"面对面"交流。

（4）意见综合技术：对研讨专家发散化的思维进行收敛，从而达成一致意见的技术和方法，如名义群体法、德尔菲法、层次分析法（Analytic Hierarchy Process, AHP）、头脑风暴法等。

（5）保障方案分解工具：根据保障方案分解模板开发的工具，为研讨专家对保障方案分解提供支持。

（6）资料查询工具：为研讨专家在研讨过程中对评估资料的查询和调用提供支持，包括搜索引擎、目录服务等。

2. 相关资料

1）知识数据

（1）作战任务背景。作战任务背景是进行保障方案评估研讨的前提。作战任务背景主要是了解部队的作战目的、主要作战方法、在上级编成内担负的作战任务和作战地位、配属部（分）队数量、作战对象及其配置、主要作战方向、开进路线、方向、完成作战准备的时限等。

（2）军事知识。

① 战役战术原则：在执行保障任务时必须遵循的战争规律和作战原则。

② 兵力兵器使用规则：在动用保障人员、武器装备时必须遵循的相关规则。

③ 典型的作战想定：反映指挥员作战意图的典型战役的具体作战实施计划和方案。

（3）保障顶层规则。保障顶层规则是装备保障工作必须遵循的准则。制定装备保障方案、执行装备保障任务、进行装备保障活动，必须以保障顶层规则为依据。

（4）保障需求确定方法。保障需求确定方法主要是判断在不同任务需求确定方法是否合理，以及在方案评估过程中数据可以回放，便于专家进行对比分析。

（5）评估理论。评估理论包括评估原则、评估方法与评估模型等相关知识，用以辅助专家进行保障方案评估。

2）基本数据

（1）装备保障基本数据。装备保障基本数据主要包括在编装备的数质量情况、保障力量现状以及保障物资储备情况等，为研讨专家查询和分析保障方案中相关数据提供依据。

（2）专家档案数据库。专家档案数据库主要是为组织者或负责人提供专家个人信息，为保障方案评估的研讨选择适当的专家。

（3）方案评估参数及参数模型库。方案评估参数及参数模型库主要是提供保障方案评估的相关参数及其模型，为专家筛选合适的方案评估参数及模型提供依据。

（4）相似保障方案。相似保障方案主要是指具有相似保障任务的保障方案，以其保障方案内容作为保障方案评估的参考。

（5）已有的研讨案例。已有的研讨案例主要是指与本次研讨任务相似的保障方案评估已有的成功的或失败的研讨案例，通过回放其研讨过程，借鉴成功的经验和失败的教训，为本次研讨顺利进行提供支持。

（6）装备保障方案分解模板库。装备保障方案分解模板是指可以将保障方案按照一定规则划分为若干个子方案的规范，这样可以将一个复杂的保障方案评估任务分解为若干个子方案的评估任务，利于方案评估的研讨，装备保障方案分解模板库则是为研讨专家提供分解保障方案的标准和范本。

3. 软硬件

软硬件主要包括所需最基本的计算机硬件和软件系统。例如，显示设备、服务器以及相关的操作系统、网络平台以及数据库等软件，是专家进行研讨的基本平台。

4.4 无人机系统综合保障方案评估系统设计

4.4.1 设计目标与原则

1. 设计目标

无人机综合保障方案评估问题需要组织、协调多学科、多领域专家在无人机综合保障方案评估中的作用，针对某一给定的作战任务想定所制定的无人机综合保障方案，在综合评估系统上展开综合集成研讨，从而得到更为科学的评估结论。鉴于此，评估系统设计的目标是：以综合集成方法论为理论依据，参照已有的综合集成研讨厅系统，根据无人机综合保障方案评估的特点，开发一个适用于装备指挥部门和相关科研机构对无人机综合保障方案评估进行科学管理，具有信息查询、模型分析、定性分析与定量计算相结合、可视化表示以及决策支持等功能，提供全过程、多层次的信息服务，有效提高无人机综合保障方案评估水平的研讨平台，为无人机综合保障方案评估决策提供科学依据和技术支撑。

综合评估系统能够在评估的过程中为评估参与者提供支持，主持人主导整个研讨活动推进，专家对待评估的无人机综合保障方案充分研讨，通过各保障领域的专家研讨和权衡，提出对无人机综合保障方案的评估意见和改进建议。已开发的作战想定编辑软件、三个建模系统（使用任务系统、保障对象系统、保障系统）和综合保障仿真评估系统是作为软件支持工具提供给用户的，已建成的智能数字会议室作为硬件平台为研讨活动提供支持。研讨系统集成现有的软硬件环境，遵循规范化的研讨流程。

2. 设计原则

1）系统要满足多层次无人机综合保障方案评估的需要

无人机综合保障方案评估首先由研讨成员提出定性判断，然后运用定量方法对定性判断进行分析,即评估成员与研讨环境首先在比较抽象的定性层次上进行交互,生成初步评估意见后再交由研讨环境进行定量处理,层层递推,最终得出满足保障任务需求的无人机综合保障方案。因此,无人机综合保障方案评估系统的构成和研讨活动应当是层次化的。

2) 系统要满足研讨专家的使用需求

在无人机综合保障方案评估过程中,将不同学科、不同领域专家集结起来,充分发挥他们的经验知识及个人智慧,利用系统中提供的资源信息,从不同层次、不同方面和不同角度对某一装备保障方案进行评估,研讨专家不仅要发表自己对某个问题的认识,还要了解其他成员的见解,并与其他成员进行观点的交锋和意见的交流,使研讨专家之间在讨论时互相激活,互相启发。因此,无人机综合保障方案评估系统的设计要便于研讨专家的研讨交互和信息调用。

3) 系统要满足研讨服务的集成需求

服务是保障综合评估系统有效运行的各种支持活动,包括数据服务、仿真服务、知识服务、Web 服务、会议服务、专家交互服务、视听服务等,因此,无人机综合保障方案评估系统的设计必须将这些服务功能集成起来,使各项服务的功能实现最大化。

4) 系统要满足信息资源的集成需求

信息资源是进行无人机综合保障方案评估的基础,信息资源涉及范围广,数量大,而无人机综合保障方案评估的信息资源要求做到真实、有效、分类完善,提取方便,且便于跟踪检测。因此,在无人机综合保障方案评估系统的设计中,要将真正具有效应的信息资源进行集成,使信息资源综合效能不断提高。

4.4.2 系统分析

无人机综合保障方案评估系统的总体功能是对待评估的保障方案进行从定性到定量的分析,然后对分析得到的意见进行汇总和综合集成,形成统一的意见建议。为此,要求以研讨专家为主体,以数据库、模型库、知识库、方法库和研讨案例、保障方案库为支撑,实现无人机综合保障方案评估研讨实时信息的收集、查询、统计分析和上传下达,保障方案保障效果的仿真和预测分析,国内外无人机综合保障方案评估研讨典型案例的提供与分析,辅助拟制无人机综合保障方案等功能。

1. 信息的收集、统计分析、显示和传输

无人机综合保障方案评估研讨过程中,要能提供评估研讨所需的作战任务背景、装备需求量、弹药、器材消耗量、人员配置、部队部署等信息,以及在整个研讨过程中所产生的专家发言、研讨方式等各种信息。因此,无人机综合保障方案评估系统应该支持信息的动态收集,并能进行有关信息的快速查询和检索,能灵活运用模型与方法对研讨信息进行加工、汇总、统计分析,并能利用计算机把查询检索和分析结果反映出来,显示结果可以是屏幕显示、报表输出或图像输出等形式。

此外,还应支持信息的传输功能,通过内部接口和网络接口,实时、动态地对研讨信息进行传递,实现研讨与协作,不仅能从一个成员向其他成员提供相关信息,还能提供对信息的说明和解释。

2. 资源数据的查询、检索和调用

系统应能提供丰富的评估资源,这些资源应该封装在资源数据库中,具有方便的查询、检索和调用机制,为专家进行研讨提供决策支持。研讨专家在研讨过程中通过访问相关数据库,实现对保障顶层原则、军事知识、评估模型、定性定量分析工具、装备基础数据以及研讨案例等资源的调用。

3. 对研讨过程的管理和控制

无人机综合保障方案评估的研讨过程是一个复杂的过程,因此必须提供相应的管理功能,对研讨过程中研讨专家的权限(批准加入系统、浏览/添加/修改/删除用户)、收集的评估资源、研讨的审批、研讨的进行、研讨的状态以及研讨过程中产生的信息等进行有效的管理,从而保证研讨工作的顺利进行。

4. 专家之间的交互

专家之间的交互是实现研讨与协作必需的方式。实现专家的交互需要系统提供一个研讨支撑环境,在支撑环境中组织研讨专家进行研讨,专家之间可以通过音视频系统进行通信交流,可以通过文字聊天及电子邮件交流观点,也可以通过电子白板进行图形图像的交互。

此外,系统还应提供和支持各种研讨方法和研讨方式。例如,提供流程定义手段、提供各种系统工程分析方法的模板和一些对应的模型算法、提供问卷生成器、支持研讨协作、研讨对抗或在线决策、离线决策等多种研讨决策方式。

5. 仿真模拟试验的结论获取

无人机综合保障方案评估的研讨需要提供仿真模拟功能的调用,通过对保障方案各要素的模拟,进行研讨结果的正确性和有效性的验证。系统支持推理/仿真/智能决策,具有模型库、知识库、数据库、文档库4类基本的资源库及其管理系统。模型支持定量分析,知识支持定性分析,数据库存放资源管理信息、模型运行所需数据等,文档库存放会议资料及各种文档。

6. 意见综合

无人机综合保障方案评估研讨需要提供意见综合方法,利用群体一致性算法对评估意见进行分析,得出大多数专家认可的研讨结果。

4.4.3 系统设计

1. 体系结构设计

无人机综合保障方案评估系统按其设计原则,可分为硬件层、数据层、综合研讨层(客户端)三个层次。如图 4-58 所示。

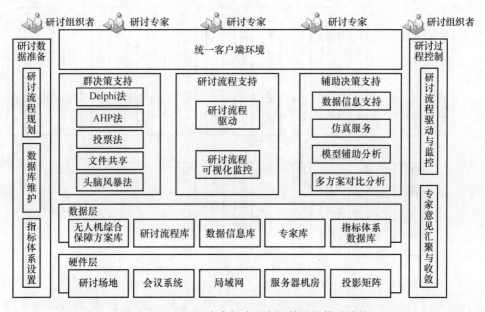

图 4-58 无人机综合保障方案评估系统体系结构

硬件层主要是实施无人机综合保障方案综合研讨评估功能的基础设施设备,包括研讨的场地、研讨的会议系统、局域网、服务器以及投影矩阵等。

数据层主要是支持无人机综合保障方案评估的各种信息资料,包括无人机综合保障方案库、研讨流程库、数据信息库、专家库、指标体系数据库等。

综合研讨层(客户端)主要支持专家进行实时研讨的基本功能,包括群决策支持功能、研讨流程支持功能和辅助决策支持功能三大块。其中,群决策支持功能主要为专家提供各种决策分析工具,研讨流程支持功能主要支持特定保障方案评估研讨流程的驱动、监控,辅助决策支持功能主要支持综合研讨评估系统调用的外部分析工具。

2. 功能设计

1) 功能模块划分

无人机综合保障方案评估综合集成研讨环境由研讨流程管理子系统、群决策支持子系统、辅助决策子系统、数据管理子系统 4 个子系统组成。其组成如

图 4-59 所示。

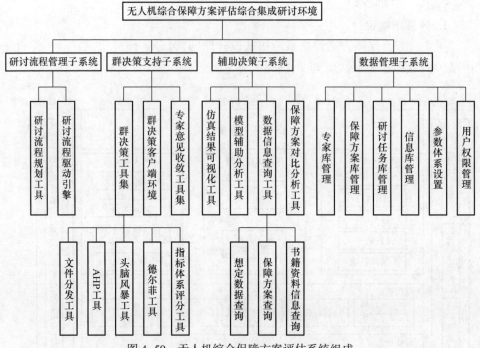

图 4-59　无人机综合保障方案评估系统组成

（1）研讨流程管理子系统提供图形化的研讨流程的规划、驱动、监控服务。通过研讨流程图把专家、角色、分组、研讨问题、研讨环节、软件工具等要素有机集成在一起，解决研讨过程的有序受控问题。

（2）群决策支持子系统为专家提供多种方式的研讨协作服务，解决研讨过程中的协作交流问题。提供头脑风暴工具、观点聚类工具、德尔菲工具、AHP 工具等群决策工具；提供统一对各种群决策工具提供访问接口的群决策客户端环境；为研讨组织者提供专家观点汇聚工具。

（3）辅助决策子系统为专家提供信息、数据、模型、可视化分析等多个方面的决策辅助功能，体现综合集成研讨厅的人机结合思想。

（4）数据管理子系统对系统运行所需的专家库、保障方案库、研讨任务库、信息库、参数体系库等数据库进行管理维护。

2）功能描述

（1）研讨流程管理子系统。研讨流程管理子系统用于规划和驱动研讨流程。装备保障方案研讨过程是多名专家协作交互的过程，包括多个研讨决策环节，每个环节都需要完成事先规划的研讨活动。通过研讨流程规划，确立研讨的步骤，确立研讨每个环节的参与人员、需要进行的研讨活动、采用的软件工具，形成图形化、形式化的研讨流程描述数据；以流程描述数据为基础，以网络通信的方式，实现对各研讨客户端的流程驱动。

研讨流程管理子系统主要提供两个方面的功能，即流程设计和流程控制。流程设计包括流程节点、流程图、流程的形式化表达和流程模板管理，其中流程节点涉及节点的样式、类型、引用的管理角色、研讨组件等基本属性，还包括条件设置、逻辑运行方式和编辑方式，流程图涉及流程的布局、表示、合理性检验以及流程图之间的引用、复用和组合等，流程的形式化表达涉及流程的表示结构和存储方式，流程模板管理涉及流程模板的增加、删除、修改等内容。流程控制则是流程运行过程中状态保存、逻辑驱动、动态管理、流程显示、用户任务分配以及各研讨组件之间的数据转换等内容。研讨流程管理系统的核心是流程的形式化表示、流程引擎以及任务之间的数据转换。

研讨管理者可以设计研讨流程，研讨流程是研讨步骤（作业步骤）的逻辑化，每个步骤是由一种角色（可以对应多个用户）来完成某个特定的任务，这个任务可以是投票、讨论发言、提交文档等。

除把每个研讨步骤视为一个任务节点外，从逻辑角度来说，系统支持的逻辑节点包括或分支、或汇合、与分支、与汇合、循环节点，为了便于系统驱动，还设计了自动执行节点（用于自动调用相关软件或工具）、路由节点（用于支持流程在推进过程中，由管理员动态设置推进条件）。

研讨流程提交流程引擎后，引擎可以按照设定的逻辑自动运行，如发言、分发材料、任务作业等，并负责各研讨组件之间的数据转换，整个过程是自动化的，必要时可以加入人的干涉。

管理员可以设计多个研讨模板，并可选择其中的一个或多个组合作为当前研讨流程。每次研讨完成后，会生成相应的过程和结果，被记录在案例库，能够支持研讨案例过程的回放和研究。管理员根据研讨的实际需要，动态设置流程推进过程。

① 研讨流程规划工具。创建研讨流程模型是研讨流程管理系统的首要任务。无人机综合保障方案研讨问题的复杂性决定了针对该类问题的研讨流程建模的复杂性。首先，系统应该能够针对各类异构资源，对问题空间中的专家、决策工具、问题、决策活动、数据等异构的资源进行管理。在此基础上，系统应该为管理员提供方便易用的可视化图形建模工具，用来对研讨流程进行描述。鉴于流程逻辑和数据的复杂性，系统应该提供一种简便、易用、直观的操作方式和图形化的流程描述方式。研讨流程规划工具主要解决以下两方面的问题：

a. 研讨流程图形化建模。流程组织者可以通过图形化的流程建模工具，采用活动网络图的方式对研讨流程进行可视化建模。系统提供一组用于描述研讨流程活动的基本图元。通过对基本图元进行添加、删除、移动、关联等操作和属性设置，设计生成结构化的数据描述(如数据库结构)的流程模型,并建立流程与特定问题关联的、用于驱动其他系统(如群决策支持系统)、工具或资源运行的研讨流程。

b. 研讨流程存储与管理。针对不同的问题,可以设计生成各种不同的研讨流程。因此,系统以流程库的方式提供对各种研讨流程的统一存储与管理功能。用户可以对库中的流程进行增加、删除等操作,并可以将具有代表性的流程框架存储为流程模板,使得用户可以基于模板快速构建流程。

② 研讨流程驱动引擎。研讨流程驱动引擎的主要功能是为流程的解释、驱动、状态控制等提供运行时服务。研讨流程驱动引擎需要提供以下两个方面的功能:

a. 研讨流程驱动控制。根据用户选定的研讨流程,驱动整个保障方案研讨系统的运行。系统可以对流程进行解释执行,控制流程实例的创建、激活、挂起、终止、完成等动作,并根据任务活动间的逻辑关系,在研讨任务活动之间进行转换,对研讨流程任务的执行状态进行跟踪。系统也可以根据具体情况对流程的执行过程进行人工干预。

b. 研讨流程监控显示。研讨组织用户可以通过图形化的方式,观看研讨流程执行的进展情况;参与研讨的专家用户也可以实时查看流程的执行情况,以及与自己相关的研讨活动,并按照流程设计指定的任务进行相应的研讨作业。

(2) 群决策支持子系统。群决策支持子系统用于为参加研讨的专家提供一套定性与定量相结合的表达意见、交互研讨的软件工具;为研讨的组织者提供一套收集意见、观点汇聚、意见收敛的软件工具。

同时,群决策支持子系统为专家用户提供一个资源访问的统一接口环境,用户可以通过这个环境,访问研讨系统提供的数据、信息、模型、流程等各类资源。

① 群决策客户端环境。系统提供群决策客户端环境,使专家能够通过统一的接口访问系统提供各种资源、服务和工具。群决策客户端环境的功能包括:

a. 研讨流程查看。群决策客户端环境应该能够用图形化的方式给出研讨任务的总流程、流程的执行情况,以及与当前用户相关的研讨任务。

b. 群决策工具调用接口。提供对各种群决策工具的调用接口。

c. 群决策结果显示。对于需要使用群决策工具收集意见,由研讨组织者以进行意见收敛归并的研讨活动,系统应该能够把结果反馈到群决策环境,提供给研讨专家查看。

d. 资源访问接口。提供对数据信息查询、仿真运行结果、模型辅助分析等辅助决策资源的访问接口。

② 群决策工具集。群决策工具集是一组具有规范接口、可扩充的软件工具,提供给研讨专家使用,用于发表意见、交互观点。其包括头脑风暴(Brainstorming)工具、层次分析(AHP)工具、专家投票工具、调查表工具、文件分发工具等。

尽管群决策工具集可以看作群决策工具的集合，但要实现各个群决策工具与无人机综合保障方案研讨系统其他模块的有机结合，必须在各个群决策工具之上实现对群决策工具的有效统一管理，以便将群决策工具集构建为一个开放式工具空间。

③ 专家意见收敛工具集。专家意见收敛工具集提供给研讨组织者使用。用于对参与研讨的专家意见、群决策结果进行收敛综合，包括观点聚类工具、层次分析综合工具、专家投票综合工具、调查表综合工具等。

对于不同的群决策任务，研讨专家给出的决策结果形式也不一样，尤其是定性的决策结果，很难进行结果综合，这就需要研讨组织者依据自己的知识和经验，参照群决策系统提供各种决策资源，如历史活动使用的方法、模板及数据等，综合各领域专家的决策结果而形成群决策结果。对于定量的决策结果，如投票结果、可采用合适的群决策算法和模型自动给出群决策结果。表格形式、图形形式的决策结果可采用人工和算法相结合的方式综合出相应的群决策结果。

(3) 辅助决策子系统。辅助决策子系统用于为参加无人机综合保障方案研讨的专家提供信息、数据、模型等多方面的辅助决策支持。充分发挥计算机系统在计算能力和数据存储、处理和检索方面的优势，体现综合集成研讨厅人机结合的思想，为参加研讨的专家提供研讨所需的数据、信息、知识，实现辅助决策。

辅助决策子系统由数据信息查询工具、仿真结果可视化工具、模型辅助分析工具、保障方案对比分析工具组成。

① 数据信息查询工具。无人机综合保障方案数据信息服务子系统用于向参加研讨的专家提供基础数据信息查询服务，对专家的评估和研讨活动提供数据信息支持。

a. 想定数据查询。对无人机综合保障方案面向的作战想定进行查询，包括作战决心、编制编成、兵力部署、指挥关系、保障力量等内容。

b. 保障方案查询。对作为评估对象的保障方案内容进行查询。随着系统的使用，可以逐渐积累形成保障方案库。

c. 书籍资料信息查询。把装备基本信息、装备使用、装备保障相关的书籍、文章、数据等入库，作为基础信息提供查询、浏览功能。

② 仿真结果可视化工具。借助课题组现有的装备使用任务、保障对象、保障方案等模型，在研讨之前由研讨组织人员准备好模型运行所需的数据，并完成模型运行。在研讨过程中，把模型运行结果利用统计图表、报表、拓扑结构图等多种可视化方式，提供给参加研讨的专家一个可以直接使用模型系统现有成果的方式，用模型的量化计算分析结果来辅助专家进行决策。

③ 模型辅助分析工具。根据研讨需要，提供给研讨专家一系列的小型辅助计算模型，直接在研讨过程中随时使用，用于协助专家，明确需要量化计算的评估研

讨细节问题,如特定类型的装备使用任务和所需保障力量的量化对应关系等。

④ 保障方案对比分析工具。由于无人机综合保障方案的组成结构复杂,直接通过人工方式对保障方案进行比较,难以得出直观可用的结论。所以应当在保障方案具有规范的形式化表示方法的基础上,对保障方案的某些特征进行比较。例如,对保障方案的资源消耗量等可以量化的要素进行比较。然后采用雷达图、蜘蛛图、曲线图等统计图表样式,提供对多个无人机综合保障方案的对比分析可视化表现。

(4) 数据管理子系统。数据管理子系统提供给研讨组织用户使用。用于在研讨前完成对数据库的管理维护,完成研讨所需数据准备。由研讨任务库管理、专家库管理、保障方案库管理、参数体系设置、信息库管理、用户权限管理 6 个模块组成。

① 研讨任务库管理。一次研讨即为一个研讨任务。系统应当支持研讨任务的新建、研讨任务和专家分组关联关系的建立、研讨任务的目的输入、研讨任务和保障方案的关联关系建立等功能。

② 专家库管理。支持对专家基本信息的管理,如姓名、职务、年龄、单位、专业特长等;支持对专家在研讨任务中的角色管理,包括设置专家在研讨中的分组、角色(组长/组员)、意见权重等。

③ 保障方案库管理。对需要进行研讨的无人机综合保障方案,进行形式化表示,并入库存储,用于专家在研讨过程中进行查询分析。

④ 参数体系设置。鉴于无人机综合保障方案的组成结构较为复杂,具有多个层级、多种组成要素,对保障方案的评估也需要考虑资源约束、费效比、保障效果、时间约束等多重评估标准,需要考虑维修保障能力、弹药保障能力、器材保障能力等因素,所以系统应当支持采用图形化的方式,建立和管理具有复杂树状结构的指标体系,并对指标体系的权重进行管理。

⑤ 信息库管理。对编成、装备基本信息、想定、书籍资料等基础数据进行管理,提供入库、信息的增删改、信息组织方式维护等功能。

3. 硬件结构设计

硬件资源是使用过程无人机综合保障方案评估系统的物质基础,一系列保障方案评估的研讨活动及系统功能的实施都必须依靠硬件资源的支持。硬件设备组成主要包括智能会议数字系统硬件、多媒体中央控制系统硬件、液晶显示单元、音频扩声系统、用户终端设备、服务器组,可以实现专家讨论发言、同声传译、红外线语音分配、远程电话会议、投票表决、摄像跟踪、数据库存储等功能。如图 4-60 所示。

(1) 智能会议数字系统硬件:主要包括智能数字会议控制主机、智能数字会议扩展主机、发言单元、同声传译单元、红外线语音分配设备、摄像跟踪设备。

第4章 无人机系统综合保障方案评估

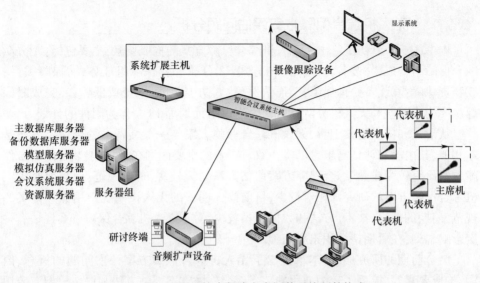

图 4-60 无人机综合保障方案评估系统硬件构成

（2）多媒体中央控制系统硬件：主要包括中控主机、无线触摸屏、无线接收器、电源控制器。

（3）液晶显示系统硬件：主要包括液晶拼接显示单元（包括拼接处理器）、液晶电视、投影机、视频矩阵、RGB（Red，Green，Blue）矩阵、RGB 分配器和监视显示器。

（4）音频扩声系统硬件：主要包括音箱、功率放大器、调音台、均衡器。

（5）用户终端设备：参与保障方案评估的研讨成员均配有终端显示器、计算机与网络相连，用以各种声、像、文字的显示与传送，并配有打印复制设备。

（6）服务器组：包括主数据库服务器、备用数据库服务器、邮件服务器、模型服务器、模拟仿真服务器、会议系统服务器及资源服务器等。主数据服务器负责数据的存储管理、安全性管理和完整性管理。备用数据库服务器在主数据服务器出现故障或遭到破坏时启用。邮件服务器通过连接专用网络，实现信息资源的传送、接收、存储管理，为研讨成员之间的经验交流、观点对碰提供渠道。模型服务器为无人机综合保障方案评估提供研讨流程模型、评估方法模型、仿真模型，实现模型的远程跨平台调用、模型的集成和重用以及模型的动态组合。模拟仿真服务器可用于对无人机综合保障方案评估进行预测、分析和评估，也可以对无人机综合保障方案评估结果进行模拟验证。会议系统服务器控制无人机综合保障方案评估的研讨进程，实现研讨过程中与其他服务器的信息交互。资源服务器为研讨成员在无人机综合保障方案评估过程中调用系统里的资源提供响应。

4.4.4 无人机综合保障方案评估问题分析

本书3.5.6节初步给出了无人机综合保障方案的构成要素,主要包括:①分队综合保障组编成;②装备保障原则与方式;③分队综合保障组任务;④保障关系;⑤物资保障;⑥装备修理保障;⑦通信保障;⑧防卫保障;⑨警戒保障;⑩完成时限等主要构成要素和无人机分队综合保障组编组计划等18个作为附件的计划。

从形式和构成要素上看,无人机综合保障方案与一般装备的综合保障方案基本相似,其内涵和评估需求也基本一致。二者的主要区别在于,一般装备的综合保障方案研究较为成熟、综合保障方案评估方法研究较多,相对规范;而当前对无人机综合保障方案的研究则相对较少,目前尚无明确的无人机系统使用保障方案的规范,前期的理论、技术、方法和数据积累较少,对于无人机综合保障方案评估有一定影响,需要在后期持续积累和完善。

结合前期的研究成果,本章提出了无人机综合保障方案评估问题的概念、内涵、构成要素等,梳理了较为通用的装备综合保障方案评估方法和评估模型。应用上述方法和模型,基于综合研讨厅思想,给出了无人机综合保障方案系统设计的需求、目标、原则和分析设计,以期对无人机综合保障方案评估理论方法和实施手段提供可资借鉴的整体思路。借助本章提出的评估方法、评估模型和评估系统设计,可以为无人机综合保障方案评估问题提供较为完整的解决方案。

第5章
无人机系统综合保障组织实施

科学技术的进步推动武器装备的发展,必然推动武器装备综合保障的变化。装备综合保障是装备发挥其作战效能的前提和基础,是保持和巩固装备战斗力的重要因素,和任何事物一样,无人机系统综合保障也有其体系构成。本章首先介绍综合保障系统建设,其次重点分析综合保障力量的组织机构,最后介绍无人机系统使用保障和维修保障的组织实施。

5.1 综合保障力量构成与建设

无人机系统综合保障方案是指贯穿无人机系统论证、研制、使用、退役全寿命周期,对保障人力资源、保障信息资源、保障物质资源以及保障业务活动等进行的描述,是无人机建制单位开展装备保障业务活动工作的依据。其目标是采取各项保障措施,及时为装备使用、装备保障提供有效而经济的服务,确保装备战斗力的形成、保持和提高。

依据无人机系统综合保障要求,构建无人机装备综合保障系统,形成装备综合保障力量,有效保障无人机系统管理、训练、战备等平时装备活动,也可用于无人机系统非战争军事行动和作战行动的保障活动。保障活动是围绕诸多与保障工作密切相关的因素进行的,诸多因素相互联系、相互作用就形成了保障系统,即装备综合保障系统是指各级装备保障机构、各类保障人员,利用包括保障法规、保障信息、保障装备、保障设备、保障设施、保障经费等在内的各种保障资源,为保障装备进行的各种作业行动,保障各要素相互联系、相互作用,形成的一体化有机整体。无人机综合保障系统一般按照通用与否,可划分为专用保障和通用保障两部分,通用保障部分包括车辆保障、机场设施保障等,专用保障部分包括综合检测、转场运输、模拟训练等要素。

要充分发挥无人机系统的作战运用效能,形成装备战斗力,必然依赖科学可靠的装备综合保障,即需要建设各组成要素相互协调的无人机综合保障系统。无人机系统组成复杂、涉及学科领域广、维修难度大;同时,无人机系统推陈出新,不同型号装备不断配属使用单位,要求具备与其使命任务相适应、与相应作战体系相衔接的综合保障体系,优化配置保障资源,以尽可能少的人力、物力等投入,最大限度地提升装备保障效益,确保无人机系统有效形成战斗力。装备保障的发展与装备综合保障力量建设的水平密切相关,与保障理论、保障体制、保障机构、保障人员、保障设备、保障设施、保障训练等建设水平同步协调。本书基于军地一体化保障,围绕组织体系、运行机制、配套资源以及核心保障能力等,论述无人机系统综合保障力量的建设问题。

5.1.1 综合保障组织体系

　　美军将装备保障作为一种指挥职能,设置有相应的组织机构以保证实现相应职能。无人机系统作为一种空中装备,使用保障任务重;同时系统组成复杂,维修保障任务重。因此,必须构建科学合理的装备综合保障组织体系,通过机构配置、权责划分及规章制度等,理顺上下级隶属关系、明确权力责任划分,以确保装备保障工作的顺利开展。相应地,装备综合保障组织体系必然受单位组织体制、装备保障现状和装备体制等的制约与影响。一方面,无人机系统一般组成庞大、技术复杂、手段先进,仅依托军方保障力量难以更好地完成使用保障、维修保障任务。因此,需要把地方相关的人员、设施和技术等保障资源纳入军方的综合保障系统,建立军民一体化装备综合保障体系,统筹规划,优化布局,充分利用地方的各类资源。另一方面,要结合部队转型建设,加快装备保障体制的改革,满足当前实战化训练需求,适应未来信息化作战发展,简化保障环节,构建由基地级和基层级构成的二级保障体制,提升装备保障工作效率,有效促进无人机系统综合保障能力的形成。

　　综合保障组织体系应与部队作战指挥体制、领导管理体制相适应,并综合考虑社会经济、军事科技等发展水平,进而明确无人机系统综合保障组织体系的机构设置、指挥控制关系等,即无人机系统军民一体化综合保障要适应军委—军种—部队(战区—集团军—基层分队)的领导管理体系、军委—战区—部队(战区—集团军—基层分队)的作战指挥体系。基于保障一体化、运行规范化、管理现代化的目标,统筹研究地方经济建设相关体制与军方装备建设相关体制的内在联系,综合考虑保障作业流程、保障任务分工、保障资源配置等,从业务作业力量和指挥管理力量等方面分析综合保障组织的构成、分工、权职及部门间相互关系,构建"军民一体、平战结合"的无人机系统综合保障组织体系,达到集中统一领导、结构层次分明、职责任务明确、上下关系协调的要求,确保顺畅高效地完成无人机系统综合保障工作。战时,应针对无人机装备技术特点,结合保障力量编成、作战任务及其执行方式,以及作战方向、地理条件等,确定综合保障组织管理体系,以有效行使保障指挥管理职能,高效地完成无人机系统遂行作战和其他任务。

5.1.2 保障资源配套建设

无人机系统综合保障配套资源建设涉及多个方面，具体包括保障设施与设备、保障人员、保障资料、备件与器材等，是完善无人机系统保障技术手段、体制机制必不可少的，是确保无人机系统综合保障有效运行的保证。为使无人机系统具备科学优化的综合保障能力，一般从论证设计阶段开始，就全面考虑无人机装备列装服役之后的综合保障问题，开展装备保障性的分析与设计，实施综合保障系统同步建设，以满足无人机系统关于综合保障的要求。

1. 保障法规制度

无人机装备实施军民一体化保障，吸收各类社会保障资源参与军方装备保障，只有构建系统完备、层次清晰、内容完善的法律法规制度，以立法的形式，明确规定平时/战时军民一体化保障的具体原则、要求、方法、标准、限额、奖惩等方面的内容，才能从根本上规范约束无人机系统保障活动中的各项行为，一方面保护军方利益、体现军方意志；另一方面在保证地方单位经济利益的基础上，促其切实履行军事责任义务，确保军民一体化保障工作机制能够稳定有效地运行。通过制度创新，充分激发军地双方推进军民一体化保障又快又好发展的积极性和创造性。装备保障制度法规是保障方针、保障体制、保障方式的具体化，一般可将保障法规体系从三个层次分为法律、法规和制度，形成一个涵盖无人机系统论证设计、试飞生产、在役使用、退役报废等全寿命周期的可操作性强、系统完备的装备保障制度体系，具体包括相关政策法律、条令条例、规章制度、技术文件等，可分为基础法规制度、技术法规制度、管理法规制度、运用法规制度等，有效地对无人机系统从设计、生产、使用到报废整个流程进行管理，确保无人机系统综合保障工作有章可循、有法可依。

第一层次是政策法律，首先包括关于实行军民一体化装备保障，国家制定颁发的有关方针政策，以及全国人大审议通过的调节军队与地方有关部门相互关系、职责等方面的法律，作为军民一体化保障的主要法律依据和基本指导方针。其次是进一步补充和细化，专门制定的法律，用以明确规范军民一体化保障相关问题。第二层次是法规规章，是指由军委、各军种总部以及有关地方部门制定颁发，包括《军队装备条例》《装备维修工作条例》等规章制度，以及专门规范军民一体化保障有关资质认证、合同管理、过程监控、综合评估等方面的法规规章。第三层次是标准、办法、细则，依据无人机相关领域内国家、军队的法规制度，由相关部门负责制定规范，主要包括设施设备技术规范、维护保养规范、装备管理规范、飞行管理规范、信息技术规范、关于加强军民一体化保障的办法和实施细则等，对有关无人机系统综合保障的组织结构、训练、器材供应、质量保障、安全管理等在法规上作统一规定，是具体工作的行动指南。每个层次的法律或法规效力不同，下一层次服从于上一层次，国家制定颁发法律或法令居于主导和支配地位，其他依次弱之。

2. 保障人才培养

推进无人机系统保障体制的改革,提高装备综合保障的效率,关键是提高保障人员的素养。保障人员是实施装备综合保障活动的主体,是基础的、重要的要素,保障人员素质的高低直接关系到装备综合保障的总体水平。依据"三位一体"的思路,制定科学合理的装备保障人才培养方案计划,构建由军队院校培训、在职训练依托装备生产厂家培训等组成的训练体系,培养高素质的无人机系统装备管理、保障人才,并根据维修机构的级别和无人机保障涉及的技术专业,合理配备保障人员。培养的人才包括复合型装备管理人才、综合型装备保障人才,同时应做好人才储备工作,建设无人机系统军民通用技术人才储备库,满足装备人才征召储备制度要求,依据军方需求和地方人力资源情况,分专业尽可能多地储备保障人员。在人才培养措施方面,借鉴外军装备管理人才培养的经验,引进地方成熟有效的管理方法与经验,坚持多法并举,充分利用军地院校和军工厂、科研机构的力量,开展各种形式的培训活动。一方面由院校进行学位学历教育,在强化专业学习的基础上,奠定终身学习的基础;另一方面注重在职训练学习,定期开展培训,选送人员到装备厂家、军地院校等单位进行系统学习,开展高水平的装备保障技能训练;注重部队集训、临战训练,发挥"传、帮、带"作用,强化基本保障技能。还可以邀请军地专家、技术人员等进行讲座、培训、技术指导等,接受新知识、学习新技能,完善装备保障业务建设。同时,要注重强调装备人员的自身学习,开展相关理论和技术应用的研究,包括装备运用保障新理论、保障新技术的研究等。结合新装备的列装、新理论的实践、新技术的应用,对装备保障人员进行知识更新和技能提升,不断造就适应保障技术发展的综合型优秀人才,实现装备保障建设的可持续发展。

3. 装备技术资料建设

装备技术资料除包括随装技术说明书、维护说明书、操作说明书和图纸资料外,还应包括在装备使用维护过程中形成的一些资料,如履历书、装备使用日志、状态检查记录、维修记录和经验总结等。针对无人机系统,一般编写的保障技术规范资料包括装备操作规程、构造与维修教程、维护保养规程、修理技术规程、维修图册、故障手册、维修器材目录、维修任务分配表、维修质量检验验收要求、维修器材消耗标准、战场抢修手册、检定规程等。技术资料规范了相应工作的项目、时机、周期、内容、方法和程序、技术要求等,反映装备使用、维护、修理时应当遵循的规律、流程,是用户使用、维护、修理和管理无人机系统等综合保障工作的依据和技术基础,应按照"实用配套、完整准确"的原则编写。

针对技术资料,一般通过交互式电子技术手册(IETM),将系列使用保障资料(主要包括维护保养规范、图册、技术手册、维修手册等)进行数字化、信息化管理,以用户友好的界面方式,为部队使用及保障人员提供非常直观、生动、方便的技术资料查询工具(文字、声音、影像、图片等);同时定期记录装备的状态检测信息故障处理信息以及其他变动信息等,并及时将这些信息补充完善到电子技术手册等载体或平台上。使用者通过与IETM的互动,能够及时获取技术信息导航、维修过程向导、备件供应数据等与装备使用、维修保障相关的帮助。

4. 保障设备建设

保障设备是实施装备综合保障的工具和手段,包括用于无人机系统维护保养、飞行训练、作战运用的各种配套保障装备,各种测试、测量、诊断仪器设备和各类工具等。无人机系统检测项目多、测试精度高,能否做到安全飞行,顺利执行任务,关键在于综合保障工作的质量和效率,其中前提之一是保障设备的建设、使用。保障设备和工具应根据无人机系统的特性、使用要求和保障需求,与各维修机构的保障任务相适应,以确定其种类和数量,保障单位级别不同,配备的设备、工具等不同。例如,对基层使用分队一般配置较为简单易用的设备,包括检测维修设备、飞行保障设备、飞机供电设备和其他配套保障设备等。在实际配属保障设备和工具时,应尽量减少种类、规格和数量。

通常,首先在无人机系统论证设计时,装备研制生产部门应根据无人机系统的编制、作战任务、使用环境、人员技术等级、装备保障方案等,提出检测设备、维修设备等设备功能、类型、规格和用途,加强对保障装备、设备和工具的研制,利用无人机系统试飞、试用的时机,开展保障装备、设备和工具的使用评估,收集相关问题和建议,加以改进完善,并与无人机装备配套列编,为基层部队提供设计合理、性能科学、配套齐全的保障装备、设备和工具。其次,科研院所和基层部队应针对已列装无人机系统保障设备和工具,进行使用和持续评估。对于缺乏的保障设备和工具,使用单位可联合科研院所、装备厂家等单位,研制补充相应的保障设备和工具;对于功能不合理、性能较差的保障设备,及时进行技术改进和改造,以满足无人机系统综合保障的需要;同时应注意保障设备和工具的通用化、系列化、标准化,尽量少用专用保障设备。另外,针对战时需求,结合无人机系统使用保障特点,注意保障设备的机动化、便携化和野战化。

5. 保障器材备件建设

保障器材是指无人机飞行使用、维护所需备件和消耗品的统称,包括飞行油料、发射火工品、装备配件和修理工具等。作为实施无人机综合保障的物质基础,器材备件供应、储备水平的高低,将会影响装备综合保障效能的发挥。因此,要抓好无人机装备器材备件的筹措、供应、储备和管理等活动。在保障器材筹措方面,首先是在无人机系统方案论证与设计阶段,就应考虑备件、消耗品等的论证与设计,同时考虑器材备件包装、运输等方面的要求和解决方案,通过综合评估、试用完善后列入随装配属计划;其次使用单位根据飞行训练、执行其他任务和未来作战时的综合保障需求,论证研究亟须的装备器材备件,通过装备生产厂家、科研院所与使用单位协作,论证必需备件、开发研制新的器材,满足无人机飞行、维修保障需求,同时应制定战储备件方案和维修器材目录等。在保障器材供应方面,要重视器材备件供应链建设,依托装备保障管理平台,及时收集、掌握无人机系统数量及其技术情况、器材备件的消耗量和储备量,在把握器材备件消耗规律,预测其消耗的基础上,结合使用单位的保障任务、飞行架次等,确定器材备件的种类和数量,借鉴射频识别、卫星定位等现代物流技术,有效地计划、组织、协调保障器材的筹措、储备、运输和管理等活动。依托网络开发建设装备保障管理平台,实现无人机装备保障器材供应管理的信息共享、上下联动、行动协同;同时,注意现代物流的应用,采取点对点直供方式,推动器材保障向精确化方向发展,逐步做到敏捷、高效、精确、经济。

6. 保障信息系统建设

当前,云计算、大数据、网络、卫星通信等技术的发展,为装备保障信息化网络平台开发建设奠定了基础。基于保障信息网络化管理,装备保障力量联结、合并、模块化构建,确保装备保障力量的作用有效发挥,加强与作战指控平台衔接,促进装备保障向信息化、精确化、智能化的转变。装备保障信息化平台的建设,基于装备保障基础、保障技术和保障管理等标准,依托全军信息化系统,以完整、准确、实时的信息流为核心,通过全系统、全过程、全方位的装备信息、保障信息等共享,实现作战指挥机构、使用单位和保障单位无缝连接,有助于无人机装备保障的指挥控制和统一协调的实施,有效提升无人机系统的战斗力。针对军民一体化保障,在采取保密措施的基础上,通过装备保障信息化平台的建设,将军方保障组织机构与地方相关保障机构联系在一起,通过相关保障信息交换共享,及时将使用方相关的保障需求信息传递至无人机装备承制单位,使得使用单位及时得到来自装备承制单位的技术支持。

装备保障信息化平台一般包括网络管理系统、指挥控制系统、保障信息库、视频会议系统、远程维修系统等,为保障指挥、物资保障、技术保障等提供服务。其中,保障信息库包括保障专家库、保障设施设备库、器材备件库,以及装备基本信息、装备维修信息等,促进装备保障的组织与指挥、维修资源的合理配置与调度;远程维修系统包括虚拟维修系统、远程测试与诊断系统等,实现远程诊断与维修、技术支援。依托平台可以实现装备保障可视化指挥、备件动态查询、保障辅助决策、远程专家技术支援、远程测试与诊断、网络化技术培训、远程学习与训练等功能,有效提升无人机系统综合保障效能及快速性和精确性。

5.1.3 综合保障运行机制

良好的系统运行机制是无人机系统综合保障科学实施的前提,是构建装备综合保障系统的重要环节,对于开展各项保障作业任务,全面提升装备保障能力具有重要意义。针对军民一体化保障,围绕装备保障指挥、保障决策咨询、保障管理协调、保障信息交流、保障监督评估等机制,从军地协调共管、合同保障、实施作业、费用管控、质量控制、资源优化等方面研究,面向装备论证设计、研制生产、使用维护等全寿命周期各环节,融合陆、海、空等兵种保障体系,优化保障任务分工,协调开发、配属保障资源,合理培育、利用保障力量,提升无人机系统全寿命保障能力。

(1) 装备保障指挥机制。以构建军方为主导的行政管理体系和技术管理体系为切入点,按照责任清晰、分工明确的要求,将全军各级保障机关、地方相关保障单位、地方装备承制单位等纳入管理体系,依托装备保障信息化管理平台,实现指挥机构、保障力量和保障对象之间的信息联通,完成保障指挥指令下达、保障信息的获取等。同时,将新型无人机系统论证单位、承制单位等统一纳入装备保障技术管理体系,加以管理和使用。

(2) 保障决策咨询机制。及时收集、整理装备保障信息,通过对保障力量、保障资源、保障能力等进行计算,拟制装备保障预选方案,为保障决策提供支持。在机关指导下,依托装备保障信息化平台,建设无人机系统保障专家库,明确各位专家的技术特长、所在地理区域等,并不断修订、充实完善。针对装备保障具体问题,一方面自主或按需指定专家,保障现场与专家无缝连接,直接沟通交流,充分发挥专家决策咨询的作用;另一方面根据装备训练、保障需求,基于平台信息,能够快速形成装备器材备件供应策略,依托军事物流系统,及时、快速、准确地满足基层需求。

(3) 保障信息交流/管理协调机制。基于网络技术,建设装备保障信息化平台,将总部机关、装备使用/保障分队、科研院校、装备厂家等连为一体,进而建立保障信息交流/管理协调机制。一方面通过视音频交互,实现远程技术支持;另一方面通过联席会议,重大问题会商、情况通报、联合办公等手段,充分发挥军地承保单位结合的整体合力,促进沟通与协助,及时协调解决保障中遇到的问题和矛盾。

(4) 保障监督评估机制。针对军民一体化保障,应加强任务监督检查,强化刚性约束和执行力,逐步形成完善统一的评估方案、评估步骤、评估标准,重点对作业质量、保障效益等进行评估,确保服务高效性;按照全过程管理的要求,重点对地方单位资质、合同签署、合同过程管理、服务质量、经费使用等环节进行监督;针对保障训练,建立考评标准、考评方法等督查依据,同时注意定性考评与定量考评相结合,确保训练落到实处、取得实效;注重评估效果的质量控制,及时解决工作中遇到的问题和矛盾,促进装备保障质量和水平的整体提升。

5.1.4 核心保障能力建设

军地一体化装备保障实施过程中,军方保障力量是无人机系统综合保障的主体,是开展平时/战时保障工作的主要力量,地方保障力量是补充、援助和后备的力量。军方建制力量必须保持和拥有自身的保障能力,只有加强军方核心保障能力建设,才能确保军方的主要职能不变、基本保障任务不变,积极地引导、吸纳地方的优势保障力量有效地纳入我军的装备综合保障体系之内,切实有效地利用地方保障力量,作用发挥到最大。另外,在装备保障法规制度制定中,应明确建制力量的核心保障能力相关规定。围绕无人机装备实战化训练、完成相关非作战性任务以及未来作战任务的保障需求,统筹协调军民一体化装备保障工作,明确双方所需的保障体系、手段、能力,划分给军工企业等地方保障力量的保障任务的内容和数量必须确定以某种形式(如保障合同)明确;军队的核心保障能力和核心保障任务等必须确定,以满足实战化训练需求、信息化作战需求。

  核心保障能力是指在执行具体作战任务时,为保持装备体系的战备完好性和任务持续性,降低费用和资源消耗,军方保障力量所必须具备的最重要、最基本、最少的保障能力。军方保障机构立足自身的物质基础、维修技术、管理水平,最大限度地发挥保障人才、设备设施、经费、保障信息等资源要素的优势,形成一系列内部互补、动态的、有机的、相对独立的保障技能与本领。按照无人机装备保障机制,在基地级层面,加强无人机系统综合保障基地建设,形成无人机装备大修和远程支援保障的能力;在基层级层面,把更新观念、培养人才和优化机制作为核心保障能力建设突破口,形成机动保障和战场抢修能力。一是注重自我发展,以无人机系统综合保障系统为建设主体,突出强调抓好保障系统建设,发展自身保障能力,向精确保障、主动保障转变;二是突出融合式发展,统筹利用军队和地方部门的相关保障力量,提高装备保障的平战结合程度,确保战时地方保障力量能够快速转化为一体化装备保障能力,增强地方保障力量建设的针对性。

5.2 典型综合保障力量机构

  无人机系统军地一体化综合保障必须统一领导、统筹谋划、分工协调,构建科学高效的组织机构,将装备保障任务按领域分解到军地相关职能机构,加强部门之间的协调联系,建立完备的装备保障工作运行机制,以确保无人机系统综合保障相关工作的顺利开展。

5.2.1 基本概念

1. 组织

  组织是指为实现特定的目标,由诸多要素按照一定方式相互联系起来的系统。一般而言,组织的目标明确、结构稳定、权责清晰、活动协调,与外部环境关系密切。这里所说的组织,是指为了实施装备保障目标,各级保障力量互相协作结合而成的集合。组织的建立应遵循目标一致、层次分明,领导统一、分级管理,分工负责、协调配合,职权明确、任务专业等原则,建设层次分明的机构,提高组织内部的层次性、明确性,增强对外的柔性和敏捷性;明确各级机构的职能和责任,确保赋予的任务能够在既定的时间内完成;厘清组织机构的属性,促进组织的管理、分析、优化,实现机构与人员的优化配置。

2. 组织架构

组织架构是进行保障机构设置、保障职能规划,以及保障业务活动开展的结构依据。为了实现无人机装备综合保障,对装备保障力量进行合理配置,明确保障力量活动的条件,规定保障力量活动的范围,形成科学的分工协作体系。组织一般有任务小组型、直线型、直线职能型三种基本类型。直线职能型组织按职能来进行机构部门分工,从顶层到底层,将联系紧密的业务活动及相关人员归类组合在一起,设置相应的机构部门,并赋予相应职务。直线职能型组织可抽象分为两种:一是在组织体系的每一层均设置一个单独的指挥协调部门,如图5-1中F1、F11,协调其他部门之间的相关业务活动,指挥协调指令传递其他部门,部门之间不再单独进行沟通;二是在每个部门中设立指挥协调岗位,负责该部门内部的协调工作,然而跨部门的协调工作则由上级部门之间负责。

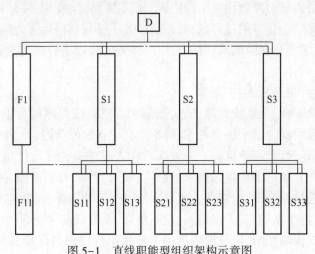

图5-1 直线职能型组织架构示意图

3. 组织层级

无人机系统军地一体化综合保障组织层级,从职能层面看,可分为保障决策层、保障管理层和保障执行层三个层次,如图5-2所示。

保障决策层力量由军地相关决策部门组成,包括军委总部相关部门、国家相关部委、军种装备部门和军工企业在内的决策机构。该层任务主要完成装备综合保障的顶层设计,包括装备保障法规制度制定、保障体制和运行机制的确定、保障机构职责义务的界定、装备保障中长期规划制定、装备保障年度计划制定等,以宏观控制、检查督导和服务指导为主要工作模式。

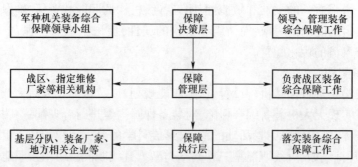

图 5-2 综合保障组织层级示意图

保障管理层力量由军地相关业务机构组成,包括由战区装备部门、地方有关企业等单位的管理机构,该层任务主要包括上级指示精神落实、保障制度建设、保障计划制定、保障资源部署、保障条件建设、保障行动协调、保障质量管理等,以任务分工、工作指导、监督评价等为主要管理模式。

保障执行层力量由军地相关单位组成,包括由军方装备相关部门、装备研制单位和地方合同保障企业等的执行机构,该层任务主要包括保障能力建设、保障需求提报、保障任务落实和保障效果评估等,以具体落实和依法管理为主要工作模式。

5.2.2 研制阶段的组织机构

贯彻装备全寿命、全系统保障思想,依据无人机系统保障能力生成规律,在装备设计研制过程中就应着手综合考虑、科学论证装备保障问题,使无人机系统设计得能够保障、便于保障、高效保障。一方面对无人机装备论证设计施加影响,改善装备的保障特性并确定最佳保障需求,使装备设计可靠、方便保障;另一方面开展装备综合保障系统综合设计,在无人机系统研制生产的同时,开发与筹措合理实用的保障资源,包括制度制定、人员培训、设施规划、设备研发、技术资料编写等,构建无人机装备综合保障系统,以最低费用满足使用单位使用与保障的管理和技术活动,保持无人机系统战备完好率。因此,应联合无人机系统使用方和研制方成立相关机构,如项目办公室等,负责装备综合保障工作;还应配套规划成立装备综合保障协调机构,协调装备研制相关单位和无人机使用单位的工作。

1. 项目办公室

在无人机系统论证设计阶段,组建项目办公室,牵头组织开展无人机系统的设计论证,并完成对项目进行管理、监督、协调和服务;同时全权负责型号装备的综合保障工作,并应指定专人负责。办公室专家组人员应包括装备使用、维修保障人员,让其全面介入无人机装备论证设计、研制生产过程,确保综合保障系统的建立与优化。相关保障工作主要完成对无人机系统质量特性和保障需求论证,确保装备保障体系符合未来作战任务需要。建立科学合理的管理运行机制，使装备综合保障系统与无人机装备同步论证、同步设计、同步研发、同步生产、同步配属装备使用单位。针对无人机装备综合保障工作，项目办公室的主要工作如下：

（1）在立项论证阶段，提出无人机装备保障的目标与约束，提出无人机装备可靠性、维修性、保障性、测试性、安全性等方面的要求；规划装备初始保障方案。

（2）在装备方案阶段，进行无人机装备可靠性、维修性、保障性、测试性、安全性等方面的分析工作；规划综合保障计划。

（3）在工程研制阶段，指导开展无人机装备可靠性、维修性、保障性、测试性、安全性等方面的设计、评估与试验工作；确定装备综合保障需求；制定、完善并实施装备综合保障计划。

（4）在生产阶段，完成保障设备、器材的开发与筹措，相关技术资料编写，装备人员的培训等，基本完成装备使用与保障前的各种准备工作；完成无人机装备战备完好性评估工作。

（5）监督和评估综合保障工作，实施项目全过程质量管理，进行项目文件档案管理等。

（6）认真完成上级机关交办的相关工作。

2. 承制方装备保障管理机构

装备承制单位应组建综合保障管理机构，负责无人机装备论证设计、研制生产阶段的装备综合保障工作。一般还应该指定一位统筹协调综合保障工作的人员，以便装备设计生产工作与装备保障工作的协调，以及飞机专业、飞行控制专业等不同专业间的协调。综合保障管理机构的主要职责如下：

（1）制定无人机装备综合保障工作计划，并组织实施。

（2）制定无人机装备可靠性、维修性、保障性、测试性、安全性等方面分析计划，并组织实施；制定装备综合保障方案，制定保障资源建设计划。

（3）组织实施装备可靠性、维修性、保障性、测试性、安全性等方面分析、设计、试验与评估工作。

（4）组织开展保障设备、器材的开发、试用、完善，装备技术资料编写，装备人员的初步培训等，基本完成装备使用与保障前的各种准备工作。

（5）监督和控制装备单位综合保障工作的落实，实施保障工作质量管理。

3. 综合保障协调机构

为协调无人机装备研制、使用等相关单位的工作，应组建综合保障协调机构。该机构成员应包括军方保障机关、无人机使用单位、装备承制单位和地方合同保障单位的人员，机构领导由项目办公室中装备使用方主管综合保障的领导、装备承制方型号副总设计师担任。综合保障协调机构的主要任务是加强无人机装备承制单位、使用单位和保障单位之间的联系，组织协调装备综合保障工作，解决工作中遇到的问题,对综合保障工作进行审查,为装备寿命周期各阶段转化决策提供依据。

5.2.3 使用阶段的组织机构

无人机装备使用阶段,装备综合保障工作主要有保障活动的实施、保障信息的收集与反馈、保障系统的完善与优化等。在装备综合保障具体实施过程中,综合利用军地双方的保障资源,统筹协调军地双方的保障力量,有效完成装备综合保障任务,减少保障人力和装备寿命周期费用,提高无人机装备的战备完好性和飞行任务成功率。

从保障力量的来源看,军民一体化综合保障力量由军方建制保障力量和地方保障支援力量构成,如图 5-3 所示。按照模块化、集约化、复合化的要求使用军民保障力量,战时,通常将军方基层保障力量作为无人机装备保障伴随保障力量,军方基地级保障单位、地方相关单位保障力量作为无人机装备支援保障力量。军方建制保障力量是军民一体化保障力量的主体,是实施装备保障的骨干,包括陆、海、空、火箭军和战略支援等军种保障力量,军种保障力量由军种机关保障力量、直属单位(研究所、院校、保障中心等)保障力量和相应兵种保障力量组成。要结合无人机装备的保障特点、发展需要,调整完善装备使用人员与装备保障人员、现役军人和文职人员、保障单兵与技术军官等比例关系,确保装备保障队伍形成一个有机整体。地方装备保障力量是军民一体化装备保障力量的重要组成部分,包括承制单位保障力量、合同保障企业保障力量等,地方保障力量规模和作用的大小,取决于其装备保障水平,以及保障动员机制。

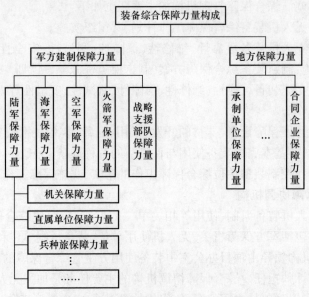

图 5-3 综合保障力量构成示意图

从装备保障力量的职能看,装备综合保障力量可分为保障指挥力量、专业保障力量、保障辅助力量。装备保障指挥力量主要完成综合保障活动的组织指挥,主导、支配和调节装备保障活动,使各种装备保障力量形成行动统一的保障力量;专业保障力量主要完成各项装备保障业务实施。保障辅助力量是装备综合保障不可缺少的辅助力量。在无人机系统综合保障体系中,要合理地配置和使用军地双方保障力量,使各级保障机构能以有效实用的方式辐射整个无人机系统保障区域。

1. 军地联合保障办公室

针对军民一体化装备综合保障,顶层应组建军地联合保障机构。该机构由军方相关部门和地方军工企业等联合成立,宏观指导军民一体化装备保障工作,编制装备保障顶层规划,制定并颁布军民一体化装备保障的基本法律、法规、制度等,合理划分军队建制保障力量和地方保障力量保障任务。军地联合保障机构下设军地联合保障办公室,协调军地双方一体化装备保障力量的使用,以及对地方企业资质认证、保障需求估算、保障计划制定、保障经费预算、保障任务分配、保障合同签订、保障活动的监督、管理和评估。军地联合保障办公室的具体任务如下:

1)装备保障协调

对军方装备保障需求和承包方装备保障能力进行评估,完成装备保障承包方的资质认证。无人机装备保障需求汇总,制定装备保障计划,进行经费预算,装备合同签订,保障合同下发相关执行单位。

2)装备保障监督

对装备保障合同履行情况进行实时监督管理,协调军方与合同保障方的关系,对装备保障合同内容执行情况进行监督,督促合同按时限完成,确保合同任务能够及时完成,并保证装备保障服务的高质量。

3)装备保障动员

完成装备保障力量的平时积累工作,依据完成装备保障任务的评价结果,对装备保障承包方进行评估,选择战时装备保障承包方。对于没有达到战时装备保障要求的承包方,应督促其建设,提升装备保障水平,满足参与战时装备保障的要求。

2. 建制保障力量组织

针对军方建制保障力量可分为战略、战役和战术保障力量,战略保障力量包括兵种研究所、装备保障中心、器材供应站、后方仓库等;战役保障力量包括战区装备保障大队、战区后方仓库、集团军保障单位等;战术保障力量是指军以下保障力量,各级力量组织主要完成无人机系统的后勤保障、战斗保障、装备保障等工作。根据保障力量的性质和功能,其可分为保障指挥力量、保障科研力量、保障训练力量和保障业务力量,如图5-4所示。

1)保障指挥力量组织

保障指挥力量是指对军民一体化装备保障实施组织指挥的力量,在军民一体

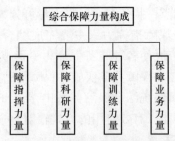

图 5-4　综合保障力量构成示意图

化装备保障活动中起着主导、支配和调节作用,只有通过其准确高效的指挥,才能使各种装备保障力量形成一致的保障行动。应建立上至军委、下至无人机分队的装备保障指挥系统,具备战场态势感知、装备保障分析、战损消耗统计、文书生成传递、信息查询等功能,辅助指挥员定下保障决心,实现战役与战术、指挥机构与保障力量、保障力量与保障对象之间信息共享、互联互通。

保障指挥力量应涵盖全军各级保障机关,即军委、战区、军兵种和军以下部队保障机关、分管有关装备的部门。各部门负责装备修理、装备物资调拨任务弹药、维修器材等任务。在战时,应将装备保障力量、保障物资储供力量、防卫伪装力量统归装备部门指挥,增强装备保障指挥的控制能力和协调能力。保障指挥人员是装备保障活动的决策者和保障进程的控制者,指挥、控制与协调装备保障活动,其具体职责及要求如下:

(1) 保障指挥人员应掌握战斗条令、军事训练大纲等法规内容,熟悉军队作战、联合作战的基本理论。

(2) 熟悉无人机装备战技性能及作战运用的方法,掌握本级装备保障力量状况。

(3) 掌握无人机装备保障等计算的内容与方法,可以完成装备保障任务预计,装备保障能力、保障力量需求、保障资源需求的计算。

(4) 能够标绘装备保障部署图和进程图。

(5) 能够利用装备保障信息化平台,及时掌握无人机装备保障相关信息,领会上级意图,做出合理决策,合理分配保障任务,拟制装备保障命令、保障方案。

(6) 战时掌握判断敌情、我情、战场环境的方法与内容,掌握作战行动对装备保障的要求,科学编组和部署各种保障力量,在各项作战任务中充分发挥保障力量的作用。

2) 保障科研力量组织

装备保障科研力量主要从事装备综合保障相关科研与技术革新活动,这是装备保障工作中一项基础性、创新性、经常性的重要工作。装备科研力量涉及装备保障科研管理部门、兵种研究院、院校、装备使用单位、装备保障单位装备承制单位等。保障科研研究活动主要包括:

(1) 装备保障理论研究,深入分析无人机装备保障的规律和特点,为装备保障实践提供理论指导。

(2) 装备保障体系与模式研究,研究新的保障体制、方式、制度在无人机装备保障领域的运用,以满足作战任务和装备发展的需要。

(3) 装备保障技术研究,紧跟维修保障技术的发展,研究实施保障工作的方法、技术手段等,包括以可靠性为中心的维修保障技术、装备战损评估与修复技术、装备故障预测与健康管理技术、装备保障信息化技术(全部资产可视化、远程维修技术支持系统、基于状态的维修)等。

(4) 熟悉无人机装备发展动态,掌握装备维修新工艺、新材料,积极参与学术交流活动,总结并推广装备保障的新经验和新做法。

(5) 加强飞行事故预测、预防研究,掌握事故发生规律,提升飞行安全。

装备保障科研管理部门可分为两级:一级保障科研管理部门主要是指上级机关相关部门;二级保障科研管理部门主要是指承担保障科研任务单位的相关部门。

一级保障科研管理部门的主要工作如下:

(1) 装备保障法规制度的贯彻执行。

(2) 保障科研计划的策划、组织、协调和管理。

(3) 保障科研项目的申报分配、监督管理。

(4) 装备保障相关标准和有关的计量、质量、科技成果、科技档案等管理。

二级保障科研管理部门的主要工作如下:

(1) 保障科研项目申报、组织、协调和管理。

(2) 保障科研项目经费使用的监督管理。

(3) 保障科研项目全过程质量管理。

(4) 项目科技文档管理和项目结题科技档案归档管理。

3) 保障训练力量组织

保障训练的主要任务是学习无人机装备保障基础理论和基础知识,掌握无人机装备保障技能,培养无人机分队官兵实施装备综合保障的综合素质,提高分队的装备保障能力,为平时开展装备保障、战时组织装备抢救抢修打下基础,不断提升分队装备保障的战斗力。

保障训练力量组织涉及总部相关部门、院校、基层部队和装备承制单位等,分为训练管理机构和训练实施机构。总部相关部门包括军委训管部,兵种机关训练、装备部门等,主要负责研究装备保障训练体系,制定装备保障训练制度规定;研究无人机分队、军方装备保障基地等单位人才的知识体系、能力体系构成,分层次、分类别、分阶段规划保障人才的培养目标、实施方法以及培养周期;加强训练管理,指导、督查训练计划的贯彻落实,提高保障训练质量。

军队院校是无人机装备保障人才培训的主渠道,教职人员的配备应包括具有在基层部队从事无人机装备操作维护经验的现役人员和具有部队代职经历的文职人员。其主要负责落实装备保障人才培养计划,科学设置训练内容,制定人才培养方案,完善教学资料,改进教学系统等。一方面通过学历教育,完成无人机系统专业知识的系统学习,装备保障技能的规范训练,夯实保障能力的基础;另一方面通过短训,抓好装备保障人员的基本理论知识学习和装备保障技能的强化,实现装备人才学历的升级和素质的全面提高。

承训基层部队是指无人机分队、装备保障中心等单位:一是自我组织开展装备教学,学习装备基本知识,培养装备实践技能;鼓励长期在同一岗位上任职的军官或士官进行多能训练,学习相近专业岗位应具备的知识、技能,培养一专多能人才;二是基层部队成立专门培训机构,针对新兵学习无人机系统专业知识,培养装备操作使用能力等;三是可选派相关人员到无人机装备保障中心进行学习训练。

地方承训单位包括装备承制厂家和合同保障企业等。首先负责接装培训;其次举办专项培训班,定向培训部队装备工作中急需的人才;最后开展部队服务工作,赴基层一线,对装备保障人员进行指导、培训。充分发挥社会技术资源和人才优势,以弥补军队系统培训的不足,提高装备保障人才的业务技能,保证装备维修保障的需要。

4) 保障业务力量组织

无人机系统作为新型武器装备,技术先进、系统复杂,为满足当前以及未来装备精确机动、快速、高强度出动和持续保障以及信息化保障的要求,无人机装备一般采用两级维修保障体制。装备保障业务力量注重模块化建设,设计要以任务需求和保障功能为根本依据,在标准化路线指引下,建立与任务和功能相适应的装备保障力量模块,无人机装备保障业务力量建设向"基于任务和能力"转变。

(1) 战术保障力量组织。无人机系统复杂程度不同、组成规模不一般,各兵种配置存在差异,相应的装备使用力量、保障力量编制不同。

下面以某旅为例讨论战术保障力量组织。依据两级维修体制,基层级一般分为基层一级和基层二级。基层一级保障任务主要由装备使用分队承担,基层二级保障任务由装备使用分队和基层保障分队共同承担;基地级保障任务应由合同保障企业或军方装备保障基地完成,一般主要由无人机装备承制厂家完成。

① 基层级保障机关。旅保障机关应根据上级指示,制定本级装备保障的规章制度,制定维修保障计划,监控训练保障任务和维修保障任务的落实;掌握无人机系统的技术状况,熟悉无人机分队人员基本情况。

② 基层级保障机构。旅保障机构包括根据旅属营连的保障力量编成而设定,主要工作是落实无人机装备保障的规章制度,制定无人机系统定期检修计划、修理计划、维护计划和战时抢修方案;指导使用分队开展装备日常检查和维护工作;指导基层维修力量开展维修维护业务,进行故障检测、诊断、定位,完成换件修理等。

③ 企业伴随保障组织。由于无人机系统复杂,涉及专业方向多,仅依靠军队自身的保障力量难以完成无人机系统的战术保障任务,应设置由旅级保障机关和无人机系统承研承制(含总体和配套)单位共同参加的企业伴随保障组织,协调地方研制单位的售后力量,参与执行战术保障任务;对情况复杂现场解决不了的,应协调后方力量实施远程技术支援。

(2) 战役保障力量组织。战役保障力量组织包括战区装备保障机关、战区无人机装备保障机构和集团军装备保障单位等。

① 战区装备保障机关。战区装备保障机关为管理层机构,负责战区内各军种装备保障的组织、管理、训练等,主要任务是抓好上级指示精神、保障规章制度的组织落实,制定装备保障计划,组织协调保障行动、保障工作,建立各军种联合保障机制,解决无人机装备保障的共性问题,提高装备使用效能,并减少全寿命周期保障费用等。

② 战区无人机装备保障机构。战区无人机装备保障机构承担战区保障基地的维修任务,利用配套的维修设施、设备,按照相关技术标准和修理工艺等,对无人机装备进行全面维修,包括系统、分系统、设备、模块的性能检测、调整和修复,以及软件的维护,全面恢复装备的战技性能。

③ 集团军装备保障单位。集团军装备保障单位的主要工作是负责无人机系统技术状况和管理状态的监督检查,监督装备保障计划的落实,领导集团军所辖基层单位的装备保障全面建设和工作。

(3) 战略保障力量组织。军委装备机关部门负责编制全军装备维修保障的规划计划,拟制装备保障工作的政策法规,并组织实施和监督执行;掌管装备维修经费,负责经费的请领、划拨和预算、决算,组织对维修经费的监督、检查、审计;组织装备的技术保障;归口管理全军装备修理机构(工厂)等的全面建设和工作。

(4) 地方部门保障力量组织。无人机系统承制单位应成立产品售后服务部门,主要负责与装备使用单位、军地联合保障办公室协调联系,做好地方相关保障力量的组织和建设,落实好无人机系统的战术保障任务、战役保障任务和战略保障任务;对无人机装备总体研制生产单位和配套单位的各类保障任务的保障效果进行监督和评估等。

5.3 无人机使用保障的组织实施

无人机使用保障是指在装备使用过程中组织开展的一系列保障行动,以保证装备正确动用,充分发挥规定的作战性能。在执行任务时,应根据具体任务和上级的要求,做到有计划、有步骤地进行相关保障工作;要明确相应职责,落实到具体各站和个人。通常包括信息保障、物资保障、通信保障、气象保障、运输保障、场地保障、工程保障、空域保障、技术保障、安全保障等。信息保障是指依靠上级部门、与友邻单位联系或利用技术手段获取敌情、我情、友情等信息，基本要求是及时准确、齐全完备、方便可用等。

5.3.1 物资保障

物资保障是指针对无人机分队战斗活动的顺利进行而采取的各项保证性措施以及开展的筹措、储备、补给等活动。物资保障应遵循及早行动、数量适量、种类齐全等原则，具体任务包括装备使用、维修所需的物资器材的请领或采购、储备、保管和补给；物资经费的分配和使用；废旧物资的回收、利用和处理。物资器材一般包括武器装备、指挥器材、保障物资、给养物资、人员救护物资等。武器装备准备包括车辆准备、武器系统准备、武器弹药准备等，其中车辆准备主要包括装备车辆和保障车辆的油液、轮胎、制动、灯光、转向系统、发动机等情况的检查；保障物资主要包括训练保障器材、维修保障器材、保障设备、机械工具、备品备件等，其中训练保障器材包括指挥器材、军用地图、火工器材、训练用油等，训练用油包括车辆、油机和发动机等设备用油，油料包括汽油、柴油、机油等，如表5-1所示。给养物资主要是指装具、给养、饮水等。

表5-1 某型无人机系统飞行物资保障计划表

分类	名　　称	数量	说　明
指挥所器材	指挥帐篷	＊＊顶	
	伪装网	＊＊张	
	指挥桌椅	＊＊套	
	⋮		
军用飞行地图	军用电子地图	＊＊	1∶5万、1∶10万、1∶25万等
	纸质军用地图	＊＊	1∶5万
通信器材	无线电对讲机	＊＊部	
保障车辆	指挥车(猎豹)	＊＊辆	指挥部用车
	运输车	＊＊辆	运输装备、物资
	⋮		
训练用油	车辆用油	＊＊L	车辆发动机用
	油机用油	＊＊L	油机使用
	97号无乙醇汽油	＊＊L	航空发动机用
	航空液压油	＊＊桶	地面数据终端、发射车用
	专用润滑油(美孚等)	＊＊箱	发电机用
	⋮		

续表

分类	名称	数量	说明
火工器材	火箭药柱	**发	
	切割器	**套	
	⋮		
携行物资	棉被、被单、床垫	**套	
	背囊	**个	
	热水瓶	**个	
	⋮		

无人机分队受领飞行任务之后，针对物资供应保障，应拟制相应计划，作为无人机使用保障计划的一部分。物资供应保障计划是根据飞行任务、保障供应标准，结合分队实力、现有资源情况，以及物资消耗规律开展物资供应的方案，包括物资申请计划、储备计划和补给计划等。

物资筹措一般可通过向上级请领、自行购置或修理自制等手段进行，须明确物资的种类、数量、消耗标准、补充方法和地点等。通常由无人机分队根据物资供应保障计划，统一规定携带物资的种类、数量，由无人机各站具体落实。依据上级确定的储备标准与保障任务需要确定物资数量，一般按照"多一个架次"要求进行筹措；准备中，各站长要逐人逐项认真检查物资器材的准备情况。物资经费要合理分配，根据相关财务标准制度，进行使用。

物资储备管理按照使用与管理相结合的原则，区分在用、运行和库存物资的不同要求，由各级人员、部门组织实施。首先要依据相关标准，结合物资储存期限，做好物资的流通与使用，保证物资储备量。其次要注意质量管理，加强入库检验把关；按照规定分类存放，确保物资储存环境，防止物资霉变、失效等；同时做好物资的及时检查与保养等。最后要妥善保管，防止物资器材的损坏、丢失等，同时做好废旧物资的处理工作。

物资补给应根据补给内容、补给时机、补给方法、补给地点等实际情况，采取实物补给为主，经费补给为辅，计划补给为主，申请补给为辅的办法组织实施。例如，无人机野外训练，完成每个架次飞行后，根据装备使用和受损情况、器材消耗情况等，及时进行物资补充，为下一次飞行做好物资保障。

5.3.2 通信保障

通信保障是无人机分队为满足飞行任务、行军转场等需求在通信联络方面组织实施的一系列措施活动，即保障无人机分队与相关单位通信联络无人机地面链路站与飞机的信息交换，而采取的各项保证性措施以及进行的频谱规划、环境监测、地面站布置等活动。通信保障的任务包括训练区域电磁环境监测、通信频谱规划、通信手段选取、地面站位置选择等,实现装备数据链路畅通、行军中的通信联络、与上级机构的通信联络、与飞行管制部门的通信联络、与气象部门的通信联络系统各站之间的通信联络等,确保无人机系统内部各站之间信息联络通畅,与外部相关部门之间的行动指令接收、情报信息上传、气象数据传送等。做好电子防御,严防泄密或暴露无人机阵地,以及无人机的位置和作战行动企图。

为确保无人机系统作战训练过程中通信联络的迅速、准确、保密、连续,应制定通信保障计划,作为无人机使用保障计划的一部分。按照飞行任务行动需要,明确行动各阶段的通信保障任务、通信保障人员、通信保障手段、通信保密措施、电子防御计划,以及受到干扰或攻击时抗干扰、抗摧毁方案等应急措施。根据作战训练情况的变化,适时调整通信人员、通信手段,转换通信保障重点。

1. 电磁环境监测

无人机系统对无线电磁环境依赖性强,作战训练过程中极易受到电磁环境的影响。信息化战场上,存在着大量用频设备,向外辐射不同电磁信号,各种信号综合交叉、连续交错、密集重叠,构成了复杂的电磁环境。为了保障无人机系统用频设备能够在复杂电磁环境中正常运行,除了应对民间用频设备和敌方干扰的影响,还要预防己方用频设备之间的互扰。因此,在无人机执行任务之前,需要针对飞行训练区域中电磁环境进行监测,查找电磁信号干扰源,具体工作如下:

(1)发射场地和回收场地附近的电磁信号监测,完成干扰信号的中心频率、信号电平或信号功率的测量。

(2)对干扰无线电测控频率的电磁辐射源进行定位。

2. 频率规划与管理

全球电磁频谱的使用受相关国际条约约束。在我国国土领域内,也制定有相应的电磁频谱管理措施。无人机系统作为一种频谱依赖型系统,在系统研制阶段必须严格遵守电磁频谱使用规定,利用上级分配的频率资源,明确相关用频设备的频谱使用,确保无人机系统在服役阶段能够在复杂电磁环境中正常使用,灵活应对自然界、人为的电磁信号干扰。

无人机系统中用频设备一般可以分为数据链系统、支持系统和任务系统。数据链系统主要用于完成无人机系统数据的无线传输等功能。支持系统主要用于完成无人机系统的指挥控制、定位导航、敌我识别、飞行记录传导等,相关设备的通信频率、信道数据率、工作时间是不同的。任务系统主要用于完成无人机系统的目标导引、雷达探测、中继通信、电子侦察、电子对抗等功能,电子对抗包括雷达对抗、通信对抗和光电对抗等,这是形成电子对抗型无人机装备作战能力必需的用频设备,如电子对抗任务系统用于要完成对敌方电子设备干扰和压制、进行电子欺骗等。

信息化战争中,不同的用频设备在有限的作战区域内同时工作,如果设备相互间频谱协调不好,不能进行严格的电磁频谱管理,势必导致作战行动紊乱、作战任务无法完成。因此,必须综合考虑频谱使用问题,确保己方电磁频谱的自由使用,且不受敌方电磁威胁。

数据链系统是无人机飞行器与地面控制站之间信息传输通路,在设计研制时系统通信频率、带宽、信道数据率已分配好,决定了系统的信息传输能力。在飞机起飞和着陆时传输信息包括上行遥控指令和下行遥测信息,数据链系统的信道数据率一般为每秒几十千比特;在任务执行期间,下传信息还包括侦察视频信息等,信道数据率要达到每秒几兆比特。未来战场千变万化,对无人机系统通信要求提高,实时获取情报的需求增多,数据链系统应为多模式的智能通信系统,其带宽、信道数据率能够满足战场环境、通信需求等,并能实时动态地调整其工作参数,实现信息传输的安全可靠、通信资源的最大化利用。另外,无人机系统在设计研制阶段,必须重视用频设备及相互之间的电磁兼容问题,如数据链系统与电子对抗载荷等设备之间的电磁频谱使用问题。

多套无人机系统同时开展训练、执行任务时,应考虑不同系统之间的数据链路频率使用方案;同时还要考虑其他场地保障的无人机系统的情况,相关训练部门应站在全局角度,做好数据链路频率的使用规划,统一协调、科学分配,避免通信频率的重叠,造成相互干扰,影响飞行训练、执行作战任务。在无人机飞行过程中,飞控手等要监视数据链系统的性能参数,如自动增益控制(Automatic Gain Control,AGC)电压等,注意通信带宽的调整,确保上下行链路的畅通。同时还要考虑装备使用阶段不可避免的军用和民用通信系统的干扰。因此,无人机系统任务规划时,应针对飞行区域进行具体的频率管理和协调,并实时监测起飞降落区域的电磁环境,做好通信频率、带宽使用规划,避免对上下行信道产生干扰。

3. 数据链路规划

为了保证无人机飞行器的飞行安全、任务的顺利执行,必须依靠无线电数据链系统,确保地面链路站和飞行器之间信息通道的高效畅通,能够将控制指令上传、机务及机载设备状态信息的下达等。当前,无人机数据链系统的频率、带宽,以及工作模式等是设计分配好的,因此,数据链规划应根据飞行任务需求、飞行区域环境等,只在数据链路有限使用资源中进行必要的频率、带宽配置和管理,并做好应急处置预案。

1) 中继链路的使用

考虑地球曲率半径、大气层折射等因素对无线通信的影响,无人机数据链系统作用距离取决于无线直视距离。参照经验公式,可知无人机飞行器飞行高度决定了数据链系统作用距离,飞行器的飞行高度为2000m时,数据链系统作用距离为120km左右;飞行高度为20000m时,数据链系统作用距离为400km左右。如果飞行器飞行高度一定,则飞行距离超过数据链系统作用距离或地面链路站与飞行器之间的通信直视通道存在障碍阻挡时,就必须规划中继链路。

中继链路的使用,一是利用空中平台(无人飞行器、有人机或飞艇等)上设置的中继站,实现空中中继测控与信息传输,该中继站应与飞行器和地面链路站都能通视;二是在与飞行器和地面测控站都能通视的地方设置一个地面中继站,实现地面中继测控与信息传输;三是针对中大型无人机系统,飞行器巡航速度快、航时长、飞行距离较远,因此在无人机系统设计阶段,规划超视距卫星通信中继链路。同时注意链路的冗余性,增加视距链路和超视距链路的可靠性。

2) 天线和功率控制

当数据链系统同时存在定向和全向天线时,应注意不同时机下天线的选择。全向天线信号辐射无方向性、覆盖性较强、作用距离近,无人飞行器起降阶段飞行高度低,一方面要求数据链路必须畅通,另一方面要求考虑数据链通路上存在障碍的可能性,该阶段一般采用全向天线,确保通信可靠;定向天线波束窄、方向性强、作用距离远,无人飞行器开始巡航飞行后,一般采用定向天线。无人机系统采用卫星通信中继链路时,地面卫通天线、机载卫通天线应始终指向中继卫星。若采用静止轨道卫星,地面卫通站位置不变,则卫通天线指向保持不变;如果地面卫通站位置调整、中继卫星改变,则应及时调整卫通天线的高低角、方位角,使天线指向及时对准中继卫星。

数据链路功率的控制也是链路规划中考虑的因素之一。一般在满足通信需求的前提下,地面联调联试尽量使用小功率,最大限度地减小微波辐射对工作人员身体的影响。当执行飞行任务时,一般采用大功率,确保数据链路的高效畅通;在数据链系统需要对抗不同干扰时,可行的措施之一就是增大功率,避免己方数据链路信号被淹没。依据飞行环境、作战需求,在一定的飞行阶段数据链系统采用工作静默方式,以防己方电磁信号被截获或遭遇反辐射武器的攻击。

5.3.3 气象保障

无人机的起飞降落、起降方向、航空侦察等均与天气情况有密切关系。因此,做好气象保障工作,可以有效减少天气对飞行安全、侦察任务等造成的影响。气象保障用于获取保障无人机安全飞行、顺利执行任务所需要的气象信息,而采取的各项保证性措施以及进行的相应活动,即收集飞行区域气象资料、提供天气预报、监测天气实况,预防气象条件对作战任务行动产生的不利影响,以及提出利用天气情况的飞行建议等。气象信息具体包括阵地的气象水文、起飞降落场地气象条件、飞行区域的气象条件、侦察区域的气象条件等,其中起飞降落阶段,提供的气象信息包括地面风速与风向、地面大气温度、降水情况等;飞行阶段,提供的气象信息包括空中风速、空气能见度、云层情况、降水情况等。飞行时应掌握准确的气象变化,及时做出决策,尽可能把天气因素的影响降到最低,确保飞机安全。根据气象保障要求,应针对各类无人机的飞行,建立全域、快速、准确的航空气象保障系统,有效保障无人机系统的运用。

1. 无人机气象保障的主要任务

(1) 制定气象保障计划,明确保障人员、人员职责、保障任务等。

(2) 结合飞行计划,收集、分析驻地、技术阵地、起飞降落场地、飞行区域的气象、水文资料,提供天气预报信息。

(3) 针对可能妨碍飞行安全、侦察任务,以及影响驻地、阵地安全的天气情况,组织人员讨论分析,提出应急处理建议。

(4) 加强与气象部门的沟通,不间断进行气象监测,获取准确的气象信息,及时向分队队长报告天气实况;发现危险天气,预测可能对飞行造成的危害,及时发出天气警报,并给出有效的应对措施。

气象信息的获取一方面通过气象资料收集分析,形成天气预报信息;另一方面通过与军地气象部门沟通,准确掌握飞行区域的短时气象信息;另外,通过安排气象保障人员进行现场实时天气观测,以确保无人飞行器正常起飞、安全飞行、顺利降落,以及对任务区域开展有效侦察。应该注意气象保障的及时性、准确性;另外,携带不同任务设备时所需的气象保障细节也是不同的。

无人机在起飞、降落,以及飞行各阶段均会受到天气的影响,风、能见度、气温、气压都是影响无人机飞行、执行任务的重要气象要素。另外,雷暴、低云、低空风切变、大气湍流、结冰也直接影响无人机的飞行安全。

2. 气象条件对飞行的影响

(1) 风是对飞行影响最大的气象要素。地面风直接影响无人机的起降、操纵,通常在无人机起飞降落阶段,需要实时观测风速、风向;地面强风可能导致无人机不能起飞,甚至对地面保障设置造成损坏;高空风会影响航线的选择、巡航速度、燃油消耗量,以及飞行器的配载等,在制定飞行计划时,要考虑飞行区域的风速风向,如某型数码相机航拍时要求无人机沿航线飞行左右偏差不能超出30m,因此,飞行前需要了解侦察区域的风速风向,避免侧风飞行,确保航拍的质量。

(2) 能见度过低会使光电侦察任务载荷无法完成相关的侦察任务。例如,某型数码相机航拍时要求飞行工作日最好是碧空,能见度大于飞行相对高度的1.5倍。

影响能见度的天气情况有降水、雾、霾、沙尘、低云等,因此,需要分析能见度的成因,综合评判能见度对飞行、侦察任务的影响。对于无人直升机,需要考虑起降场地的云层高度,要求云层不能太低,以保证无人直升机悬停时,机载摄像头能够看清地面物体。

(3) 由于无人飞行器结构设计原因,降水直接影响飞行器执行任务,如某型无人机系统承受一定的防雨能力：中雨，降雨量2.6~8.0mm/h。因此，在准备发射之前，应根据降水预判做好密封防水处理。降水使能见度减小，影响作战侦察任务的执行；而大雨会使无人飞行器的空气动力降低，甚至能使发动机熄火。若在飞行中遇到冰雹，则可能会击伤飞行器，造成飞行器的空气动力性能变差，也有可能损坏发动机螺旋桨，造成飞行动力降低。无人飞行器在飞行中遇到雨夹雪等，有可能使飞行器表面部分结冰，导致飞行操作困难。降水使跑道湿滑，飞行器轮胎与跑道之间的摩擦系数降低，增加轮式滑跑起降无人机的滑跑距离；针对积雪和冻雨，必须及时清理跑道。

（4）气温对飞机飞行性能的影响是多方面的，气温的变化会导致密度差异，对飞机的气动性能，对巡航速度、最大飞行速度、燃料消耗、飞机载荷、飞机升限、飞机起降滑跑距离、气压高度和空速测量值等都会产生影响。气温高于标准大气温度时，空气密度降低，飞行器发动机推力减小，飞机加速减慢；另外，也会使飞行器产生升力减少，轮式滑跑起降无人机离地速度增大，滑跑距离增长；飞行器载重量降低，上升爬升时间增加。相反，气温降低，空气密度增高，飞行器发动机推力增大，同时飞行器产生的空气阻力也增大，但小于发动机推力增大量，综合增加飞行器平飞最大速度。

气温影响空气密度，进而会影响气压高度、空速的测量。机载动压传感器、静压传感器是根据标准密度和标准气温设计的。当实际空气密度与标准密度不一致、实际气温与标准气温不一致时，必然会影响气压高度、空速测量值的准确度，尤其在无人机降落阶段必须注意当时气温和空气密度的变化。

5.3.4 运输保障

无人机系统转场运输是无人机装备作战使用的重要环节，因此，在无人机系统设计研制阶段，就需要考虑运输问题，如无人机地面站等采用车载形式，按照标准方舱配置进行设计。无人机运输保障是指进行无人机系统机动、输送和行军等所采取的各种措施及相关活动。其主要任务是加强交通运输使用管理，保障交通线畅通和运输任务的完成。无人机分队转场运输人员多，物资种类多样，运输量大，运输任务复杂，转场时效性强。

无人机转场运输方式有空运、海运和陆运等，陆运有摩托化行军和铁路运输两种方式，对于大型无人机系统，其飞行器采取飞行转场方式。要结合装备组成、任务时机、运输成本等综合评判采取哪种运输方式。转场运输应遵循军事交通运输工作的相关政策、法规和规章制度，由上级运输保障部门和无人机分队共同组织实施。无人机分队的行军通常在师旅级编成内，但无人机装备阵地配置以及遂行作战任务具有相对独立性，除在上级编成内同步开进外，独立开进也是无人机分队开进的方式。

1. 摩托化行军的组织与实施

1) 行军前准备工作

摩托化行军准备是保障顺利完成行军任务的重要环节。因此,无人机分队在受领行军任务后,应根据上级意图、行军任务、车辆状况、驾驶员能力、敌情、地形、气候条件和道路等情况,周密细致地计划,进行充分的组织准备。如图 5-5 所示。

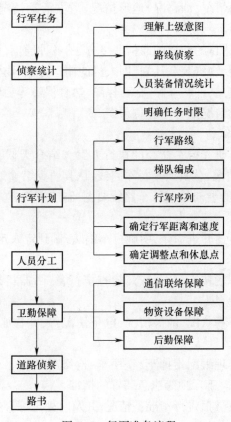

图 5-5 行军准备流程

受领行军任务后,无人机分队队长应当根据任务内容下达预先号令,开展预先侦察、信息收集,即了解上级的意图、规定的任务时限,可能行军线路及相关区域的侦察,统计人员装备情况,组织开展做好各项相关事宜的准备。根据预先侦察情况及人员装备情况,制定详细的行军计划,包含行军路线、行军路径、车辆序列、队形跟驶要求、交通调整点确定等内容。进行人员任务分工,分队队长为行军指挥协调员,指定带车干部、安全警戒员等。组织开展卫勤保障,包括通信联络保障、物资装备保障及后勤保障等;同时,组织人员开展实地侦察,了解行军路况、地形情况及敌方情况等;根据侦察结果精确计算,细致谋划,拟制路书,及时传达到相关人员。

(1) 接收行军命令与协同。无人机分队接收行军命令时,除向上级汇报分队的人员编成、无人机装备车辆的技术状态外,应重点明确和协同以下几个方面的问题:

① 各级指挥员组织指挥行军的能力、驾驶员能力、车辆技术状况等。

② 要科学制定行车路线和备用方案、出发时间、到达地点和时间。

③ 行军路线沿途情况,即路况、地形情况、敌方活动情况,遭敌核、生、化武器袭击的可能性。

④ 行军途中、到达目的地后的通信联络方法,各种通信信号的规定。

⑤ 人员乘车计划、物资装载计划,即人员的输送方法、物资的携带方法。

⑥ 行军途中调整点,油料保障、宿营保障、热食保障等后勤供应的方法。

⑦ 行军途中突发情况处置与应急预案。

(2) 分队准备工作。

① 召集相关人员研究行军命令的执行方案。结合天候、季节、道路状况及单位人员、装备的实际情况,认真研究行军路线;认真研究沿途地形,确认沿途明显地形、地物的关系位置,必要时绘制行车路线要图;制定实施方案,明确人员的编组与分工。

② 向全队人员传达开进命令,明确行军编队,做到定人定车定位;组织开展行军教育,提出行军要求。

③ 各站将装备车辆转入行军状态,检查携行备件、器材是否齐全、充足,以及固定情况,必要时实施伪装。

④ 驾驶员检查车辆状况、油量情况、电量情况等,并作必要的补充;应熟记行车路线。

⑤ 车辆编队应合理编配指挥车、秩序车、抢修车和收尾车。抢修车应配齐抢修工具;注意警示标志、千斤顶等应急装置的携带。

⑥ 各站向指挥人员报告行军准备情况,并及时处理好存在的问题。

2) 行军中的组织指挥

(1) 统一指挥。车辆编队行驶过程中,应加强车队运行时间的控制。

① 正确掌握行军路线,严格遵守行军规定;准时出发,按时通过沿途调整点,不得随意延迟或提前。

② 通过道路交叉路口时,应适当收拢车队,缩短行车长径比,尽量缩短通过时间。

③ 在行军过程中,指挥人员应利用地图与现地对照,认真观察沿途明显的标记,防止走错路。

④ 开进时,应根据上级指示执行无线电管制,需要无线电静默,应注意收听或观察上级的信号,并不间断地观察道路沿途情况。

⑤ 夜间行军时,根据要求执行灯火管制,统一使用近光灯,带车人员不得睡觉。闭灯驾驶时,带车干部应协助驾驶员掌握方向,必要时可派人在车前引导。

⑥ 道路堵车或其他因素需要改变行车路线时,应及时启动备用方案。

⑦ 长距离行军中,应适当停车检查和组织休息;停车时车队靠右侧,保持原有序列,派出观察警戒哨,指挥人员下车,检查装备和其他车辆物资情况,发现问题及时解决。

(2) 灵活处置。摩托化行军的缺点之一就是目标容易暴露,隐蔽困难,对道路的依赖性较大。

① 发生交通事故或车辆故障情况下,驾驶员应及时向指挥员汇报,根据实际情况下达"车队停靠"命令,组织处理相关事宜。

② 遇到敌空袭时,应根据当时情况,采取相应措施。一是当敌机尚未临空或我未被敌机发现,任务又不十分紧张时,应利用地形和树荫分散隐蔽,驾驶员不宜离车太远,必要时要坚守驾驶岗位。二是当敌机已经临空或我已被敌人发现,任务又十分紧急,就近无地形和遮蔽物可利用时,车辆应拉大距离加速前进。为了不使敌搞清运动规律,可采取停停走走,时快时慢逐次跃进等方法与敌机周旋,必要时可组织对空射击小组,主动对低空俯冲的敌机射击。夜间行进时应注意闭灯或使用防空灯行驶。

③ 当存在敌原子、化学武器袭击情况时,迅速采取防护措施。立即停车,人员要利用地形疏散隐蔽,如来不及下车时则应在车上卧倒或取低姿,并抓住把手或车厢板。袭击后应根据情况进行善后处理。

④ 通过沾染区时,应检查各车辆状况,穿好罩衣掩盖随车物资,人员要穿好个人防护器材,关闭车辆门窗及挡布。通过时应尽量避开受染严重地带,增大车距,加快速度,迅速通过。通过后,应根据当时情况和条件,选择适当地点,及时查明人员装备受染情况并组织对人员、车辆等进行局部清洗消毒。

⑤ 遇敌火炮封锁区时,应查明封锁的范围和射击规律,而后增大车间距离,利用敌炮火的间隙逐车通过。

⑥ 通过简易桥梁时指挥员应查明桥梁承重情况。如果各种车辆的重量未超过桥梁载重,则按正常速度通过;如果车辆的重量等于或超过桥梁载重,则可视情逐车通过。在通常情况下,超载重量不得大于桥梁正常载重的25%。

⑦ 当迷失方向或走错路时应立即停车,并利用地图与现地对照或询问沿途友军、民兵、人民群众,判明所在位置,明确行进路线,确有把握后再前进,必要时可找向导带路。

2. 铁路运输的组织与实施

铁路输送通常与摩托化行军结合实施,即运输线路包括铁路线路计划,以及装备装载前由场地到铁路站台的公路行车计划、装备卸载后由铁路站台到驻地的公路行车计划。

1) 铁路运输前的准备

（1）接受上级铁路运输命令，上报运输要求，根据外场训练的装备车辆、保障车辆，明确平板车的吨位、数量，根据人员运输计划是否需要带客车等。

（2）熟悉铁路运输计划，即运输线路、装载时间、装载方案等，进而明确由驻地驶往火车站台的行军路线、时间要求。

（3）搞清铁路输送编组计划，做好装备装载计划，组织请领、购置装备紧固物资，明确车辆装载顺序计划，便于铁路押送、输送完成后尽快转入摩托化行军。

（4）进行人员任务分工，由无人机分队队长指挥协调，指定指挥引导人员、捆绑紧固（拆除捆绑）人员、综合检查人员、安全警戒人员等，明确人员任务职责。

（5）开展专项业务训练，特别是车辆上下平车、车辆捆绑紧固等。

（6）组织学习各种通信联络信号、铁路输送相关规定等铁路输送基本知识、安全注意事项。

2) 装载的组织与实施

装载工作在上级的统一协调下，一般由使用分队队长或指定干部负责指挥，统一调配。

（1）根据车辆装载顺序计划，指挥车辆按顺序进入平板车定位，确保车辆的纵向中心线与平板车的中心线重合。

（2）驾驶员将车辆挂一挡，并拉死手制动。

（3）利用止轮器、钢丝、制式紧固器等将车辆固定好。注意止轮器应与车辆轮胎靠紧顶实，钉紧钢钉；使用耐磨垫、硬胶皮等，防止对轮胎的磨损；应对车辆捆绑情况进行检查。

（4）拔下电瓶负载接线，关闭车上的所有门窗，将倒车镜扳至紧贴车窗，在冬季时，驾驶员应将车辆水箱内的水放净，关闭汽车发动机散热器的通风窗；用伪装网或就便器材伪装好所有车辆。

（5）在铁路输送过程中，应不断组织检查车辆紧固情况，发现车辆移位等，应进行复位并重新进行加固捆绑。

3) 铁路输送转入摩托化行军

铁路输送到达目的货场，铁路平板车调到站台后，应抓紧时间组织卸车，将车辆尽快驶下站台，开始转入摩托化行军。其主要工作过程如下：

（1）渡板搭设。

（2）拆除紧固器、止轮器，按要求收拢归位。

（3）驾驶员连接电瓶负载接线，给车辆水箱加水，将倒车镜扳至到位，启动车辆。

（4）引导车辆按顺序驶下平板车，根据编队计划在指定地点集结编队，进行车辆检查,做好摩托化行军准备。

5.3.5 场地保障

场地保障一般是指野外条件下为无人机系统提供的用于停放、起飞、技术检查、降落场地的保障。不同无人机起飞、着陆方式不同,因此相关场地要求也是不同的。一般无人机场地保障可分为技术阵地、发射阵地和后勤保障阵地等。一般在受领作战训练任务时,上级首长指定阵地区域,由无人机分队派出的先遣小分队实施现地勘察,根据阵地工作性质和要求选定具体位置。

1. 技术阵地

技术阵地是无人机系统储存飞行相关物资,进行飞行前检修和飞行后维护的区域,应提供飞机停放场所、油料停放场所,针对火箭助推发射/伞降回收型无人机,还应该有叠伞场地、火工品停放场所。无人机系统在执行飞行任务前,必须进行严格的技术检查与调试,确保零故障升空。为此,在确定无人机技术阵地时,应考虑以下要求:

(1) 应有专门存放车辆、飞机发动机用机油、汽油等,以及火工品(火箭助推发射飞行器)的库房。

(2) 条件允许的情况下,最好能选择 2~3 间工房,作为飞机存放、拆装场地。注意门高、门宽应满足飞行器进出要求;或者搭建简易工棚或专用的野战帐篷,注意通风、干燥要求,环境温度应满足无人机系统工作温度要求。

(3) 对于伞降回收的飞行器,至少有一定面积的平整空地(水泥平地最佳),以便于飞行前叠伞、回收后降落伞的整理。

(4) 在系统测试时发动机会产生较大噪声,战时技术阵地应当开设在飞机起降场地附近的隐蔽地域。

(5) 便于系统的联调和拉距试验。

(6) 具有良好的通信联络条件,以便与上级指挥员及时沟通联系。

(7) 地势较平坦,附近的交通要畅通,与发射阵地之间有道路相连,大型车辆可以通行,以利于装备车辆向发射阵地等机动。

(8) 防火、防洪、防雷、警戒设施设备完善,不易受火灾、水灾等侵害。

(9) 尽量避开易受到自然侵害的地域、地下管道、高压线路和一切危险场所。

2. 发射回收阵地选择

发射回收阵地包括发射场地、主回收场地、迫降场地、预备回收场地等。

1) 火箭助推发射、伞降回收型无人机系统

为了在无线电通视情况下对无人机系统控制的方便,一般情况下,发射场地同时作为无人飞行器的回收场;在地形条件较差的情况下,或者战术使用有要求时,可将发射阵地与回收阵地分开。发射回收阵地通常要满足下列要求:

（1）选择较为开阔的土地作为飞行器起飞与降落的场地，各站应该分散配置，不要过于集中；飞行器起飞场地应不小于一定面积，并且飞机发射起飞的前方45°扇面区域内不能有明显的高山或建筑物，不允许有人员、动物或易损物件，以防火箭落地损伤，在飞机起飞场地，助推火箭后部不应有易燃物。发射点的选择要对正风向（逆风起飞），以机头指向上风口为准，与风向夹角不得超过10°。

对于基于发射架、火箭助推发射的无人机系统，还必须考虑地形要求。发射区域土地不能过于松软，也不能太硬，保证发射架能够可靠固定在地面上，发射场地要干净平整，火箭筒喷射方向地面不能有松软的沙石；以防卷起的沙石打浆或在火箭点火时吹起的沙石打浆或平尾，并在火箭筒方向挖导流槽。

另外，选择若干预备发射阵地，以防由于敌方攻击或恶劣气候条件，主发射阵地遭到破坏，影响发射时，应考虑转移发射阵地。

（2）飞行器伞降场地应避免高山、高压电网、河流和居民区；同时考虑开伞后地面风和低空风的影响，飞行器的着陆点存在一定的散布，因此着陆场地应具备一定面积，比较平坦开阔。在有条件的地方，应考虑飞行器应急迫降场地，具备一定面积的长方形区域，且要求场地为平坦开阔的松软空地或密实无水的软杆植被区，用以飞行器开伞不成功时的滑降。另外，在飞行区域还应设置一定数量的预备回收场地，主要考虑无人机飞行过程中出现不可处置的应急情况，如发动机停车等。

（3）应考虑车辆机动性、通信联络可靠性以及地面设备隐蔽性，同时应选择若干预备阵地，当主阵地被敌方发现或遭到某种程度的破坏时，可考虑转移发射阵地。

（4）注意电磁环境要求，在无人机调试、起降、飞行阶段，场地、空域内不得出现干扰系统用频设备正常工作的电磁信号。

（5）车辆便于进出，阵地便于伪装。

2）滑跑起降无人机系统

平时训练可协调利用军用机场或民用机场。但要根据飞行器起飞性能要求，确定使用相应的跑道，主要考虑跑道宽度、长度、硬度等，同时考虑起飞准备场地等要求。要落实机场跑道清扫、检查制度，加强机场跑道的平时维护和飞行前保障工作。

（1）随时检查跑道，一旦发现有裂缝、表层脱落、接缝沥青老化脱落等损坏情况，及时上报，进行维护。

（2）跑道标志线应清晰完好，有损坏或不清晰时要立即涂刷。

（3）飞行前清理跑道，对碎裂情况要重点检查，认真清扫跑道，保持跑道清洁。

（4）雨雪后的跑道应及时清理干净，如积水、积雪、薄冰、泥土等。

（5）机场内不得有超出30cm高的草或灌木。

（6）对于小型轮式滑跑起降无人机系统，滑跑起降场地要求迎风起飞方向有数十米至数百米的平坦开阔空间,场地坚硬平坦。

3)大型垂直起降无人机

平时训练应有相应的停机坪,一般的无人直升机需要篮球场大小的平地,平地之内不能有高出地面的物体和石头,并且地面还要有一定的硬度,否则会引起大量灰尘,影响地面人员活动;直升机降落地面周围没有高大的树木和电线等。在起降区中间位置,要有白色 H 字母,作为国际通用标记。

4)地面数据链路站(天线)选择

(1)地面数据链路站周围无遮挡。在无人机作业方向应视野开阔,尤其是在起降阶段,以及执行任务飞行阶段,确保地面链路站与飞行器之间的无线电通视。

(2)考虑多径效应的影响,尽量避免飞行器在起降阶段与地面数据链路站之间在沿回收航线地面狭长区域上形成"镜像"反射。因此,地面数据链路站应布设于回收场地一侧,而不是回收场地一端。布设位置应距离跑道一定径向距离。同时,还应考虑在起降阶段如果使用定向天线,天线伺服机构的最大转动速率对天线布设位置也有影响,如果距离跑道太近,则可能导致天线无法跟上快速移动的飞行器。

(3)如果无人机系统采取分离式地面站,尽量使地面数据终端(天线)与地面控制站保持一定的安全间距,以减小战时遭受反辐射攻击的损失。

(4)若有可能,应尽量选择避开无线电环境复杂地区。

平时的全系统检查、联调等,对场地没有严格要求,但应保证地面数据终端和无人机之间有足够远的距离,不能太近(至少应大于 100m),并且地面数据终端天线最好不要直对无人机,以避免因信号过强而损坏地面数据终端和飞机上的接收机。

5.3.6 工程保障

工程保障是指利用工程技术手段,为保障无人机分队隐蔽安全、机动顺利、限制和破坏敌方机动等采取的一系列活动。其具体包括行军道路疏通、发射回收场地清理、工事构筑、阵地防护、战场伪装、有线通信工程保障、给水保障等。为了隐蔽无人机阵地的位置,减少和降低遭受敌方袭击的可能性,隐蔽自己和欺骗、迷惑敌人,提高生存能力,确保无人机系统可以顺利地进行飞行前准备,完成飞行作战任务,应对无人机技术阵地、发射阵地进行必要的工程保障,达到改变自然地形、地貌的要求,保障阵地上人员、装备、设施及相关活动的安全。

1. 工事构筑

无人机系统进入发射阵地后,如果马上起飞执行侦察任务,则发射车可以不构筑工事,其余车辆都要视情况构筑工事与进行伪装。

工事构筑时应注意:

（1）保证地面数据终端、发射车等停车点的定位准确，停车点土质相对要硬，避开土质松软的地段。地面数据终端天线转动灵活，在执行任务期间天线与飞行器之间无遮挡。工事的底部应尽量做到水平，并在车辆四周挖排水沟。

（2）如果地面各站分离式设置，则注意两站之间的连接电缆需挖沟放置并用土埋好；构筑油机掩体，同时注意油机与车辆之间的电缆也同样处理。

（3）为便于无人机装备技术检查、维护，在条件允许情况下可搭建简易工棚或专用的野战帐篷。严格采取相应的防护、加固措施，如帐篷周围用土堆等压实、挖排水沟等。

（4）发射回收场地要干净平整，若场地内有坑、土堆等，要及时组织人员进行平整。

2. 阵地伪装

阵地伪装是指降低阵地、装备等被发现和识别可能性而采取的工程措施。其具体伪装方法有遮障伪装、植物伪装或迷彩伪装。遮障伪装应与背景特征相匹配；迷彩伪装效果应符合自然背景特征。

阵地伪装时应注意：

（1）车辆进入阵地后，应综合考虑安全防卫、保密、电子对抗等措施。通常利用伪装网将地面控制站、地面数据终端等进行伪装，但要注意不能影响天线伺服部分旋转；对放置好的油机进行伪装。

（2）结合阵地特点采取伪装措施，达到隐蔽或降低显著效果，可设一定数量和规模的假阵地。

（3）阵地伪装应根据阵地环境和作战需要开展。工事构筑时，将地表面草皮取下，放到适当的位置保存好，待工事构筑完毕后，再用草皮将出土部分覆盖。

（4）为便于装备车辆顺利地进入阵地，需对进出道路进行修整，修整后要注意伪装。

（5）在进行阵地伪装时，作业人员要注意隐蔽，无人机系统工作时，严格灯火管制。

5.3.7 空域保障

我国空域管制尚未放开，所有飞行器的升空，目前都需要向空军相应部门报备。我国的飞行管制是在国务院、中央军委空中交通管制委员会（以下简称"空管委"）的领导下，采取空管委统一领导、军民航分别管理运行的空域管理体制。组织实施飞行管制的依据是《中华人民共和国飞行基本规则》《中国人民解放军空军飞行管制工作条例》以及一些有关的条令、条例。因此，无人机飞行必须遵守有关飞行器管理的相关法规和接受有关部门的监督管理，以防因空域重叠造成飞行事故。

无人机一切飞行都应当预先申请并且经过批准后才能进行。无人机飞行前，要根据飞行任务需求，选择飞行航线并确定合理的飞行空域，制定飞行申请计划，向飞行管制分区的航空管制单位提出申请，待空域审批后方可发射起飞。通常情况下，无人机飞行申请的内容主要包括飞行任务、飞行器机型、机号，飞行架次，可飞气象条件，飞行日期、飞行开始和结束时间，飞行器转弯半径、航线（空域）和高度，起降机场（点）、备降机场（点）等。飞行前后，应及时与航空管制单位联系，确保飞行区域可用。

1. 空域范围的确定

无人机在执行作战任务时，其飞行空域应根据作战训练任务要求来确定。根据作战目标区域方位、大小，起飞发射区域与目标区域间的距离等，并综合考虑敌方威胁要素、无人机飞行盘旋半径，确定使用空域的长度、宽度和高度，一般给出飞行区域平面四角的经纬度以及飞行高度。

训练飞行时的飞行空域一般分为近距飞行空域和远距飞行空域，其中空域要求明确空域的宽度、长度和高度。

根据任务要求，飞行前选好地面天线坐标（含机动站天线坐标）等地面特征点，并利用卫星定位手持机按精度要求测量其大地坐标；同时，依据数字地图上的经纬度显示，确定飞行航路上已知目标点坐标，用以目标定位或监测飞行器飞行中的定位精度。

2. 飞行申请

飞行申请是指将无人机飞行计划预先上报飞行管制单位的活动。大型滑跑起降无人机的飞行申请包括场内飞行申请、场外飞行申请和转场飞行申请，其中场内外是指机场飞行管制分区内外。飞行申请应按级申报，通过上级机关协调空军相关部门保障飞行区域。依据我国飞行管制分区划分，飞行申请分为飞行管制区内的飞行申请、飞行管制区间的飞行申请。

无人机飞行申请一般包括如下内容：

1）飞行时间

飞行时间是指无人机升空到着陆之间的时间 t。

2）飞行高度

飞行高度是指空中无人机的最低飞行高度 H_{min} 和最高飞行高度 H_{max}。

3）空域范围

空域范围是指飞行空域的角点经纬度坐标。

一般还应绘制飞行空域使用略图，与附件一并上交。

飞行计划批准后，如果由于特殊原因飞机发射起飞推迟，应提前向飞行管制部门提出延期申请；如果任务紧急需要飞行，不能按照规定时限进行飞行申请，可以提出临时飞行申请，该申请通常应在起飞前 2h 向飞行管制部门提出。

3. 飞行区域管制

飞行区域管制应统一计划组织陆、海、空、天、电磁等多维战场管制,以陆上道路管制、海空航线、电磁频谱管制为重点,加强无人机与其他作战力量在各战场空间、作战形式上的协调,并灵活运用有关国际法和国际惯例,遵守国内有关法规和政策,确保管制行为有利有效。

针对滑跑起降无人机,对无人机近场飞行应制定飞行实施方案及"防相撞"措施,切实做好机场的"防相撞"工作,应形成飞行空域使用报告制度。飞行前一天向航空管制单位核实飞行空域,便于实时了解空中飞行态势,防止空域冲突。飞行前 1h 报告无人机预计起飞时间,无人机返航回收后及时报告。在飞行过程中,应接受飞行管制部门的飞行调配。飞行调配是指用规定的垂直、纵向、横向间隔对飞行器实行分离,保持各个飞行器之间安全间隔,防止相撞。

5.3.8 技术保障

技术保障是指在无人机起飞前后所做的技术检查、维护保养以及飞行准备等工作,如发动机油料的混合、加注,发射装置装载,降落伞的装载、整理,系统联调联试、发动机调试等,以保持或恢复无人机系统的良好技术性能、部队的战斗力。无人机系统技术保障可划分为飞行前技术保障(技术阵地准备、发射阵地准备)、回收后技术保障。应形成工作记录签字制度,一般应记录与检查同时,确保工作流程正确,不漏项。

1. 技术阵地准备

技术阵地准备是指无人机系统各站为保证系统执行任务而进行的系统安装、加电、联试等操作和技术检查。

技术阵地准备每一项工作都应有技术检查,具体实施可分为的三个阶段。

1) 技术阵地三级准备

技术阵地三级准备是无人机系统占领技术阵地后的首次工作展开,由行军状态转向技术检查与调整的起始点,以各个分系统独立检查为主,包括车辆检查、设备外观检查、飞机组装、设备架设与检查等。

2) 技术阵地二级准备

技术阵地二级准备主要进行无人机系统联调、任务规划和拉距离试验等工作。系统联调是在各分系统独立检查、调试完成后,由队长组织进行的综合性能检查;拉距离试验是指地面控制站与发射站通视情况下,相隔 3~5km,进行发动机试车联调,以检查在动态工况下、数据链大功率条件下和自然信道衰落情况下全系统的测控性能,确保链路性能的稳定性和可靠性。任务规划一般包括航线规划、任务载荷规划、数据链规划和应急情况处置等。航线规划应考虑任务高度、空域范围、任务载荷种类和任务区域的地形地貌等。

3）技术阵地一级准备

技术阵地一级准备主要进行系统综合性能检查后问题归零和进入发射阵地后的机务准备。机务准备包括机载电池准备、油机油料准备和加注、确保油机满油状态等。针对火箭助推发射/伞降回收型无人机，还包括火箭助推装置（火箭、脱落架等）准备、回收装置（伞、脱落架、切割器等）准备等。

2. 发射阵地准备

发射阵地准备是指在占领发射阵地后，为了保证无人飞行器顺利发射起飞的最后准备工作。

1）发射阵地三级准备

发射阵地三级准备是在队长的统一组织下，占领发射阵地后，系统各站按照部署在指定位置展开、架设、供电、加电和系统初始化。

2）发射阵地二级准备

发射阵地二级准备主要是在发射阵地上进行全系统动态联调联试和功能检查。

发射回收站在飞机加电后，地面控制站锁定飞机，快速进行飞控联调，确保数据链路畅通；然后发动机试车，进行发动机调整，地面控制站辅助进行发动机控制、飞控联调以及任务设备控制；发动机停车后，机务人员进行发射装置（如助推火箭、脱落架等）的安装与测定、点火线布设等；地面控制站进行初始化设置，包括初始化参数设置、方位预置和距离校准、任务规划装订等；任务设备检测完成后关机断电，进入发射状态。

3）发射阵地一级准备

发射阵地一级准备主要是发射系统安装与测试完毕后，根据上级规定的时间、现场气象条件，进行的发射前最后准备。

发射站完成发动机再次启动，将飞机转入发射状态待飞。地面控制站主要根据机务人员要求进行配合操作，同时完成发射前状态设置、参数装订。注意起飞前的发动机缸温变化，运行时间较长时可以调整为小马力或小车，防止发动机缸温过高。将天线改成"全向"天线，转动天线对准飞机起飞的大致方位。

3. 回收后技术保障

飞机落地后，对飞机进行简单的指令循环检查，关闭飞机上的开关，将飞机装上发射车运回技术阵地，进行飞行后续的检查工作。其具体工作包括：

（1）外观检查，主要检查飞机有无机械损伤，对受损机体进行维护。

（2）系统通电检查，进行系统静态拷机试验；电池放电再充电等。

（3）发动机开车检查，在发动机运行条件下，对系统进行全面的检查。

（4）统计飞行活动中的易损件和消耗品，及时联系相关单位进行补充。

（5）填写《飞行日志》等，进一步开展情报处理分析，及时完成情报报告。

(6) 对于伞降回收型无人机,应完成回收伞整理、火箭筒清理等工作。

5.3.9 安全保障

飞行安全包括空中飞行安全和地面安全,只有保证无人机飞行安全才能实现作战目的。飞行安全的前提是提高装备的可靠性和提升人员的操作技能以及安全防范意识。安全保障是指为装备、人员的安全,而采取的各项保证性措施以及进行的相应活动,具体包括阵地安全、行军安全、飞行应急处理等。阵地安全保障包括伪装、防护和阵地警戒等;警戒负责行军过程、发射回收阵地四周的警戒,以确保行军分队、发射阵地不受敌方袭扰,保证无人机分队顺利安全达到作战区域,确保发射回收阵地的安全。安全工作必须坚持预防为主的原则,坚持安全值班制度,严防各类事故发生。一是要建立飞行活动的安全制度,制定各类计划时,要进行安全预想,提出相应的安全措施和要求,明确责任人及工作要求;二是加强活动实施过程中的监督检查,及时发现问题、解决问题;三是及时收集安全处理相关材料;四是注意开展安全教育,进行防事故演练。

1. 安全检查

无人机每次飞行都应进行一次安全检查。学习相关规章制度,包括用电规定、防静电起火规定、装备操作使用规定、值班制度、保密制度等;了解人员思想状况,检查各种安全制度措施制定、落实情况,查找存在的问题,分析归纳形成安全方案。

2. 行军安全管控

落实行军观察员、安全员制度,每个车辆需配备 1 名观察员、安全员。针对行军中可能遇到的各种情况,制定相应的处置预案。行军管控重点是严格落实车队行军要求,以预定编组队形保持合适速度和车辆间距有序开进,避免超越、追赶和野蛮开行,防止造成交通事故或者装备损坏。做好车辆防护伪装,夜间行军时,严格落实灯火管制要求,人员保持肃静,闭灯驾驶时,带车人员应协助驾驶员掌握方向,必要时可派人在车前引导。组织观察警戒,提高警惕,及时发现、处理问题。

3. 训练安全管控

训练阶段主要是防止伤人毁装事故,主要措施包括:

(1) 装备展开检查和存放场地应符合防火、防爆、防雷等要求,设备加电按程序进行,严格落实接地要求。

(2) 学习装备操作警示要求,严格落实作业安全规程,特别是车顶设备操作、发动机试车等作业过程中的安全操作规程,防止发生跌落、击打、挤压等人身意外伤害。

(3) 严格落实科学用装要求,避免造成装备重大损坏。

(4) 防止装备技术参数、资料、侦察信息等失泄密。

4. 飞行应急处理

无人机起飞前,按照技术保障要求,做好准备工作,确保无人机系统不存在任何问题,并对飞行安全风险进行评估,制定飞行应急处置预案,并进行推演,如表 5-2 所示。起飞、飞行、降落过程中,应认真观察飞行参数,对系统运行情况做好分析预判。另外,要加强飞行事故预防研究,掌握事故发生规律;重视对飞行事故的调查、分析总结,防止类似事故再次发生。

表 5-2 某型无人机系统风险评估及处理措施

阶段划分	评估风险	可能原因	风险等级	对策措施	负责人
起飞爬升阶段	点火不成功	电池电压不够、点火器电池损耗、点火线路接触不良	一般风险	(1) 日常做好点火器的维护保养,及时充放电; (2) 起飞前,用万用表对点火器电池电压进行测量,确保电压在合理范围	机务站站长
	起飞阶段失速	发动机试车时间过长,缸温过高,转速不够或起飞时风向变为顺风,升力不够	较大风险	(1) 严格控制无人发动机缸温在一定安全范围之内; (2) 起飞前,严密监测风向变化,保证始终迎风起飞	机务站站长
	⋮				
飞行阶段	发动机工作异常	受高温天气影响,导致缸温过高;或气道不能调节	较大风险	(1) 避免长时间使用大马力飞行; (2) 密切监视发动机缸温变化情况,发现缸温过高情况,及时发送气道全开指令	飞行操控手
	自跟踪异常	地面数据终端监视链路不畅或跟踪天线信号源接触不良	较大风险	(1) 对地面数据天线,重新进行方位预置; (2) 密切监视链路信号强度,合理安排飞行距离	飞行操控手
	⋮				
回收阶段	无法正常开伞	飞机停车后,切割器不能正常工作或空速不够	重大风险	(1) 保证机载电池组供电正常; (2) 回收时,保证飞行空速在一定范围之内	机务站站长 飞行操控手
	⋮				

1) 飞行准备阶段

技术准备阶段的重点是防止在组装、安装、连接、紧固、开启、标校等环节发生错漏,合理规划飞行区域、选择飞行航线,进行系统参数预置、校零。一要拟制飞行检查记录表,明确各专业在飞行前应做的准备工作以及要达到的标准要求,确保各专业的飞行准备工作内容不漏、标准不降。二要指定各项工作的具体负责人,工作实施采取双人双岗制,一岗负责技术检查,二岗负责记录、对照核查,对一岗检查内容进行验收。

2) 起飞阶段

针对火箭助推发射型无人机,发射阶段重点是防止火箭喷火及坠落伤人,以及错误操作造成摔机。其主要措施包括:

(1) 严格遵守操作流程,飞行前检查、参数设置、发射装置安装等操作准确到位,不漏一个环节。

(2) 无关人员不得进入发射场地,重点为火箭喷火及起飞扇面内,及时组织现场警戒清场。

(3) 加强应急预案的推演、演练,严格按照规定执行起飞控制,注意应急处置措施的启动标准,避免不当处置导致事故。

3) 飞行阶段

飞行阶段操作人员思想要高度集中,准确了解无人机相关参数,遇到突发情况,根据预案果断采取措施,及时准确应对。重点关注应对突发故障、天气突变、通信干扰。其主要措施包括:

(1) 严密监视航向、速度、高度等设备状态参数,综合研判数据链、发动机、机载传感器、执行机构等设备工作状况,必要时采取应急处置措施。

(2) 根据气压高度、空速、地速、航向等数据变化情况,进行融合分析,研判飞行区域的风向、风速等天气情况,及时给出处置建议,防范气象风险。

(3) 密切关注数据链上下行信道锁定状况,依据数据变化,区分电磁干扰和设备故障,适时调整链路参数、采取静默等,确保链路畅通、通信可靠。

4) 回收阶段

回收阶段重点关注风速、风向变化,适时优化调整回收方案。其主要措施包括:

(1) 严格遵守操作流程,相关人员应在岗在位,不错漏一个环节。

(2) 严密监控飞机姿态、位置,引导飞机调整高度、航向、速度,选取最佳点实施停车、开伞系列回收操作。

(3) 出现意外时(如不能停车、不能开伞、伞卷绕等)依据预案采取应急处置降低回收损失。

(4) 针对伞降回收型无人机,还应实时监测降落区域风速风向,及时优化调整回收入场方向。

5.4 无人机维修保障的组织实施

无人机装备的维修保障在装备保障力、战斗力的生成、保持和提高中发挥着关键作用。无人机维修保障是指在为保持无人机系统的完好技术状况及正常的运行而采取的一系列技术和管理活动,以及为确保维修活动有效实施所需的保障资源。在维修保障中,应科学利用各种维修资源,以最低的资源消耗,及时、迅速地保持、恢复装备的战备完好状态,保证装备作战、训练等任务的完成。维修保障对象是受到损伤、出现故障或有隐患故障的无人机装备,修复后的无人机装备多数在性能、质量上是难以达到维修前装备水平的。维修保障具体工作包括装备的计划和非计划维修、战场抢修,以及相应的维修工具、维修设备、维修设施的配备,备件、器材的供应等。

无人机装备在操作使用执行任务过程中受到损坏或出现故障,进而提出相应的维修保障任务需求。保障任务通常以请示的形式汇报给上一级机关装备保障部门,机关装备保障部门根据具体的任务要求组织开展维修保障。根据维修活动的目的与时机,无人机装备维修可分为修复性维修、预防性维修、战场抢修和改进性维修,如图5-6所示。

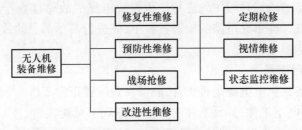

图5-6 装备修理分类示意图

其中,改进性维修是对定型装备的设计进一步优化,是指为提升装备技术性能、可靠性或保障性,采用新技术、新工艺和新材料,对装备进行的改进或改装的维修活动。改进性维修必须经过充分的论证、设计和严格的试验。已列装的装备若要进行改进性维修,必须要与研制生产部门协商研究后才能进行,以免破坏装备的原有技术状态。改进性修理主要结合装备大、中修等时机组织实施,无人机分队提报装备改进需求,由上级机关组织专家研讨确定装备改进范围和改进状态。

目前,无人机装备维修保障是上述多种维修方式的综合运用,主要以预防性的定期检修和修复性的事后维修为主。具体表现经过一定的起落次数之后,必须对飞行器系统进行定期检修;开展训练之前的特定检查,以及严格的发动机和光电系统定检等。无人机维修保障首先要根据系统的使用要求来制定维修方案。无人机系统的维修保障方案是指无人机系统采用的维修级别、维修策略、各维修级别的主要工作等,还包括维修环境条件,主要是指对维修设施的要求和限制。

无人机装备检修的基本原则:

1. 先静后动

先分析思考,后着手检修。引发故障的原因可能是多方面的,而故障的现象、发生的时间可能是不确定的。发现一个故障,首先应分析其可能产生的原因,将故障压缩到一定范围,并查找相关技术资料作为理论引导和依据。先在断电的情况下观察考虑,即"静态";然后再接通电源进行测试、检修,即"动态"。

2. 先外后内

观察故障现象应首先通过设备外部面板所显现的状况进行分析判断;检修时应首先排除设备外部的或机械的故障,再进行下一步的检修。

任何时候贸然打开机箱都是不对的。只有在排除外部设备、连线、结构等故障之后再着手进行内部的检修,才能避免不必要的拆卸。

3. 先简后繁

实际维修中许多故障的原因往往比较简单,应首先从简单的故障原因查起,排除简单的故障;然后再检查和测试较复杂的故障原因,提高效率。

在整机设备的检修过程中先进行简单模块电路的故障排查;再进行复杂模块电路的故障排查。在单元电路的检修过程中,先进行简单部分的故障排查;再进行复杂部分的故障排查。

4. 先电源后信号

先检测设备的供电电源是否正常,确保设备能够正常工作;供电是其工作的前提条件,电路供电不正常,其元器件的工作状态就不可能正常,信号回路也会因此出现故障现象;当排除供电部分故障以后,再检查控制信号或设备输出信号是否正常,判断设备有无故障。

5.4.1 定期检修

定期检修是预防性维修。预防性维修是指通过对无人机装备技术检查、性能检测或发现故障征兆后,为防止故障发生所采取的一系列作业活动,使无人机装备保持在良好的技术状态。其一般包括定期检修、视情维修和状态监控维修等。视情维修是指通过检查或测试装备性能特征参数,确定装备能否延续使用到下一次检查,判断装备是否存在潜在故障,进而采取的维修活动。状态监控维修是指在装备运行或检查过程中,发现存在需要维修的客观证据时而采取的维修活动。该维修方式以状态监控技术、诊断技术等为基础,需要准确掌握设备状态,准确快速地获得需要维修的客观证据,可保证无人机装备的安全可靠性,同时降低维修周期和维修费用。

定期检修是根据维修制度规定的间隔时间(小时、千米、次数、发数等)和维修内容,按事先安排的计划进行维修,这是一种周期性工作,各级计划修理和保养均属定期检修。定期检修便于组织安排维修保障工作,可以将潜在故障消灭在萌芽状态,降低了设备发生灾难性故障和非预期故障的概率。但是基于时间因素开展装备修理,对装备的实际技术状况考虑少,难以解决修理时间的固定性与装备技术状况的随机性之间的矛盾,会造成过度维修,导致维修资源浪费,甚至有可能增加装备发生故障概率、降低装备使用寿命,并且也不能预防由于随机因素引发的偶然故障。

根据基层部队建制,建立由部队保障(装备)部门组织管理,无人机保障分队具体实施,无人机使用分队协助的综合保障体系,充分发挥各个装备相关单位的职能作用。外出执行任务期间以无人机使用分队为单元组织开展保障工作,保障流程与作战流程共同编制,在同一作战任务下规划各部分流程。无人机系统的定期检修工作由部队保障部门组织,保障分队负责,与使用分队共同实施。定期检修工作分为制定计划、检修准备、实施检修、质量检验、总结讲评5个阶段,如图5-7所示。

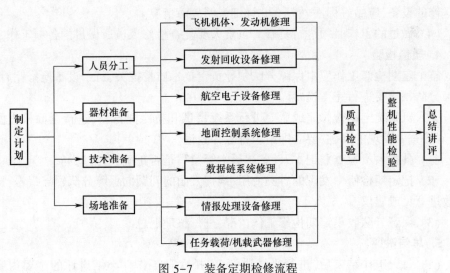

图 5-7 装备定期检修流程

1. 制定计划

(1) 根据机关保障部门指示,无人机保障分队、使用分队受领定期检修任务。

(2) 根据无人机装备技术状况,参照技术勤务规程,确定检修项目、内容、范围,制定定期检修计划。

(3) 召开定期检修会议,将定期检修计划等,下达无人机保障分队、使用分队和装备各站(班)。

2. 检修准备

(1) 按照定期检修计划的内容、要求,制定详细的检修计划。计划一般应包括:明确检修的设备型号、检修类别、规程;确定每个项目检修负责人及参与人员;

明确检修的时间、期限。

(2)检修中应注意的问题和保证质量、安全的措施及要求。其包括检查检修所需的备件、器材、设备、工具、油料和保障车辆等;研究检修工作,准备相关技术资料,熟悉装备条例、技术规程和有关规定等。

3. 实施检修

(1)每项工作、每道工序都要有专人负责,人员的分工要相对固定,几个人或几个专业共同进行的工作,要明确主要负责人。

(2)了解设备技术状况和使用情况,查阅履历本、技术说明书。

(3)按检修计划和有关规程进行检修。

检修过程中注意:拆卸分解部件要记清顺序、定位标记、做好记号;所用的工具、拆下的部件要分类顺序摆放,保持工作场所清洁整齐;做过的工作、测得的数据、发现的故障等要做好登记;发现的每一个故障都要彻底排除。不能及时排除或需送修的设备,应做好标注、登记,并详细说明故障情况。

(4)做过的工作必须进行复查。负责人要复查检修人员所做过的各项工作。

4. 质量检验

整个定期检修工作应由保障分队领导负责技术质量把关,每个设备检修完后,保障分队领导要进行完工检验。

无人机系统定期检修完成后要进行系统调试和拉距离试验,进行全面检查鉴定,对检查中发现的问题,要立即组织排除并登记。

(1)各类人员检查登记本、设备履历本等填写是否正确、有无遗漏。

(2)把定期检修中发现的有关使用、维护方面的问题向保障分队领导报告,提出改进意见或建议。

(3)保障分队收集定期检修工作情况,进行整理汇总。

5. 总结讲评

(1)每天工作结束后,进行小结讲评,安排次日工作。小结讲评的主要内容是:工作质量、进度、安全、作风纪律等情况,针对存在的问题,提出改进措施。

(2)完成定期检修工作后,保障分队领导征求对定期检修工作的意见,进行讲评。讲评的主要内容是:组织管理、现场秩序、质量安全等方面的情况,指出存在的技术问题,总结经验教训,提出改进工作的意见和要求。

5.4.2 修复性维修

修复性维修是指装备出现故障或遭到损坏后,为恢复其规定技术状态所采取的一系列作业活动。其具体流程包括故障定位、故障隔离、部件更换、技术检验以及损坏件修复等环节。该维修活动是在装备损坏或出现故障以后才进行的,属于事后被动维修,不会发生维修过剩的情况,可有效保证装备的使用价值;但修复性维修使得无人机装备会存在很大的故障风险,有可能导致装备整体停止工作时间过长的问题。

修复性维修有自主保障模式、支援保障模式和送修保障模式三种。根据装备技术状况,以及维修任务分工确定。

1. 自主保障模式

自主保障维修是指由基层无人机分队基于自身保障力量,开展维修保障活动,其组织实施流程可参照定期检修。

无人机装备故障检测的主要方法是通过人工检测、设备自检和全系统检测,实现故障定位,其中设备自检和全系统检测是最主要和最常用的方法。一是人工检测。利用随装的检测设备、工具对无人机装备等进行信号测试,即给定信号输入,检测相应设备输出是否满足规定要求。二是设备自检。利用无人机装备的自检功能,如上电自检、在线自检等,判别装备运行情况,即在开机或装备运行条件下,收集处理装备状态信息,通过地面控制站内故障信息显示、提醒,进而进行故障定位。三是系统检测。在地面准备过程中,对系统状态进行功能性检测,即发送控制指令,监视综合参数显示。在飞行过程中,监视设备工作状态和工作参数的变化,信息综合利用,进而判别故障是否发生、发生部位,采取应急处置措施。同时存储记录飞行数据,飞行后对数据回放进行分析。

无人机系统检测与各分系统均有关系,根据信号流程、分系统特性,分段进行信号检测和故障定位。机务参数、机载设备状态参数等通过传感器测量,送机载飞控计算机采集、变换、处理和编码,经由无线数据链路调制加密、传输、解密解调,传送至地面控制车,将这些信息以及地面数据终端的有关信息解码、显示并记录。所有这些信息可作为装备检测和故障定位的依据。

2. 支援保障模式

支援保障是指在上级保障机关计划协调下,由战区无人机装备保障力量或装备承制单位保障力量到基层无人机分队开展维修保障活动。支援保障的开展,一是针对无人机分队自身不具备高等级保障能力和条件,二是针对装备部署情况、作战要求等因素需要及时恢复装备性能的情况。因此,首先要提升无人机分队核心保障能力,加强无人机分队人员保障能力的培养,保障设备设施的完善等;其次,应针对军地联合保障,结合修理流程、验收程序等构建质量控制体系,确保装备修理及时有效地开展;另外,依靠装备保障信息化平台,实现备件器材信息动态查询、储供自动决策,形成联储联供、厂家直供等机制。

依照无人机分队保障力量现状,判断能否执行相应修理任务、备件器材是否齐全等。若出现保障力量能力不足或繁忙、备件器材不足等情况,则需中断装备修理过程,等待维修支援力量或备件器材补充后,重新开展装备修理。对于在装备修理过程中遇到的问题,可请示装备保障指挥机构寻求解决方法,确定合理的维修方案,由合适的保障力量主体来承担对应的装备修理任务。

支援保障维修业务过程示意图如图5-8所示。

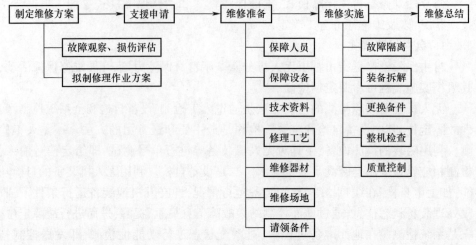

图5-8 支援保障维修业务过程示意图

1)制定维修方案

基层保障分队检查损伤部位或故障,掌握所修系统的技术状况,明确修理范围、深度和将采取的工艺,拟制修理工作计划,经基层保障分队领导审查,报上一级保障部门备案。

(1)故障现象观察。根据无人机系统使用情况和故障规律,加强对重点设备和关键部位的检查。设备工作正常时,必定存在许多可以观察到的正常工作状态、现象,检修人员应在充分熟悉、掌握正常工作状态、现象的基础上,洞察到设备正常状况的改变。当出现一些与正常情况不同的状态、现象时,按照维修规程的检查内容、路线和方法检查无人机系统,及时发现故障、疑点和隐患,通过仔细观察,判明是否为故障(非正常)现象,主要完成以下工作:一是分析功能故障模式,分析不能实现其功能的表现形式;二是查明故障原因,分析产生故障模式的具体原因;三是预计故障引起的后果。

(2)如果对设备的故障现象观察不全面,则将对后续工作产生误导。在故障现象观察的基础上,根据"维修任务分配表"确定任务分工;针对基层部队的维修任务,依据基层部队自身保障能力和条件,决定是否需要相关保障支援。

2)支援申请

基于无人机分队保障力量现状,根据故障深度,由装备保障分队提出支援保障申请,经由旅级保障部门向装备承制单位或上一级装备保障机构发出装备维修支援函件。支援保障申请应明确:

（1）装备故障现象描述。
（2）装备修理时间要求。
（3）装备修理所需资源。

装备承制单位或上一级装备保障机构收到支援申请之后，应与无人机分队及时沟通，进一步明确故障，根据故障现象，分析导致故障的可能原因，形成故障排除预案，给出支援基层需要携带的相关备件、器材、资料等。最后及时回复申请支援单位，明确支援时间等。

3）维修准备

维修准备的基本任务是为维修工程顺利开工和以后连续有序地实施创造条件。准备工作的充分与否，对整个装备维修质量和施工进度有决定性影响。维修准备主要针对装备使用单位，依据修理计划，做好人员、设备、技术资料、修理工艺、器材、场地等准备工作。

（1）维修人员准备。在人员组织方面，必须对参加维修作业的人员合理安排。首先要根据维修项目内容选定项目负责人，其次按照维修对象确定维修人员，包括保障分队相应专业人员、使用分队相应专业人员和支援单位人员等。最后要确定维修质量检查人员。人员组织到位后，明确检维修任务，提出检维修要求。

在选定项目人员时应考虑装备理论知识、装备使用、装备维护等方面综合因素，做到科学合理组织。人员要求如下：

① 掌握该专业所必需的基础理论。
② 熟知所修理装备的性能、构造、工作原理和维修规程。
③ 能正确进行修理操作。

人员确定以后，在检维修前要组织员工进行方案、安全、业务等方面的学习，对相关作业内容的技术要求和标准进行技术与安全交底。

（2）设备器材准备。根据维修任务分析和相应的保障资源分析，得出维修所需工具、仪器、设备以及资料等。具体要求如下：

① 工具、仪器、设备都要合乎标准。
② 按照规定进行定期检定、校准。
③ 自制的仪器、设备要经鉴定批准。
④ 仪器、设备要按规定使用，按程序操作，不能带故障或超负荷运转。
⑤ 使用复杂、精密仪器设备的人员要经过培训。
⑥ 根据相关资料，形成故障排除方案、修理工艺要求。

（3）维修场所准备。维修作业场所要求如下：

① 要有足够的面积和空间。
② 温度、湿度、洁净度应符合要求。
③ 要有安全防护装置、安全警示标记和必要消防设施。

(4) 备品备件准备。根据装备维修需求,一是根据基层部队备件储存情况,维修人员直接领用;二是当部队预储装备器材不能满足维修保障需要时,由基层分队提报需求申请,经基层部队保障部门上报,战区装备业务部门核准后,由装备生产工厂对部队所需器材实施直达供应。

4) 维修实施

维修实施过程包括故障隔离、装备拆解与装配、整机检查、质量控制等。

(1) 故障隔离。故障隔离是对故障设备进行故障检查、判断、定位的过程,也是一个不断分析故障原因、压缩故障范围、最终确定故障部位的过程。在修理中,要综合分析相关因素,根据故障现象和特征,判断故障原因和部位。

① 故障隔离应把握的问题:一是分析故障原因。根据故障现象仔细分析产生故障的原因,是尽快排除装备故障的重要环节。二是压缩故障范围。根据故障原因分析,初步判定故障部位在某一个或几个部件(部分电路)中。当分析故障可能有多个原因时,要灵活运用排除故障的基本方法,逐步压缩初步判定的故障范围,直至将故障压缩到最小范围内。三是确定故障部位。根据发生故障的部分电路,运用排除故障的基本方法,确定故障部位,并采取相应的措施进行验证,当验证设备恢复正常时,即说明故障定位准确。进行验证时,要措施得当,验证准确。验证是使用临时性的恢复措施,或者使用正常件替换故障件以后,设备故障现象消失,说明故障定位准确。

② 故障隔离的基本方法:一是原理分析法。根据故障现象,依据装备原理方框图,通过对设备工作原理的分析,判断产生故障的可能原因和部位。其中关键是原理方框图,一般要求是以模块的形式简化复杂、庞大的电路图;注意各主要电路的控制关系保留;信号流程清晰;面板上各类显示装置、开关、旋钮在电路中的位置与控制关系应体现清楚。二是面板压缩法。利用现有工具和测量仪表,迅速、准确地将故障压缩到模块或部件。在不打开机箱及设备盖板的情况下,通过对设备面板开关和各类旋钮、度盘有针对性地操作,观察各类显示装置、音效等外部部件的变化,在熟知模块、部件控制关系的基础上,通过逻辑推理,隔离出故障区域,并将故障的范围压缩到最小。

(2) 装备拆解与装配。在无人机装备维修过程中,常需根据故障情况和设备检修的范围、深度,按照工艺规程规定的方法和程序进行设备分解与装配,为更换备件或进行相应处理的必需步骤。要边分解边仔细观察,必要时作好记录,防止分解不当对设备造成不良影响。检修后的装配要按与分解相反的程序进行,并按规定进行试验检查,判明装配的正确性。装备分解和装配要注意:

① 卸下的零部件要有次序地摆放,做好防尘、防潮、防锈、防碰撞工作。拆开的电路接头要及时用绝缘材料包扎,拆开多根线头时,应予编号,防止重装时接错。

② 分解和装配中遇有异常情况时,要查明原因,不要强行拆装。

③ 对于装配位置有严格要求的零部件,在分解时要记清原有的定位标志,做好标记。装配中要防止漏装、错装,并判明机件内确实没有多余物。

④ 分解后要按规定对某些零部件进行必要的清洗和处理。

(3) 整机检查。设备检修和排除故障后,首先要通电检查设备的各项功能是否正常。在确保各项功能正常的情况下,对检修后的设备进行性能检测。当某些性能指标不符合要求时,要根据情况进行有关部件和整机的性能调试,直至各项性能指标达到规定的要求。

(4) 质量控制。维修过程中每个环节,都要进行质量检验。

① 维修人员对完成的每项工作进行自检。

② 实行维修质量逐级检查制度。基层分队要对各项工作进行重点检查;各站站长要对所属人员工作进行检查;维修检查人员要对维修工作进行现场检查,确保维修质量。

③ 部队保障部门要对整个系统的维修质量进行检验和考核。

5) 维修总结

装备维修工作要及时进行工作记录、工作总结,具体内容有:

(1) 组织有关人员依据装备技术标准进行质量检验,填写故障检修登记表。

(2) 及时收集故障信息,填写故障信息卡片。

(3) 建立故障信息档案,对故障现象、原因、后果、判断和排除的方法应详细登记。

(4) 对故障进行研究,总结维护经验,掌握故障规律,提出预防故障的建议和研究预防措施。

(5) 根据部队装备维修器材消耗情况,及时进行筹措补充,确保器材预存数量。

3. 送修保障模式

送修保障是指依托上级保障单位或装备承制单位技术资源优势,将整装或分系统的基地级维修任务,交由战区保障大队或生产企业完成。要严格落实装备技术检查、送修交接、过程监督和修竣验收等制度规定,确保待修装备达到规定的技术状态。对于返厂修理,应制定完备的生产企业修理资质认证、维修任务下达、待修及修竣装备交接、修理过程监督和质量保障等原则、办法、标准;研究确定无人机系统整装、分系统和部(组)件等生产企业承担维修的任务分工目录、范围和深度。

1) 维修计划编报

根据无人机装备技术情况、修理间隔周期规定、修理任务区分等,由旅级保障部门按上级要求提出装备修理计划,包括等级修理计划、专项修理计划,按照修理计划审核分工,逐级汇总编报、审核。其中,修理计划内容包括所属单位、装备型号、编号,运行周期、送修时间等。

2) 装备送修交接

装备修理计划下达后,及时收取装备送修凭证、装备修理交接单,部队保障部门编报装备输送计划,将无人机系统送达战区装备保障机构或装备生产厂家,办理交接手续。

(1) 送修装备必须与批复计划一致,不得随意更改。如果由于战备训练任务等特殊情况需要调整的,必须履行报批手续。

(2) 注意送修装备的完整性,要做好随装物资清点、配套性检查等准备工作。

(3) 待修关重部组件必须进行包装封存,确保固定可靠、包装完好,不得裸机发运。包装箱上应当注明名称、型号、编号、送修单位联系人和联系方式。

3) 过程监督

装备承修单位应及时进行技术准备,包括技术资料、设备工装、人力资源、器材保障等,以及建立质量保障机构。按照交接、拆卸、分解、修理、检查鉴定、交付流程完成装备修理任务。机关、送修单位和承修单位应当强化对装备修理计划执行全过程的监督管控,及时掌握计划执行情况,确保按时保质完成修理任务。装备承修单位应建立质量保障机构,负责装备交接、修理全过程的检验试验和质量记录。装备送修过程中,送修单位可协调安排相关人员,进行跟修跟学,及时监督修理工作;组织相关人员对装备修理情况进行中期检查,及时向承修单位通报问题,督促承修单位进行整改。

4) 装备修竣接收

(1) 无人机装备修复后,应当及时通知部队保障部门;送修单位应当及时派技术人员到承修单位,组织专家组,由军方质量检验机构出任第三方,按照有关技术标准进行验收。

(2) 根据装备修返凭证,协调承修单位做好装备接收工作。

(3) 要及时做好装备维修工作记录、工作总结。

(4) 修竣装备实行质量保证期责任制,在质量保证期内出现修理质量或严重故障问题,由装备所属部队机关部门和承修机构共同组织检测鉴定,查明原因、提出鉴定意见和解决办法,填写装备维修质量信息跟踪反馈卡,并报上级机关业务部门。

5.4.3 战场抢修

战场抢修又称战场损伤评估与修复,是指当装备战斗中遭受损伤或发生故障后,采用快速诊断与应急修复技术恢复、部分恢复必要功能或自救能力所进行的战场修理。战场抢修的环境条件、时机、要求和所采取的技术措施与平时修复性维修不同,必须给予充分的注意和研究。

战时装备修理任务重、时间紧、条件差,对战损或故障装备一般采用换件修理,必要时可进行有控制的拆拼修理,按照修理地点,有部队修理、后送修理(工厂、基地)、现场抢修(靠前修理)。

信息化条件下作战,对装备保障的时效性要求非常高,必须针对无人机装备战时保障的特点,在保障方式、保障力量的运用和保障服务方式等方面做出变革,组织动员一切力量,采取有效的措施和手段,突出保障重点,实施快速机动的伴随保障,确保装备保障力量在战时发挥出应有的能力,确保作战任务的完成。

无人机系统战场抢修,根据战场环境条件、维修资源情况,由无人机保障分队指挥员统一组织,采用自救、支援修理、送修等方式,将装备送到隐蔽点或修理点修复。

1. 战时技术力量编成

战时无人机系统的维修保障体系要与军队的组织结构相适应,应包括战略级、战役级和战术级。战略级由战区联合武装力量组成,设有装备修理基地,并编有器材保障所。战役级由集团军组成。战术级包括装备保障分队及其相关人员,在旅级设有野战修理所,由维修单位和战时的一些加强单位组成;在营级设有前方修理组和伴随保障组,由营维修单位和加强的技术人员组成;在无人机使用分队则由分队人员对损坏装备实施应急维修保障。

2. 战时技术保障

战时无人机系统技术保障主要任务有:

(1) 掌握无人机装备战前、战中、战后的数质量情况,为首长决策和开展技术保障工作提供准确的信息。

(2) 拟制无人机装备技术保障计划并组织实施。

(3) 组织维修器材筹措、储备、供应和管理。根据器材消耗情况及时、准确拟制器材请领计划,做到适量、有重点,保证无人机装备的抢修需要。

(4) 战前无人机系统的检查、维护和修理。

(5) 做好战损无人机装备的迫降、抢救、抢修工作,以跟进伴随抢修为主,采用现场换件修理(含拆拼修理)和各种应急措施,尽快恢复系统的战术技术性能。

(6) 战时应加强无人机的防护,充分利用现有伪装器材和地形、地物组织隐蔽、伪装等。

(7) 进行保障人员战前训练,提高技术保障水平和防卫能力。做好应急处突训练,保障人员既担任装备修理工,又是应急处突的战斗人员,确保一有情况能够立即进行处置。

3. 战前抢修准备

战前抢修准备,是指战斗前基于战斗规模预计,制定战时技术保障方案,落实抢修组织,培训抢修人员,配备抢修设备、工具、备件及其他器材,为此应做好以下几个方面的工作。

1) 制定战时技术保障方案

具体包括战时技术保障方案、装备补充方案、战时应急抢修方案、保障器材供应方案等。

(1) 按上级规定的时限和要求,迅速完成缺额无人机系统的补充和配套。

(2) 获取在各种威胁情况下的无人机系统损伤评估模式、损伤概率。

(3) 试验新的抢修方法、抢修技术。

(4) 在战场或紧急情况下,根据部队现场遇到的抢修问题,针对无人机装备损伤现场情况,组织专家进行评估,并确定应急的抢修方法,指导部队完成现场抢修任务。

(5) 通过对战场损伤进行分析,确定无人机系统的战场抢修项目、战场抢修对策。

(6) 细化维修保障方案,明确保障的组织形式、协同方式、修理方法、维修权限、应急处置预案等。

2) 战场技术保障组织建设

做好人员编组定位,明确保障人员的任务和岗位,确保保障行动有序展开。为了在战时能通过有效的战场抢修工作保持部队的持续作战能力,在平时应加强组织保障,以适应未来战争的需要。开展战时技术保障工作由有关领导机构负责组织和协调各级、各部件的战场损伤评估与修复工作,并对以上人员进行培训。

3) 战场技术保障物资准备

在平时,要研究通用的和适用于无人机系统的抢修技术,尤其是新材料、新技术在战场抢修中的运用。重点包括:

(1) 研究新材料、新技术、新工艺在战场抢修中的应用,以及所需的器材、工具。例如,故障快速诊断技术、快速黏结、复合材料修复技术等。

(2) 新型无人机系统的战场修复技术,包括遭受软、硬杀伤的修复所需的器材、工具。

(3) 实用、轻便的"急救包"式工具箱,根据情况配发抢修工程车。

(4) 根据战场需要合理确定备件需求量及储备量,要重视民用器材的利用。

4) 保障分队建设要适应战场抢修要求

强调"集中管理,分散实施",强调维修组织"模块化",以适应应急的需要,机动调遣。具体包括:

(1) 保障分队的建设应加强机动性,以实施支援维修,保障分队的建设应力求模块化,每个保障分队应能完成给定无人机系统或多种无人机系统损伤的抢修。建立综合抢修分队也应分工明确,这样有助于综合。

(2) 平时修理机构中应配备一些与战场抢修有关的手册、参考资料以及一些用于训练的必要设施、设备、工具,以及对修理人员、使用人员及管理人员进行培

第5章 无人机系统综合保障组织实施

训。在训练中,要结合新型无人机系统战场抢修特点,加强对相关人员的培训。加强技术保障战备训练,重点是战备等级转换、行军与输送、宿营与警戒防卫、指挥信息通联等战斗勤务的训练;开展常见故障快速抢修训练,加强保障编组协同训练,提升装备快速抢修能力。

(3)要储备必要的战场抢修工具、器材以及技术资料,并保持维修保障车辆处于良好状态;保持维修设备、检测仪器处于良好状态;保证维修器材、备件及抢修工具的齐全和完好,以便为及时组建战时抢修分队提供必要的条件。

4. 战时定期技术保障

(1)战时无人机系统的定期检修,应当提前在战前或推迟到战后进行。

(2)战中原则上不进行无人机系统定期检修,必须完成的检修项目可以利用战斗间隙分散进行。

(3)战时无人机系统轻微损伤确实不影响执行任务和飞行安全,或者飞机、发动机等有寿机件达到时限,经检查技术状态良好,由部队装备部门批准,可以执行飞行任务。

(4)战时经部队装备部门批准,对战伤无人机系统可以进行的修理,允许降低某些技术标准。在完成作战任务后按照技术标准重新修理。

5. 战场抢修

无人机系统战场抢修实施步骤包括战场损伤评估、战场损伤修复、战场抢修记录等。战时维修保障活动流程示意图如图 5-9 所示。

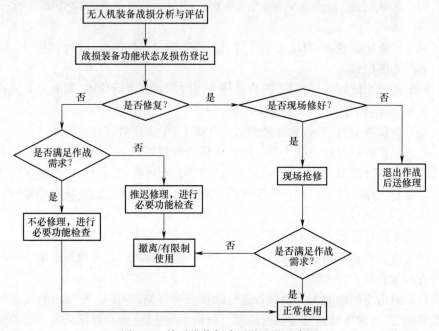

图 5-9 战时维修保障活动流程示意图

1) 战场损伤评估

战场损伤评估是在战场上对损伤装备进行战场抢修技术决策的过程,具有实时性。快速而有效的损伤评估是实施战场损伤修复的关键。

评估是指战斗中,当无人机系统遭遇损伤时,应由使用分队配合修理分队对战损无人机系统进行损伤评估,并且确定是否抢救、修复。

无人机系统的战场损伤评估一般包括系统损伤评估和分系统或重要部件损伤评估两部分。系统损伤评估是个复杂的逻辑决断过程,其形式取决于无人机系统的结构及其功能的复杂程度;分系统或重要部件损伤评估根据当前任务所需的必要功能进行。

战场上,无人机系统遭到战损时,首先由无人机使用分队对战损的无人机系统进行损伤评估,以确定是否修复损伤无人机系统。无人机系统战场损伤评估内容包括:

(1) 无人机系统损伤部位及损伤程度,对无人机系统完成当前任务的影响。

(2) 无人机系统损伤后是否继续可用?若装备可用,需采用的应急处理方式。

(3) 无人机系统损伤是否可实施修复?若需要修复,确定修复措施。

(4) 无人机系统损伤修复先后次序,以及在何处和如何进行损伤修复。

(5) 所需抢修资源,包括修理人员和抢修物资、器材、技术文件等。

(6) 抢修所需时间,修复后无人机系统的作战能力及使用限制。

无人机系统战场损伤评估步骤:

(1) 外观检查,检查无人机系统外观损伤情况,初步推断损伤部位及损伤程度。

(2) 通电功能检查,对于开展外观检查不能确定损伤部位或损伤程度时,应进行必要的功能检查。

(3) 性能测试评估,针对无人机系统主要性能参数进行检测,判断无人机系统是否具有完成当前任务需要的必要功能。

在外观检查、功能检查和性能测试的基础上,形成评估报告。

战场损伤评估报告有助于基层级和支援级维修组迅速、系统地对战损无人机系统的战损情况做出评估,进行抢修所需的时间、人员、物资器材,以及根据战场需要安排修复次序。战场损伤评估报告表一般由基层级维修组和支援级维修组的战场损伤评估员填写。

战场损伤评估报告表包括以下内容:

(1) 战场抢修应当以现场修理为主,当现场无力修复时,可送到指定的修理机构进行后送修理。

(2) 对出现问题的无人机装备进行战损分析评估,确定装备的功能状态以及损伤等级,进而确定战损装备能否修理。如果不能修复,则要根据无人机装备作战需求,分析无人机装备是否能够满足作战需求。

(3) 根据战场环境确定作战任务需求,然后判断坏损的装备是否需要进行维修,确定以装备目前的功能状态是否能满足战斗任务需要,判断是否需要对战损装备进行战场抢修。

(4) 如果战损无人机装备能够满足作战需求,则在进行必要的功能检查的基础上正常使用,可以不采取抢修措施,等作战任务完成后再进行全面维修;如果不能满足作战任务需要,则必须对损坏装备采取战场抢修措施,确定维修策略。

(5) 如果需要修理,那么还需要根据战斗力恢复标准和使用任务需求确定损坏装备需要修复到哪种状态以满足作战需求。

(6) 确定需要对坏损装备维修以及需要恢复到哪个功能状态级别后,还需要进行本级的维修保障能力预计,确定本级是否具有维修坏损装备的能力。如果本级的维修保障能力不能满足,则需要对损坏装备进行后送处理;如果本级能够对坏损装备实施维修保障,则实施本级维修。

(7) 要对战场环境条件进行分析。在目前战场环境下开展维修保障工作是否安全,是否允许对装备进行维修。如果战场环境不允许进行维修,那么只能对战损装备进行降级使用或将装备撤离现场到安全的维修环境后实施战场抢修。

(8) 确定在本级对战损装备实施战场抢修后,还需要根据本级的战场抢修时限判断在本级的抢修时限内能否完成抢修任务。如果不能完成,则进行后送处理;如果能够在规定的抢修时限内完成抢修任务,则进行抢修。

2) 战场损伤修复

战场损伤修复,是指当确定需要抢修时,可依据抢修手册提供的应急处理方法或临时制定应急处理措施,及时修复损伤装备。战场损伤修复时要注意:一是维修器材主要以成套器材供应的方式保障,做到及时、准确、适量、有重点,保证战时抢修需要;二是战时的防护应当根据环境条件采取隐蔽、伪装等不同方式,根据停放地点的具体条件,充分利用现有伪装器材和地形、地物组织实施;三是对核、化学、生物、燃烧武器袭击的防护,应当按照战时专门的规定进行。

(1) 无人机系统战场抢修典型方法。一是换件修理。换件修理是指采取更换零部件的方法对战损无人机系统进行的修理。采用这种方法,可缩短维修时间,保证修理质量,能在最短时间内修复装备使其重新投入使用。二是拆拼修理。拆拼修理是指拆卸同型或异型无人机系统上功能相同的零部件,替换受损伤的零部件,以恢复无人机系统的基本功能或能自救。包括备件更换、拆次保主、同型拆换、异型拆换。三是应急修理。应急修理是指对损坏的零部件采取临时性补救措施或降低无人机系统的局部功能,以保证其继续遂行作战任务的修理方法。四是原件修理。原件修理是利用现场有效措施恢复无人机系统中受损伤的零部件的功能或部分功能,以保证装备完成当前作战任务或能自救,如焊接、黏接、涂镀、研磨、冷热矫正等。五是综合修理。综合修理是指对战损无人机系统或零部件使用两种以上方法修复一件装备的修理方法。六是支援修理。支援修理是指无人机系统在战场无法及时查出其故障原因时,采取"远程专家支援系统"或与上级、友邻电话或视频咨询,进行故障"会诊",借助远程支援实施战场抢修。

应急修理通常采用如下方法:一是切换修理。通过电路转换或改接通道,以接通冗余部分、改自动工作为人工操作或将担负非基本功能的完好部件转换到损伤的基本功能部件,从而隔离损伤部分。二是替代修理。利用功能相似的零部件、工具、器材等代替受损伤的零部件,或者利用次要部位零部件代替主要部位受损伤的零部件,以恢复无人机系统的基本功能或能自救。三是现场制作。因陋就简地现场自制零部件替换装备中受损伤的零部件,以恢复无人机系统的基本功能或能自救,包括按图(样)制作、按样(品)制作、无样(品)制作。

(2)无人机系统战场抢修一般原则。战场抢修方法以抢修时间短、抢修效果好、抢修资源够用为原则。确定抢修工作类型顺序的原则:一是恢复装备功能的程度由好到差,二是战场抢修所需的时间由短到长,三是战场抢修资源的要求由低到高,四是抢修产生的负面影响由小到大。

3)战场抢修记录

抢修任务完成后,应及时按照规定要求和格式整理并上报战场抢修记录,便于无人机保障分队在战斗结束后进行统计和分析。

部队转移和撤离战场时,应及时组织人员进行清理战场,组织装备、维修器材的登记统计,并逐级上报;抓好修理,及时恢复各无人机的良好技术状态;根据储备标准,提出无人机补充申请等。

第6章
相关综合保障技术

综合保障技术经过40多年的发展和实践，对装备综合保障工程的发展做出了重要的贡献。本章结合无人机系统的特点，对无人机系统的备品备件优化技术、便携式故障诊断技术、故障检测集成技术、远程保障支援技术和无人机系统故障预测与健康管理技术等进行研究，以期进一步丰富无人机系统的综合保障技术，为尽快实现这些技术在无人机综合保障工程领域的实用化、工程化提供一定的理论基础。

6.1 无人机系统备品备件优化技术

6.1.1 无人机系统备品备件的概念

本节讨论的无人机系统备品备件包含飞行器平台、机载电气及航电设备、任务设备和与其相关的检测设备的备品备件等，不包括系统中车辆的备品备件。

根据GJB 4355—2002《备件供应规划要求》中的定义，备件是维修装备及其主要成品所需的元器件、零件、组件或部件的统称，包括可修复备件和不修复备件。可修复备件是指故障或损坏后，采用经济可行的技术手段修理，能恢复其原有功能的备件，亦称备用件。不修复备件是指故障或损坏后，不能用经济可行的技术手段加以修复的备件。消耗品(件)是指装备在使用与维护中消耗掉的物品(件)。有寿件是指规定预防性维修更换或报废期限的以及可预计使用寿命的部件。初始备件是指在装备形成战斗力的初始保障时间内，装备使用与维护所需的备件。后续备件是指装备已形成初始战斗力后，在规定后续时间内装备使用与维修所需补充的备件。

根据GJB 1405A—2006《装备质量管理术语》中的相关定义，关键特性是指如果不满足要求，将危及人身安全并导致产品不能完成主要任务的特性；重要特性是指如果不满足要求，将导致产品不能完成主要任务的特性；关键件是指含有关键特性的单元件；重要件是指不含关键特性，但含有重要特性的单元件；备件是指备用于维修或保障装备的元器件、零件、组合件和部件。

根据GJB/Z 57—94《维修性分配与预计手册》的定义：在规定的维修级别上可整体更换的产品，称为可更换单元。它可以是不同功能层次的产品，如单元体、组件、部件或零件等。下面对本章所涉及的基于不同更换目的可更换单元概念进行解释。现场可更换单元（Line Replaceable Unit，LRU）是可在使用现场从设备上拆卸或更换的单元（GJB 3385A—2020《测试与诊断术语》）。它能够保障战时的战场快速维修，提高无人机的持续作战能力。车间可更换单元（Shop Replaceable Unit，SRU）是可在车间（中继级或基地级）内，从现场可更换单元（LRU）中拆卸或更换的单元。它能够提高保障维修能力，是对基层级维修的有力支撑，同时也减轻基层级备品备件的携行压力。最小可更换单元（Minimum Replaceable Unit，MRU）是指可在车间（基地级）内或是返厂后，从车间可更换单元（SRU）拆卸或更换的单元。它是无人机维修保障的最终手段。

无人机系统的备品备件不具体指单一的物品而是一个总称，它是指提前准备并会在不久的将来使用上的与无人机系统有关的物品和零部件。它包含备用的物品和备用的零部件两方面，所有与无人机系统有关的物品和零件都可以用作备品备件。无人机系统的备用物品所涉及的范围不只包含无人机飞行器平台本身所需备份的相关工具、检测用品、辅助材料等，还包括无人机系统其他组成单元所需备份的相关物品。无人机系统的备用零件不仅包括已完成加工的零件，也包括半成品状态的零件（指装备使用者在更换该零件前需要进行一定加工处理的零件，如更换前需要根据实际情况修配的口盖、腹鳍等），还包括在地面上相关设备的备份零件。

无人机系统备品备件的作用是"保证换件维修时有件可用"，保证无人机系统战斗力的形成与持续。无人机系统备品备件的组成越合理，越贴近实际需要情况，就能越好地完成综合保障的任务，越能达到无人机系统全寿命周期内备品备件的低费用、高保障能力的目的。

6.1.2　无人机系统备品备件分析

备品备件的分类方式有很多种，可按其形态、价值、来源、用途、零件使用特性等从不同方面进行类别划分。无人机系统的备品备件主要作用是保障无人机系统功能的正常使用，所以无人机系统的备品备件一般按照其用途进行分类。这种分类方式是基于系统功能划分进行的。而无人机系统是由不同用途的分系统组成的一个综合性的大系统，所以要确定无人机系统的备品备件分类首先必须了解无人机系统的组成，只有在了解组成无人机的各个分系统所起作用的基础上才能进行合理的备品备件类别划分，完成无人机系统的备品备件分类保障工作。不同的无人机系统的组成不尽相同，典型的无人机系统一般由飞行器、控制与导航、测控与信息传输、任务设备、维修与保障等分系统组成，如图6-1所示。

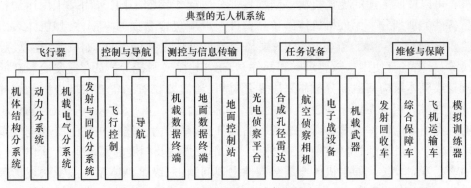

图 6-1 典型无人机系统组成

1. 飞行器

飞行器分系统包含飞机机体、动力装置、机载电气设备、发射回收装置等。

1) 飞机机体

飞机机体主要由机身、机翼、尾翼、起落架等组成。

(1) 机身。机身是无人机用来装载机上设备、武器、货物等的,它可将无人机的机翼、尾翼、起落架等部件连接成一个整体。机身结构一般由蒙皮、纵向和横向骨架组成,机身表面一般根据需要会开有安装/维修开口、伞舱开口、回收用的缓冲气囊舱开口等,开口表面用舱盖连接覆盖。机翼是无人机产生升力的主要部件,一般分为左右两个机翼,对称地布置在机身两侧。机翼上通常有一些活动部件,包括各种前后缘襟翼、副翼、扰流片、减速板、升降副翼等。

(2) 机翼。机翼内部可以用来放置燃油,在机翼厚度允许的情况下,无人机的起落架也全部或部分收放在机翼内部。此外,无人机的发动机也可采用直接固定在机翼上或者吊挂在机翼下面的安装方式。机翼结构一般由表面蒙皮和内部的纵横向骨架组成。

(3) 尾翼。尾翼是安装在飞机尾部,起俯仰和航向稳定、配平作用,并操纵飞机保持和改变飞行姿态的翼面。尾翼的外形和构造与机翼相似,但尺寸较小。常见的尾翼由水平尾翼和垂直尾翼组成。现在也有无人机采用 V 形尾翼,它兼有水平尾翼和垂直尾翼的作用。

(4) 起落架。起落架是无人机在地面停放、滑行、起降滑跑时用于支持无人机重量、吸收撞击能量的部件。低速的无人机起落架一般采用结构简单的固定式起落架,由固定式起落架引起的飞行中阻力的增加对其影响较小。中高速的无人机一般采用可收放式起落架,飞行中将起落架收至机身或者机翼内,减少阻力。起落架一般由带充气轮胎的机轮、刹车装置、承力支柱、减震器、前轮减摆器和转弯操纵机构组成。对于在雪地和冰上起飞的无人机,起落架上的机轮可用滑橇代替。

可以按照上述的无人机机体结构各部分所起作用的不同,采用基于用途的备品备件类别划分。无人机机体的备品备件一般应包含易损的零部件,如机体表面舱盖(伞舱盖、气囊舱盖等)、蒙皮;损伤后容易整体更换的部件,如机翼、尾翼、腹鳍等;易损且有使用次数要求的零部件,如充气轮胎或滑橇等。如果是复合材料的机身或机体结构其他部分材质采用复合材料,还需要在备品备件中增加用于修补复合材料的相应无纺布、胶水等原材料。除舱盖、蒙皮、可拆卸零部件外,金属材质的机身主体结构件一般不需要准备备品备件,这是因为金属材质性能受环境因素影响较小,且设计时金属材质的机体结构件都有强度及刚度的冗余要求,所以它们的产品寿命较长。如果机体金属结构件出现问题,三级维修体系一般无法现场解决问题,需要返厂或厂家来人维修,所以一般可将金属材质可拆卸的机身结构件作为备品备件,不可拆卸的金属材质零部件不应列为备品备件。飞机机体部分的备品备件还应包括用于安装的各种结构连接件、标准件。

2) 动力装置

动力装置是无人机的发动机以及为维持发动机正常工作所需部件的总称。它包括发动机、发动机启动和控制装置、发动机安装节或安装架、燃油装置、滑油装置、散热装置、防/灭火装置等。不同类型的发动机主体构造不同。常见的航空发动机类型有活塞式航空发动机、燃气涡轮发动机和冲压发动机三种。活塞式航空发动机一般用于中小型无人机;燃气涡轮发动机细分为涡轮喷气发动机、涡轮风扇发动机和涡轮轴发动机,涡轮喷气发动机一般用于中大型高速无人机,涡轮风扇发动一般用于时速小于800km的中大型无人机,涡轮轴发动机主要用于无人机直升机;冲压发动机一般用于高速无人机。发动机启动和控制装置是用于启动发动机和控制发动机转速及状态的装置,由飞控计算机向其发送启动、控制及停车指令。发动机安装节或安装架用于将发动机安装在无人机上。燃油装置一般由油箱、输油管路、阀门和油泵组成,负责发动机所需油料的供应和存储。滑油装置一般由滑油箱、输油管路、阀门和油泵组成,负责发动机工作所需润滑油的供应和存储。散热装置负责发动机的散热。防/灭火装置用于防止发动机起火和起火后的灭火工作,无人机上使用较少。不同类型的发动机通常还配有其特有的组成部件,如活塞式及涡轮螺旋桨式发动机需要配备螺旋桨。喷气式发动机需要有进气道和排气喷管,用于提供喷气式发动机所需的一定流量的空气。在实践中发动机安装节或安装架、进气道和排气喷管虽然由动力装置的研制单位设计制造,但一般归机务负责安装和日常维护,所以与其相关的备品备件,如安装节/架、进气道等会归于飞机机体的备品备件。

可以按照上述的无人机动力装置中各部分所起作用的不同,采用基于用途的备品备件类别划分的方式,对动力装置的备品备件分类保障进行研究。动力装置需要考虑的备品备件主要包括发动机的外场可更换单元、油箱、管路、阀门、密封件、螺旋桨、燃油、滑油等。发动机较为复杂的维修都需要返厂进行,三级保障体系最多只具备完成发动机主体部分内场可更换单元的换修能力。所以对于发动机本体的备品备件保障基本以内场可更换单元为主。如果是金属材质的油箱,其备品备件在满足存储条件下可存储较长时间;但如果是橡胶或塑料材质的软油箱,因材质本身的问题,其备品备件在满足存储的条件下一般也只能存放1~3年。如果是使用过的橡胶软油箱,从其首次接触油料开始计算其使用寿命一般只有1年。这就需要对其备品备件的数量进行精准控制,防止资金浪费。同样的情况还有密封件、螺旋桨等,其存储寿命一般都在1~3年。动力装置的管路、阀门等结构连接件一般都会选用相关标准件,来源较广泛,易采购且成本可控。但特殊情况下结构连接件也会使用自制件和定制件,自制件和定制件作为备品备件时需要考虑到这两者存在生产周期和数量成本的问题。燃油和滑油可参看已有的相关油料油品的保障要求。

3) 机载电气设备

机载电气设备一般是指无人机供电设备和用电设备,无人机供电设备包括电源设备和配电设备两部分。电源部分用于产生和变换电能,配电设备用于分配和管理电能。无人机的机载电气设备的作用是保证可靠地向用电设备提供符合需要的电能,并能及时准确响应飞控计算机发出的指令。无人机的机载电气设备主要由电气控制盒、电缆、插头、开关、继电器和蓄电池等组成。电气控制盒用于控制电源的切换和电力的分配。它由电路板、接头、盒体等组成。电缆用于保障无人机各个设备的电流输送和提供通信通道。插头、开关、继电器等用于实现电流输送的控制。蓄电池一般作为无人机的备份电源使用。

按照上述的无人机机载电气设备中各部分所起作用的不同,采用基于用途的备品备件类别划分的方式,对机载电气设备中的备品备件分类进行研究。电气设备中最重要的设备是电气控制盒,它是由电气元器件组成的封装好的设备。对于在三级维修体系中的中继级及以上的维修单位都具备启封维修其内部电子元器件的能力,电气控制盒维修完以后,只需要通过地面检测试验即可使用,中继级及以上的维修单位大多具备这个试验能力。电气设备中对于电气控制盒的备品备件分类既要针对中继级和基地级维修单位准备元件备件,也要针对基层级维修单元准备部分封装好的备品。具有同样情况的还有电气的连接电缆,它因为有绝缘性、屏蔽性等专业性较强的要求,对于具备相关检测能力的中继级和基地级维修单位需要准备缆线、接头、表皮线等电气元件备件,而对于基层级维修单位需要准备部分加工检测完好的电缆成品。电气设备其他插头、开关、继电器等都属于标准件,可按照实际使用的情况列入备品备件清单。

4) 发射回收装置

发射回收装置包括用于发射无人机的发射装置和用于回收无人机的回收装置。但不是所有的无人机系统都有这两个装置。有的无人机发射后不回收,只有发射装置没有回收装置;有的无人机采用手抛、空中投放等方式发射完成任务后回收利用,就只有回收装置没有发射装置;有的无人机采用滑跑起飞降落,就不需要专门的发射回收装置。所以发射回收装置的备品备件的分类确定,需要根据具体型号无人机的实际情况来确定。以下列举两种使用比较广泛的发射回收组合方式来研究讨论发射回收装置的备品备件。

(1) 无人机采用火箭助推发射,完成任务后采用伞降加安全气囊的回收方式。发射时,在无人机发动机大车状态点燃助推火箭,无人机在助推火箭的推力作用下离轨升空,进入飞行状态。一般情况下火箭燃烧完后会从无人机上脱落减轻无人机的载荷。无人机回收时,发动机停车;然后无人机打开降落伞,进一步减速;落地前无人机机身或机翼上的安全气囊充气打开,在落地时起到缓冲的作用,以保护机体内部安装的各种设备。在此类型的发射回收装置中备品备件的分类确定涉及发射用的助推火箭,回收用的降落伞、安全气囊、气瓶和与它们相关的附属零部件和设备。

该类型发射回收组合的备品备件主要包括助推火箭、降落伞、安全气囊、附属供气系统,其他零部件和设备。助推火箭属于火工品,它的备品备件有具体严格的存放要求。助推火箭的内部装药会随时间出现燃烧效能下降,从而导致火箭推力不足的情况,助推火箭的一般有效存放时间是 5 年,且其生产周期较长,一般在 12 个月左右,这些问题在发射回收分系统的备品备件分类时都需要考虑。降落伞、安全气囊属于纺织物也存在随时间自然失效的问题。附属供气系统主要由气瓶、供气管路、阀门、接头、压力表组成。气瓶属于高压容器,阀门、接头、压力表属于制成品或标准件,供气管路一般采用铜管钣金制成。所以,附属供气系统的备品备件除供气管路外应用制成品的形式存储,但对基层级及以上具备现场维修能力的单位,供气管路的备件可以以原材料(如未经加工的铜管)的方式存储保障。其他零部件和设备主要包括爆破螺栓、氮气、充气装置等,这些零部件及设备根据实际使用需求准备备品备件。

(2) 无人机使用弹射发射方式,采用撞网/绳回收的回收方式。这种发射回收方式一般是小型无人机采用的发射回收方式。发射时,采用弹射装置将处于发动机大车状态的无人机以一定角度弹出,无人机在弹力的作用下获得一个初速度,脱离弹射装置后无人机进入飞行状态。回收时,精准控制无人机的航线,当无人机进入回收路线后,将发动机停车,引导无人机撞入回收网或回收绳上,通过绳/网的缓冲作用使无人机进入静止状态,达到完好回收无人机的目的。弹射装置根据弹力的来源可以有电磁弹射、气动弹射、弹性绳索弹射等不同装置。回收装置也分为撞绳回收装置和撞网回收装置两种。所以此类型的发射回收装置中备品备件的分类需要根据实际情况确定。电磁弹射装置的备品备件里需要包含可更换的易损电气元件,气动弹射装置的备品备件里除包含可更换的易损件外,还需考虑保障弹射用气体的存储供应。弹性绳索弹射装置的备品备件里应包含备用的弹性绳索等。撞绳回收装置和撞网回收装置的备品备件里除易损的回收绳、回收网外，还需要准备用于连接固定回收绳/网的结构件，因为它们不仅易损坏，而且基层级及中继级维修单位是无法加工生产的。

2. 控制与导航

控制与导航分为飞行控制和导航两部分，因为两者联系紧密，互相影响，所以一般在无人机系统划分时归为一个分系统。飞行控制部分是指在无人机飞行过程中，利用自动控制设备，对无人机的飞行姿态和运动参数实施控制，以保证无人机的稳定性和操纵性，提高飞行品质和完成任务能力，增强无人机的安全性。导航部分的作用是确定无人机的位置，并引导无人机按照预定航线飞行。它通过给出无人机相对于参考坐标系的位置、速度、姿态（航向角、俯仰角和滚转角）、时间等信息参数，飞控计算机利用这些信息参数调整无人机姿态、航线、速度等参数引导无人机从现在点按照要求到达目标点。无人机一般采用自主式导航，无须陆基导航基站，采用机载导航设备（惯性导航设备、多普勒导航设备、北斗卫星导航系统（BDS）/全球定位系统（GPS）/格洛纳斯（GLONASS）系统等进行导航。

飞行控制部分的主要设备有飞控计算机、大气参数传感器、压电陀螺、速率陀螺、无线电高度表、舵机等。飞控计算机是指由软硬件共同组成的，用来完成飞行控制功能的计算机。飞控计算机一般有工业控制计算机（微机）、单片机和数字信号处理（DSP）器等。大气参数传感器是测量大气参数并输出相应信号的传感器的总称，主要包括大气机、空速管等。它能将测量到的大气静压、动压、总压等原始信息参数传输给飞控计算机，飞控计算机可以换算与之有关的飞行高度、高度变化率、马赫数、真空速等参数。由大气参数传感器数据换算的相关数据精度低于惯导系统得出的数据精度，所以大气参数传感器的数据优先级低于惯导设备的数据优先级。压电陀螺又称角速率陀螺、速率陀螺。无线电高度表是测量飞机到地面垂直距离用的机载无线电设备，它由收发机、天线和指示器组成。无线电高度表测量的高度是飞机距离地面的真实高度，一般用于无人机进近和着陆阶段。但无线电高度表的工作易受地面杂波影响，其测量值精度低于北斗/GPS/GLONASS 系统定位高度精度，所以其测量值优先级一般较低。舵机是响应飞控计算机指令操纵飞机舵面（操纵面）转动的一种执行部件，它是一种位置（角度）伺服的驱动器，可以根据飞行需求具备改变和保持舵面角度的控制设备。

可以按照上述的无人机飞控部分中各部分所起作用的不同，采用基于用途的备品备件类别划分的方式，对飞控部分的备品备件分类进行研究。飞控部分的各种设备一般都是封装好的设备。如果出现故障，三级维修体系中的基层级和中继级维修单元不具备解封维修能力，只能采用更换故障设备的方法进行维修保障。基地级维修点具备解封更换其中部分电气元件、电路板等的维修能力，但飞控部分的设备维修完成后需要进行相应的环境及应力筛选实验、校核实验等。所以飞控部分的备品备件一般应准备可更换的相关飞控设备及其配套的电缆、插头等,应尽量避免囤积芯片、电路板等电子元器件。这是因为,首先三级维修体系绝大部分的维修单元基本不具备电子元器件级的维修能力或是具备维修能力但不具备检测试验能力;其次电子元器件的存放寿命较短,一般在5年以内;最后电子元器件更新换代较快,旧型号的电子元器件的价格下滑很快,囤积芯片、电路板等电子元器件容易引起无形的资产贬值,不利于备品备件"费用低"的要求。需要注意的是,封装好的飞控设备也是存在有效期的,现有技术条件下飞控计算机使用存储寿命一般在3年以内,其他设备如陀螺、舵机、大气参数传感器等使用存储寿命在5年以内。电子元器件设备的寿命较短且更新换代较快的情况,是飞控设备备品备件选择确定时需要考虑的重要因素,如果考虑不周,易造成备品备件的使用周期被人为缩短和备件费用的浪费。

导航部分主要设备有惯性导航设备、北斗/GPS/GLONASS设备、多普勒导航设备。惯性导航设备的主要部件包括陀螺、加速度计、数字计算机和专用精密电源。它是以牛顿力学定律为基础,通过陀螺和加速度计测量载体(无人机)在惯性参考系的加速度,用数字计算机将它对时间进行积分,且把它变换到导航坐标系中,就能够得到在导航坐标系中的速度、偏航角和位置等信息的设备。现在无人机常用的惯性导航设备是捷联式惯性导航。它是将陀螺仪和加速度计直接安装在无人机上,在数字计算机中实时计算姿态矩阵,即计算无人机坐标系与导航坐标系之间的关系,从而把无人机坐标系的加速度计信息转换为导航坐标系下的信息,然后进行导航计算。它具有重量轻、功能强、精度高、成本低、可靠性高的特点,非常适合应用在无人机平台上。无人机的北斗/GPS/GLONASS导航设备由接收机和天线组成。它是通过无人机上安装的接收机,接收导航卫星播发的无线电编码信号,计算无人机速度、偏航角和位置等信息的设备。多普勒导航设备是利用多普勒效应,实现导航目的的设备,其主要部件是多普勒雷达。它通过安装在无人机上的多普勒雷达的发射机向地面发射多个(一般为4个)波束的无线电波,回波被多普勒雷达的接收机接收。由于无人机相对运动导致回波的频率不等于发射波的频率,二者之间的频率差大小与无人机运动速度有关,所以据此可根据频率差推算无人机的地面速度,再结合航向姿态系统,也可以得到无人机的速度、偏航角和位置等信息。不论是哪种导航设备得到的无人机的速度、偏航角和位置等信息,最终都要输入飞控计算机,以便飞行控制系统能够实时掌控无人机的飞行状态。这也是将导航部分与飞行控制部分合并为一体的原因。

导航部分的各种设备和飞控部分情况类似,一般都是封装好的设备。所以当对导航部分采用基于用途的备品备件类别划分的方式时,导航部分的备品备件一般应准备现场可更换单元相关配套的电缆、天线、插头等。

3. 测控与信息传输

测控与信息传输的作用是对无人机进行跟踪、定位、遥测、遥控和信息通信传输，通过无线电数据链的传输实现对无人机的远程操控和机载信息的实时获取。无人机的测控与信息传输分系统是连接地面控制端和飞行中无人机的唯一途径，而且其性能在很大程度上决定了整个无人机系统的性能。测控与信息传输在无人机系统中处于非常重要的地位，它包含机载设备和地面设备两部分。机载设备部分又称机载数据终端，作用是对无人机机载设备（包括机载任务设备）的信息参数传输、处理、记录等，并响应地面控制端的遥控指令，主要由信号处理器、收发装置和天线组成。地面设备部分包括地面数据终端站、地面控制站。地面数据终端的作用是接收无人机的机载数据终端的下传数据，并将地面的遥控指令、数据信息等数据上传至无人机。地面控制站发出无人机控制指令，它一般通过地面数据终端接收无人机的实时状态信息，并向无人机发出控制指令，控制指令经由地面数据终端通过无线电数据链传输给无人机，无人机接收并执行指令。地面数据终端和地面控制站可以合并为地面终端控制站，但一般为了提高战场生存能力，会将两者分开设计和布置。常见的无人机系统为了保持机动性，会将两者设计成车载机动平台，即地面数据终端车和地面控制车。地面数据终端车主要由地面终端接收/发送设备、天线和载车方舱等组成。地面控制车主要由地面控制设备、信号接收/发送设备、天线和载车方舱等组成。

根据测控与信息传输中各部分所起作用的不同，可将相关设备组成分为机载设备和地面设备两部分。当采用基于用途的划分方式对该分系统中的备品备件分类研究时，需要考虑机载部分和地面部分的备品备件类别划分各自不同的需求标准。测控与信息传输的机载设备类似控制与导航部分的设备属于已经封装好的设备，因为其设备维修后不仅有性能要求还有电磁兼容性方面的检测要求，三级维修体系基本不具备维修保障的能力，所以它的备品备件应以现场可更换单元为主体，采用更换故障设备的维修方法保障系统的正常工作。此外，机载设备的备品备件还应包括设备连接使用的接头、插件等标准件。地面设备部分的备品备件分类一方面由地面组成设备的备品备件分类确定，另一方面由载车方舱（如车辆）的备品备件分类确定。地面设备以天线、接头、插件为主，载车方舱的备品备件分类确定参考其平台本身已成熟的相关要求，如车辆的备品备件参考军用车辆的备品备件要求，选用的货架产品（如搭载的柴油发电机）参考产品本身其相关行业标准的备品备件要求。

4. 任务设备

任务设备是无人机平台搭载的任务设备的总称。常见的任务设备主要包括光电侦察平台（可见光/红外）、合成孔径雷达、航空侦察相机、电子战设备、机载武器。一般不同的无人机系统会根据其作战任务的不同选配其中一种或几种。任务设备的备品备件分类需要根据型号实际采用设备的情况确定,有些设备如机载武器、某些电子战设备属于货架产品,已经有相关的备品备件要求,直接采用即可。对于其他的任务设备,因为三级维修体系基本不具备维修后检测校核设备的能力,所以其备品备件应以现场可更换单元,安装使用的结构件、连接件、电线、插头等结构、电气标准件为主。

5. 维修与保障

维修与保障分系统主要是指无人机系统的地面保障车辆以及训练器材,主要由发射回收车综合保障车、飞机运输车及配套的模拟训练器等组成。发射回收车用于发射无人机和回收着陆后的无人机。综合保障车用于提供无人机外场联试或发射时所需的电力、油料等的供应。飞机运输车用于运输无人机及其备件。训练器材是指模拟训练无人机操控的地面设备,一般存放于营地,无人机操控人员可利用该设备进行操作训练。它由软件和硬件两部分组成,软件是模拟无人机的控制程序,硬件一般包含操作设备和显示装置。维修与保障分系统的备品备件分类确定主要有三方面:首先,车辆本身的备品备件的分类确定,这只需要参考现有车辆的备品备件要求即可;其次,根据车辆搭载设备的备品备件来确定,如综合保障车搭载的电力供应设备、油料供应装置的备品备件,飞机运输车上运输装置的备品备件,这些需要根据具体系统组成情况进行确定。对于其中的货架产品(如柴油发电机),直接采用其本身自带的备品备件要求即可。再次,模拟训练器,它属于地面使用的训练器材,其保障工作一般由研发生产单位负责。如果使用单位需要准备相关备品备件,只需要准备相关可更换单元及其需要的连接标准件即可。

结合备品备件相关的标准可以将无人机系统各个组成部分的备品备件按照可修复备件、不修复备件、消耗品(件)、有寿件、关键件、重要件进行分类归纳。由于常见的无人机系统初始备件和后续备件组成基本相同,在此不进一步细分。

无人机系统各个组成部分的备品备件中属于可修复备件的有机体表面舱盖、复合材料的机体结构零部件等。

属于不修复备件的有:金属材质的机体结构零部件、起落架轮胎、滑橇、用于安装的各种结构连接件、标准件;油箱、管路、阀门、密封件、螺旋桨;飞控设备相关的电子元器件、零部件及其配套的电缆、插头、安装固定所用的标准件;导航设备的电子元器件、零部件及其配套的电缆、天线、插头、安装固定所用的标准件等;电气控制盒及组成它的电气元件、零部件,电缆成品、缆线、接头、表皮线等电气元件,电路使用的插头、开关、继电器等电气标准件;降落伞、安全气囊、附属供气设备;回收绳或回收网及其附属结构件、弹射装置所需的零部件;遥控遥测设备的电子元器件、零部件及其配套的电缆、天线、插头、安装固定所用的标准件等;以及各种任务设备所需的备附件。

属于消耗品(件)的有伞舱盖、燃油、滑油、助推火箭、安全气囊、氮气等。

其中的有寿件是起落架轮胎、滑橇、密封件、螺旋桨、助推火箭、降落伞、橡胶材质的软油箱等。

关键件有飞控计算机、发动机等。

重要件有导航设备、电气控制盒等。

从分类归纳情况可以看出，上述分类中有交叉的部分，如助推火箭既属于不修复备件，也属于消耗品，还可以是有寿件和关键件。

如果把上述所有的零部件设备都列入备品备件清单中，是能满足保障要求的。但这样就要求有大量的采购资金支持以及足够的存储空间，还需要大量的人员进行维护管理。而这显然是不可行的。所以，需要对无人机系统的备品备件的组成进行优化，确定合理的种类及数量组成，制定出合理的备品备件清单。

6.1.3 无人机系统备品备件优化

无人机系统备品备件的优化包括无人机系统备品备件清单内容的优化和无人机备品备件管理的优化两方面内容。

1. 无人机系统备品备件清单内容的优化

无人机系统备品备件清单内容的优化是确定合理的无人机系统备品备件的种类及数量。为此，本书引入备件利用率和备件满足率的量化概念。备件利用率是指在基层级条件下，在1年的使用周期内，所使用的备件数量占备件总数量的百分比。一般备件利用率要求大于60%。备件满足率是指在基层级条件下，在1年的使用周期内，所使用的备件数量占实际需求的备件总数量的百分比，一般备件满用率要求大于60%。这两种指标存在着一定的相互约束，利用率高有可能导致满足率低，满足率高也有可能导致利用率低，无人机系统备品备件优化的本质就是制定出一个在一定的备品备件经费制约下，同时满足这两个指标要求的备品备件方案。

无人机系统备品备件的清单通常由无人机系统设计单位拟制，订购方按照清单内容采购即可。至于清单中的备品备件种类是否齐全，数量能否满足实际使用单位的保障要求暂时无法确定。并且无人机系统备品备件清单制定完成后很少进行改动，特别是军用无人机系统，定型后进行任何改动都需要较为烦琐的审批流程，使得设计单位基本不会对清单进行改动。这种情况对于无人机系统备品备件的优化工作是不利的，因为无人机系统要经历研发、试验、定型、装备使用、改型等不同的产品使用阶段。每个阶段对于无人机的备品备件种类和数量的要求侧重是不同的，这必然导致清单内容的变化。所以，无人机系统备品备件的清单不是制定出来以后就一成不变的，它应该随着无人机全寿命阶段的不同而逐步完善。

最初的无人机系统备品备件的清单由无人机系统设计单位在设计初期基于产品维护的角度出发，结合实际使用情况和自己多年的研发、使用和维护的经验来确定。这样做的优点是相关产品的备品备件构成清单比较详细和完备，能够全面提供对系统的保障。此类清单中的备品备件经常以元器件级别的形式存在，这是因为负责该阶段保障工作的多是产品设计人员。设计人员十分明确无人机系统的设计思路，了解具体设计组成的作用和相关联系，能够充分地把握产品性能极限。设计单位在维护保养、故障定位排除时不仅能够进行最细化的维护保养，还能够在排故时迅速将故障原因定位到元器件级别，并可以通过直接或间接的办法进行修复或更换。所以主要由设计人员确定的无人机系统备品备件清单会出现以最基础的零件、元器件的种类和数量要求为主的现象。

  无人机系统在完成初步设计后进入样机生产和试验阶段。在这个阶段会遇到各种设计初期没有考虑的情况。试验过程中会依据暴露出来的问题对备品备件清单的内容进行调整和修改，使之更加贴合实际需要。这一阶段负责排故保障的主要也是设计单位的人员，所以备品备件的清单虽然还会以元器件级别存在为主，但因为外场试验条件、加工能力的限制，同时为了提高维修工作的效率，备品备件中会出现较多的适宜现场直接更换使用的零部件或者设备组件。此阶段的备品备件构成清单会进行调整，由原来的主要由元器件为主的清单内容构成变成元器件、零部件和设备组件并存的情况。需要注意的是因为该阶段的无人机系统的使用人员主要还是设计人员，所以内场和外场的分界线不是很明确，即将元器件组合成零部件或设备组件相对较为方便，所以该阶段的清单中还是以元器件为主，在定型前的试验中，应将备品备件逐步调整修正为现场可更换单元。

  无人机系统产品定型后生产并交付用户时，备品备件清单基本是沿用定型阶段最终确定的以现场可更换单元为主的清单。

  当无人机系统在定型装备部队后，就从装备的短期使用变成装备的长期全面的使用。在这个过程中会有更多的隐藏故障被暴露出来，从而需要根据故障情况对备品备件清单的内容进行修正。这个修正是逐年反复多次进行的。当一款无人机系统大批量、长期使用后，该型无人机系统会出现哪些种类的故障，故障出现周期大概多久，需要哪些种类和数量的备品备件基本都能确定。此时，已修正的无人机系统备品备件清单的种类和数量更加贴近实际需要，能更好地保障无人机系统的战备完好性。

2. 无人机备品备件管理的优化

  无人机备品备件管理的优化是对库存量、使用消耗、备件寿命、补货周期等要素实施精确管理，以最低的备品备件费用最大限度地满足用户对无人机备品备件的需求。在无人机备品备件的实际存储过程中，很多外场可更换单元中的电子元器件（芯片、主板等）不仅对存储环境有要求而且大都还是有寿件。如果大量存储，不仅存在因更新换代较快带来资产贬值风险，并且需要占用大量的资金。如果存储量不足，又会存在无法满足实际需求，不能保障无人机系统的战备完好性。这种情况要求我们必须对无人机备品备件的管理进行优化改善。无人机备品备件的管理不只消耗补充管理,还有寿命件管理等其他方面的管理。这些不同方面的管理是相互影响相互作用的。无人机备品备件管理的优化能够更利于备品备件实际使用时补充、更换与维修,能更好地保障无人机系统的战备完好性。

备品备件管理因其中心目标不同主要有以下两种模式:

(1) 以最少费用为中心的库存管理运行模式。该模式是通过控制定购量和订购点两个基本参数,采用最小花费优化法进行备品备件管理,即对上(申请)订货时选择备品备件价格低谷,对下供应时采用较低程度的保障供应。该模式可以有效降低费用支出,但其备品备件仓储的完备性会受到市场价格的影响,出现补充不足的情况。此模式适用于企业厂矿等生产单位。

(2) 以用户需求为中心的库存管理运行模式。该模式是通过控制存储种类和存储数量等基本参数,以达到最大备品备件满足率为首要目标。该模式优先保障对下的供应,其次才考虑费用问题。该模式可以有效保障备品备件的完好性,经常用于作战装备的备品备件库存管理。其缺点是会不可避免地造成装备物资器材的积压和经费的损失,同时不利于备品备件的升级换代。该模式适用范围广泛,各行各业都可采用。

无人机系统备品备件种类越全面,备份数量越多,越能更好地保障无人机系统战备完好性,但是这会极大增加备品备件的采购及存储所需费用。同时,有些备品备件属于有寿件,如果为追求战备完好性而备份数量过大可能会出现有寿件达到寿命期限还没有用完的情况,造成不必要的资金浪费。同样与费用有关的是无人机系统备品备件的采购数量及补充周期问题,无人机系统备品备件的库存管理模式在补充管理普遍存在"先用后补"的情况,即备品备件被使用后才按照消耗的种类和数量进行补充。这种补充模式会因为采购件生产周期较长(如发射火箭一般生产周期为8~12个月)、高频率的更新换代导致旧型号已经停产(主要涉及芯片、主板等有关的备品备件,如飞控计算机),以及价格波动比较剧烈而导致采购资金的额外增加(如存储器等)等问题。这些问题不仅会影响采购的费用,严重的甚至会影响备品备件的及时补充。在以满足需求为中心的备件库存模式中,为解决此类问题以保证无人机系统的战备完好性,经常采用增大备品备件库存数量的方法。实践证明,这样的方法的确能够有效地解决该问题,但是势必造成备品备件的积压和经费的浪费。无人机的备品备件构成清单中有大量的有寿件,主要以电子元器件为主,它们很多不仅价格比较昂贵,而且有严格的存储条件及较短的使用寿命,还存在因为备件价格下降导致的资产缩水和技术升级换代导致淘汰损失的风险。同时,这种大而全的模式仍然没有摆脱粗放型经验管理模式的旧窠,在管理上存在模糊性,很多依靠经验指导,容易出现部分备品备件严重积压,而另一些备品备件严重缺货的情况,无法保证备品备件的精确保障要求。为了避免这些问题,一方面需要选择合理的管理模式，另一方面需要高效精确地掌握现有备品备件的详细种类和数量。只有这样，才能保证在无人机系统全寿命周期内以低成本和低库存来高效率、高品质地保障无人机系统的战备完好性，同时也能够促进无人机系统作战能力的迅速形成和持续保证高水平状态。

本书所希望的无人机系统备品备件构成应该是贴合完好性的实际需要，可以满足装备战斗力的快速形成和持续保持；能够以低成本、低库存完成高品质、高效率备品备件保障。而决定无人机的备品备件库存供应的主要因素有备品备件种类、数量、需补货数量、补货途径、补货周期以及对所存储的备品备件的信息掌握。对无人机备品备件库存管理模式的优化其实主要就是对备件构成和备件管理、补货方式的优化。为了完成对无人机备品备件的优化，一方面需要建立更贴合实际，效率更高的备品备件存储、管理、补充体系；另一方面则是在满足战备完好性的条件下，尽可能地减少需要存储的备品备件种类与数量。

6.1.4　备品备件优化技术相关运用

现行的无人机系统的备品备件构成清单是基于产品设计角度出发的维护要求，结合实际使用情况，各个相关部门根据自己多年的研发、使用和维护的经验来进行确定的。这样的好处是相关产品的备品备件构成清单十分详细和完备，能够全面提供对系统的保障。但是因为产品设计人员和实际装备使用人员的专业背景不同，双方对产品的设计原理理解程度不同，对产品的具体设计组成理解深度不同。而且使用过程中，二者对相关产品性能的掌控程度也不同。专业设计人员十分明确设计思路，了解具体设计组成的作用和相关联系，并且其相关专业背景知识和设计工作经验使其能够充分地把握产品性能极限。其在维护保养、故障定位排除时不仅能够进行最细化的维护保养，还能够在排故时迅速将故障原因定位到元器件级别，并可以通过直接或间接的办法进行修复或更换。所以主要由设计人员确定的无人机系统备品备件清单会出现以最基础级别的零件、元器件的种类和数量要求为主的现象。因为在设计人员的观点中，一种最基础级别的元器件可以用于不同的地方，并且该元器件有可能通过某种方式作为其他元器件的替代品使用，这样虽然单个品种的备份数量会增加，但能有效减少备品备件的种类总数量。这就导致现有的无人机系统备品备件构成清单中最基础级别零件的备份件占了较大比例，并且具体的备份数量主要是根据经验估算得出的。不同设计人员给出的估算数量可能出现较大偏差，这不仅是因为不同设计人员的经验差别造成的，还因为不同设计人员的替代作用观点不同，需要额外备份用于替代的数量也有差别。另外，替代作用的观点还可能造成被替代零件的备份数量缩减，甚至出现某种类零件的备品备件被一种或几种其他备品备件单独或组合后替代而导致没有出现在构成清单上的情况，这对于备品备件的使用、采购和存储都将带来压力。

本书认为，无人机系统的备品备件优化技术的相关运用，要从顶层设计抓起，要做到备品备件管理的信息化，才能做到精确化保障，才能以最低的费用达到最高的备品备件满足率，保证无人机系统的使用效率。一是要明确行业主管单位，明确对"备件利用率"和"备件满足率"指标的持续跟踪与考核，谁都管等于谁都不管，各管一段等于全程无人管。二是抓好责任主体，即抓好型号总体单位和仓储管理单位。型号总体单位最清楚具体型号的无人机系统在"备件利用率"和"备件满足率"制约下，应该将何种备件从清单中剔除或增加；仓储管理单位最清楚何种备件消耗量大、何种备件寿命到期应及时补充，何种备件消耗量小应减少采购。三是落实基层用户备品备件使用的信息化管理，不仅要做到维修及时，还要做到备品备件使用信息化登记及时，信息化汇总及上报及时，这是备品备件优化的基础。四是用系统工程的观念加强对备件优化工作的管理。备品备件的优化工作需无人机系统的总体单位、仓储管理单位和基层用户共同参与，非一家单位能够独立完成，需要行业主管单位统筹协调，明确分工，按年度梳理备品备件优化的阶段性成果，及时迭代各型号无人机系统的备品备件清单和仓储目录，才能做到以最低的备品备件费用最大限度地满足无人机用户的实际需要。

装备的备品备件优化技术研究已有了一些成果，但工程化运用较少，无人机系统的备品备件优化技术还处于起步阶段。本书认为，无人机系统的备品备件优化技术对综合保障工程起着重要的促进作用，应继续开展深入的研究。①在产品定型时依据元件部件的寿命、可靠性、研制阶段的试验情况和以往的经验，确定以现场可更换单元为主的备品备件清单。在此阶段，一般备件利用率要求大于60%，备件满用率要求大于60%。②在批产后的用户使用阶段，建立用户备品备件使用信息系统，获取准确的实际使用情况。③以年度为周期，分析备件使用的准确数据，对备品备件清单进行迭代修正，获得最优的备品备件构成。在此阶段，一般备件利用率要求大于70%，备件满用率要求大于70%。④建立备品备件管理信息系统，全面准确掌握备品备件的消耗情况，以最低的费用最大限度地满足用户对无人机备品备件的需求。在此阶段，对备件利用率、备件满用率的要求力争做到大于80%。⑤深入研究较成熟的备品备件优化技术及其数学模型，积极用实际使用数据进行比对修正，探索出最优的可以工程化的备品备件优化技术，为无人机系统综合保障工程做出新的贡献。

6.2 无人机器材射频标签与管理技术

海湾战争中，美军运抵战区的4万多个集装箱，由于信息化程度较低，接收单位不得不把其中的2万多个集装箱一一打开，重新清点和分发，直到战争结束，还有8000多个集装箱没有打开。如何破解这种"保障迷雾"便逐渐成为各国综合保障工程研究的重点。射频标签与管理技术以其低成本和高效率成为综合保障的首选技术,但该技术基本未应用于无人机系统综合保障领域,这对无人机系统的综合保障来说是一个短板。如何将该技术应用到无人机系统的综合保障领域是本节研究的重点内容。

6.2.1 射频标签与管理的概念

无人机器材射频标签与管理技术是一种能够快速被识别其信息的低费用高效率的技术。射频标签技术即射频识别技术,也称无线电频率识别(RFID)技术。它其实是一种利用电磁波的反射能量进行通信的技术,其基本原理和无线电广播的接收和发射原理相同,即一个物品发出含有数据信息的无线电信号,该信号可以被接收装置接收还原出所包含的信息。

最早的射频标签技术实际应用是在第二次世界大战期间(约1940年),英国为了识别返航的飞机,在己方飞机上安装了一个无线电收发装置。利用地面控制塔台的探询器向返航的飞机发送一个询问信号,机上的无线电收发装置接收到该信号后,回传一个信号给探询器,探询器根据接收到的信号来识别敌我。这套系统称为敌我识别系统(Identification Friend or Foe,IFF)。目前世界上的飞行管制系统仍以此为概念。1948年,Harry Stockman发表了名为《利用反射功率进行通信》的文章,该文章奠定了射频标签技术的理论基础。在20世纪60年代到70年代早期,射频标签技术的理论研究进一步发展,并出现了一些简单的RFID系统,这些系统主要用于商业领域的电子物品的监控,如仓库、博物馆、图书馆等的物品安全和监视。20世纪70年代中期,随着集成电路技术的发展和方向散射理论应用的完善,射频标签技术进入了一个蓬勃发展的时期。基于集成电路的RFID系统由于具有数据容量大,跟踪范围广并且可读写等优点,被广泛应用于物流、仓储、工业自动化及车辆跟踪等方面。但是因为缺乏统一的相关标准要求,所以不同的RFID系统都是作为专用系统存在,不具备普遍推广使用的条件。20世纪80年代初期,随着RFID系统设计的完善,出现了第一个RFID商业应用系统"商业电子防盗系统"。进入20世纪90年代,随着RFID技术应用的扩大,多个领域都开始考虑不同RFID系统的兼容及通用性问题。为了解决这个问题,成立了全球电子产品码协会(EPC global),它推进了统一的、标准化RFID技术要求建设的进程,保证了不同RFID系统的兼容性,进一步扩大了RFID系统的使用范围。进入21世纪后,随着电子技术的发展,电子标签的成本不断降低,并且出现新型的有源电子标签、无源电子标签和半无源电子标签。其中,无源电子标签实现了对远距离、高速移动物品的识别能力,使RFID系统的应用具备了扩展到开发系统中的条件,这促使RFID系统的应用规模和应用范围不断扩大。同时,RFID技术标准已经初步形成,目前全球有5个大的射频标签技术标准化势力,分别为以美国为首的EPC global,

主要包含欧洲国家的全球自动识别组织(AIM global)、国际标准化组织/国际电工委员会(ISO/IEC)、日本的泛在技术核心组织(Ubiquitous ID Center),以及主要成员为南非、南美、澳大利亚、瑞士等国家的 IP-X。这些组织对于射频标签技术标准争夺主要集中在射频标签技术的数据内容和编码标准这一领域,其中 EPC global 是目前全球实力最强的 RFID 标准组织。

射频标签技术作为一种具备被动识别工作模式的短距离无线电通信技术,具有多目标识别、高速运动物体识别、非接触识别的能力。该技术与其他常见短距离无线通信技术的主要区别在于射频标签技术是利用反射能量进行通信,这是一个被动工作的模式。同时,这种被动识别的工作模式也决定了射频标签技术必须和其他的技术相互配合使用才能实现自动识别的目的,所以单纯说射频标签技术就是一种自动识别技术是不严谨的。

射频标签管理技术是指通过射频标签技术进行管理的技术,常见射频标签管理方式如下:在被管理物品表面粘贴一个嵌入专用集成电路(Integrated Circuit,IC)芯片的标签(类似条形码),标签读写器发射无线电探测信号,当标签进入读写器探测范围内,标签收到读写器的探测信号即向读写器反射标签信息,标签读写器根据标签的反射信息完成对目标物品的识别,获得物品相关信息,为进一步对物品的管理使用提供信息。以上就是射频标签管理的基本过程,如果该技术配合计算机技术、统计分析技术、物流技术等其他技术,可以形成射频标签与管理系统,实现被管理物品的自动识别、统计、跟踪等目的。RFID 系统示意图如图 6-2 所示。

图 6-2　RFID 系统示意图

6.2.2　射频标签与管理系统的功能

射频标签与管理系统的功能就是其中各个分系统部件功能有机组合后所展示出的功能作用。射频标签与管理系统一般由射频标签、标签读写器和配套的数据处理及管理系统组成。

射频标签一般由微型天线、IC 芯片、控制芯片和保护层构成,如图 6-3 所示。微型天线起着接收标签读写器所发出的无线电信号和以发射物品信息的作用。微型天线是射频标签的重要组成元件,其性能直接决定了射频标签对无线电信号的接收和辐射能力,该能力的强弱决定了射频标签读写范围的大小。IC 芯片

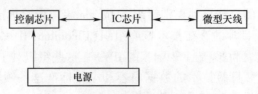

图 6-3　有源射频标签的构成示意图

的作用是分析接收到的信号信息并做出应答,一般由无线电能转化成稳定的电源供电,也可由标签中封装的微型电池供电。其他根据不同需要增加的元件常见的有微型电池、微型电容、RAM 存储器等,这些元件只有在需要时才组合进射频标签中。例如,需要持续给 IC 芯片供电就必须增加微型电池;需要调整天线的输入阻抗就可以增加微调电容;需要增强射频标签的存储功能就可以增加 RAM 存储器。在一些特定情况下,根据射频标签的实际需要也可能需要增加其他元件,这是种常见的做法。保护层不仅指用于保护电路的电路保护层,还包含射频标签整体的胶保护层。在射频标签与管理系统中,射频标签作为产品电子代码(EPC)的物理载体,附着于被管理的物品上,它通过无线电信号把被管理物品的数据传送出去,使之具备被辨识与可追踪的特性。某些射频标签可从识别器发出的电磁场中获得能量支持,因而并不需要电池;也有些射频标签本身拥有电源,可以主动发出物品信息。射频标签包含的物品电子信息,数米之内都可以被非接触识别,即使其不处于标签读写器使用人员视线之内,也可以被接收识别。它能穿透雪、雾、冰、涂料、尘垢和条形码无法使用的恶劣环境,并且阅读速度极快,大多数情况下不到 100ms。

标签读写器是对标签进行读写操作的仪器。在实际使用中根据不同的习惯会有不同叫法,如查询器、射频扫描器、读写头、阅读器等。标签读写器的基本构成如图 6-4 所示,主要包括控制器、射频模块、发射/接收天线、显示模块、输入/输出模块、数据存储器、程序存储器、接口电路、供电电源等。控制器通常包含微处理器和嵌入软件的系统级芯片(SOC)。也有读写器只在微处理器内部存放较小的引导程序/启动程序,而将系统所需软件存放在外部的程序存储器中。

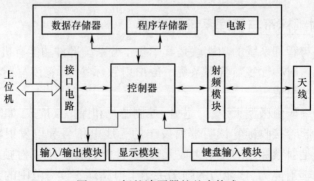

图 6-4　标签读写器的基本构成

控制器是读写器的控制中心。射频模块包括发射部分和接收部分：发射部分接收控制器信号，用以调制特高频段(UHF)射频载波，经过功率放大，通过天线发射出去；接收部分收到接收天线传递来的调制 UHF 载波反射信号后将信号调解传输到控制器。天线是用来定向地发送 UHF 射频能量，接收射频标签反射的信号。发射和接收可以通过同一根天线完成，也可根据实际情况分成专门的发射天线和接收天线。显示模块用以显示读写器工作或采集的信息，该模块应该根据应用环境选择。输入/输出模块主要作用是输入控制信号和参数，输出读写器工作得到或采集到的信息。它可以作为一个整体模块存在，也可以根据需要分成独立的输入模块、输出模块存在。数据存储器是用来存储接收到的射频标签信息的，有些读写器和数据处理及管理系统中的存储模块相连，可以将接收到的数据存储到系统中，因此无须在标签读写器中设置数据存储器。标签读写器设置数据存储器的好处是读写器可以独立工作。数据存储器需要根据所需存储信息的大小而满足相关的存储容量要求。程序存储器用来存储控制程序，可以是内置的也可以是外置的，现在主要采用的是内部程序存储器。接口电路是与数据处理及管理系统的通信接口。电源用于保障标签读写器所需的电力供应。以标签读写器为主的工作模式原理示意图如图 6-5 所示。

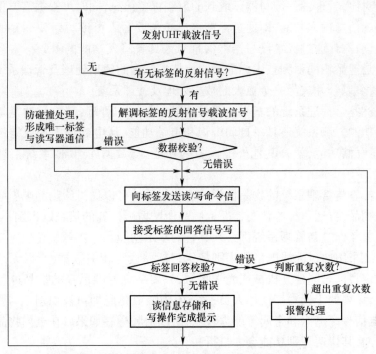

图 6-5　以标签读写器为主的工作模式原理示意图

标签读写器功能主要是与射频标签之间的通信功能，以及由此延伸的包含识别范围、识别方式、标签读取率、动态时射频标签识别能力在内的识别功能；同时多个射频标签进入读取范围时，能分辨并逐个完成对标签读或写的防碰撞处理能力；包含标签读写器对外来干扰信号的防护能力、多台读写器近距离时的防串扰能力、对读写器本身产生的信号溢出干扰屏蔽能力在内的干扰防护能力；通过标准接口与射频标签与管理系统通信的功能；数据检验/存储功能等。从上述功能的描述能看出，标签读写器功能实现的好坏在很大程度上取决于其相关软件的功能是否全面、强大。在射频标签与管理系统中，标签读写器发挥着承上启下的桥梁作用。标签读写器收到被其发出的无线电信号充能的射频标签反射的信号或收到主动式射频标签主动发送的信号后，将内容解析显示在显示模块上（可以是屏幕、平板甚至手机），并将相关信息通过标准接口上传给射频标签与管理系统进行存储、对比等功能，根据程序反馈回的指令信息内容，对有需要且具备相关功能的射频标签进行写入的功能操作。

数据处理及管理系统一般由存储器、控制计算机、通信接口、显示终端组成。可根据实际需要在这些设备的基础上增加外围设备模块，如用于与其他系统进行信息交换的通信模块等。该系统具备与标签读写器进行通信的能力，主要用于记录、存储、对比、管理标签读写器读取到的射频标签信息，同时可根据需要增加对标签读写器的信息输入功能，即通过标准接口将需要写入可读写射频标签的信息传输给标签读写器，通过标签读写器将信息写入具备写入功能的射频标签。几个类型不同但是遵循相同射频技术标准和通信技术标准的数据处理及管理系统进行少量的改造，可以合并成为一个更大的数据处理及管理系统。

射频标签与管理系统的基本功能是物品的标识与管理，其核心功能是非接触快速识别功能。该系统还具备自动辨识和追踪功能，从电磁场中获取能量支持的功能，信息存储功能，融合其他外围设备的功能，与数据库/其他系统信息交互的功能。

射频标签与管理系统的物品标识功能是指系统可以通过给物品贴射频标签的方式标记物品，再通过标签读写器获取物品所贴射频标签的信息以识别不同物品。这是所有射频标签与管理系统都必须具备的基本功能。非接触快速识别功能是指因为该系统采用通过无线电信号识别特定目标并读写相关数据，所以无须在识别系统与特定目标之间建立机械或光学接触，只要贴有射频标签的物品进入读写器工作范围，无须处于读写器使用人员视线范围内，其信息即可被识别。需要说明的是，无线电信号穿透水和金属等能力较弱，所以射频标签如果放在金属物品内部或生物体表面，其快速识别功能会大打折扣。

自动辨识和追踪功能是基于系统通过无线电信号识别物品延伸出的功能，因为贴有射频标签的物品只要进入读写器工作范围就会立刻被识别，这是一个自动的应答过程,无须人为控制,由此产生了自动辨识的功能。无线电信号的作用范围十分广泛,在一定范围内,贴有射频标签的物品能够一直被识别,通过在不同区域设置多个读写器,可以实现对物品的位置跟踪,由此产生了跟踪功能。

从电磁场中获取能量支持的功能是指被动射频标签通过电磁感应从读写器发出的无线电波中获取能量,提供给标签内部芯片的功能。该功能使被动射频标签具备了寿命长、价格低的优势。

信息存储、改写与传递功能系统组成中的射频标签具备一定的信息存储、改写能力,能够存储、改写物品的特征信息;同时也能够将所存储信息传递给读写器。系统的其他组成部分中也具备存储、改写能力,能够用来存储需要管理物品的相关特性、数量、位置等信息,并具备改写和传递这些信息的能力。该功能是射频标签与管理系统和能够融合更多的外围设备或与其他系统联系的基础。

融合其他外围设备的功能是指在采用相同的通信协议的基础上射频标签与管理系统能够不断地增加其外围设备,扩大系统的功能及使用范围。

与数据库/其他系统信息交互的功能是指基于相同通信协议的基础,射频标签与管理系统能够将自身管理物品的相关信息输出给其他系统,同时也能从其他系统获取对被管理物品的相关信息。

因为射频标签与管理系统具有的这些功能特性,它可以通过对人员、物品、工具等不同对象的信息特征识别、监控与追踪实现不同的管理功能。例如,物流供应链中的货物信息采集、存储、运输过程的监控与追踪;交通系统的车辆追踪、管理;贵重物品、身份证等证件、门禁系统的识别、防伪与管理;军事装备、人员和物资等的识别和追踪等各个方面。现在,射频标签与管理系统已广泛应用于仓储管理、车辆/人员的管理自动化、物流管理等后勤保障的各个方面。

6.2.3 射频标签与管理系统的组成与工作过程

最基本的射频标签系统只由射频标签和标签读写器组成,常见的射频标签系统是由射频标签、标签读写器和天线组成的。但是现在使用的一般射频标签与管理系统是由射频标签、标签读写器、数据处理及管理系统组成。

1. 射频标签

射频标签(Tag),即携带数据的发射器,由耦合元件及芯片组成,通常由两个部件(如线圈、微波天线)和一个电子芯片组成,一般做出标签状。每个标签都具有唯一的射频编码,标签位于要管理的目标表面或内部。通常情况下,射频标签已经包含了标签天线。

射频标签的分类主要有以下几种:

(1)根据射频标签获取能量的方式,可以将射频标签分为无须电池的被动标签、使用自带电源的主动标签和介于两者之间的半被动标签。内部没有电池提供能量的被动标签也被称为无源标签,它是通过读写器发射的查询信号的电磁场能量作为自己的能源。被动标签体积小,重量轻,寿命长(近乎具有永久的使用期),成本低,而且可以制作成各种大小和形状。因为被动标签是利用读写器的载波来调制自己的信号,并使用散射方式发射数据,所以其频率低。被动标签的作用距离虽然为 3~5m,但是一般为 20~40cm,并且其存储容量通常小于 128B。使用自带电源的主动标签也被称为有源标签,它可以利用自身的能量主动发射数据信息,同时也因为有自身能量的支持,所以其频率高,这就使主动标签的工作距离可达 100m,其存储容量通常大于 16KB,这些性能远优于被动标签。同样,因为主动标签发出信号强度较大,所以读写器发射射频查询信号的强度也可大幅降低,某些情况主动标签工作时甚至不需要读写器,这有利于改善系统整体的电磁性能。但主动标签成本较高,寿命低(2~7 年,主要是由电池寿命决定),在恶劣环境下工作可靠性低,因为要自带电源,其体积相对较大。半被动标签也被称为半主动式标签或者电池辅助无源标签,它属于有源标签的范畴,但其工作方式同被动标签一样,没有主动发射器,通过反向调制散射的方式与读写器进行通信。但半被动标签内部有一个电池,其电力恰好可以驱动标签的芯片,使芯片处于工作状态。这样标签不需要通过收到读写器的信号就能驱动。这样决定其读取范围的主要因素变为距离天线多远信号还能被编码,半被动标签的作用范围一般在 30~50m,远大于被动标签的读取范围。另外,因为标签的芯片具有持续不断的能量供应,所以标签芯片可以增加一些感知记录功能,如常见的增加环境传感器,监视记录标签附着物品的存放环境变化情况,来实时判断物品的有效期等数据。半被动标签具有比被动标签更大的读取范围,更大的存储容量,并且可具备环境感应能力;但它同样具有被动标签需要读写器才能工作的缺点。半被动标签与主动标签相比重量、体积更小,成本更低,同时还不会像主动标签那样增加无线电噪声,但其使用寿命同样受电池寿命影响,一般为 2~7 年,且在恶劣环境下工作可靠性低。

(2)射频标签工作时使用的频率基本可以分为 4 个主要范围,根据其频率范围不同可以将工作在不同频段上的标签进行如下分类:

① 低频标签。其工作频率范围为低频段(Low Frequency,LF)30~300kHz,典型的工作频率有 125kHz 和 134.2kHz,这是使用最早也是最为成熟的使用频段。低频标签一般为无源标签,其优点为标签芯片的制作技术要求低、省电、廉价、工作频率不受无线电频率管制约束,其射频波束可以穿透木材、有机组织、水等材料;其缺点是标签存储数据量较少,读取范围小,一般情况下读写距离在 1m 以内。因此,低频标签适合近距离的,低速度的,数据量要求较少的识别应用系统。低频标签的典型应用有动物识别、工具识别、容器识别、门禁和安全管理系统;自动停车场收费和车辆管理系统、自动加油系统、汽车电子闭锁防盗系统(内置射频标签的汽车钥匙)等。

② 高频标签。其工作频率范围为高频段(High Frequency,HF)3~30MHz,典型的工作频率为13.56MHz,高频标签一般也是无源标签。高频标签的工作方式和读取范围等基本特点与低频标签相似,但由于其工作频率的提高,其数据传输速率比低频标签要高,所以其天线设计相对简单,一般可以将高频标签设计制作成标准卡片形状,因为高频标签及其读取器的读取区很小,所以高频标签自带防碰撞能力,无须额外增加防碰撞功能。虽然高频标签附着在金属物体上也能被轻易读取,但是它的读取却会受到附近金属物质的影响。高频标签的典型应用有电子车票、电子身份证、图书管理系统、固定资产管理系统等应用。由于高频频段在使用上并没有什么限制,同时由于智能卡的普及,高频标签成为目前世界上使用范围最广的标签。

③ 特高频标签。其工作频率范围为特高频段300MHz~3GHz中的433MHz和862(902)~928MHz两个频段,特高频标签既可用于有源标签也可用于无源标签。现阶段,433MHz频率用于主动标签,862(902)~928MHz工作频段以被动标签为主,也用于半被动标签。特高频标签的读写器天线一般设计为定向天线,这样只有在读写器天线定向波束范围内的射频标签才能够被读写。由于存在多个射频标签在读取区内同时被读写的情况,所以,所有在超高频段工作的射频标签系统都必须具备防碰撞功能。由于水会吸收超高频电磁波,所以附着在装有水和动物组织等的物体上的特高频标签不能够被轻易读取到。且当特高频标签附着在金属物体上时会产生失谐,所以在读写器天线和特高频标签之间若有水或其他传导性的材料存在,特高频标签将无法被读写。特高频标签的典型应用有集装箱运输管理、铁路/航空包裹管理、仓储物流管理、移动车辆识别、制作自动化管理等方面。

④ 微波标签。其工作频率范围为微波段(Microwave Frequency,MF)1~10GHz中的2.45GHz和5.8GHz两个频段。2.45GHz和5.8GHz这两个频率可用于主动标签、被动标签和半被动标签。微波段的被动标签因为价格高,需求量低,只有少量厂家生产。微波段标签在半被动标签中使用频率较高。微波标签的典型应用有:采用半被动微波标签的舰艇识别系统、高速公路收费系统、车辆大范围的访问控制系统;采用主动微波标签的实时定位系统。虽然微波波段波长更短,带宽更宽,但是该波段存在较多来自家电设备(微波炉、手机等)的干扰。

(3) 根据数据记录能力,可将射频标签分为只读标签、读/写标签及读/反复重写标签。

2. 标签读写器

标签读写器是指能读取射频标签的数据并且能将数据写入射频标签的收发器。它通过与射频标签之间的无线通信,实现对射频标签识别码和内存数据的读出或写入工作,该概念还包含只具备只读功能的标签阅读器。标签读写器既可是单独的个体设备,也可嵌入其他设备或系统之中。现在使用的许多标签读写器都有额外的接口,可以将数据传输给其他的系统。标签读写器相比射频标签体积较大,能耗较高,价格也高。

标签读写器从应用的角度可以分为固定式标签读写器和便携式标签读写器两类。固定式标签读写器是指读写装置被安装在固定位置或可移动的运载平台上(如汽车、火车等),便携式标签读写器一般是指手持式的标签读写装置。

标签读写器也可从产品结构及制造形式上大致划分成以下几类。

(1) 小型标签读写器:尺寸小,通信距离短。一般用于超市、图书馆等用于逐件读取射频标签的地方;也可作为集成使用的标签读写器模块用于和其他设备系统组合使用。

(2) 手持式读写器:由使用人员手工读取射频标签信息的设备。

(3) 平板型读写器:通信具体大于小型标签读写器,一般用于物流管理等需要自动读取射频标签的地方。

(4) 隧道型读写器:形状一般呈隧道形,在其内壁的不同方向都设置了天线,可从各个方向发射电波,避免了当射频标签和读写器成 90°角时出现读写困难的情况,能够有效保证顺利读取隧道内处于各种角度的射频标签。

(5) 出入门禁型读写器:当携带射频标签的人或物通过时,出入门禁型读写器可以自动读取射频标签的信息,并通过关联系统判定选择完成下一步的行为(如开门、记录车辆信息等)。该读写器一般用于考勤管理、车辆管理及防盗等方面。

标签读写器的分类现在还没有一个公认的详细分类标准,以上只是根据实际使用情况从不同角度进行的简单分类,会有一些交叉的地方。例如,小型标签读写器一般是便携式标签读写器,但是其作为标签读写器模块用于某个系统被安装在固定位置时,又属于固定式标签读写器。

3. 数据处理及管理系统

数据处理及管理系统一般由存储器、控制计算机、通信接口、显示终端组成,可根据实际需要在这些设备的基础上增加外围设备模块。其主要用于对标签读写器采集到的信息处理和对整个系统管理的控制,具备记录、存储、对比、管理标签读写器读取到射频标签信息的功能,同时可根据需要增加对标签读写器的信息输入功能,即通过标准接口将需要写入可读写射频标签的信息传输给标签读写器,通过标签读写器将信息写入具备写入功能的射频标签的功能。几个类型不同但是遵循相同射频技术标准及通信技术标准的数据处理及管理系统进行少量的改造,可以合并成为一个更大的数据处理及管理系统。

无人机系统的备品备件都有一定的使用年限,结构件储存时间能达到 10 年甚至更久,常见的电子产品一般为 5 年左右,储存时间较短的橡胶制品一般也有 3 年左右的使用年限,现有的主动射频标签所使用的电池使用年限在 1~7 年,而且使用时间越长其电池成本就越高。受限于电池的寿命及成本问题,主动射频标签不适应用于无人机系统备品备件系统。基于此,本书提出了一个使用被动射频标签的无人机系统备品备件射频标签与管理系统。该系统组成框图如图6-6所示。

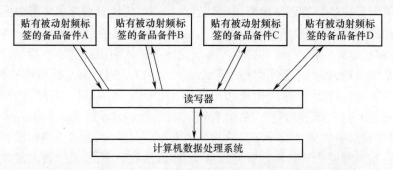

图6-6　无人机系统备品备件射频标签与管理系统组成框图

使用被动射频标签的无人机系统备品备件射频标签与管理系统的工作过程为标签读写器不断地发射无线电信号;当贴有被动射频标签的无人机系统备品备件进入标签读写器的无线电场时,被动射频标签通过电磁感应从标签读写器发出的无线电波中获取能量,将无线电能转换为稳定的电源,给标签内的IC芯片供电;IC芯片分析接收到的信息并进行应答,应答信息以无线电波反射的形式传递给标签读写器;标签读写器分析射频标签传回的信息,并控制与射频标签的通信,直到完成对其内部数据的读取或更改;最后标签读写器将读取的射频标签数据传输到计算机数据处理系统,计算机数据处理系统以此信息为判据,完成对被粘贴射频标签的无人机系统备品备件的管理工作。

6.2.4　射频标签与管理系统的运用研究

射频标签与管理系统具有的非接触识别、视线外识别、快速识别及受环境影响小特点,使其可以应用到综合保障的很多方面,如仓储管理、物流管理、人员/车辆管理等。

射频标签与管理系统适合应用于仓储管理系统,是利用射频标签的存储信息量大、不易失、可修改等特点。而且射频标签技术可在较远的距离上同时快速采集读取数十或数百个目标的信息,因此适合于对进出仓库的人员、车辆、物资的管理。将读取到的信息实时地汇总到射频标签与管理系统的计算机数据处理系统中,可以形成对整个仓储系统的可视化管理,通过供应链的管理,达到实现消除超额库存,快速精确保障的目的。

射频标签与管理系统适合应用于物流管理系统,是因为射频标签与管理系统的本质是信息化,它将与物品相关的情况转换为可读取和传递的电子信息。而

"信息化"是"精确保障"和"可视化保障"的前提与基础，再结合射频识别的无线电非接触数据传输、远距离大批量数据读取、高速运动物体识别等功能，将射频标签与管理系统应用于物流管理系统就可以极大地简化物流系统的管理和控制。美军已经将射频标签与管理系统应用于其后勤保障供应链及医疗保障等方面。美军开发应用的"运输途中物资可见性系统"，通过在集装箱或运输工具上安装射频标签，在运输的起点、各中转点和终点配备固定或手持式射频标签读写器和计算机数据处理系统，将数据汇总至实时追踪网络系统，可以达到对运输物资的全程监控。该系统能够通过分布于38个国家和地区的420个节点，对用于不同目的的27万个目标进行实时追踪。2003年的海湾战争，美军通过该系统发送了4万多个集装箱，但是在最后分发到一线使用部队的环节上出现问题，因为接收单位没有配备相关射频标签读写器和计算机数据处理系统，所以接收效率低下，中转及接收单位甚至不得不打开其中2万多个集装箱重新清点和发放。为了解决该问题，美军基于射频标签技术又开发了"特定物品寻找系统"，该系统主要应用于野战集装箱货场的目标寻找，它只是由射频标签和手持式射频标签读写器两部分组成，"特定物品寻找系统"的手持式射频标签读写器能够在90m的距离范围内实现视线外、非接触的射频标签信息接收，并采用声音提示的方式辅助使用人员寻找目标。该系统采用的射频标签为被动标签，内部存储集装箱内部物资的相关信息，标签具备读/反复重写存储信息的能力。"运输途中物资可见性系统"与"特定物品寻找系统"都是由SAVI公司为美军研发的后期保障系统，因而它们中的部分射频标签能够通用。美军还将射频标签技术应用于军服等个人着装的发放与备品存储方面。美军开发的相关射频标签与管理系统通过发放射频标签给每个士兵，再将其填写的服装数据反馈回后勤保障部门和服装生产公司，后者依此信息安排生产计划，不仅节省人力还能提高效率，同时可以更好地对一线人员提供保障。因为射频标签与管理系统具备对单个目标节点准确追踪和信息统计的能力，所以后勤部门可以根据此数据信息准备作为备品备件的军服等物资，根据实际需求数据形成的备品备件的结构组成比采用传统的概率统计形成的备品备件的结构更贴合实际需求，数量数据更精确，可以减少不必要的采购资金，节约备品备件的存储成本。美军甚至希望在未来能够做到对单个士兵的全部装备及个人情况进行追踪汇总，形成更加贴近实际需求的备品备件的存储结构，实现高效率、低费用的精准后勤保障。这也是射频标签与管理系统在未来的主要应用方向。

射频标签与管理系统相比于传统的管理系统的优势主要有以下几方面：

1. 实现了综合保障物资的信息化

射频标签技术将后勤保障物资的相关信息转换为可实时读取、监控的电子信息，这些信息能够在不同的系统间相互传递、分析，能够提高各后勤保障部门的保障效率，进而实现综合保障的物资信息化。

2. 实现了包含物资存储、分配、运输、接收的供应链的可视化

射频标签与管理系统通过在存储物资、集装箱和运输工具上安装射频标签,在仓库、运输节点和接收单位配备射频标签读写器和计算机数据处理系统,可以达到对物资存储、调配、运输、接收的实时全程监控,实现存储及供应链的可视化,提高综合保障效率。

3. 实现综合保障过程的实时监控

只需要将射频标签与管理系统采集到的物资存储、运输、接收等信息,实时汇总至配套的网络追踪平台系统,就可以实现对综合保障过程的实时监控。

4. 实现了精准保障

射频标签与管理系统能精确地掌握保障物品物资的包含位置信息在内的相关信息,而接收单位通过实时追踪平台和标签读写器也能够很方便快捷地寻找到所需物资,这为实现精准保障提供了助力。

5. 减少人工干涉,降低错误率

相比于传统的保障管理系统,射频标签与管理系统减少了需要人工介入的二次信息转发和新信息记录工作,包括需要后期人员进行的保障物资信息的人工再登记和运转情况的人工登记等,从而减少了因为人员问题可能导致出现的错误。

基于上述的技术基础与优点,本书提出了一种适于应用到无人机系统综合保障体系中的基于网络通信平台的射频标签与管理系统。

在该射频标签与管理系统中,各个级别的保障节点与各级的保障中心通过网络通信平台相互联系,各个发出节点、中转节点、接收节点都具有标签读写器用于读取物品信息,并具备将相关保障信息上传至射频标签与管理系统的能力,具体保障信息可显示在各级保障中心的终端显示屏幕上,将保障物资的运输路线和存储、收发、使用状态可视化。后勤保障所需的物品及后勤保障物流体系所使用的运输载体和平台都贴有射频标签。物品上射频标签具备可读写功能,其信息除自身物品名称参数等信息外还应有发往下一个地点的信息。在到达预定接收地点后,该点接收人员通过标签读写器对其标签信息进行核对和添加,添加内容主要为物品送往的下一个接收点及物品在此站点的状态,同时将相关信息上传至射频标签与管理系统。对应保障中心接收到新的保障信息后,实时在终端显示系统上更新该物品状态及位置等信息,该信息可被与该物品后续保障有关的运输、存储、分发、接收等单元查询和接收。采用该系统可实现无人机系统整个后勤保障链的实时可视化监控与查询,提高了保障效率。发往同一方向的不同的物品可以放在一个运输载体(如集装箱)中,此时该运输载体也贴有射频标签,当所需运输的物品或运输载体装载到运输平台上(汽车、火车、飞机、轮船等)后,在相应的车厢或货仓外所贴的射频标签记录了内部装载物品的情况。运输载体及运输平台所贴的射频标签一般选用主动射频标签,这样可以能增加当运输平台通过固定式标签读码器时的工作效率,甚至可以采用携带移动标签读码器的平台(人员、车辆、无人机等)对行进间的运输平台读码。物品运输到中转/接收点后,在通过传送带分发运输物品的同时,架设在传送带附近的标签读码器配合传送装置进行读码工作,根据读码信息将物品去向信息反馈给传送装置的控制单元,控制单元根据收到的去向信息将不同物品安排至相应输送方向的传送带上,进行下一步的运输与分配。直至分配到最基层的后勤保障单元,由前来领取物资的人员携带标签读码器读取寻找所需的物资,整个保障流程结束。系统流程示意图如图6-7所示。

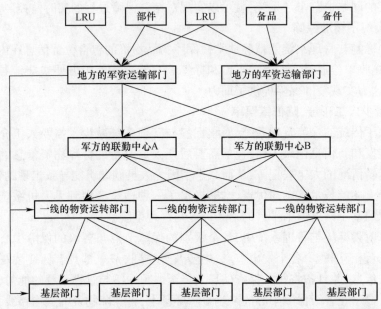

图6-7 基于射频标签与管理系统的无人机系统综合保障体系流程示意图

在具体的使用过程中,应当由无人机系统的管理单位对射频标签与管理系统进行顶层的设计与定义。顶层设计与定义应包含三方面的内容。首先是对作为系统服务对象的无人机系统备品备件的类型、种类及数量的相关信息进行设计确定,这方面的工作可以依托备品备件清单来完成。根据备品备件清单的内容确定需要输送的产品中哪些属于外场可更换单元件,哪些属于内场可更换单元件,哪些属于最小可更换单元件,据此确定各个产品正常需要送到的节点级别。另外,还需要将备品备件清单内所含产品的生产厂家、生产周期(包括常规补充周期和临时补充生产周期)及可能的价格波动区间情况进行统计规划,设计构建补充被消耗的备品备件的保障路线。

其次,需要定义发出节点、中转节点、接收节点及各级保障中心的作用与职责。设计构建备品备件的保障输送物流路线。根据此物流路线设计完成各个节点和保障中心的位置分布,并确定所需不同节点的具体数量。同时,要设计构建不同节点间的通信网络及信息传输的具体要求。

最后也是最重要的是对射频标签内所含信息的内容、格式进行统一要求,并统一配置适合的读写设备。因为射频标签体系有多种不同的行业标准,所以本书不针对具体的射频标签体系举例,只是说明标签信息需要包含的基本内容。系统需要定义的标签信息格式应包括该备品备件的型号、名称、数量、生产厂家及日期、最初发出地点、被计划送往的地点、现在处于运输的哪个环节及具体地点。

完成这三方面的工作,才能建立起一个适于应用到无人机系统综合保障体系中的基于网络通信平台的射频标签与管理系统。它能及时快速地响应后勤保障要求,能以极短的时间将备品备件精准送达需求单元,能大幅提高无人机系统的综合保障能力。

6.3 无人机系统便携式故障诊断技术

6.3.1 无人机系统便携式故障诊断的概念

便携式故障诊断的概念包含三层内容,分别是故障的概念、故障诊断的概念以及最终的便携式故障诊断的概念。下面将分别叙述这些概念的详细内容。

1. 故障的概念

故障的概念定义现在没有统一的说法,国内外不同文献的定义也不尽相同。我国的军标(GJB 451A—2005《可靠性维修性保障性术语》)规定,故障是指产品不能执行规定功能的状态,通常指功能故障。因预防性维修或其他计划性活动或缺乏外部资源造成不能执行规定功能的情况除外。我国电子工业部部标(SJ—2166—82《电子设备可靠性试验的一般要求》)对故障的规定是指,在一般情况下,设备(系统)在规定的条件下,不能完成规定的功能;设备(系统)在规定的条件下,一个或几个性能参数不能保持在规定的上下限值之间;设备(系统)在规定的应力范围内工作时,导致设备(系统)不能完成其功能的机械零件、结构件或元器件的破裂、断裂、卡死等损坏状态。

国外对故障的定义有德国 R. 伊泽曼(Rolf Isermann)编写的《故障诊断系统——从故障检测到容错的介绍》(*Fault-Diagnosis Systems—An Introduction from Fault Detection to Fault Tolerance*)中对故障的定义:通常在正常工作情况下,系统至少一个特征指标偏离了可接受范围。

通过上述介绍可以看出,虽然国内外对故障的定义描述不尽相同,但是都具有以下的主要相同之处:

都认为故障是一个设备/产品/系统的内部状态;故障是一种导致内部某单元

的功能下降或丧失,而无法完成预定功能的一种不正常状态;故障的出现可能是突然出现的也可能是逐渐显现的;设备/产品/系统的故障与其是否处于工作状态无关。

它们也有如下的不同之处:

国家军用标准(GJB 451A—2005《可靠性维修性保障性术语》)中定义的故障属于已经影响产品的正常功能的故障,但是电子工业部部标(SJ—2166—82《电子设备可靠性试验的一般要求》)和《故障诊断系统——从故障检测到容错的介绍》中定义的故障存在初期可能并不影响设备/系统的正常功能的情况,它只是最终失效或失灵的开始。例如,电源电压峰值偶尔很短时间超出许用范围,但设备仍能正常工作。再如,机械零件上有一个很小的裂纹,它可能并不会立刻影响设备/系统的功能,但它们会最终导致设备/系统的功能下降或丧失。

本书中对故障的概念定义以国家军用标准(GJB 451A—2005《可靠性维修性保障性术语》)规定为主,但是基于为维护系统正常工作采取的检测和维护方面的考虑,参考其他文献规定将刚出现时并不影响产品/设备/系统的正常功能但是能够导致最终失效或失灵的情况也归于故障范围,属于需要被检测和维护的问题。本书对故障的概念定义为:指产品不能执行规定功能的状态,通常指功能故障;刚出现时并不影响产品/设备/系统的正常功能但是能够导致最终失效或失灵的情况,也属于故障的范畴。因预防性维修或其他计划性活动或缺乏外部资源造成不能执行规定功能的情况除外。

2. 故障诊断的概念

故障诊断最初是指对设备/系统运行状态和异常情况做出判断。现在通常是指在设备/系统工作/运行状态下,通过各种监测手段获取其运行信息,再对采集到的信息检测、处理和分析,并结合已知的相关信息和该设备/系统的运行历史记录,判断设备/系统的工作/运行状况,如果状态正常,无须干涉设备/系统的运行;如果状况不正常,分析故障成因,为设备/系统故障恢复提供依据;或者在故障未发生之前,提出可能发生故障的预报,预测故障劣化趋势,便于尽早尽快采取措施,避免故障或更大的故障发生。简言之,故障诊断就是在没有发生故障前,对设备/系统的工作/运行状况进行预测与预报;在发生故障后,对故障的成因、类型、部位、程度等做出判断,并给出切实可行的维修排故方案。人们希望通过这种方式达到在提高设备/系统工作效率和运行可靠性的同时能防患于未然的目的。

故障诊断的主要任务有故障建模、故障检测、故障分离与评估、故障分类、评价与决策。早期的故障诊断中没有故障建模的任务,这是随着技术发展出现的新任务。故障建模是指按照故障的相关先验信息和故障与监测信息之间对应的输入输出关系建立系统故障的数学模型,作为故障检测与诊断的依据。故障检测是指检测设备与设备/系统建立连接后,收发检测信号,从接受到的可直接测量或采用间接测量方式的不可测量的估计变量中判断运行的设备/系统是否发生故障，一旦设备/系统发生意外变化应及时发出警报，按照变化的劣化程度可将警报分成不同等级。故障检测是排除故障的基础。故障分离与评估中的故障分离是指如果发生故障，需要给出故障源的位置，确定引发故障根本原因的主体。故障评估是指在厘清故障性质的同时，计算故障的程度、大小及故障发生的时间等参数。故障分类、评价与决策是指判断故障的严重程度以及故障对系统的影响和发展趋势，针对不同情况采取不同的措施，最终给出合理的解决方案，实现功能的恢复。故障决策是整个故障诊断过程中最后也是最重要的一个环节，它需要根据故障发生的原因，采取不同的措施对系统故障进行排除，从而恢复系统原有功能。同样的故障原因，不同的故障决策对系统故障的恢复速度和修复程度可能大不相同。综上所述，故障诊断就是一个将获取的产品/系统运行相关信息与已知的正常运行的产品/系统运行相关信息对比，用以判定已存在或可能出现的故障的类型、位置、成因的过程，其本质就是一种状态识别方法。

3. 便携式故障诊断的概念

我国的有人驾驶机一般依托机场场站开展保障工作，而我国大部分无人机的使用方式是在没有机场为依托的野战条件下使用。这就导致无人机系统只能依靠随装配发的保障设备进行野战保障。为了满足野战保障需求，提高保障效率，希望能够在尽可能不拆解无人机或在无人机运行状态下实现检测故障的目的，为此提出了便携式故障诊断的概念。便携式故障诊断的概念是指在没有机场为依托的野战条件下，基层级维修人员使用随无人机系统配发的方便易携带的小型轻量级检测设备，在不拆解无人机或无人机运行状态下进行故障检测，对检测到的功能故障（产品不能执行规定功能的状态）定位后，通常采取更换故障产品/系统的现场可更换单元的方法实现故障修复，保持无人机系统装备的战备完好性。基于便携式故障诊断的概念研发出来用于检测无人机故障的设备就是无人机的便携式故障诊断仪。由故障诊断的概念内容可知，因为无人机平台体系中不同的设备/分系统各自的故障建模是互不相同的，由此而引申出的故障检测方式方法也不尽相同，所以表象、破坏作用相同的故障如果故障分离与评估不同，其对应的故障决策也不同。这就决定了每个便携式故障诊断仪只适合用于检测单一的设备/分系统，而且只能检测较为常见的故障。这是因为检测的故障类型越多，需要建立的故障模型就越大越细致，需要检测的相关信息参数就越多，参数对比数量的增加不仅需要增大设备体积，而且会导致检测时间变长，这也不符合野战条件下设备维修及保障要求。所以便携式故障诊断仪是针对单一设备/分系统的用于检测常见故障的设备，它一般由安装于无人机平台系统内部的传感器和维护人员使用的采集分析显示终端设备组成。因为无人机平台系统内部的传感器一般与无人机各种功能分系统融为一体，所以一般所说的便携式故障诊断仪是指其采集分析显示终端设备。

研发便携式故障诊断仪,对无人机系统的保障工作具有重要意义,它能够扩充基层级的保障能力。在无机场依托的野战情况下,便携式故障诊断仪能够在不拆解无人机甚至是无人机运行的状态下将故障诊断定位至现场可更换单元级,通过更换 LRU 单元快速排除故障,恢复无人机系统功能,保障战备任务的顺利进行。同时其价格低,可大量配备;体积小,重量轻,便于携带;一线维修人员使用便携式故障诊断仪可以快速开展故障诊断工作,能够更快速地定位故障,进行维修工作,保障无人机系统的战备性能要求。

6.3.2 无人机系统便携式故障诊断仪的功能

无人机系统便携式故障诊断仪的功能是发现故障,确定故障位置以便排除故障。它具有较高的诊断精度和速度,能有效地降低误报率和漏报率,能够确定故障发生的准确时间和部位,并估计出故障的大小和趋势。因为用于无人机不同设备/分系统的便携式故障诊断仪所采用的故障模型、故障检测方法与故障决策各不相同,排故方案也各成体系。所以,需要先明确故障的种类和不同的故障诊断技术,才能明确无人机不同设备/分系统的便携式故障诊断仪的功能有何区别,并以此为基础研发针对无人机不同系统的便携式故障诊断仪。

故障按照其表现形式、产生的原因、性质的严重程度、影响情况等主要分为以下几种。

1. 按照故障性质分为自然故障和人为故障

自然故障是指设备/系统在运行时因为自身原因而造成的故障。自然故障可细分为正常的自然故障和异常的自然故障。后者很多是因为材料、生产工艺或装配不符合技术要求造成的,显然这种故障带有偶然性和突发性;而正常的自然故障一般具有规律性。人为故障是指由于操作者无意或有意而造成的故障。

2. 按照故障发生的进程分为突发性故障和渐进性故障

突发性故障是指在出现故障前无明显征兆,这类故障发生时间较短暂,一般都带有破坏性。渐进性故障是指设备/系统在使用过程中某些零部件性能逐渐下降,最终超出许用值范围而发生的故障,这类故障具有一定规律性。

3. 按照故障的关系分为相关工作故障和非相关故障

相关工作故障也称为间接故障,它是由设备/系统其他部件发生故障而引起的故障。非相关故障也称为直接故障,它是因零部件本身的直接因素引起的故障。

4. 按照故障的外部特征分为可见故障和隐蔽故障

可见故障是指故障原因可采用目视的方法发现。隐蔽故障是指故障原因无法目视可见,需要采取检验手段才能确定。

5. 按照故障严重程度分为破坏性故障和非破坏性故障

破坏性故障既是突发性的也是永久性的,故障发生后往往危及系统和人员的安全。非破坏性故障一般是渐进性的又是局部性的,故障发生后暂时不会危及系统和人员的安全。

6. 按照故障存在的程度分为暂时性故障和永久性故障

暂时性故障带有间断性,是在一定条件下设备/系统所产生的功能上的障碍,通过调整设备/系统参数或运行参数而不需要更换零部件即可恢复设备/系统的正常功能。永久性故障是由某些零部件损坏引起的,必须经过更换或修复后才能消除故障。

7. 按照故障发生的原因分为外因故障和内因故障

外因故障是指因操作人员操作不当或者环境条件恶化而造成的故障。内因故障是指设备/系统在运行过程中,因设计或生产方面存在的潜在隐患而造成的故障。

本书主要选取无人机系统平台经常出现的一些故障分类,还有很多其他的故障分类方式在此就不一一描述了。

针对无人机系统的不同分系统,逐一分析该分系统是否需要便携式故障诊断仪,如需要,对应于本系统的便携式故障诊断仪需要具备哪些功能。因为故障的分类按不同标准划分后相互之间有交叉的情况,所以本书所述各分系统的故障只讨论本分系统常见的较有代表性的故障分类。

（1）机体结构分系统主要的组成是各种结构零部件,比较常见的故障为单个结构件发生的变形失效、断裂失效、表面损失失效而引起的故障,以及由单个零件失效引起的部件或系统的故障;使用不当导致的故障;组装/安装错误及不恰当的维护引起的故障;设计错误导致的故障等。具体描述机体结构故障主要是金属/复合材料零件的变形或损坏,复合材料零件随时间或保存不当导致的性能退化,机体外表出现锈蚀、霉斑等,口盖、舱门变形闭合不严、开裂,铆钉、螺栓等结构连接件磨损、变形等故障。按照故障种类划分,其中包括了上述的所有故障种类。单个结构件因本身材质随时间性能退化或因工艺装配不合适导致的故障属于自然故障、直接故障、永久性故障、内因故障。操作人员使用不当造成的故障属于人为故障、外因故障。单个结构件因为变形失效引起的故障属于突发性故障,一般也是破坏性故障。单个结构件的表面损失失效引起的故障一般是渐进性故障,很多也是非破坏性故障。单个零件的失效有些能从表面看出,如细小裂纹、被磨损的表面等。但很多失效是材质内部的问题,无法从外表看出,如零件内部的应力损伤等,内部的材料失效隐患需要相应的检测设备才能探测检验。

本书提及的无人机系统一般是指经过定型试验及验收试验的无人机系统。其存在设计错误及组装/安装错误或不恰当的维护的可能性较低。在野战外场条件下,一般不会配备专门的结构件探伤工具,所以需要采用超声波探伤、射线探伤等探伤工具用于检测零件内部损伤情况的检测方法无法使用。野战外场条件下能够采用的对机体结构零部件的故障检测办法主要是目视检查法,使用人员通过目视查看零件表面是否有损伤。因为结构件的大部分失效故障都有外在表现,维护人员通过目视查看零件能够检查出无人机机体结构分系统的大部分故障。基于这些情况,本书有理由认为机体结构分系统没有必要研发配备便携式故障诊断仪。

(2)机载电气分系统主要由电气控制盒、电缆、插头、开关、接触器、继电器和蓄电池等元器件组成。它们比较常见的故障为电路断路,电路短路,电流输出不稳定,无法给设备供电,接头脱落,电缆、接触器、继电器和蓄电池过热、冒烟,触头熔断,蓄电池组电压低、供电困难、无法供电等。按照故障种类划分,和机体结构分系统情况相同,这些故障包括了上述的所有故障种类。接头脱落属于人为故障、突发性故障,它既可能是破坏性故障也可能是非破坏性故障。电流输出不稳定既有可能是暂时性故障,通过调整参数即可修复;也可能是永久性故障,需要更换零部件才能修复。电路断路和短路故障可能是因为外部冲击震动或人员操作失误导致的外因故障;也可能是因为设计或生产问题导致的内因故障。机载电气分系统的大部分故障通过目视检查很难发现及定位,需要通过检测的仪器仪表测量才能发现定位故障。机载电气分系统的各种不同故障都可以归为系统的电流及电压故障,所以如果能够监测检查电流及电压的数值变化基本就可以发现上述常见的电气系统故障。如果把电气系统的电流值和电压值作为特征参数,配合相应的监测传感器等就能够实现系统的故障诊断,如果再搭配便携式的以电流值和电压值作为特征参数的信息整理、分析仪器,就可以组成一套机载电气分系统的便携式故障诊断仪。野战外场条件下,该便携式故障诊断仪能够在不拆解无人机或无人机运行的情况下监控检测无人机的电气故障,能够大幅提高故障诊断效率。同时,机载电气分系统负责无人机的电力供应及分配,也方便相关监测传感器的布置安装。电气系统需要有比原有的通过万用表等检测仪器进行故障检测更加快速便捷、实时高效的便携式故障诊断仪,而且本系统也具备形成便携式故障诊断系统的条件,所以本书认为电气分系统有必要研发配备便携式故障诊断仪。电气分系统的便携式故障诊断仪主要以无人机电路的电流值和电压值为监测特征值,通过分布于电气分系统关重件及重要电路节点的传感器,采集二者的实时信息,通过便携式故障诊断仪接收、处理、分析这些数据,发现或预判电气系统的短路、断路、电流输出不稳定等故障,定位到具体故障零部件,并显示相应以更换外场可更换单元为主的解决方案。

(3)飞行控制与导航分系统主要由飞控计算机、大气参数传感器(大气机和空速管)、压电陀螺、速率陀螺、无线电高度表、磁罗盘、舵机、惯性导航设备、北斗/GPS/GLONASS导航设备、多普勒导航设备等组成。该分系统设备种类较多,故障情况也比较复杂。传统的检测方法是隔离后逐一检测,不仅费时费力,而且不同的设备还需要配备各自的检测工具。飞控计算机主要由CPU卡、AD卡、DA卡、DIO

卡、串口卡、存储器卡、信号调理板、电源线、舵机回路驱动板、总线母板组成。飞控计算机一般都是由无人机系统的研制单位自主研制生产的。大气参数传感器、压电陀螺、速率陀螺、无线电高度表、磁罗盘、舵机一般是采购货架产品。惯性导航设备、北斗/GPS/GLONASS导航设备、多普勒导航设备虽然常常也是选用已有的产品型号,但以采购的主体部件(如北斗接收机)产品为核心,自主研发周边设备形成导航系统也是常见的做法。飞行控制与导航分系统常见故障有飞控计算机反复重启、死机或无数据输出,大气数据计算机零位异常,垂直/压电陀螺零位异常,无线电高度表收发装置失效,磁罗盘无反馈数据,舵机抖动、定位不准、卡死等异常状态,导航设备输出参数错误或没有参数输出,系统某一串口数据不更新等故障。同样,这些故障包括了上述的所有故障种类。例如,飞控计算机反复重启、死机或无数据输出的故障有可能是材质老化性能下降的正常自然故障、渐进性故障;或者生产工艺问题造成的异常的自然故障、突发性故障、隐蔽故障、内因故障;也可能是因为操作人员没有连接好插头导致的人为故障、可见故障、外因故障。舵机卡死故障可能导致无人机失控坠毁,需要更换舵机消除故障,属于破坏性故障、永久性故障;舵机行程轻微不准虽然会导致无人机控制困难,但一般不会危及系统和人员的安全,可通过飞控系统重新调整零位参数消除故障,属于非破坏性故障、暂时性故障。

  飞行控制与导航分系统的各种设备如果出现设备主体故障,在野战条件下,外场操作人员除了更换故障设备,基本没有别的维修方案。在外场条件下,操作人员能够采用维修方式处理的飞行控制与导航分系统的故障基本只有类似插头松动、脱落等连接问题。因为在野战外场条件下解决方案的单一性(主要是更换故障设备),所以故障诊断中的故障评价及决策对该分系统作用不大;但是故障诊断的故障检测、评估、分类对于确定飞控分系统的故障范围、定位故障源头具有重要作用,能够比较快地定位故障发生于哪一个或几个设备,而不用逐个检测所有相关设备,提高了维修的效率。所以故障诊断对飞行控制与导航分系统具有较大的作用,能够加速排除故障、缩短修复系统的时间。而且该系统本身就具有采集传输信息的能力,如果增加用于故障诊断的传感器并不需要进行太大的额外改动,系统本身也具备形成便携式故障诊断系统的条件。综上所述,本书认为飞行控制与导航分系统有必要研发配备野战外场情况下使用的便携式故障诊断仪,该系统也具备研发配备的先天条件。飞行控制与导航分系统的便携式故障诊断仪的监测特征值同样也包含电流值和电压值,因为它们是一切涉电系统和设备的基础参数。飞行控制与导航分系统主要的作用是收集无人机的各种位置、姿态等状态信息,再根据这些信息通过发送飞行控制指令调整无人机的飞行姿态、路线等,这些飞控指令最终是要被各个设备接收执行的。这些信息参数是本系统的根本所在,所以故障诊断的监测特征值应该将这些信息参数也作为特征值的一部分。作为监测特征值的信息参数主要有各个设备需要输出的参数(这些参数可能是输出给飞控计算机,也可能是输出给其他设备),以及飞控计算机输出到各个设备的信息参数。通过分布于飞控与导航分系统各个重要设备及重要电路节点的传感器,采集各种监测特征值的实时信息,通过便携式故障诊断仪接收、处理、分析这些数据,发现或预判本系统的各种故障,能够快速地定位到具体的故障设备或零部件,并显示相应以更换外场可更换单元为主的故障解决方案。

(4) 动力分系统主要由发动机主体及配套设备或系统组成,不同类型的发动机主体和配套设备都不同。现在将其分别以喷气式发动机为主体和以活塞式发动机为主体的两种无人机常用的动力分系统分别进行分析讨论。

① 采用喷气式发动机的动力分系统主要由发动机主体、启动发电机、启动电压调节控制箱、电缆、燃油系统、滑油系统组成。无人机使用的喷气式发动机一般不需要安装防/灭火系统。喷气式发动机一般的常见故障主要有发动机排气温度告警(一般因为超转)、发动机总管压力故障、滑油温度报警、滑油压力报警、滑油消耗过大或发动机停车滑油箱漏油等。这些喷气式发动机的常见故障中,因转速超标(超转)导致的发动机排气温度过高的故障有可能是因为生产工艺或装配不符合技术要求造成的,属于自然故障、渐进性故障、直接故障、暂时性故障、内因故障;也有可能是因为操作人员操作不当造成的,属于人为故障、外因故障。发动机润滑油箱漏油导致停车的故障属于可见故障;滑油压力报警属于隐蔽故障。需要说明的是喷气发动机因为其吸气压缩燃烧的工作原理导致它的任何一个非破坏性故障都有可能转换为破坏性故障。同时,由于动力分系统是一个紧密配合的系统,所以其中任何一个非相关故障都可能导致波及整个系统的相关故障。

② 采用活塞式发动机的动力分系统主要由发动机主体、燃油系统、冷却装置、电气装置、推进装置(螺旋桨)组成。活塞式发动机一般的常见故障有发动机无法启动、启动困难、发动机怠速停车、发动机无法达到最大功率或运转不稳、发动机过热、点火系统火花塞积炭、润滑油污染、过热、汽化器溢油导致发动机停车、发动机完全不响应风门、无法达到怠速等故障。这些活塞式发动机的故障中,发动机无法启动、启动困难的故障有可能是因为生产工艺或装配不符合技术要求造成的,属于自然故障、渐进性故障、直接故障、暂时性故障、内因故障;也有可能是因为操作人员操作不当造成的,属于人为故障、外因故障。点火系统火花塞积炭、滑油污染属于可见故障;但火花塞过热属于隐蔽故障。同样的原因,活塞式发动机的动力分系统的任何一个非破坏性故障都有可能转换为破坏性故障,其中任何一个非相关故障都可能导致波及整个系统的相关故障。

从对上述两个常用的不同类型发动机组成的动力分系统的组成和常见故障分析可以看出,发动机分系统的大部分常见故障可以通过监测相关参数信息来发现和预测,如果配合相应的用于接收、处理、分析相关参数的便携式故障诊断仪,就能实现不拆解发动机或者在无人机开车状态进行发动机的故障诊断。这对野战条件下的外场保障具有重要意义,能够有效地提高动力分系统的保障效率。而且现在的发动机基本都自带有信息采集的传感器,只不过这些数据很多需要专门配备的仪器设备才能读取。如果能够统一这些参数信息数据的通信协议,将发动机已经具备的信息采集能力搭配便携式故障诊断仪就能很便捷地组成便携式故障诊断诊断系统。发动机分系统选取的故障诊断监测特征值基本以现有发动机采集数据为蓝本,因为这些数据已经涵盖了发动机运行状态各个方面的信息。它们主要有如下数据:发动机转速、温度、发动机总压、分压、燃油压力、流量、润滑油压力、流量、温度等。改造利用发动机本体已有的信息监测采集设备以采集各种监测特征值的实时信息,通过便携式故障诊断仪接收、处理、分析这些数据,发现或预判本系统的各种类型故障,能够快速地定位到具体的故障设备或零部件,并显示相应的在外场条件下可行的解决方案。考虑外场保障条件,这些解决方案以更换设备、调整参数、补充耗材、清理积炭为主。

(5) 发射回收分系统由发射设备和回收设备组成。采取起落架滑跑起降的无人机发射回收分系统主体就是它的起落架装置,该装置一般归于机体结构分系统。对于起落架的故障诊断一般是目视检查结构件,同时采用专业设备测量液压装置和轮胎内压。无人机起落架系统设计一般比较简单,配备少量的专业检查设备足以完成一般常见故障的检测和排除,对便携式故障诊断仪的需求不是很强烈。

对于火箭助推发射,伞降加气囊组合回收的发射回收系统。常见的故障有无人机发射支架结构故障,火控品(火箭)检测未通过、未响应点火指令等故障,回收伞未按时打开或没有开伞,气囊没有充气打开或者充气打开不及时等。其中,发射支架、开伞装置等结构件、伞和气囊等折叠放于无人机的回收部件基本采用目视检查;对于用于点燃火箭,采用电起爆的开伞用爆炸螺栓、控制气瓶给气囊充气的电路等电路部分的故障诊断一般接上检测用假件,接通电源按操作程序验证其工作逻辑顺序即可发现和定位故障。如果采用便携式故障诊断仪,因为无人机发射回收系统一般没有用于实时状态检测的传感器,所以需要增加额外的传感器系统。此系统的故障检测属于瞬时状态功能检测,只要在接收到相关指令(如火箭点火)时达到设计要求的功能即可,无须实现监控,所以便携式故障诊断仪所达到的效果和采用传统手段检测相比没有太大优势。综上所述,对发射回收分系统,故障诊断效果不占优势而又需要增加额外设备的便携式故障诊断仪不建议研发配备。

(6) 弹射发射、撞绳/网回收的系统,其常见故障有弹射装置结构件失效,弹射时弹力不足,撞击绳/网时相关结构件未能承受住冲击载荷导致撕裂、断裂等情况,未能准确撞到绳/网等故障。这些故障的现有常规检查手段类似以上两种情况,都是目视检查结构件,专用设备检测液压/弹力系统,连接检测假件,通电检测电路功能是否正常。像未能准确撞绳/回收这类与无人机定位有关的故障基本归于飞行控制与导航分系统的故障树内。所以,这种发射回收系统对于便携式故障诊断仪的需求也不是很强烈。

综上所述，考虑发射回收分系统的实际情况，现有的检测手段已经能够满足野战条件下外场的故障诊断和修复，对便携式故障诊断仪的需求不是很强烈，可以暂不研发用于该系统的便携式故障诊断仪。

(7) 无人机的测控与信息传输分系统包含机载设备和地面设备两部分。这两部分主要都是由各自的数据接收装置、数据发送装置和天线组成。该系统一般故障情况为机载/地面端数据无法发送、机载/地面端数据接收不到数据、通信数据链路丢帧严重等。这些故障基本都是涉及无人机的测控与信息传输分系统中的机载端设备和地面设备之间通信是否畅通这个核心，而通信链路是否畅通可以通过监测链路中的数据流量情况来判断。实际使用时，该系统的机载端设备需要向飞控计算机等设备输出相关收发信息，地面端也需要向地面控制端输出收发的相关信息。利用这个情况，进行少量的改造，增加一些监测流量信息的传感器，即可获得通信链路中数据流量变化情况的信息参数。以数据流量变化情况为特征参数，配合便携式故障诊断仪接收、处理、分析这些数据，发现或预判本系统的各种等故障，能够快速地定位到具体的故障设备或零部件，并显示相应的在外场条件下可行的解决方案。考虑外场保障条件，这些解决方案以更换设备、调整设备参数、对线缆及插座的维护为主。如果对单机单站来说，配备便携式故障诊断仪与采用现有的故障检测手段相比优势不大，但是对于一站多机或是一机多站的情况，便携式故障诊断仪比现有的故障检测更有效率，它能够更快完成整个系统所有相关单元的故障诊断。所以对于野战条件下的外场保障，无人机的测控与信息传输分系统有必要用于该系统的便携式故障诊断仪。

(8) 综合保障分系统中的发射回收车、飞机运输车除车辆平台外基本是结构件组成的设备，基本采用目视检查，且其属于地面设备，研发配备便携式故障诊断仪意义不大。模拟训练器属于训练器材、地面设备，也不需要外场的保障设备。综合保障车供电、供油系统组成结构简单，车载装备多是采用货架产品，采用基本的检测工具即可完成故障检测，便携式故障诊断仪与其相比除增加额外的传感器外并没有其他优势。所以也无配备的必要。

(9) 便携式故障诊断仪的功能是能够实时地监控系统，发现和预判故障，快速、精准地定位故障区域或设备，提供适合野战条件的故障恢复方案。同时，它体积小，携带方便，适宜一线维修人员携带和存储。不同的系统便携式故障诊断仪监控的特征数据不同，用于发现和预判故障的故障模型也不同，但是快速发现和预测故障、定位排除故障的功能是相同的。

6.3.3　无人机系统便携式故障诊断仪的组成与工作过程

无人机系统使用的便携式故障诊断仪由硬件和软件两部分组成。硬件是指维修操作人员使用的采集分析显示终端设备,它通过电缆与无人机的检测接口连接,无人机本体已安装的各种不同类型的传感器将实时采集到的各个分系统的各种特征值信号通过无人机已有的电缆线路传输到检测接口,输出显示到便携式故障诊断仪的硬件部分。便携式故障诊断仪的软件部分不仅是指维修操作人员与硬件之间的接口界面,还包含为解决故障问题所编制的应用程序及相关数据库,描述程序功能需求以及程序如何操作和使用所要求的文档。因为软件部分是安装于便携式故障诊断仪硬件内部并与其融为一体的,所以本书一般所说的便携式故障诊断仪是指采集分析显示终端设备。维修操作人员通过采集分析显示终端设备可以查看、分析、对比相关特征值,并发送相关检测指令。便携式故障诊断仪内部存储有建好的故障模型,诊断仪与无人机建立连接后,收发检测信号,接收、处理、分析从无人机上的传感器实时传输的特征值参数信息,以故障模型为依据,将接收到的特征参数与故障模型对比、分析、判断无人机各个分系统是否发生故障,一旦发现或预测无人机系统出现故障应及时发出警报,给出故障源的位置,确定引发故障的根本原因的主体,给出适合野战条件的外场解决方案。如果可能或有需要,也要进行故障的评估、分类和评价。便携式故障诊断仪的软件部分主要包括信号采集及处理程序,故障的数学模型,特征值应用相关程序,相关文档记录、保存、调用的程序等。信号采集及处理程序的主要功能是接收、处理无人机上传感器输出的特征值信息,它是后续程序执行的先决输入信息。故障的数学模型是指按照故障的相关先验信息和故障与监测特征值信息之间对应的输入输出关系建立系统故障的数学模型,作为故障检测与诊断的依据。特征值应用相关程序的功能是通过对采集到特征值和正常模型的特征值进行对比,分析出无人机现在是否处于故障状态,评估故障危害及故障劣化趋势,进而对比分析选择出最佳排故方案,最后输出故障解决方案。文档程序的作用是管理存储故障相关文档,为后续的保障提供历史资料与案例素材。

  无人机各分系统使用的便携式故障诊断仪的一般工作过程如下:便携式故障诊断仪与无人机建立连接关系,发送检测信号(也可默认连接成功即是检测开始),安装于无人机上的传感器将监测到的本系统的实时特征值变化情况发送给便携式故障诊断仪;故障诊断仪将接收到的监测信息参数处理后输入本系统的故障模型进行对比分析,以此判断本系统是否已发生故障或是将要发生故障,一旦本系统出现故障或将出现故障应及时发出警报,并按照故障的劣化程度将警报分成不同等级;根据已经建立好的故障数学模型,确定故障源的位置,找到引发故障根本原因的主体;同时弄清故障性质,计算故障的程度、大小及故障发生的时间等参数,以此判断故障的严重程度以及故障对系统的影响和发展趋势;针对故障情况采取合理的措施,最终给出解决方案,实现故障的排除和分系统功能的恢复。无人机系统便携式故障诊断仪硬件组成示意图如图6-8所示。

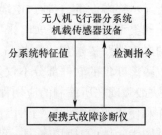

图 6-8　无人机系统便携式故障诊断仪硬件组成示意图

  用于不同分系统的便携式故障诊断仪其组成和工作过程基本相同,但因无人机各个分系统的运行状态、功能要求和故障诊断技术不同,它们之间又略有不同。故障诊断技术按照诊断对象的不同,诊断不同的设备/系统所利用的状态信号的物理特征不同,由此形成不同的诊断技术。设备/系统出现故障时所表现出来的征兆都是通过检测状态信号来体现的。如果诊断系统采集的特征信号与故障征兆之间存在定量的函数关系,可以利用数学分析的方法通过特征信号求出故障征兆,这就是函数分析法的故障诊断技术。如果用数理统计的方法通过特征信号求出故障征兆就是统计分析法的故障诊断技术。同时,故障诊断技术按照目的、完善度等也有多种不同的分类方法。下面简要介绍无人机各个分系统经常用到的故障诊断技术的不同分类方式。无人机系统平台按照诊断的目的和要求分类的故障诊断技术有性能诊断、运行诊断、定期诊断、连续诊断、直接诊断、间接诊断、常规诊断、特殊诊断、在线诊断和离线诊断。性能诊断是诊断新安装或刚维修后的系统或其组件的性能是否正常,并且按照诊断的结果对它们进行调整;运行诊断是对正在工作中的设备/系统进行运行状态监视,以便对其故障的发生和发展进行早期诊断。定期诊断是指每隔一段时间对设备/系统的运行状态进行一次检查和诊断;连续诊断是指对系统运行状态进行连续监测、分析和诊断;直接诊断是根据关键零部件的信息直接确定其状态;间接诊断是通过二次诊断信息来间接判断系统中关键部件的状态变化;设备/系统在正常条件下进行的诊断称为常规诊断;特殊诊断指在个别或特殊的情况下需要创造特殊的工作条件来采集专用的信息;在线诊断是指对现场正在运行的设备/系统进行的自动实时诊断;离线诊断是指通过存储设备将现场的状态信号参数进行记录,带回实验室或请专家做离线分析诊断。按照诊断方法的完善程度分为简易诊断和精密诊断。简易诊断是指利用一般的简易测量仪器对系统进行监测。精密诊断是指利用较完善的分析仪器或者诊断装置对故障进行诊断。因为无人机各个分系统的各种运行状态都会通过其对应的征兆表现出来,所以按照征兆与状态之间的关系可以完成诊断,形成按照状态诊断的故障诊断技术。本书主要采用对比诊断法为主,即通过事先的统计归纳、试验研究和分析计算确定和各有关状态——对应的征兆,然后将获得征兆通过与已有模型对比,即可确定设备/系统的状态。以逻辑诊断法作为补充,逻辑诊断法是指在征兆与状态之间如果存在逻辑关系,则在获得征兆后即可用相应物理或者数理逻辑关系推理判断有关状态。

下面将逐一说明无人机各个分系统的便携式故障诊断仪与其他分系统的在组成和工作过程中有何相同与不同之处。虽然各个分系统的便携式故障诊断仪采用的都是以对比诊断法为主,以逻辑诊断法为补充的状态诊断类故障诊断技术。但是每个分系统采集的特征值参数不同,用于诊断不同设备/系统的故障数学模型不同,从而也会引入其他类型的故障诊断技术作为补充完善。

(1) 机载电气分系统的便携式故障诊断仪需要采集的特征值参数是电流和电压,这需要该分系统增加电流/电压传感器。该分系统的故障数学模型基本只要判断无人机电路是通路、断路还是短路状态,电气系统分配给各个设备或系统的电流、电压数值是否在要求数值范围内即可。它的特征值小,系统设备也少,故障数学模型较简单,所以一般采用简易诊断、函数分析法的诊断技术;电气分系统又是一个持续运行的系统,所以还采用运行诊断、连续诊断的诊断技术。

(2) 飞行控制与导航分系统的便携式故障诊断仪需要采集的特征值参数除电流和电压外,还有各个设备之间相互传输的姿态、位置等信息参数。与电气系统不同的是飞行控制与导航分系统内各个设备本身具备相关特征值数据采集输出的能力,原有的用于通信的线路也可用于采集到的特征值的输出,所以在该系统内设备本身就能够扮演传感器的角色,不需或只需增加很少量的额外传感器就能实现本系统的特征值信息的实时监测与采集输出。因为需要采集的特征值种类数量很多,系统内设备种类也很多,所以本系统的故障数学模型较复杂,一般采用精密诊断、函数分析法和统计分析法相结合的诊断技术;本系统也是一个持续运行的系统,所以也采用运行诊断、连续诊断的诊断技术。

(3) 动力分系统的便携式故障诊断仪所需要采集的发动机转速、压力、温度、油品流量等相关特征值可以利用发动机已安装的相关信息采集设备得到,基本不需要额外增加传感器就能实现本系统的特征值信息的实时监测与采集输出。它采集的特征值参数虽然数量较多但种类较少,除发动机本体的转速外,基本都是本系统不同设备/子系统的压力、温度、流量。所以它的故障数学模型较简单,一般采用简易诊断、函数分析法和统计分析法相结合的诊断技术。本系统同样也是一个持续运行的系统,所以也采用运行诊断、连续诊断的诊断技术。

(4) 无人机的测控与信息传输分系统的便携式故障诊断仪需要采集的特征值参数为通信链路里的数据流量参数,它包括机载和地面设备各种发送与接收的数据流量。该系统的设备具有数据的收发、存储功能,但并没有专门的流量统计功能,所以需要安装额外的用于监测数据流量变化情况的传感器。该分系统的故障数学模型基本只需要判断链路是连接还是断开状态、系统数据链传输的数据丢帧情况是否在要求范围内即可。所以它的故障数学模型较为简单,一般采用简易诊断、函数分析法的诊断技术。又因为它选取的特征值具有利于数理统计的特点,所以也会采用统计分析法。本系统虽然也是一个持续运行的系统,但是对系统的要求却是功能性要求,即本系统通信链路性能正常即可,所以它既可采用性能诊断的诊断技术,也可采用运行诊断的诊断技术;既可采用定期诊断的诊断技术,也可采用连续诊断的诊断技术。

基于现有技术条件下所设计的一个典型的用于无人机系统的便携式故障诊断仪组成框图,如图6-9所示。

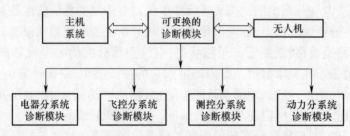

图6-9 无人机系统便携式故障诊断仪组成框图

无人机系统便携式故障诊断仪应由一套用于分析处理数据的主机系统和配套诊断模块组成,采用模块化设计,通过搭载不同无人机分系统诊断模块,可分别诊断发动机、电气、控制与导航、测控与信息传输分系统等主要机载分系统。便携式故障诊断仪通过数据线与无人机(或无人机系统的单个设备)预留的检测端口连接,通过便携式故障诊断仪的主机系统发送检测指令,在主机系统上显示反馈的故障代码,根据故障代码可以确定故障原因,并能定位至导致故障出现的现场可更换单元。通过更换故障现场可更换单元完成快速排故抢修任务。

需要说明的是,无人机系统的便携式故障诊断仪只需要定位故障源到外场可更换零部件一级即可,它针对的故障诊断主要包括无人机全机系统的联通性诊断、无人机机载分系统功能性诊断、主要设备功能性诊断。这是由便携式故障诊断仪主要应用于完成野战条件下的战场快速抢救抢修任务的特性决定的,它主要采用更改现场可更换单元的方式完成排故任务,所以诊断只需下探至每个分系统的外场可更换单元级即可,无须也不必过于深入地诊断故障原因。另一个需要注意的问题是故障代码的统一性,目前不同设备厂家的部件分级情况不同,对故障的定位修复描述也不同,甚至同一个厂家同类型产品的不同型号其相同故障描述也可能采用不同的故障代码,这就需要制定一套完善、统一、通用的故障代码表。该故障代码表应能有效划分各个分系统的故障编号,避免出现同一故障代码代表不同故障或者相同故障采用不同代码的情况出现。

现以无人机出现飞控计算机反复重启的故障现象为例,说明便携式故障诊断仪的工作过程。

在野战条件下，无人机出现飞控计算机反复重启的情况。一线操作人员应先做出初步判断，飞控计算机反复重启可能是飞控与导航系统本身出现故障，也可能是电气系统出现故障供电不稳定导致该现象。

首先，使用飞控与导航分系统的便携式故障诊断仪进行故障分析，诊断仪连接无人机后，对无人机飞控系统单独供电，隔离电气系统对飞控系统的影响，诊断仪向无人机飞控系统发送相关指令，以验证飞控分系统各个外场可更换单元的功能性、稳定性。如果是某个设备出现问题，则向其发送指令会引起故障复现，此时便携式故障诊断仪即可定位故障部件，反馈故障代码，显示故障原因及相应的引起故障需更换的外场可更换单元。例如，故障代码显示故障原因为飞控计算机的存储器故障，而更换存储器需要将封装好的飞控计算机解封，更换完成后飞控计算机还需进行相关环境及应力筛选试验，显然野战情况不具备这些条件。现场情况下维修排故只能更换飞控计算机，飞控计算机就属于此次故障问题中需更换的外场可更换单元，所以故障代码显示的解决方案应为更换飞控计算机，故障原因为存储器故障。

采用飞控分系统便携式故障诊断仪诊断该故障后，不论是否定位故障，都需要再使用电气分系统便携式故障诊断仪再诊断一次（保持无人机的初始故障状态），这是为了防止存在不同故障源主体，但是只表现出一个故障现象的情况。

换成电气分系统的便携式故障诊断仪，连接无人机，发送相关测试指令，如果电气分系统没有问题，则显示检测通过的说明代码；如果电气系统存在问题，则会反馈相关故障代码，维修人员根据故障代码的描述更换导致故障的外场可更换单元，这个单元可能是电气控制盒，也可能只是某个继电器，将需外场更换单元定义至何种级别，需要考虑野战条件下的实际更换水平和能力。

两次故障检测更换故障部件完成后重新检测，如果故障排除则检测通过，则无人机可正常使用。如果检测不通过，则说明故障依然存在，但是此时依靠便携式故障诊断仪已无法检测出来，此时可以将无人机送到中继级或场站级的维修单元进行更深层次的综合性集成故障检修，也可寻求远程保障支援。

便携式故障诊断仪的功能具有单一性，它是针对某一特定分系统的曾经出现过的或者设计人员能够考虑到的单一故障。每种不同的便携式故障诊断仪只针对该系统一般常见故障或某个分系统的故障检测，能够诊断发动机故障的便携式故障诊断仪只能诊断发动机问题，而能够诊断航电故障的便携式故障诊断仪只能诊断航电问题。如果分系统出现某种很罕见的或未曾出现过的故障，则该系统的便携式故障诊断仪可能无法完成故障诊断任务。

便携式故障诊断仪功能单一的另一个方面是：便携式故障诊断仪诊断的结果

是采用反馈故障代码的形式。故障代码只说明故障大概原因及需更换的产生故障的外场最小可更换单元,并不详细解释故障发生的详细原因和解决措施的原理。非专业人员也可根据提示更换部件,修复故障。这些单一性是为了保证能够快速定位故障,及时确定需要更换的故障外场可更换单元,保证战时任务,同时避免检测设备结构的复杂和臃肿。

如果故障原因并不是由表现出故障的设备本体产生的,则便携式故障诊断仪应具备提示功能,即反馈本部件或设备正常,问题可能由什么设备引起,提示需检测的其他部件或设备。

需要说明的是便携式故障诊断仪主要是野战一线、无机场依托情况下使用的维修工具,它主要针对常见故障或单一设备故障,采用更换外场可更换单元的维修方式恢复系统功能。便携式故障诊断仪并不能解决所有遇到的故障,不具备大而全的综合故障检测维修能力。

6.4 无人机系统故障检测集成技术

6.4.1 无人机系统故障检测集成的概念

无人机平台系统遇到单一故障时可以通过便携式故障诊断仪发现故障根源,解决故障,恢复系统功能。当无人机平台系统同时出现两个或以上的故障时便携式故障诊断仪就不一定能够发现问题了,如无人机平台系统同时出现飞控计算机反复重启和机翼舵机抖动的故障现象。如果是这两个设备都有故障,则通过便携式故障诊断仪可以发现飞控输出参数或电压参数有问题,舵机的电压及其他特征值也有问题,可以定位到故障源头,采取相关解决方案(如更换故障件)排除故障,恢复系统功能。但如果故障原因是舵机内部的电机出现故障,会在转到某个角度(如翼面最大角)时耗能加大,导致电气系统的机载电压下降到超出电压允许数值范围下限的程度(如机载电压要求为 22V±2V,实时机载电压为 18V),电压不足导致飞控计算机重新启动,启动过程中对舵机发出测试转动信号,舵机接收信号后进行使用角度全范围内转动,转到出现故障角度时,又一次拉低机载电压,导致飞控计算机重启。如此循环,外在表现就是飞控计算机不停重新启动,而舵机也不停抖动。

如果采用便携式故障诊断仪排故时,为无人机供电的地面电源功率较大,很有可能出现在满足舵机大功率能耗的情况下也能够满足飞控计算机的电压要求,这样就不会出现飞控计算机反复重启,舵面一直抖动的故障现象了。如果地面电源功率较小,复现出故障现象,使用飞控与导航系统的便携式故障诊断仪可能会得到是机载电压不足导致飞控机重新启动及舵机抖动的结论。按照这个结论换用电气分系统的便携式故障诊断仪检测，检测过程中不会出现舵机转到故障角度的情况，因为舵机指令是由飞控系统发出的。这样检测结果就为无人机机载电压正常，无法找到故障源头。此时，如果维修人员曾经遇到过类似故障有相关经验，就可以判断是飞控系统这两个设备中的某个过载导致的机载电压不足。而没有类似故障经验的维修人员，则会陷入困境，没有任何排查故障的方向。两个及以上的多个故障同时出现的故障现象一般称为复合故障。复合故障一般具有以下特征：与单独的单一故障之间密切相关；构成复合故障的多个单一故障具备在时空上相互交叉的特性；复合故障产生及变化机理复杂且不易描述；复合故障的故障根源可能是单一的也能是多个的。

  面对这种由常见单一故障组合成的复合故障，便携式故障诊断仪有些能力不足。本书需要一种能够综合无人机各个分系统所有相关故障诊断特征值，从整个无人机系统角度考虑故障成因的检测技术。由此，本书提出了故障检测集成的概念。故障检测集成是指将对无人机各个分系统的故障检测通过某种方式集中在一起，综合联系，从而构成一个针对无人机系统整体的故障检测有机集成体。故障检测集成包含两方面的集成：一方面是指检测设备的集成，将相关分系统不同厂家的检测设备集成到同一个检测平台上；另一方面是指故障诊断特征值以及故障决策方案的集成。

  故障检测设备的集成是指将与本分系统相关的不同厂家的检测设备集成为一个检测平台，也可以更进一步，将不同分系统的检测平台组成一个综合的检测平台。进入该平台的故障无人机进行故障检测后，绝大部分都进行修复。很明显，不论是从场地占用还是人员编制要求，集成检测都是属于场站级检测，它需要足够的厂房空间和专业的操作人员。检测出故障后，不止是简单更换故障部件单元，还可以采取更深层次的维修方案。

  故障诊断特征值和故障决策方案的集成是指无人机所有分系统的故障诊断特征值都能够反馈回检测平台。各个生产厂家的故障诊断特征值及故障决策方案必须要统一检测接口型号，统一检测接口协议，统一故障代码，并且将针对不同故障的决策方案预先集成在故障检测集成系统内。只有这样，故障检测集成系统才能够获得完整全面的故障诊断特征值与无人机系统整机的故障数学模型对比、分析，找到所有的故障区域，定位到导致复合故障产生的故障源，采取措施，给出最适合当前保障条件的故障决策方案。

  故障检测集成不仅能解决复合故障，还能够解决多故障源头单一故障表现故障的重复检查排除的问题，可以减少故障排查次数，节约时间，提高效率。

6.4.2　无人机系统故障检测集成顶层设计

  现有的无人机系统的故障检测设计要求，是对各个无人机分系统提出的故障检测要求,细分就是对各个设备生产厂家提出的故障检测要求。各个厂家根据各自设备的故障检测特点、要求自行研发检测设备。例如,飞控分系统里就有舵机检测仪、陀螺检测仪、大气参数传感器检测仪等由不同的设备生产单位各自研发的专用检测设备。类似地,有用于无人机任务设备的故障检测的光电平台检测仪、航空相机检测仪、合成孔径雷达检测仪等。这些不同的故障检测设备检测接口协议各不相同,相互之间无法传递检测结果,各单位对故障代码的定义也各不相同,容易引起混淆。这些情况说明故障检测的集成并不是单纯将不同分系统的故障检测设备放在一起使用就可以的,是需要将无人机各个分系统的故障检测集成组合成一个面向整个无人机系统的故障检测系统,并需要运用系统论的方法,从整个无人机系统的全局角度,对故障检测的各方面、各层次、各要素综合统筹规划,高屋建瓴综合考虑协同集成问题,才能高效快捷地实现整机故障检测集成的目的。这种统筹考虑故障检测集成需要涉及各层次和各要素,追根溯源统揽全局,在大系统最高层次上寻求故障检测集成的解决之道。这就是故障检测集成的顶层设计。提出故障检测集成顶层设计概念,是为了指导集成不同分系统故障检测设备的研究方向和集成内容。无人机系统的故障检测集成顶层设计内容主要包括集成核心的选择和各个分系统故障检测装置需要统合一致哪些要素。

  故障检测集成需要选取一个分系统作为核心系统来将其他的分系统相互联系起来组成一个有机整体。在无人机系统的分系统中只有飞行控制与导航分系统具备成为核心系统的资质。这是因为:首先,飞行控制与导航分系统与其他所应用故障诊断技术的分系统都有功能上的交集,具备了以该分系统为核心将所有分系统有机组合成一个整体的基础条件;其次,无人机系统的几乎全部参数信息数据最终都需要汇总到飞行控制与导航分系统,这就具备了故障检测集成后建立整机故障数学模型的基础条件;最后,该分系统具备对其他分系统的控制指令发送功能,该功能有利于故障检测集成后对无人机大系统故障的复现、定位、评估和评价能力。

  在无人机制造之前,需要对故障检测集成所涉及的各个分系统进行统筹规划,避免设计走弯路,提高效能。统筹规划的内容主要有集成后各个分系统的故障诊断特征值的选取、采集、记录和传输;各个分系统的故障诊断合并成一个整体后需要统一采用哪些方面的标准和要求;如何将各个分系统的故障诊断设备合理地集中到同一个检测设备平台上。

  各个分系统的故障诊断特征值的选取、采集、记录和传输都是为了保障本系统的故障诊断而选取的最能反映本系统运行情况的参数,集成后的故障诊断最终还是要落实到各个分系统内的,所以可将集成前对各个分系统的故障诊断特征值的选取和采集继续沿用,但是特征值的记录和传输需要根据故障检测集成后的存储和处理的实际情况进行相应设计更改。未集成前各个分系统的故障诊断所采用的通信协议、接口协议、故障代码表、插头、接口型号等与故障诊断相关的标准及协议都是采用各种行业内部标准或本单位的自定标准。很明显,如果不将这些与故障诊断相关的标准及协议协调统一,就无法完成故障检测的集成。

一个内部接口协议各不相同,各个检测设备相互之间无法传递检测参数的集成系统根本无法起到应有的作用。现阶段,我国在无人机数据采集通用要求方面还没有专门的规定和标准。能够借鉴参考的国内相关标准主要有《空军飞参记录参数标准》和 GJB 180—93《数据采集设备通用规范》、GJB 21.2A—92《遥测标准多路信号格式》。国外的相关标准有美国联邦航空局制定的飞参记录器系统标准 TSO 系统标准,最新的为 TSO-C124b,美国航空无线电公司制定的 ARINC 系列飞参系统标准规范,美国靶场司令委员会发布的国际通用的数据获取及记录标准 IRIG106,北大西洋公约组织制定的《北约无人机控制系统交互操作标准接口》(又名 4586 协议)。所以对于某个型号的无人机系统而言,只需要在本系统内部制定一套统一通用的用于故障诊断的故障检测接口协议、故障代码表、通信协议等;并且将针对不同故障的决策方案按照统一的模板形式预先集成在故障检测集成系统内;同时协调确定统一的故障诊断相关设备的结构连接方式、插头及接口型号。这样就能够实现将不同故障检测设备之间信息的传递交换,如此,无人机故障检测集成才能作为一个有机整体发挥它的作用。

将各个分系统的故障诊断设备集中到同一个检测设备平台上也是集成的一个方面。它是指将尽可能多的同一分系统的设备检测仪精简合并到同一个检测平台上,并尽可能地将不同分系统的检测平台综合到一个总检测平台上。这样不仅有利于故障的检测排除,也有利于检测设备的管理和维护。

故障检测集成顶层设计中应规定对于故障定位、评估和决策的要求,针对检测出的设备故障,查找出的原因要具体明确,根据故障原因能够确定到具体的故障最小可更换单元,确定排除故障的方案时应考虑实际使用环境和条件,具体可行。另外,在无人机系统设计开始阶段,各个研制厂家就需要按照故障检测集成顶层设计的内容,采取统一的模板样式提出完整的故障检测及保障方案。其主要包括:确定各厂家设备的外场可更换单元、车间可更换单元、最小可更换单元,确定需要进入无人机控制总线的相关数据,确定用于故障诊断的参数输入输出代码、故障代码,故障代码对应问题的解决方案等。只有完成这些细节设计,才能够使无人机系统故障检测集成具备实用的价值。

6.4.3 无人机系统综合故障检测设备的组成与工作过程

无人机系统的综合故障检测设备也是由硬件和软件两部分组成的。硬件也分为两个部分:一部分是安装于无人机系统平台内的特征值监测传输系统,它主要由各种不同类型的传感器组成,传感器实时采集整个无人机系统的各种特征值信号并通过无人机的电缆线路输出信息;另一部分是操作人员使用的综合故障检测设备,该设备内部存储有建立好的无人机整体故障模型,综合故障检测设备与无人机建立连接后,收发检测信号,接收、处理、分析从无人机上的传感器实时传输的特征值参数信息,以故障模型为依据,以接收到的可直接测量或采用间接测量方法获得的不可直接测量的特征参数与故障模型中正常工作状态的无人机相关参数值进行对比、分析、判断,以确定无人机各个分系统是否发生故障。一旦发现或预测无人机系统出现故障应及时发出警报,给出故障源的位置,确定引发故障根本原因的主体,进行故障的评估、分类和评价,给出适合的故障决策方案。

综合故障检测设备的软件部分主要包括信号采集及处理程序,故障的数学模型,特征值应用相关程序,相关文档记录、保存、调用的程序等。信号采集及处理程序的主要功能是接收、处理无人机上传感器输出的特征值信息,它是后续程序能够继续执行的先决输入信息。故障的数学模型是指按照故障的相关先验信息和故障与监测特征值信息之间的对应的输入输出关系建立系统故障的数学模型,作为故障检测与诊断的依据。与便携式故障诊断仪相比,综合故障检测设备的特征值更多,故障的数学模型更加复杂,而且是一个由所涉及的全部无人机相关分系统组成构成的无人机全系统整体模型。通过故障模型对比,综合故障检测可以解决复合故障问题,这是便携式故障诊断仪所不具备的能力。特征值应用相关程序的功能是通过对采集到的特征值和正常模型的特征值进行对比,分析出无人机现在是否处于故障状态,评估故障危害及故障劣化趋势,进而对比分析选择出最佳排故方案,最后输出完整的故障决策方案。文档程序的作用是管理存储故障内容相关文档,为后续的保障提供历史资料与案例素材。由于故障数学模型的复杂性及不同故障之间的交互影响,刚建立的综合故障检测设备的故障模型准确率会比便携式的低,因此综合故障检测设备更加需要各种故障的历史资料与案例素材来改进故障模型。随着使用次数及时间的增加,综合保障检测设备的故障模型会逐渐完善,准确率会有大幅提高。无人机系统综合故障检测设备硬件组成如图6-10所示。

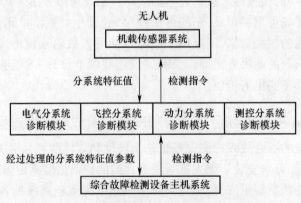

图6-10 无人机系统综合故障检测设备硬件组成

实际使用的无人机系统综合故障检测设备主要由故障检测主机系统,各个分系统的故障检测模块,无人机检测维修平台等组成。故障检测主机系统用于接收、处理、对比全机的故障诊断特征值。各个分系统的故障检测模块用于接收、预处理本系统的故障诊断特征值,再将本系统的故障诊断特征值输出到故障检测主机系统。之所以采用故障检测模块而不是直接输出给主机系统,一是因为采用分布式的各个分系统的故障检测模块接收/发送数据布局结构能够减少主机运算压力,提高运算速度,减少运算时间;二是希望这些故障检测模块能够通用到便携式故障诊断仪上,实现故障检测诊断系统检测模块部件的通用互换,减轻后勤保障及维修养护压力。无人机检测维修平台用于搭载部分综合故障检测设备,安放固定无人机,并且负责检测过程中的电力、油料等供应。

　　无人机系统的综合故障检测设备主要工作过程如下:当无人机出现故障后(不论是单一故障还是复合故障),将故障无人机接入综合故障检测平台中的无人机检测维修平台上。故障检测主机系统通过数据线与无人机的检测接口连接,无人机进入被检测状态后,各个分系统的故障检测模块按照一定顺序及要求,自动或由人工控制发送检测指令,故障检测主机系统显示各分系统检测模块反馈回来的信息,根据反馈回来的故障代码,定位发生故障的设备或部件,采用研制厂家预存的对应故障决策方案,采用更换发生故障的内场可更换单元或维修故障单元的方式完成故障维修任务。同时,将故障现象、原因、解决方案等信息存储好,并用于故障数学模型的改善和无人机的使用寿命计算等后续相关工作。

　　下面以无人机出现飞控计算机反复重启和舵机抖动的故障现象为例,说明综合故障检测设备的工作方式。当无人机出现飞控计算机反复重启和舵机抖动的情况,将故障无人机接入综合故障检测平台中的无人机检测维修平台上。飞控分系统及电气分系统的故障检测模块,按照各自预设的测试检验流程,自动或由人工控制发送相关指令,各分系统检测模块反馈回来的特征值汇总到综合故障检测主机系统上,通过各个分系统的历史及实时特征值与故障数学模型对比分析。如果在同一时间点上,两处设备特征值都有异常,那就可以判断是两个设备都有故障,根据具体判断结果和故障解决方案进行维修恢复。如果两处设备相关特征值异常有时间或逻辑上的先后顺序,则说明这是一处故障源引起的两个故障现象,在确定故障主体设备后,采取相应故障解决方案进行维修恢复。不论哪种情况,维修完成后都需要再重新检测,查看故障是否排除。

　　综合故障检测主机系统将实时采集到的特征值数据与全机故障模型内的数据进行对比、分析,确定故障原因及故障源,显示相应故障代码,确定是哪个系统产生的何种故障,根据故障代码可查询到具体排故方案。需要说明的是,在综合故障检测系统里给出的解决方案除像便携式故障诊断系统里给出采用更换外场可更换单元的方案外,还应有更深层次的维修排故方案作为参考方案。如果故障无人机采用综合故障检测设备平台仍然无法排故恢复功能,可寻求设备生产厂家的远程保障支援。没有采用故障诊断技术的无人机分系统(如机体结构分系统)是无法采用综合故障检测设备来对该系统进行故障检测诊断的。

6.5 远程保障支援技术

6.5.1 远程保障支援的概念

远程保障支援是从远程技术支援发展延伸出的一个概念,早期的远程保障支援概念只包含远程技术支援一个方面,现在的远程保障支援不仅包含远程技术支援,还包含了点对点的远程特定物资输送保障支援。

远程保障支援中的远程技术支援是指一线人员遇到无法解决的设备故障或问题时,通过技术手段联系到具有解决该问题能力的人或者部门寻求解决方案的行为活动。远程技术支援一般都具有发生问题和解决问题的人或部门所在地地域跨度大,解决问题时需要实时提供方案指导的特点。采用的信息传递手段可以是电话也可以是互联网,只要能够相互沟通都能完成远程技术支援。这种概念很早以前就存在,我军20世纪80年代时就有过装备研制部门通过电话指导部队排除故障的事情。远程技术支援的本质是一种知识经验的传递,但它只是负责提供技术上的支持与帮助,并不能解决一线装备系统单位缺少急需的零部件或设备这样物质方面的需求问题,为了解决这个问题,出现了点对点的远程特定物资输送保障支援的概念。最初,在我军综合保障输送能力不足时,常见的情况是为了解决某型装备的突发故障,保障战备性能,研制生产单位派出专人携带部队急需的排故涉及的设备零部件等,通过搭载不同的交通工具直接送达使用单位手中,生产单位承担了应由后勤保障体系完成的保障任务,这种"专人快递"的情况现在还时有出现。这种点对点的远程特定物资输送的保障支援能力也属于远程保障支援的范畴。随着物流技术的快速发展,我军综合保障输送能力大幅提高,在保障支援中能够实现通过后勤保障物流体系从后方装备生产单位直接将前方急需的零部件或设备送到一线使用单位手中,所以这种"点对点"的远程保障支援方式将会得到更广泛的应用。

远程保障支援是为了弥补传统装备保障方式在远程、应急保障上的不足,通过结合固定电话、移动通信、计算机网络等通信技术,利用后勤保障物流体系,实现装备生产单位和一线使用单位"点对点"的技术支持和物资输送的一种先进装备综合保障支援技术。

在现阶段及未来很长一段时间内,远程保障支援一方面是通过计算机网络将前方的保障人员与后方的技术专家紧密联系起来,为前方装备的使用、维护、修理以及战场抢修提供及时、准确的技术指导和决策支持。它进行知识经验传递的方式可以是专家通过与现场视频实时排故;也可以是将前方离线保存的数据/图片/文档等故障相关资料,送达专家手中,专家分析并给出解决方案后再送返前线;还可以是通过网络系统直接连接到其他相关部门的数据库,远程搜索已有的类似问题的解决方案。远程保障支援的另一方面是通过后勤保障物流体系将后方的装备生产单位和前方的一线使用单位直接连接起来,采取通过"点对点"的物资输送方式,为一线使用单位快速高效地提供其急需零部件或设备。

在和平时期,远程保障支援可使许多故障装备不必逐级送修或等待上级派人便可得到修理,可以提高装备的战备完好率,节省大量维修经费;在战时,通过远程保障支援的运用,可以缩短等待替换零部件或设备的时间,提高维修效率,增加战损装备恢复战术技术性能的概率,为战时装备保障赢得时间。

6.5.2 远程保障支援系统的功能

远程保障支援系统的功能能够提供一站式、全天候、多渠道、多层次的远程知识技术及物资保障支援和响应。它的功能需要从知识技术和物资保障两方面进行阐述。

从知识技术支援和响应方面理解,远程保障支援系统的功能可以说是构建了一个知识存储/交流的管理体系。它将无形的综合保障知识转化为有形的积累,使综合保障知识更快和更有效地产生、传播、借鉴和分享。这些都提高了综合保障的效率,同时也降低了综合保障的成本。远程保障支援系统主要是通过以下几种方式实现该功能的。

1. 专家实时的远程技术支持

一线保障人员遇到解决不了的故障时,向技术专家求助,如果专家无法抵达现场,可以通过电话系统、移动通信、互联网系统等通信系统联系专家,专家通过通信系统实时接收故障现场信息,给出技术指导和决策支持,故障现场的维修保障人员可以立即按照专家指导意见进行故障修复,以验证专家的故障决策是否合理可行。需要说明的是,维修保障人员向技术专家求助一般是采用一对一的方式,即一次只向一个专家申请实时的远程技术支持。而且首先应向本级范围内的专家(一般为所属部队专家)求助,只有当本级范围内的专家也无法解决故障问题时,才向更上一级的专家求助,一般最终级别的技术专家是设备研发生产单位的技术专家。这种一对一的方式和求助顺序要求是从均衡专家资源和提高维修效率两方面综合考虑的结果。

2. 故障现场参数信息采集记录存储后回传给专家

一线保障人员遇到解决不了的故障时,也可采取将故障现场的相关信息参数采集、记录、存储后传输给相关专家,专家接收到故障资料后,分析评估给出故障解方案,再将故障解决方案传输到一线保障人员手中。

这种保障方式一般用于和平时期或是非紧急的状况下,主要通过互联网系统传输故障资料和解决方案。与专家实时的远程技术支持不同的是,该保障方式可以一次向不同的专家发送故障资料,而接收到故障资料的专家也不是必须第一时间响应解决故障,允许根据各自的实际情况延后一段时间来解决故障问题。这种一对多的保障方式在增加故障解决概率的同时也增加了故障排除的时间。

3. 故障案例资料库

将同一型号装备已有的故障案例统计、收集、汇总成一个故障案例的资料库。将故障资料数字化,形成一个可供使用同型号装备的不同部门进行查询的故障资料库。在资料库里将每个故障案例的故障现象、故障成因、故障解决方案按照统一模板进行描述记录。当一线保障人员遇到解决不了的故障时,可以向故障资料库申请故障案例查询,如查询到相同或类似的故障案例时,可以直接采用或参考案例故障的解决方案进行故障排除和设备功能恢复。同样,如果出现资料库没有的新的故障案例,一线保障人员也需向故障资料库运行维护人员提供新故障案例的故障现象、故障成因、故障解决方案等信息,以便维护人员将其添加到资料库中,供后续可能遇到同样故障的其他部门参考和借用。

从物资保障支援和响应方面理解,远程保障支援系统的功能是构建一个"点对点"的物资保障输送体系。它依托现有的后勤保障物流体系,搭建装备生产厂家和一线装备使用单位之间的直达通道。双方通过通信系统沟通后,生产厂家可以更快速和全面了解使用单位的产品需要信息,使用单位也能更迅速地明确故障装备定点返修需要送往哪里、何时能够修好。这样的"点对点"的物资保障输送体系将现有物资保障扁平化,减少了保障时间,提高了保障效率。这种"点对点"的物资保障输送也可以是更高级的仓储保障单元对一线单位的越级紧急物资保障支援和响应。

远程保障支援系统的各种功能提高了综合保障的效率,同时也降低了综合保障的成本。远程保障支援系统最基本也是最重要的功能是联系知识和共享知识,而"点对点"的物资保障支援功能是对最基本功能的重要补充。

4. 远程保障支援系统的基本要求

1) 远程保障支援系统的功能应该含有保密的要求

远程保障支援系统是通过电话系统、移动通信、互联网系统等通信系统将系统内的各个单元联系起来的。如果系统本身没有达到保密要求,那么通过这些通信系统一旦被敌人控制,通过系统进行交流的故障信息、解决方案等情报信息就很容易被敌人获得。如果是通过互联网系统进行的实时在线排故,现场的画面还有可能暴露型号装备的部署位置等信息,在战时会引来火力打击或暴露作战意图。所以,远程保障支援系统应该具备保密功能。

2）远程保障支援系统的功能应该含有通信系统稳定性的要求

在现代战争中电子战已经成为一种常见的作战方式,战场上各种电子干扰、电磁压制都会严重影响通信系统,而失去通信系统的沟通,使远程保障支援系统无法实现前线和后方的实时联系能力,其保障能力大打折扣。所以,远程保障支援系统使用的通信系统应该具备战时稳定通信的功能。

3）远程保障支援系统的功能应该含有安全性要求

专家通过程综合保障支援系统进行技术支援一般会具有一定的延迟性,哪怕是采用在线的实时支援也有延时性问题。这一方面是因为通信系统进行信息传递时本身就有延时性问题;另一方面是因为专家需要现场人员的帮助才能及时全面获得自己想知道的情况,这也造成了专家获得现场情况出现滞后的情况。在验证专家的解决方案时,如果解决方案不合理,导致现场出现紧急情况,延时性问题可能会导致专家无法及时叫停相关实验,出现安全事故。所以,专家提供解决方案时需要考虑因交流延时导致的安全性问题,而现场的一线维修人员也应加强与专家的联系沟通,提高警惕,防止安全事故的发生。

6.5.3 远程保障支援系统的组成与工作过程

在21世纪初,美国就提出了基于知识共享概念的民用远程客户服务系统。该系统通过不同的通信手段,联系服务中心,沟通知识共享资源,构建起远程服务需求技术知识保障体系,为客户提供解答服务和远程技术需求响应服务。

借鉴该系统,远程保障支援系统由交互中心、专家库/知识库节点、终端三部分组成。其中,交互中心提供链接服务,承担组织管理职能,负责各数据库及分支节点的接入响应服务。专家库/知识库节点负责针对相关综合保障问题提供相关专家名单、相关数据库信息,并进行沟通联系。终端分为综合保障终端和专家终端两种,其本质都是人机/人人交互界面。交互中心、专家库/知识库节点、终端三者以拓扑结构相联系,主要交流平台为互联网。需要说明的是,远程保障支援系统可以根据实际情况将专家库/知识库节点合并到交互中心内,专家库也分为实时在线的专家库和非实时的专家库。专家库既有各个中心各自独有的,也有不同中心共享的。同样,知识库也是既有各个中心各自单独的,也有公用的知识库。其系统组成框图如图6-11所示。

远程保障支援系统的基本工作过程如下:

当一线维修保障人员遇到某型任务设备维修问题无法解决时,通过终端可以向交互中心发出支援申请;交互中心搜索该型任务设备相关问题数据库,同时结合技术问题的性质提供相关专家名单,将结果反馈回维修保障终端;维修保障终端的人员首先连接相关数据库,在其保密权限范围内查找是否有相同或相似问题的解决方案,如没有或已有方案仍无法解决问题,则通过维修保障终端向交互中心提出

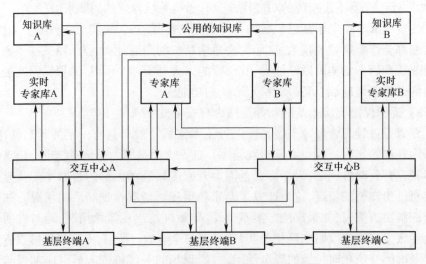

图 6-11 远程保障支援系统的组成框图

专家远程支援申请,由交互中心按顺序联系名单上专家的个人终端,一旦有专家连接成功,两个不同终端可通过交互中心提供的平台进行实时的或间接延时的故障排除。至此,完成了一次远程保障支援。如果此名专家没有解决该故障问题,则双方解除联系,维修保障终端的人员再次向交互中心提出专家远程支援申请,由交互中心按顺序联系名单上的其他专家,重复先前的技术支持过程。如果情况不紧急,在条件允许的情况下,可申请离线远程支援。将故障资料信息通过维修保障终端向交互中心提交,交互中心根据故障种类情况,向多个在联系名单上的专家的个人终端发送相关故障资料信息,每个专家接收后,进行分析排故,给出故障解决方案,将方案反馈至交互中心,交互中心再将不同专家的故障解决方案发送给维修保障终端,终端的维修保障人员选择或综合相关方案进行故障排除工作。

6.5.4 远程保障支援系统的运用

远程保障支援系统的运用研究在民用领域已经十分广泛了。有民用远程客户服务系统,还有客户关系管理(Customer Relations Management,CRM)系统等。这些系统都十分注重联系的快捷性,提供解决方案的实时性、专业性。这些系统早期的通信平台有电话、Web、E-mail、即时消息、视频会议等,比较多样化,但随着互联网的发展,这些系统的通信平台主要集中在互联网,通过人工智能、大数据、多智能体技术等新兴技术实现 $7\times24h$ 的一站式全方位、多层次、多渠道远程服务支援响应。

远程保障支援系统在军用领域已经有实际应用,美军医学研究和物资战略计划中就包含了远程医疗保障支援系统的计划。该计划主要通过网络平台连接前线和后方的医疗专家,医疗专家通过终端解决前线无法解决的医疗问题,甚至可以通过远程综合保障技术操控前线的手术设备为前线病人进行手术。

综合以上远程保障支援系统在民用及军用领域的运用，可以发现该系统有以下几个主要特点：

1. 依托通信平台，实现互通互联

远程保障支援系统能够实现的前提条件是具有能够沟通一线工作人员和后方专家的通信交流平台。该通信平台必须能够保证只要系统使用人员处于平台覆盖范围内，其相互之间的通信联系就能够即时实现。现在远程保障支援系统的通信平台逐步完全依托到互联网系统，这是由互联网系统在对信息的存储、传递和分享方面的优势决定的。但需要注意的是，远程保障支援系统希望通信平台能够稳定、快速、大量地传输信息。

2. 具备全天候、实时全面的远程支援能力

远程保障支援系统必须具备全天候的支援能力，而且该支援应当具备实时、全面的特性，这是由综合保障系统的战备完好性引申出的要求。全天候的支援能力是指远程保障支援系统的运行是随时在线，设备出现一线维修人员无法解决的故障问题时，可以立即通过远程保障支援系统寻求支援。实时、全面的特性是指这个支援可能是专家的实时指导，也可能是通过查询故障数据库立即得到的解决方案，甚至可能只是将故障信息立即发送给专家，等待专家的回复即可。全面的特性是指不仅有故障解决方式的全面，还应包含故障解决方案的全面。

3. 具备网络化、显性化的知识管理

远程保障支援的本质是一种知识经验的传递，它将后方专家的知识传递给一线人员，也将前人处理相关问题的知识传递给继承者。对于具有网络共享性质、能够以具体文字图片描述出来的显现的知识，系统应当具备相关管理功能。系统的管理功能主要应包括：

（1）对于用户的分级管理功能，不同类别的用户可查询的资料范围不同。

（2）对于用户的使用权限管理功能，只有管理人员才有修改、删除等功能，一般用户只有读取功能。

（3）具备吸纳新的知识内容的功能。远程保障支援系统只有具备了这些管理功能才能妥善存储、使用已有的知识，并将新出现的知识纳入系统中。

4. 注重通信平台的安全与保密

不论是民用的还是军用的远程保障支援体系，其体系内传递的内容都涉及各自的一些核心技术信息，不论是商业秘密，还是军事机密都不能被超出知悉范围的人员知晓。同时，远程保障支援体系顺利运转依靠的是通信平台的安全运行，如果通信平台被外力所干扰甚至摧毁，体系所提供的远程支援就无从谈起。所以远程保障支援系统必须要有相应的安全措施和保护手段，用以维护系统平台的安全性和稳定性。同时，系统应采取合理可行的措施保障平台内部存储、传递的信息不外泄。这些涉密的信息不只包括设备功能的信息,还应包括使用设备的地点、目的、人员等可能泄露相关计划的信息。

5. 设立合理的交互中心

交互中心是远程保障支援系统的关键点,没有交互中心,前方与后方就无法联系沟通,已有的故障数据库也无法分享给需要的终端节点。因此,交互中心的设立除具备便捷的中心节点性能之外,还需要考虑安全性、稳定性及生存能力,同时不同交互中心应具备互为备份的能力。在远程保障支援系统中交互中心是系统的中心,同时系统也要去中心化,即所有的交互中心都是可以相互替代的,只要远程保障支援系统内部还存在一个交互中心,该系统就能正常运行。

上述远程保障支援系统可以无缝对接应用于无人机系统远程保障支持工作中。无人机系统的装备使用单元就是基层终端,无人机系统按照分系统可分别对应不同的专家库,在不同的地区或是军种设置各个交互中心,所有的无人机使用单元就通用性的知识内容形成公用的知识库,装备相同或者类似型号的无人机系统的单元还可以将装备使用经验、日常操作中遇到的问题、故障及解决方法方案汇总形成专门的知识库。按照图 6-11 的架构形式组成无人机系统的远程保障支援系统。

6.6 无人机系统健康管理技术

6.6.1 健康管理技术的概念

健康管理(Prognostics Health Management,PHM)技术是预测(Prognostics)和健康管理(Health Management)两方面内容的有机结合。

健康管理是指对资产设备管理的状态感知,监控设备健康状况、故障频发区域与周期;预测是指通过数据监控与分析确定被检测者的未来发生故障的可能性。健康管理技术简称 PHM 技术,是从基于产品条件的维护技术发展出来的,PHM 技术,是将传统用于复杂系统维护的系统内部检测(BIT build-in test)和系统状态(健康程度)监控能力相结合并进一步发展而产生的。该技术代表着对被保障系统的干涉程度从被动的状态监控升级为主动的健康管理,它主要是为了满足自主保障、自主诊断的要求。

PHM 技术最早可以追溯到 20 世纪 70 年代,它的早期应用主要集中于航空发动机领域。早期比较典型的 PHM 技术是 1982 年美军 F-18 大黄蜂机队采用的 F404 发动机检测系统,该型系统用于大黄蜂战机的发动机监测。当时该 PHM 技术只有剩余寿命评估、操作极限监控、传感器失效检测、熄火检测、着陆推力评估、飞行员启动记录等,没有数据分析与故障预测能力,并不能算是完善的 PHM 技术。直到 F35 联合战斗机项目中自主后勤信息系统(ALIS)的出现,该系统囊括了飞机系统状态监控、健康评估、故障预测、维修计划、后勤保障等若干功能,是第一个真正包含故障预测概念的 PHM 技术系统。之后,美军在 F22 的研发中将 PHM 技术系统进一步发展,使其具有实时分析与故障预测功能,该系统已经基本上达到了预期的整机监测与故障预测的设计目标。美国、英国、加拿大、新加坡、荷兰和以色列等国家通过建立基于 PHM 技术的"健康与使用监控系统"(Health and Usage Monitoring System,HUMS)将 PHM 技术应用于直升机的管理上。"健康与使用监控系统"是一个集成应用平台,主要由传感器、数据采集/记录系统、输出端组成。它在实时监控直升机主要部件(旋翼、传动机构、发动机等)状况的同时还能记录飞行数据和语音数据,并具备向直升机驾驶员提供实时信息的能力。根据美军公开的资料,美国陆军已向装备了"健康与使用监控系统"的直升机颁发了适航证和维修许可证,安装了该系统的美国陆军直升机的任务完备率提高了 10%。"健康与使用监控系统"因为其对综合后勤保障明显的作用,已经开始在"鹰""阵风"等战斗机和"大力神"运输机等固定翼飞机应用。美军还在研发基于 PHM 技术的用于"全球鹰"无人机和美国航空航天局(NASA)第二代可重复使用运载飞行器的综合飞行器健康管理系统(Integrated Vehicle Health Management,IVHM)。

现在,一般认为基于 PHM 技术的系统应具备故障检测、故障隔离、性能检测、故障预测、健康管理、部件寿命追踪等能力,并且具有通过联合分布式信息系统(JDIS)与后勤保障系统互动联系的能力。从 PHM 技术的发展历史及实际应用案例来看,要发挥 PHM 技术的作用,基础是对被管理设备的故障预测,重点是基于故障预测信息,综合可用资源和具体使用需求做出适当的综合后勤保障决策方案。可见 PHM 技术的设备系统需要使用人员具备较强的数据采集分析能力以及物理条件的基础保障能力,只有具备专业知识和相关经验的累积以及合理分析数学模型作为支撑,才能发挥 PHM 技术的最大作用。

6.6.2 无人机系统 PHM 的功能

PHM 技术最早应用于有人飞行器的检测系统,其实无人机系统相对有人飞行器更具备采用 PHM 技术的优势。这是因为,无人机取消了机上操作人员,所以无须考虑安装信息检测采集设备可能对飞行品质的危害;而且无人机取消了驾驶舱,这就可以有更多的方式和空间安装 PHM 技术设备;也无须考虑采集设备的电磁辐射对飞行员的健康影响。综上所述,无人机比有人飞行器更具备各类信息采集分析的优势,所以无人机系统更适宜采用 PHM 技术。

结合无人机系统的实际使用情况,对无人机系统 PHM 提出以下几点的功能要求:

1. 完善全面的系统信息采集、传输功能

无人机系统 PHM 的基础是对被检测系统的状态感知、监控及干涉。这就要求无人机系统 PHM 技术需要具备完善、全面的信息采集能力，同时这些采集到的数据需要及时回传给空中或地面的检测装置，这就要求系统具备快速、稳定的传输功能。在实际使用中，应尽量利用无人机系统已有的信息采集装置。例如，现在的发动机基本都自带有信息采集系统，只需要将其采集到的信息统合就可得到完善、全面发动机相关运行数据。飞控与导航分系统中的大部分设备输出给飞控计算机的参数就是需要对它们进行采集的参数，所以只需要将它们的输出参数统合进信息采集、传输系统即可。

2. 故障检测、故障隔离、故障诊断功能

故障检测、故障隔离、故障诊断功能是所有 PHM 系统都必须具备的功能。因为 PHM 技术的目的是减少维修所需的人力、物力；缩短维修时间；实现维修时机的最佳化。故障检测功能是指系统实时监测特征值数据，将其与无人机系统的故障模型对比、分析，判断是否已发生故障，预测可能发生的故障。故障隔离功能是指无人机系统发生故障后，对系统或设备的分系统各部分分别判定其是否处于正常工作状态，缩小到最后判定出有故障的分系统或部分。故障诊断功能是指无人机系统发生故障后，判断发生的是哪种故障，具体为确定故障的类型、故障的量级、故障发生的位置和时间。

3. 健康管理和亚健康状态评估功能

无人机系统 PHM 中的健康是指与期望的正常性能状态相比较的性能下降或偏差程度。无人机的使用无须考虑飞行员的损失，当无人机性能有所下降时（亚健康状态）依然能够执行作战任务。无人机性能下降至何种程度才不建议继续使用就需要一个判断结果。无人机系统 PHM 所具备的亚健康状态评估功能，就是给使用人员提供判断依据。实际使用中，无人机系统的关键系统和关重件的性能指标只要存在接近或已达到数值下限的情况，就应该建议不继续使用无人机。

4. 部件寿命追踪及残余使用寿命预计功能

无人机系统 PHM 中包含对未来健康状态的判断，通过 PHM 技术可以确定部件或系统的剩余寿命或正常工作时间长度，综合这些信息就能得出整机的残余使用寿命，这就是部件寿命追踪及残余使用寿命预计功能。该功能能够帮助使用人员实现零部件检测、更换、采购时机的最佳化。寿命预计是以被评估对象目前的健康状态和性能表现情况作为预计的出发点，结合被评估对象的已知特性、不同寿命阶段的性能表现形式、使用环境及正常运行数据和失效数据等信息对被评估对象未来的故障时间进行预测，预测出的时间就是其残余寿命。

5. 性能监控功能

无人机系统 PHM 必须具有性能监控功能，才能跟踪性能降级趋势，协助亚健康情况判断，同时为将来的设计、评估和系统分析、优化提供历史数据及知识。该功能主要通过监测与无人机主要的性能参数（如发动机转速、飞行速度等），结合使用环境,根据性能参数所代表系统的已知特性,与不同寿命阶段的性能参数进行对比分析,得到各个分系统性能情况。

6. 关键系统和部件的故障预测功能

该功能能够在潜在的灾难性失效故障发生前及时捕获,提高无人机系统的可靠性和安全性,能够提前规划无人机系统各级保障链即将来临的维修事件。无人机的灾难性失效是指某些关键系统或部件的失效导致无人机完全损毁或报废,造成地面人员的死亡,造成严重的不可逆的环境破坏。

7. 辅助决策和资源管理功能

该功能能够将无人机系统 PHM 采集到的各种无人机状态数据信息汇总、存储、分析,为无人机使用人员安排计划提供信息支持。同时,资源管理功能也可为远程综合保障系统提供数据支撑。

6.6.3 无人机系统 PHM 的组成与工作过程

为了完成上述功能,无人机系统 PHM 的组成应至少包含以下 5 个基本组成部分:数据采集部分、信号及信息处理存储部分、状态监测部分、健康评估部分、故障预测与决策部分,在此基础上还可以根据实际情况增加信息及警报显示部分、数据库备份存储部分等。数据采集部分是指利用无人机系统的各种传感器通过在线或离线的方式探测、采集与无人机系统 PHM 所需的特征参数相关的信号。信号及信息处理存储部分是将采集到的不同种类的信号及信息进行处理,形成后续组成部分可以使用的有效数据形式或数据格式,形成反应无人机系统 PHM 的特征参数。状态监测部分是将接收到来自上述两个部分的数据与预设的无人机系统失效判据等进行对比,来监测无人机系统当前的状态,并且能够根据预设的各种特征参数指标的极限值或阈值来提供故障报警。健康评估部分接收来自不同的状态监测部分和其他的健康评估部分的数据信息,来评估无人机系统(也可是分系统)的健康状态,采用基于数据对比、基于模型和基于知识工程的故障诊断方法来确定故障发生的可能性。故障预测与决策部分是综合利用上述几个组成部分的数据信息、系统健康评估信息和预测故障信息来判断可能出现的故障,预测无人机系统的剩余使用寿命,并根据这些情况做出关于维修检测的时间地点、方式方法、设备人员等具体的保障方案安排。其他的信息及警报显示部分属于人-机和机-机之间的信息、故障警报显示和数据传递、交换、存储的组成部分。数据库备份存储部分是将无人机系统的各种故障参数统计、存储为后续的工作积累数据,提高健康诊断的准确度。需要指出的是,上述无人机系统 PHM 的几个组成部分之间并没有明确的界限,它们之间存在相互交叉反馈的情况。无人机系统 PHM 的组成框图如图 6-12 所示。

无人机系统 PHM 的几个组成部分所依托的硬件组成要么融合于无人机机体

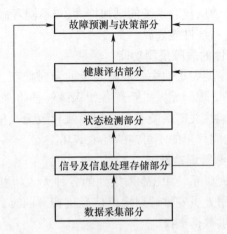

图 6-12　无人机系统 PHM 的组成框图

设备内，要么依托于系统的地面设备，很少单独作为一个设备存在。在实际使用过程中，从硬件角度将无人机系统 PHM 的组成分为由机载智能实时监测系统和地面综合管理系统两部分。机载智能实时监测系统主要由数据存储装置、控制计算机和遍布无人机的传感器组成。系统与地面的交互通信通过无人机平台的机载遥控遥测系统完成，如果条件允许机载智能实时监测系统的控制计算机，则可以由飞控计算机兼任。机载智能实时监测系统主要承载数据采集部分、信号及信息处理存储部分，也可承担部分的状态监测功能。考虑无人机使用过程中的一站多机情况和对单架无人机的多站接力控制情况普遍存在，所以机载智能实时监测系统最好采用独立信息终端方式，即机载智能实时监测系统上/下传输的信息应用独立的数据链路。这样一方面保证一站多机时不同无人机的状态信息不会相互干扰，另一方面也避免了单机多站接力控制交接控制权时可能出现的监测信号丢失情况。地面综合管理系统主要由地面控制单元、地面情报分析单元、地面指挥单元组成。它主要承载状态监测部分、健康评估部分、故障预测与决策部分、信息及警报显示部分和数据库备份存储部分。在实际作战时，出于安全考虑，各个地面单元一般会分散布置，通过通信指挥系统相互联系。所以，地面综合管理系统最好采用联合的分布式信息系统。分布式不仅是指地面综合管理系统内的单个各个单元分散布置，也指不同的地面综合管理系统之间也是分散布置的。同样，联合的概念也不仅是指各个单元需要通过通信指挥系统联系成为一个整体，实现信息情报的共享；同样也指不同的地面综合管理系统之间信息、情报的交流和共享。采用这种体系结构，可以保证无人机的状态信息被实时地、完整地传输给地面控制端，也能保证地面控制端根据无人机状态做出的相应反馈能被无人机及时接收。联合的分布式信息系统能够有效保障无人机的安全性、可控性，同时也为无人机系统 PHM 实施信息采集和健康管理提供可靠保障。其系统硬件组成示意图如图 6-13 所示。

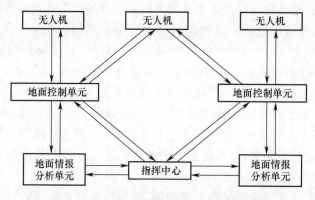

图 6-13　无人机系统 PHM 的硬件组成框图

按照图 6-12 和图 6-13 所示的无人机系统 PHM 组成框图,其一般工作过程如下:

无人机系统 PHM 通过传感器,从无人机系统的各个不同层次获取监测数据。无人机处于地面检测状态时,获取的无人机监测数据传输给地面检测系统或者地面综合管理系统,相关系统利用数据进行检测分析无人机的状态。无人机处于飞行过程时机载智能实时监测系统采集的数据,实时传输数据到地面综合管理系统;也可以实时传输其中部分数据到地面综合管理系统,落地后传输全部数据。这是因为某些数据(如发动机的一些内部参数)对无人机执行任务影响很小,为了尽可能有效地利用遥控遥测系统的信息传输能力,可不将这部分数据实时传输给地面系统,而是先存储起来,待无人机返航后再读取。

传输下来的无人机状态监测相关数据通过相关单元进行数据处理和分析(主要由地面综合管理系统承担)。如有需要,可以通过发送激励信号/相关指令的方式,重新采集重点部件数据。如果执行任务中的无人机被监测到可能导致飞行事故或任务失败的故障,则需要有明显的报警信息/信号提醒无人机操控人员及时响应,避免飞行事故或任务失败。同理,地面检测状态的无人机如果监测系统发现了可能导致发射失败、飞行事故、任务失败的潜在危险的故障信号,也应给出明显的警告和提示信息。无人机完成任务返航或是地面检测完成后,无人机 PHM 系统应形成诊断报告和预测分析报告。诊断报告主要包含无人机的实时状态分析、剩余寿命分布、性能退化程度等信息。预测分析报告主要包含实时故障预测分析、任务成功概率分析、健康评估等信息。为了提高无人机的作战效能,也可在无人机 PHM 系统地面信息输出终端实时推算与作战任务联系紧密的信息数据,如实时状态分析、实时故障预测分析、任务成功概率分析等。方便无人机系统的指挥控制人员实时掌控无人机的状态,保证作战任务的顺利完成。无人机 PHM 系统给出的报告不仅包含保障作战任务所需的信息数据,也包含无人机系统维修保障所需的信息数据。无论是哪种信息都需要从无人机系统开始使用时就逐步积累、对比、分析,因为它们是改善优化无人机 PHM 系统的资料和依据。

无人机系统 PHM 所收集到的数据只是一个基础,如何分析利用这些数据才是无人机系统 PHM 的关键。分析数据所需建立的数学模型有健康模型、预测模型等。这些评估模型的建立不仅需要非常高水平的无人机系统专业知识,还需要扎实的工程实现能力和实际使用经验,再结合高超的建模技术,这样建立起的 PHM 系统模型才能有足够高的可靠性,才能保证从模型推导出的结果是切实可信的。否则容易出现虚假警报,不仅会影响无人机系统的正常使用,还可能导致整个综合保障系统链路出现连锁式故障,造成更多的不良影响。

以无人机系统亚健康的诊断模型为例,说明模型建立的重要性。无人机系统亚健康的诊断是指在无人机性能退化、出现故障征兆甚至已经出现故障的情况下,诊断确定无人机是否能执行战备任务。无人机系统亚健康的诊断问题在无人机实战的使用中具有重要意义,它能告诉指战员无人机在非完好状态能否继续使用并完成作战任务。无人机系统亚健康诊断模型分析判断的基础是无人机性能退化程度、即将出现甚至已经出现的故障情况。所以,该模型需要从状态监测部分、健康评估部分获得无人机当前的性能状态以及预测会出现的故障情况。该模型还需要再结合故障预测与决策部分和数据库备份存储部分的数据资料分析无人机性能和故障情况对无人机的具体影响。这个影响可以分为两方面:一方面是对无人机飞行性能的影响,即无人机能否顺利发射回收,无人机在飞行过程中速度、高度、航时、航程等性能参数是否受到影响,影响程度是否大到会导致无人机坠毁或任务失败。另一方面是对无人机所执行任务的影响,即亚健康状态是否会使任务设备失效或达不到任务要求的标准。这两方面是交互影响的,如发动机性能退化导致的无人机航时变短会影响侦察/电子干扰/通信中继等对滞空时间有要求的任务;而无人机任务设备由于处于亚健康状态可能产生的使用功率变大,有可能导致无人机机载电压下降至正常使用范围的下限,导致飞控机重启等影响飞行安全的问题出现。无人机系统亚健康的诊断模型所包含的数据分析模型应包含与无人机飞行状态相关的特征参数的对比分析模型,和与任务完成程度相关的特征参数的对比分析模型两部分。与无人机飞行状态相关的特征参数的对比分析模型将相关的特征参数与正常状态的参数对比分析,有些特征参数一旦超过限量值或阈值即表示无人机不可用,如发动机相关温度值一旦超出上限值就表示在温度下降到许用范围前继续使用发动机存在爆炸的危险,无人机不可用。有些特征参数出现问题时无人机可以使用,但存在较高的坠毁风险,如性能退化导致的机载电压不稳,可能会出现飞控机重启的情况,在特定的情况下(如起降阶段)飞控机重启会导致坠机,但在某些情况下(如平飞阶段)飞控机重启虽然会出现暂时的失控,但惯性和飞行高度会保证在重启完成前无人机虽然姿态改变但不会坠毁,重启后就可以控制无人机改为原来的飞行姿态。

需要说明的是,无人机的姿态改变有可能会导致任务的失败,如无人机正在处于瞄准发射状态时无人机姿态失控,会导致发射失败或脱靶的情况。还有些特征参数出现问题时,无人机能够发射回收,但飞行性能会受到影响,此时需要分析被影响的性能参数对完成任务是否有影响,影响程度是否在可承受范围内。任务完成程度相关的特征参数的对比分析模型中,如果出现异常的特征参数肯定会导致任务失败的关键参数,则直接判断不可用。例如,光电侦查平台的图传信号参数异常,意味着这个侦查设备无法传回侦查图像,无法完成侦查任务。任务设备的某些特征参数异常会对任务结果造成严重影响甚至导致任务失败,如察打无人机的瞄准设备出现定位误差,就可能出现未能正中目标甚至出现脱靶导致任务失败的情况。有些特征参数出现问题时任务虽能完成,但达不到预期的效果,如电子干扰设备的干扰强度的特征参数出现问题,就会出现有干扰效果,造成效果不佳的情况。因为无人机是一种无人装备,所以存在为了完成作战任务可以接受无人机损毁的情况。我们可以通过设定无人机作战任务的优先级别来判断在可能出现无人机损毁时是否能执行作战任务。

综上所述,为了提供更准确的参考,无人机系统亚健康的诊断模型需要考虑各种不同的特征参数异常情况及其之间的影响关系,这就需要积累海量的数据,形成可以直接对比后使用的单个亚健康模型,提升健康诊断的能力。这是一个正在发展中的对实战有重要辅助作用的新的技术方向。

6.7 无人机系统综合保障技术深化和延伸

6.7.1 无人机系统综合保障技术深化

无人机系统的保障主要是指围绕着保障无人机系统的战备完好性,保证无人机系统战斗力的形成与持续而进行的相关工作。现阶段的无人机系统综合保障工作主要方向是与备品备件相关的工作和对无人机系统所出现故障的及时有效排除。虽然无人机系统的保障相较以前有了很大的改进,但仍然存在备品备件种类划分不清晰、存储的备品备件多以元器件为主等问题,以致基层装备单元出现复杂的故障时无法及时定位排除。除此之外,现有的无人机系统保障体系主要围绕无人机本体进行保障工作,对于与无人机系统相关的其他设备及工具等的保障考虑较少,特别是一些专用设备或工具基本只考虑配发没有考虑后续保障问题。一旦这些专用设备或工具出现问题,基层使用单元无法依靠自身的保障能力解决问题。现有对接装人员培训的保障工作也只是集中在交付使用时对接装人员进行一定课时的培训，当后续人员变动或是产品改进时缺少必要的再次培训。这样既不利于无人机操作人员的工作能力延续，也使设计单位无法主动从一线操作人员处获得无人机系统实际使用情况的反馈，不利于后续为提高无人机系统性能而进行的改进设计。所以，对于人员培训、问题反馈的保障工作需要进一步加强。

由于我国大部分的无人机系统装备时间较短，装备数量较少，同时使用次数及频率较低，这就导致人们对现有无人机系统有寿件的寿命周期预估不准确，无法及时被发现可能出现的常见故障隐患。反映在备品备件的保障工作上就会出现采购补充得不及时或是出现采购积压的现象；反映在功能保障工作上就是一些常见的故障无法及时定位排除，影响战备任务，更是无法进一步针对这些故障进行改进设计。这也是人们在未来的综合保障工作中需要进一步考虑并解决的问题。

本章提及的无人机系统综合保障技术能够解决上述的部分问题，随着未来新技术的发展支持，对无人机系统备品备件的分类和管理，无人机系统故障的及时预判、快速定位排除等方面还可以进一步提高和完善。对工具特别是专用工具设备的保障，全系统寿命周期，初次培训及再次培训的保障，反馈实际使用问题所对应的改进设计保障以及无人机系统备品备件的存储分配和配给问题还需要进一步研究。人们希望引入更多已有的或新出现的适用于无人机综合保障各个方面的技术，对已有的无人机综合保障体系进行优化，以达到提高无人机系统全方面综合保障能力的目的，形成一个设计—使用—反馈—改进的良性循环，将综合保障的内容融入无人机系统设计、使用的各个环节。

6.7.2 无人机系统综合保障技术延伸

上述无人机系统的综合保障是针对军用级无人机的，但是其保障思路进行相应改动后对应的技术方法及路线也可延伸应用到工业级和消费级无人机的综合保障工作上。

保障思路的相应改动需要结合无人机系统的具体情况进行。例如，无人机系统的备品备件分类可能不一定完全按照6.1.1节中所列举的纲目进行。这是因为工业级和消费级无人机从功能性要求方面对比军用级无人机的要求不同，它们对于性能稳定性的要求会低一些，更多的是考虑可操纵性、工艺性和相关成本的要求。所以其分系统组成部分会出现很多合并甚至取消的情况，常见的有飞控分系统与电气分系统合并，简化甚至取消发射回收分系统，如大疆无人机操作人员采用遥控器可以在平地直接放飞和回收无人机，无须专门的发射回收系统。由于工业级和消费级无人机的备品备件种类较少，相关分类确定会更加简单，也使得相关的优化技术更易于应用在这两类无人机系统的备品备件保障工作上。

在经济性方面，这两个级别的无人机与军用级无人机有本质区别。军用级无人机的要求是性能优先，希望无人机的性能在满足基本性能要求的基础上越强越好，由此引起的经济成本等问题处于次要地位；而工业级和消费级无人机一般是要求经济性优先，在满足最低功能要求的基础上成本越低越好，追求最高的性价比，甚至会因为经济性而降低性能上的一些要求。这种对经济性的追求反映在综合保障上，就会使综合保障的重点从军用级无人机的以保证战备完好性为中心目的综合保障模式转变为工业级和消费级无人机以最优经济性、最高效费比为中心目的综合保障模式，这种模式现在已有较多可以借鉴的成熟的研究成果及技术。

  基于上述目的工业级和消费级无人机的备品备件的库存模式常见的是以最低采购费用为主的模式。这种模式可能无法保障消耗掉的备品备件能够及时补充，但是能保证在尽可能低的价格区间时去采购备品备件。虽然综合保障模式的重心有所不同，但是为了提高保障效率，上文所提及的适应于军用级别无人机的备品备件优化技术、器材管理信息化技术、便携式综合保障技术、无人机故障检测集成技术、远程保障支援技术、无人机系统健康管理技术等也可应用于工业级和消费级无人机相关的综合保障内容中。而且工业级和消费级无人机一般以中小型无人机为主，系统集成度较高，无人机功能较单一，机体结构相对简单，无人机系统中除去无人机本体外相关的其他设备较少，而且一般没有相关的保密要求，这就是使它们比军用级别无人机更加适宜采用便携式综合保障技术、无人机故障检测集成技术、远程保障支援技术。这两个级别无人机机体较小，构成及功能简单，附属设备少，这就意味着需要准备的备品备件体积较小且种类少，所需的相关检测设备及工具的数量也会较少，而且体积也不会太大。这些利于携带的情况更加符合便携式综合保障技术的要求。无人机系统集成度较高、功能较单一，则其对应的功能部件数量就会少，相关需要检测监控的参数变量就会少，而且参数之间相互的关系也比较容易确定，利于采用无人机故障检测集成技术根据故障现象反推故障原因，定位故障部件。在没有相关的保密要求的情况下，远程保障支援技术的手段可以更加多样化；同时因为没有保密环节，远程保障支援的反馈速度也会更快。

  相对于军用级别无人机，工业级和消费级无人机的保有数量巨大而且使用程度更加频繁，它们的功能模块划分相对简单，零部件的种类数量较少。这些情况使得无人机系统健康管理系统采集数据的频率变高，并且需要采集的参数总量减少，精度要求变低。因此无人机系统的健康管理技术能够快速积累大量可用参数素材，更容易形成PHM相关数据的采集、完善工作。可以更加方便、快速、准确地完成无人机的PHM系统的架构设计及运行，从而有效提高这两种级别无人机的综合保障能力。

  所以，本章所介绍的无人机系统综合保障技术根据不同情况进行更改或裁减同样可应用于工业级和消费级的无人机系统，能够提高相应级别无人机系统的使用效率，降低备品备件的仓储成本，同时还能为无人机系统的后续改进设计提供方向指引和数据支持。

第7章
综合保障案例分析

无人机系统综合保障要素众多,其论证、编制和评估工作较为复杂。"他山之石,可以攻玉",本章分别针对国内典型无人机系统给出其论证阶段维修保障方案和使用阶段使用保障方案,并对维修保障方案和使用保障方案进行了评价,分析和讨论了美军典型无人机系统的使用保障方案和维修保障方案案例。

7.1 某型无人机系统维修保障方案分析

7.1.1 某型无人机系统维修保障概述

本节以论证阶段为例,某型无人机系统由飞行器、控制与导航、综合无线电、侦察校射(含画幅照相侦察设备、全景照相侦察设备、红外侦察设备、电视侦察和定位校射设备)、供电系统、维修保障等分系统组成。一套装备的标准配置为8架飞机和12辆装备车。

该型无人机系统结构复杂,技术含量高,训练和任务飞行损伤频繁,对维修保障依赖性强。该系统从研制开始,就很重视维修性设计,电子设备平均故障间隔时间$MTBF \geq 30h$,飞机机体寿命≥ 30个起落,飞行器分系统定期维修周期为5个起落,发动机寿命$\geq 100h$。系统按照要求的两级维修体制(即基层级维修和基地级维修)模式进行了以基层级维修为重点的维修保障方案设计和设备研发工作。为了降低对基层维修人员的要求,系统配置了较强的自检功能,并设计了三种测试方式:

(1)测试点人工检测。专门设置的测试点或检测插座,在不打开设备盖板条件下进行人工检测。飞机、机载设备、地面设备上都有此类检测方式,备有相应的专用或通用检测设备。

(2)机内测试。设备内部设有附加的测试装置或本身具有自检能力,测试结果可由指示灯或仪表直接显示,亦可将结果送至上一级检测系统。

(3)全机测试系统。全机测试系统可以在全系统运行过程中,对系统状态自动进行功能性检测。既可监视系统运行情况,又能对多种设备实现故障检测和故障隔离定位,并且可以将测试的数据实时显示、存储记录、便于事后分析。

系统除具有自检功能外,还配有三辆维修车:电子设备维修车,飞机、发动机维修车和任务设备维修车,并配有相应的专用检测维修设备和通用设备,以实现基层级维修。

但由于无人机系统的维修保障体系建设尚未全面展开,客观上存在着维修资源缺乏、测试维修设备不足、维修备件少、维修机构不健全等问题。其维修保障主要依赖生产厂家,使用方的维修保障能力相对较弱。因此,全面系统地分析该型无人机维修保障方案是很有必要的。

7.1.2 维修保障方案制定

1. 指导思想和原则

该型无人机维修保障要合理区分维修任务,科学组织维修;合理配置维修资源,提高其使用效益;合理设置维修机构,提高保障效益。具体遵循以下原则:

(1) 适应原则。无人机装备维修任务的划分要适应当前形势需要,部队尽快形成保障能力,充分发挥无人机装备这一"杀手锏"装备的战斗力;适应无人机装备的作战需求;适应无人机装备的技术特点;适应通用装备维修保障体系。

(2) 效益原则。无人机装备维修任务的划分要有利于提高维修资源的使用效益,利用较少的投入,形成较完整的保障能力。

(3) 发展原则。无人机装备更新速度快,无人机装备维修任务的划分不仅要满足当前无人机装备技术保障的需要,而且也要满足无人机装备不断发展的形势,适应未来无人机保障的需要。

(4) 科学原则。科学原则主要体现在注重部队实际,结合部队特点,与装备任务及其复杂程度相适应,与部队编成相协调,与部队维修保障系统相协调。

2. 维修保障方案论证

1) 维修体制

一般通用装备采取的是三级维修保障体制,即基层级、中继级和基地级。大型复杂装备在初期基本上都采取两级维修保障体制,淡化了中继级,并将基地级的主要维修任务交由承制方完成。这是由于大型复杂武器装备技术复杂,专业门类多、维修保障要求高,使用单位原有的维修机构因设备、技术和人才等方面的缺乏,无力承担大型复杂装备的维修任务,而承制方拥有完备的技术资料、检测维修设备和技术队伍,具有最强的维修能力。

无人机装备属新技术复杂武器装备,可采取两级维修保障体制,即基层级和基地级。但无人机与有人机不同的是,使用单位还没有专门的无人机修理厂,如果将全部基地级维修任务交由承制方承担,则会出现一些突出问题:一是承制方分布全国各地,各厂家专业性很强,一套装备的大修需要分成不同的分系统和设备,在不同的厂家进行,协调难度大;二是无法建立精干的现场技术保障分队;三是承制单位大都科研、生产任务很重,如果完全依靠承制方进行维修保障,对承制方和使用单位的正常工作开展都将带来一定影响。

鉴于此,无人机装备的维修体制可分为两级维修保障,即基层级维修和基地级维修,以基层级维修保障为重点,如图7-1所示。

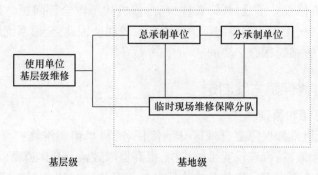

图7-1 无人机系统维修级别示意图

基层级维修是指在使用现场利用无人机系统本身配备的随机工具和备件进行维修与保养;基地级维修是指由总体研制单位和各承制单位利用完善的生产和调试设备,对无人机系统进行全面维修和测试,完成装备的中修和大修任务。

2) 维修人员的编配要求

基层级维修工作由无人机队和基层维修分队完成。一般无人机队编制(××人)包括队部、指挥控制站、机动测控站、发射回收站、洗印判读站、指挥保障排等。一般无人机队和基层维修分队还应配备飞行控制专业和机电一体化专业的机械工程师、电气工程师和高级工程师等。

基地级维修人员一般依托企业各工种已有的维修人员兼职配备。

3) 维修任务与分工

(1) 基层级维修任务与分工。由使用操作人员在无人机使用时,利用机内检测系统,随机检测仪器仪表等设备,或在检测维修车上,对装备进行定型检测、维护和故障修复。

基层级维修任务一般由无人机队完成:

① 完成无人机装备周维护、月维护、日常检查和特定检查,参加季维护、年维护和特定维护。

② 进行飞行前常规检测,确定无人机装备的质量状况,确定其是否能够完成飞行战斗任务。

③ 对于装备出现的故障,利用机内自检系统确定故障定位到可更换单元或部

件。故障定位时间平均不大于1h。

④ 利用随机设备和所得到的备件,完成换件修理,恢复装备性能。换件修理时间平均不大于0.5h。

基层维修分队维修任务与分工:

① 指导无人机队对装备进行日常检查和维护工作。
② 负责装备的季维护、年维护和特定维护等工作。
③ 利用机内检测系统、随机检测仪器仪表等设备,或在检测维修车上,对出现的较为复杂的故障进行分析,完成故障修复。
④ 向基地级请领补充备件,送修故障模块。
⑤ 完成战场抢修任务。
⑥ 完成伴随保障任务。
⑦ 申请基地级维修。

(2)基地级维修任务与分工。由总承制单位牵头,各二级配套承制单位参加,组成基地级维修体系。

平时维修任务:

① 到使用单位对装备进行巡检、修理。
② 到使用单位对维修后续检测和校准的寿命件与部件进行维修。
③ 对返厂的无人机系统进行中修和大修。
④ 根据合同规定和使用单位需要,组建临时现场维修分队,完成支援保障任务。
⑤ 为用户培训维修人员,发送备件,提供技术资料等。

战时维修任务:

① 组成维修保障支援分队,实施靠前保障。
② 指导基层用户进行装备修理和维护工作。
③ 携带较为充足的备件,满足战时维修需要。
④ 携带较为充足的仪器设备,满足战时中修和抢修需要。
⑤ 战时组成维修保障支援分队,实施靠前保障。

4)维修方式

(1)基层级维修方式。基层级维修方式依靠无人机装备自检系统、3辆检测维修车、随机检测设备和维修工具,以换件维修和维护性修理为主。其具体的维修设备如表7-1和表7-2所示。

表7-1 基层级专用维修设备(部分一)

序号	维修设备名称	型号	单位	数量
1	校检夹具	略	个	1
2	测量夹具	略	个	1

续表

序号	维修设备名称	型号	单位	数量
3	测量角	略	个	1
4	扳手	略	把	1
5	勾扳手	略	把	1
6	扳手组件	略	套	1
7	套筒扳手组件	略	套	1
8	油箱安装提手	略	个	1
9	制动扳手	略	把	1
10	引棒	略	个	1
…	…	…	…	…

表 7-2 基层级专用维修设备(部分二)

序号	名 称	型号	单位	数量	所属分系统
	飞机发动机随车维修设备工具				
1	多功能机床	略	台	1	略
	项目专用工具	略	套	1	略
	…	…	…	…	…
	电子设备随车维修设备工具				
2	小活动台钳	略	套	1	略
	随车工具	略	套	1	略
	…	…	…	…	…
	侦察设备准备维修车随车维修设备工具				
3	随车工具及附件	略	套	1	略
	双线示波器	略	台	1	略
	…	…	…	…	…
	任务设备维修设备工具				
4	狭缝宽度测量板	略	个	1	略
	松鼠毛刷	略	个	1	略
	…	…	…	…	…
	飞行器系统维修设备工具				
5	钳工组合	略	套	1	略
	开口扳手	略	把	2	略
	…	…	…	…	…

(2) 基地级维修方式依靠总体研制单位,以中修和大修等为主,对无人机系统的全系统进行较为复杂和彻底的维修。

5) 维修设备

(1) 基层级维修设备。基层级维修设备可分为三类:

① 系统状态监视检测设备。主要利用系统和分系统的自检功能,检测系统与分系统工作状态是否正常,并对故障进行定位。

② 专用设备(部分,其余略)。

③ 通用维修设备、工具(部分,其余略)。

(2) 基地级维修设备。基地级维修在研制单位进行,一般已具备配套齐全的生产厂房、生产线、测试维修设备、调试维修工装和检测校准设备等。

6) 资料要求

基层级配备的资料应有:无人机系统及各分系统配套设备的技术说明书,使用维护说明书、维修手册、战场抢修手册、履历书、备附件及工具汇总表、成套应用文件清单等。

基地级配备的资料应有:除基层级配备的资料外,还应该有系统及各分系统、设备原理图、结构图和详细信号流程图;系统、分系统测试细则;系统、分系统和印制电路板的线路图册;系统、分系统和单体部件的制造验收规范;中修、大修规程;相关的工艺文件等。

7) 备件要求

所有备件应具有良好的可靠性、互换性和标识的一致性。

基层级维修要根据维修任务和维修要求,配置与维修任务相适应的维修备件,维修备件以现场可更换单元为主,并配备必要的维修材料。

基地级维修要配置全部的无人机器件、元件、模块等备件,数量满足维修保障需要。

7.1.3 维修保障方案评价

该型无人机维修保障采用两级维修保障体制,方案的指导思想、原则和维修体制既符合部队的实际情况,又与现有维修保障体系相兼容,这样在无人机装备的初始使用阶段可以充分利用维修保障的现有资源和能力,节约有限的人力和财力,促进使用单位尽快形成维修保障能力。目前,大型复杂武器装备,维修保障大多采用两级维修保障体制,经实践证明是成功和有效的。

按照这个方案,基层级维修可利用装备自检功能及配套的检测维修车、设备和工具,将80%的故障定位,通过换件可在1h内将故障排除。基地级维修可以在无人机系统返厂后,利用专用和通用检测维修设备与工具,迅速完成装备中修和大修任务。保障方案考虑了战时维修保障的对策,明确了组建维修保障支援分队实施靠前保障的具体方法,可以较好地完成战时维修保障任务。

建议尽快开发研制某型制便携式故障诊断仪,扩充检测类型,提升故障检测率,配备到检测维修车上,进一步提高基层级维修保障能力。

7.2　某型无人机系统使用保障方案分析

7.2.1　某型无人机系统使用保障概述

某无人机属侦察型无人机,指挥员使用时应根据上级指示、侦察任务、保障条件和敌情、地形、天候、社情等特点,切实、及时组织本队做好各种保障工作。要严密组织观察、警戒和伪装;严格规定武器、弹药、粮秣携行量;制定通信联络信号和安全措施;明确物资、医疗等勤务保障措施;准备战场救护和克服障碍等器材。

无人机执行侦察任务,是无人机分队使用无人机装备为顺利遂行任务而采取的各项保证性措施与相应活动的统称。无人机系统使用保障的目的是保证无人机装备保持持续作战能力。信息化条件下战争,参战的各种高新技术装备多,对抗激烈,消耗量大,前方对后方的依赖性高。能否做到稳定、可靠及时的保障,保障效果的好坏往往直接影响无人机侦察任务的完成,乃至整个战役、战争的结局。无人机侦察保障主要包括作战保障、后勤保障和装备保障。

1. 组织保障的时机

（1）时间较为充裕时。
（2）侦察保障环境复杂时。
（3）侦察作战环节多,保障复杂时。
（4）其他需组织保障时机。

2. 保障的主要内容

1）通信保障

通信保障主要解决无人机侦察分队与上级情报机构的通信联络,以及配属无人机分队和其他分队之间的通信联络,通常以电台和军用有线电话为主,由随装设备通信分队负责保障。

2）传输保障

传输保障主要为实现无人机侦察情报的及时上报,利用相应的有线或无线传输设备,将无人机所获得的情报传输至指挥所。传输方式通常以有线和无线两种方式实现。

3）警戒保障

无人机实施侦察时,通常需要阵地警戒,以保证发射阵地安全,警戒力量应当根据敌情决定。警戒保障一般由作战小分队来担负,主要负责对发射阵地四周的警戒,以确保发射阵地不受敌干扰,保证受敌袭扰时,能够掩护无人机分队撤离和转移。

4) 气象保障

气象保障主要是提供发射场地的基本气象条件(风速、风向)和任务区域的气象条件(云高、能见度),以及往返航路的气象情况,以确保无人机正常起降和对侦察区域实施有效侦察。其通常由气象专业分队来担负。

5) 武器弹药保障

武器弹药保障以配备的班排武器为主,主要进行武器擦拭、检修,上报需要补充的武器和加强武器及弹药。

6) 物资保障

物资保障主要包括个人物资准备、公共物资准备和后勤物资准备。

(1) 个人物资准备:按照战备要求,严格三分四定,携带相应的生活必需用品。

(2) 公共物资准备:按照外出执行任务要求,带好全队人员所需的公共物资。

(3) 后勤物资准备:炊事班按照任务的时限,准备相应的主副食,确保后勤保障充分。

7) 器材准备

器材准备主要是指挥器材(含通信器材)准备,为完成侦察任务和上级联络而必备的一些常用指挥器材,以确保完成侦察任务。

3. 无人机装备的保障

1) 请领

无人机分队请领装备时,应当根据本级分队的编制、现有无人机的数量、质量和执行任务的需要等情况拟制装备申请计划,逐级上报。各型无人机的补充、调拨,依据装备调配保障计划逐级组织实施;遇有特殊情况时,可以越级实施。平时请领,应当拟制年度装备申请计划;战时请领,应当拟制临时装备申请计划。

2) 补充

无人机分队战时装备的补充,一般分为以下三种情况:

(1) 战前补充。首先,要做好战前装备普查。其次,要分清轻重缓急,要坚持保障重点、兼顾一般的原则,注意把主要侦察方向和次要方向区别开来。其次,要组织好战前补充工作的实施,按时将装备补充到位。

(2) 战中补充。战中情况复杂,要及时准确地掌握无人机装备的战斗损耗情况,利用一切手段,确保不间断地实施保障。首先,要主动了解掌握各类投入战斗的无人机的损耗情况。其次,要及时提出补充计划,采取各种补充方式,确保作战急需。条件允许时,可提前补充到预定地域。

(3) 战后补充。无人机分队执行完侦察任务后,要认真清查无人机的损耗情况,对缺编的装备,要及时申请补充。

3) 保管

无人机的保管应当责任到人,做到无丢失、无损坏、无锈蚀、无霉烂变质。一般应当入库保管,易燃、易爆等有特殊保管要求的装备如航空油料、电池等,必须专库或专柜存放。库存的无人机应当按照规定,分类存放,严格管理,定期维护。

4) 维护

装备维护,即为了保持无人机装备的良好技术状态,所采取的预防性技术措施及相关活动的统称。首先,根据无人机分队即将遂行的作战任务和战场环境条件等因素,预计装备可能的使用时间或强度;其次,根据当前的技术状态和维护保养规定,估算维护总任务量,合理地选择和确定进行装备维护的时机、顺序和方法。

5) 器材补给时机

无人机器材补给的时机,通常利用部队集结、作战间隙、阶段性休整等时节进行。无人机器材补给方式,一般采用逐级补给、越级补给、直达补给。条件许可时,应尽量采用越级补给和直达补给。

在上级供应中断时,可以采取无人机分队间调剂补给的方法。通常情况下,应优先保障担负任务的无人机分队,兼顾其他无人机分队;以上级前送为主,与下级自领相结合。

4. 无人机装备保障的特点与要求

无人机系统装备保障,是指为达成无人机侦察作战目的,围绕侦察作战全过程所实施的一系列装备的调整、补充和维护措施及其相应行动。及时可靠的装备保障是无人机侦察分队遂行侦察任务的基础,是提升无人机侦察能力的倍增器。合理的装备部署及迅速有效的装备再生能力对于完成侦察作战任务具有十分重要的作用。

1) 无人机装备保障的特点

(1) 装备保障的标准越来越高。无人机的侦察目标通常是战术目标,也可能是战略目标,侦察行动对战役乃至战局有着重要的影响。这就要求信息化条件下无人机侦察装备保障标准更高、要求更严,装备保障部门要充分认清装备保障对无人机侦察行动的重要影响,要从思想上高度重视,行动上周密计划,并且督导检查要到位。

(2) 装备保障的应急性日益突出。现代战争的作战行动转换频繁,作战节奏大大加快,装备现场抢修、后送修理和物资器材补给的时间更加有限。为了与作战行动相适应,装备保障工作必须快速进行。一方面,无人机分队必须立刻启动装备保障预案,迅速做出反应,合理做出正确的部署,保证装备保障工作有序进行;另一方面,装备保障部门除了战前的充分准备,还要在作战地区形成一个具有纵向辐射、横向贯通的综合保障网络体系,将同一作战地区内不同兵种、不同专业、不同系统、不同建制的保障力量形成一个有序的整体,以完成应急性保障任务。

(3) 装备保障的投送难度大。随着装备战损的出现,及时对装备维修、补充成了首要问题。现代战场透明度加大、装备的投送难度更大。一是隐蔽伪装更加困难。随着军事侦察与探测技术的发展,使战场的透明度明显增大,传统的隐蔽伪装手段难以有效地发挥作用。二是敌方火力打击破坏难以避免。敌高技术兵器高精度的火力打击,将使我装备保障力量面临严重的威胁,并给装备保障活动造成极大的困难。三是面临敌特种部队的袭击。特种作战部队能够超越前沿,对纵深的战役后方目标实施机动打击破坏。以上原因使得装备保障的投送难度大大增加。

(4) 技术保障难度大。随着技术的不断发展,无人机系统越来越复杂,信息化程度越来越高,使得基层单位严重缺乏维修保障人才,造成技术保障难度加大。

2) 无人机装备保障的要求

(1) 推进军地一体化联合保障。信息化条件下的战争,仅仅依靠军队装备保障力量是难以完成保障任务的,必须动员并使用地方力量。实施军民一体化保障。一是要建立机构。根据一体化的保障方案,建立与地方支前机构一体的专门协调联络机构,根据无人机侦察任务和保障力量的实际,制定利用地方力量的计划,纳入地方支前规划之中。二是要突出重点。随着武器装备的高技术化,装备保障人员仅有数量上的优势已经不能适应保障的需要,必须由过去的数量型、劳务型向质量型、技术型转变;应当主动利用企业的技术人员和仪器设备,以确保无人机装备保障的需要。三是要合理使用,提高保障效益。将地方的保障力量和装备、物资器材纳入综合保障计划之中,对地方支前力量统一编组、合理分配、归口使用、专人管理;加强支前人员的技术、战术训练,使之掌握战场基本的生存常识。

(2) 周密准备,主动适应无人机侦察需要。周密准备,争取先机,是做好装备保障,迅速恢复无人机系统战斗力的重要条件。战争实践证明,有优势而无准备不是真正的优势,占胜算而无先机不是最后的胜算,特别是对于信息化程度越来越高的无人机而言,没有准备充分的装备保障,就根本不可能充分发挥无人机装备的优异性能。因此,装备保障要按照指挥员的决心,在统一指挥下,以装备和器材维修的技术准备为重点,周密、迅速地进行各项保障准备工作,力求与侦察行动的各项准备工作并行展开,同步完成。同时,由于战场情况多变,制信息权、制空权、制交通权争夺激烈,装备保障力量易因火力封锁和打击受损,致使装备保障的组织工作难度加大。所以,装备保障准备工作要从最困难、最复杂的情况着眼,正确预见可能的发展变化,制定多种可行预案,提前做好准备,增强保障工作的主动性、实效性和针对性。

(3) 统一指挥,分类组织实施。装备保障系统是多军种、多系统、多种类的复杂体系,装备保障部门应从全局出发,对各种装备保障力量及其保障活动实施统一指挥,使各种保障力量科学地组成一个整体,协调一致地实施保障。在具体保障过程中,应分类组织实施;一是通用装备保障应当在本级装备指挥机构的统一组织指挥下,按方向或地区派出保障机构,对各无人机使用单位实施区域性保障;二是专用装备保障应当按上级装备指挥机构的任务分工,由无人机分队按建制分别组织实施;三是充分发挥各层次及各区域装备保障的主动配合,实现无人机装备保障行动整体上的协调一致。

(4) 多种手段综合运用,提高保障效益。无人机装备保障的任务重、需求急、强度大,必须综合运用各种保障方式方法。一是要整体部署,形成上下衔接、互为依托、综合配套的无人机装备保障力量体系。二是要靠前保障,力求在装备使用地点就地进行维修,以提高保障速度。三是要突出保障重点,准确地使用无人机装备保障力量。四是要尽量减少保障层次,简化指挥和保障程序,实施就近就便保障。五是要加强器材及其他物资的管理,防止不必要的损失,力求以最小的消耗、最快的速度和最短的修理时间来实施无人机保障。

(5) 加强防卫,确保保障力量安全。装备保障力量是敌人重点打击破坏的目标之一,装备保障力量的生存和保障活动将受到严重的威胁。对此,一是要建立以装备保障力量配置地域防卫为重点,以专职防卫力量为骨干和地方民防相结合的联合防卫组织;二是要坚持"以防为主、打防打合"的原则,采取多种手段提高装备保障力量的生存能力;三是要不断改进防卫措施,加强保障人员的防卫战术和心理素质的训练,提高生存能力,确保不间断的保障。

7.2.2 使用保障方案制定

此使用保障方案是为保障某单位在某地区进行侦察训练而制定的,包括两大部分:一部分是使用保障方案的总体描述部分,即保障方案的正文部分,主要起着指导性的作用;另一部分是保障方案执行计划部分,即保障方案的附件部分,是用于指导装备保障行动开展的各类保障的计划。

1. 使用保障方案的正文部分

该使用保障方案的主要内容如下:

1) 题头

题头包括文号、密级、装备保障方案名称、地图比例、地图年号等。

2) 执行单位

3) 方案要素

(1) 后方指挥所编组。

(2) 装备保障原则与方式:

① 装备保障原则。

② 装备保障方式。

(3) 装备机构编成、部署与任务:

① 部队装备机构。

② 本级装备机构。

③ 下级装备机构。

(4)弹药、物资保障。

(5)保障关系。

(6)武器装备管理。

(7)通信、警卫与防卫。

(8)后方指挥所开设及完成时限。

(9)各保障机构开设及完成时限。

(10)各分队装备准备完成时限。

(11)每日装备保障情况上报时间。

4)附件

(1)装备指挥机构编组计划。

(2)装备通信保障计划。

(3)装备防卫计划。

(4)装备运输保障计划。

(5)装备维修保障计划。

(6)装备器材保障计划。

(7)弹药保障计划。

5)落款

落款包括发文单位及时间、抄送单位、承办单位等。

2. 使用保障方案的附件部分

附件部分主要包含内容如下:

1)保障指挥机构编组计划

保障指挥机构编组计划主要内容:①指挥机构编成;②任务区分及指挥关系,主要包括装备机构任务(包含定下保障决心,明确装备机关、分队编成,配置与任务;计划、组织装备保障与防卫;组织装备保障协同;组织装备系统通信联络、保障分队任务、各阶段装备指挥所任务(主要有应急准备阶段、机动实施阶段、战斗实施阶段、撤离战场阶段各指挥所的任务)、指挥关系;③其他保障,主要包括警戒勤务保障、工程保障、通信保障、车辆保障等。

2)通信保障计划

通信保障计划主要内容:①通信方式,主要包括无线电通信、有线电通信、运动通信;②通信人员及器材,主要包括无线电通信人员及器材、有线电通信人员及器材、运动通信人员及器材;③通信任务,主要包括有线电通信任务、无线电通信任务、运动通信任务;④对上通信与指挥控制系统保障;⑤对下通信与指挥控制系统保障,主要包括无线电短波通信、卫星通信、移动通信、有线电通信、指挥控制系统、运动通信与简易信号通信;⑥无线电管理;⑦备注,主要包括通信措施的规定、通信信号的规定等。

3）防卫保障计划

防卫保障计划主要内容：防卫区域的划分、防卫力量的编成、负责人、防卫部署及任务区分、防卫措施等。

4）运输保障计划

运输保障计划主要内容：①配置；②保障关系；③运力编组与运力实施；④保障措施，主要包括战前运输保障措施、战中运输保障措施；⑤其他事项。

5）维修保障计划

维修保障计划主要内容：①配置；②保障关系；③编组与任务区分，主要包括基本保障群、前进保障群、机动保障群的编组及任务区分；④修理保障的主要措施，主要包括战斗准备阶段的修理保障措施、战斗实施阶段的修理保障的主要措施、战斗结束阶段的修理保障措施。

6）器材保障计划

器材保障计划主要内容：①配置，主要包括上级器材保障机构配置、下级器材保障机构配置；②器材库、所的配置与任务，主要包括本级器材库所的编成与配置、各器材保障组的编成与配置；③保障关系；④保障措施，主要包括战前器材保障措施、战中器材保障措施；⑤其他事项。

7）弹药保障计划

弹药保障计划主要包括：①配置；②保障关系；③弹药保障，主要包括加大弹药区分、加大弹药补充顺序及补充、战斗日弹药消耗限额规定及区分、预备弹药、战中弹药补给；④弹药管理，主要包括防潮、防热、防火、防空等措施；⑤弹药库防卫；⑥人员分工，主要包括战前人员分工、战中人员分工；⑦注意事项。

7.2.3 使用保障方案评价

本节给出的某型无人机系统使用保障方案是一个示意性方案，主要描述的是使用保障方案的构成要素和要求，主要覆盖的是使用保障方案内容完整性和规范性的要求，故这里只采取定性评估的方式对其进行分析和评价。

按照前面章节建立的使用保障方案评估的系统性、可操作性、层次性和通用性原则要求，能够看出该无人机系统使用保障方案结构较为完整、内容较为规范。

从使用保障方案的结构完整性方面看，其各项要素均已设计，没有缺项。具体地说，该保障方案的要素组成涵盖了装备保障指挥、保障力量的部署、维修保障、器材保障、弹药保障、通信保障、防卫保障、运输保障等内容。从其附件部分的具体内容看，能够完整地描述出各类保障要素的具体要求。总的来说，本节给出的某型无人机系统使用保障方案内容完整，要素齐全，能够满足无人机系统使用保障的基本要求。需要指出的是，该方案只是总体描述，还需要按照方案给出的要求继续细化补充，才能形成真正实用的方案。

从使用保障方案的内容规范性方面看,其各项要素的设计符合规范的要求。例如,装备保障指挥部分描述规范,能够规范地给出保障指挥关系的主客体、编组后的人员和设备配置数量、指挥所配置位置坐标、转移路线、转移时机等内容。总体看,本节给出的某型无人机系统使用保障方案内容规范,能够满足无人机系统使用过程的保障要求。同样地,需要按照方案提出的内容细化描述,建立具体、量化、可操作性的装备指挥机构编组计划、维修保障计划、器材保障计划、弹药保障计划、通信保障计划、防卫保障计划、运输保障计划等。

7.3 美军无人机系统综合保障方案分析

7.3.1 美军无人机系统综合保障方案论证

无人机系统综合保障方案的论证一般从系统的使用方案开始。无人机(Unmanned Aerial Vehicle,UAV)系统使用方案是对无人机系统任务要求、部署、使用方式及环境的描述。

1. 使用环境

1) 编制和基地设置

(1) 编制。不同类型的无人机系统编制有所不同,但它们有一个共同的特征,就是装备无人机系统的战斗单位一般由使用和维修两部分构成。

例如,"捕食者"长航时无人机隶属于美国空军战斗司令部空军作战中心(AWC)下属位于美国内华达州内利斯(Nellis)空军基地的第57联队,具体驻扎在内利斯空军基地附近的印第安斯普林斯(Indian Springs)辅助机场。在第57联队内部,有两个"捕食者"无人机中队:第11侦察中队(RS)和第15侦察中队。这两个中队分别进一步包括使用和维修两个空军小队,构成如图7-2所示。

又如,美军战术无人机(TUAV)系统部队按排编制。在重型、轻型、机载和空袭师的军事情报(MI)营和装甲突击团的军事情报营中包括直接支援(DS)连和全般支援(GS)连,各连队中都配备TUAV排。TUAV排由17人组成。一个TUAV排由1个飞行作战分排(小队)(12人)和1个维修分排(5人)组成。

(2) 基地设置。UAV系统的基地设置一般采用主要作战基地(MOB)和一般作战基地(非MOB)方案。例如,美军长航时UAV系统MOB设在美国本土,非MOB由战区规划人员确立,可以是美国战术部队可能参战的任何地理位置。

① 美国本土大型作战基地。"捕食者"长航时UAV的MOB设在内华达州印第安斯普林斯空军辅助机场,包括两个"捕食者"UAV中队——第11和15侦察中队(RS)。这两个中队在MOB接受初步资格训练(IQT)、任务资格训练(MQT)和继续训练(CT)。演习保障和使用保障在MOB或非MOB都可以进行。MOB基地

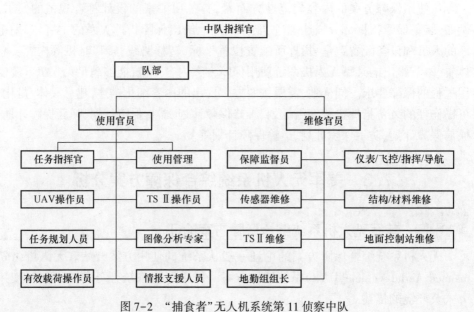

图 7-2 "捕食者"无人机系统第 11 侦察中队

设置的最低标准(内利斯空军基地、安斯普林斯辅助机场)是：

a. 地点设置在地面和空中交通流量较低处，或者辅助机场的空军基地(离开主要航线，不能接近大型机场或主交通线，与目视飞行规则(VFR)交通相互影响应最小)。

b. 具有最短为 5000 英尺(1524m)的着陆简易跑道(有道面的、光滑硬表面)。

c. 接近受限空域和空军联合训练区域(可能的话，两者搭配)，该准则可能不适于非 MOB 使用。

d. 接近保障基地。

e. 有安置 UAV 维修设施、进行 UAV 维修的工厂或区域。

f. 接近或有安置 UAV 的机库设施或环境保护设施的区域。

② 非 MOB 作战地点。UAV 的非 MOB 应采用与 MOB 相似的选择准则。与 MOB 相比，根据战区保障能力或作战任务的不同，维修能力可以有不同程度的下降。由保障设备、备件和库存消耗品等构成的维修和保障成套设备应能够满足每个非 MOB 计划任务所需的保障要求(D 到 $D+30$ 天)。

a. 维修和保障成套设备应包括高度机动的、6 天保障工具箱，便于应付每个战区内可能出现的分散使用情形。这些工具箱由关键任务系统部件和其他器材备件(如轮胎、密封件、垫圈、油等)构成，用于保障在中继级维修(ILM)成套设备到来之前的初始飞行高峰要求。选择这些工具箱的备件、其他部件和消耗品时，应与利用预先确定/预先定位的保障设备进行拆卸、更换和有限修理的有限维修能力相协调。每个可能的分散地点的工具箱用一架战区分配系统标准类型的飞机应足以装运。

b. 在敌对状态，飞机可以部署或分散于 MOB 或非 MOB，以支持计划的任务项目或改进生存性。在非 MOB 也应部署机动保障工具箱以保障部队驻扎要求。不属于机动保障工具箱或航空和中继级维修组织的燃油和其他消耗品应部署于按其他计划文件规定的非 MOB。但应指出，飞机部署或分散于不同的非 MOB 可能导致"捕食者"的覆盖范围/任务效能下降。

2）气候环境考虑

在无人机使用方案中应考虑无人机系统受环境的影响，包括使用环境对系统可靠性、飞行器和传感器性能以及地面控制站性能的影响。根据作战区域的不同，地面设备和飞行器的地面使用环境可能对飞行器的安全提出挑战。沙尘、盐雾空气、严酷的温度或湿度可能对飞行器安全飞行带来负面影响，携带过冷液态水的烟云对航空安全构成严危险，因为它会使飞机存在潜在的结冰风险。结冰降低了升高速度、爬升速度和燃油效率，同时增加了阻力、失速速度、重量和功率要求。安装机上结冰检测/更换设备将以牺牲其他有效载荷为代价，结冰条件可能限制发射/回收或可能的飞行路径。所有上述考虑对无人机操作更加重要，因为某些 UAV 独特的设计特征，如高空长航时 UAV 具有高度优化的机翼形状，结冰会使其性能降级；低空短航时 UAV 虽然没有如此敏感的机翼形状，但可能不能在所有结冰层以上飞行。另外，结冰将给自主式控制系统带来额外负担。因此，UAV 使用要求在 UAV 基地、可能时在飞行器上安装强大的结冰预测支持和结冰遥测系统。

高空长航时可能对飞行器安全飞行提出额外的挑战。尽管"全球鹰"在正常使用高度上结冰的可能性很小，但在飞机爬升或下降过程中都可能结冰。因此，应避免 UAV 控制面接口区域结冰。UAV 在视距外必须穿越的严酷气象环境和晴空湍流都对飞行器安全控制提出挑战。

"捕食者"飞行器能在适度不利天气下飞行，相当于轻型民用飞机的仪表飞行。不利天气状况，如结冰、空中或地面中到大量降水，或强地面风都可能阻止飞行器发射或飞行。地面控制站（GCS）和飞行器都不防水。起飞和着陆最大侧风极限为 14kn。最大地面使用风速极限为 30kn。飞行器没有系留点，在大风天气必须停放在机库里。此外，大量降水和不利着陆条件都可能严重阻止"捕食者"飞行。

为了克服气候环境对长航时无人机系统的负面影响，美军在新型长航时 UAV 系统"全球鹰"设计中采用了相应的对策。例如，"全球鹰"完全能够在零零表面（相当于在地面上能见度为 0）天气条件下飞行，并具有防拖胎制动系统，以减少降低的跑道状况读数（RCR）造成的问题。机翼阻流片辅助速度控制和横滚控制，使飞机可以在 20kn 侧风中正常飞行。飞机快速爬升穿过 7620m 高度，减少了在结冰高度停留的时间，最大限度地减少了飞机表面的积冰量。爬升过程中，飞行器以足够的速度穿过喷气流，成功应对巡航中不会遇到的风。"全球鹰"所具有的大型控制面和电传反作用使自动驾驶仪能够成功地削弱高空晴空湍流的影响。在"全球鹰"的任务高度很少遇到雷暴，但如果通过机上传感器观测到雷暴云泡，借助当地的雷达进近控制（RAPCON）和空中交通管制（ATC）航路雷达提供给发射与回收单元（LRE）控制员的引向目标，在爬升和下降期间可以避开 20n mile（37.04km）以内的雷暴活动。飞行器下降时，如果以很低的机翼载荷迅速穿过结冰环境，可以最大限度地减少大量结冰的影响。"全球鹰"结冰和湍流极限需要在飞行试验中确定。如果先前的天气预报或条件发生重大变化，当飞行器还在执行任务时，长航时 UAV 的较长航时和航程可以给操作员留出时间考虑安全回收飞行器的多种选择方案。

2. 使用强度和部署性/运输方案

1) 长航时 UAV 系统

"捕食者"UAV 应保持在 400n mile 以上战场范围 24h 连续覆盖能力，这要求它具有换班执行任务能力，有效值勤率（有效值勤时间与总时间的百分比）最低要求为 75%。"全球鹰"UAV 能够在距离发射地 1200n mile 范围连续 24h 执行任务。

在选择使用地点时，应考虑"捕食者"的 500n mile 活动半径。"捕食者"中空长航时无人机的基本部署系统（4 架飞行器、GCS、特洛伊精神Ⅱ（TSⅡ）、保障设备和人员）可以用 C-141B、C-17 和 C-5B 运输机装运（不包括 TSⅡ有篷货车）。GCS 拖车并不是为空中移动方便而设计的，从运输机上装卸时要求使用专门装卸工具。由于作战活动半径的原因，"捕食者"部署于一般作战基地（Non-MOB），而且整个系统部署在一起。一个全面部署的"捕食者"UAV 系统包括 4 架飞行器、一个 GCS、相应的保障设备、一辆 TSⅡ货车和 65 名人员。一套完整的"捕食者"系统的部署需要 4 架 C-130 或 2 架 C-141 运输机装运。该部署方案为保障接近连续的"捕食者"轨道提供了必要的资源。轨道覆盖面的空隙是由中空长航时无人机（MAE UAV）轨道控制站的基线系统局限性（一次只能控制 1 架飞机）造成的。

"全球鹰"的 3000n mile 活动半径为部队司令官在选择作战地点时提供了相当的灵活性。例如，基地可设在直接感兴趣的战区之外，为攻击机腾出更多的停机坪。

"全球鹰"长航时无人机系统易于部署，接到转场命令后，地面站可在 24~48h 内拆除，打包，并在到达布防地 24~48h 之内装配好。应为维修和后勤人员提供关键的地面备件和外场可更换单元（LRU），并提供地面站所需的必要的发电和环控设备。根据具体战区环境和使用与后勤考虑因素，存在多个备选方案，可以包含多种长航时无人机的能力。一套全面部署的"全球鹰"系统包括 3~4 架飞行器、一套任务控制单元（MCE）、发射与回收单元（LRE）和保障设备（SE）工具箱与有关人员,能够维持连续运行 30 天,无须再次供应。"全球鹰"地面系统可以用 3 架 C-141B 或 2 架 C-17 或 1 架 C-SB 装运。"全球鹰"飞行器本身是可以自部署的。

2) 战术无人机系统

一套完整的战术无人机(TUAV)基线系统由若干架飞行器和 2 套 GCS 构成。一般情况下,TUAV 基线系统能够在 24h 内连续 12h 持续空中使用。该系统能够在连续 72h 内,以 24h 间隔持续 18h 高峰作战,之后每天限制在 8h 使用。尽管 TUAV 系统具有持续 72h 在 24h 间隔内高峰使用 18h 的能力,TUAV 基线系统及其所属旅在 36h 后可以进行重组。该基线系统应携带足够的供应品和备件供初始使用。

TUAV 系统应具有足够数量的飞行器,以支持上面描述的战时高峰作战速度(OPTEMPO),同时具有一种发射与回收工具和系统的使用与维修所必需的运输和地面保障设备。约 22 名机组人员根据上面规定的作战速度使用和维护一套完整的 TUAV 基线系统。为保障持续作战,由师机动维修工厂的旅维修联络组提供增援。

由掩蔽部(两套 GCS 和 1 套飞行器运输工具)和 1 辆飞行器发射拖车构成的完整的 TUAV 系统应能装入 3 辆高机动多功能有轮车辆(HMMWV)运送。一支运输机部队携带包括拖车在内的 HMMWV 用于人员及其设备(步枪、头盔、伪装网、个人保护设备等)和初始使用所需的足够的 1 类(生活)、3 类(油料 POL)和 4 类(修理零部件)供应品。第 2 支运输机部队携带拖车的 HMMWV 由 BMCT 提供,支持部队人员和设备运输。门限要求是一个系统可以提供 72h 使用能力,在 24h 间隔内最少 12 h 空中值勤(on station),该系统可以用 1 架次 C-130 完成部署。初始 72h 以后的持续作战由 BMCT 提供保障。

完整的 TUAV 基线系统的部署应能用至多 2 个 C-130 架次运输。为保障持续使用所需的来自师机动维修工厂的 BMCT 配备 1 辆带拖车 HMMWV,需要 1 架 C-130。TUAV 分立部件可以用 1 架 CH-47 或 CH-53 运送。要求 TUAV 基线系统应在 2h 内能通过空中、铁路或海上运输。

3. 集中使用与分散使用方案

无人机系统的使用方案是根据基地设置、部署水平、指挥与控制以及通信连接来选择采用集中使用(搭配部署)方案还是采用分散使用(分地点部署)方案。对于长航时 UAV 而言,无论采用哪种使用方案,都需要考虑以下三方面的共同问题:

(1) UAV 系统使用基地应包括维修和保障。

(2) UHF 卫星通信应总是可用的,以保障对 UAV 飞行器的指挥与控制。

(3) 每种使用方案都应能够保障最低部署能力。

1) 美军"捕食者"系统

"捕食者"系统总是作为一个完整的系统部署,所有系统部件都配置在"捕食者"飞行器的发射和回收基地。"捕食者"基线系统约束条件要求"捕食者"飞行器之间不能近距使用,因此在基地只能部署套"捕食者"系统。

"捕食者"的任务载荷和飞机控制都由其地面控制站(GCS)操作。飞机上的电光(EO)和红外(IR)视频数据通过视距(LoS)或UHF/Ku频段卫星数据链路传送给GCS;合成孔径雷达(SAR)图像需要通过Ku频段卫星链路传送给GCS。GCS的图像分析人员将收集到的数据作进一步分发。作战部队总司令(CINC)应提供与具体战区通信/情报骨干和捕食者GCS兼容的开发单元(Exploitation Cell)。"快速开发和分发(RED)单元"帮助"捕食者"系统提高了部署能力。从该开发单元,借助辆"特洛伊精神"货车,通过商用卫星就能将图像输送给客户。

2) 澳大利亚国防部队"全球鹰"系统

澳大利亚国防部队在确定"全球鹰"系统的使用方案时,准备了三套备选方案,然后根据对基地设置方针、部署程度、指挥与控制布局和所提供的有效载荷支援通信能力4方面的权衡,最终选择了其中一种最经济有效的使用方案。

(1) 备选方案1(搭配部署方案)。

① 单独部署(Deployment Only):对每项任务,装备都将从澳大利亚皇家空军基地腾达尔(Tindal)出发部署,腾达尔被选为"全球鹰"的主作战基地(MOB)。对每项长航程、长航时任务,该方案都包括4架飞行器、一套MCE、RLE和SE。每项单独的任务需要44人来保障UAV系统持续30天、每天24h使用。44人是根据30天部署,每人在10天内工作9天,每天工作12h的人力要求得出的。

② 分散指挥与控制:对部署的"全球鹰"飞行器的指挥与控制由配置在部署地点的MCE和LRE负责。使用飞行器的局部指挥与控制,通过空中任务分派指令(ATO)程序来分派任务。

③ 有限的卫星通信支援:有效载荷的指挥与控制以及数据传输都没有采用卫星通信方式,X-波段视距(LoS)公共数据链是与飞行器唯一的通信连接手段。要求有一种宽带卫星能力将MCE与澳大利亚国防部队情报系统(ADFIS)联结起来,以便将"全球鹰"数据传送给澳大利亚联合战区情报中心(ASTJIC),以及通过联合指挥支援环境(JCSE)系统将ATO提供给MCE中的规划人员。

④ 使用方案:每项任务都要求飞行器从MOB腾达尔飞往选择的简易基地。保障设备如MCE、LRE和SE使用C-130飞机从腾达尔运送到简易基地。MCE和LRE提供对飞行器和传感器有效载荷的视距内指挥与控制($LoSC^2$)。活动半径限制在200km范围内,以便近实时下载传感器信息;或者利用数据记录器将活动半径延长到830km。另外,还有一种自主式飞行模式,允许飞行器的活动半径达到5600km,利用数据记录器来记录监视信息,该模式在飞机观察到静止地点目标,并且也清楚该目标的位置时,可能比较有用。在这种模式下,当飞行器完成任务返回途中,可以从飞行器下传数据。传感器数据可以在MCE掩蔽处中预先处理。不

过,需要将数据发送给 ASTJIC 进行全面评估,然后再进行分发。

(2) 备选方案 2(分地点部署方案)。

① 集中驻扎/有限部署:对于每项长航程、长航时任务,该方案要求部署 3 架飞行器、1 套 LRE 和 SE。MCE 功能将集中在腾达尔的无人机指挥中心(UAVCC),由腾达尔对有效载荷及其数据进行控制。备用的"全球鹰"飞行器都集中在腾达尔基地,而不是单独部署,这样可减少需要的备用飞行器数量。每个单独部署需要 25 人来保障持续 30 天每天 24h 使用。UAVCC 将需要 30 人来保障持续 30 天每天 24h 使用,但这种人力配备方案与完成的操作任务数无关。

② 集中指挥与控制:只有 LRE 随"全球鹰"飞行器部署到前方作战基地。LRE 将负责飞行器起飞与回收操作的局部指挥与控制。在腾达尔建造集中的 MCE 能力(即 UAVCC),并与澳大利亚国防部队的主要监视指挥与控制设施(NORTHROC)搭配使用。借助腾达尔与现有固定通信网络的连接,将各种航空任务分派指令(ATO)传送给 UAVCC。"全球鹰"的情报数据将从飞行器直接传输给 UAVCC 与 ASTJIC 进行评估和分发。

③ 全面卫星通信支援:利用 Ku 频段和 X 频段卫星通信进行有效载荷的指挥与控制以及有效载荷数据的传输。LRE 使用 X 频段视距公共数据链(LoS CDL)进行飞行器的局部区域控制。需要有一种窄带卫星能力将 LRE 与 UAVCC 联结起来,以便提供有限的 ATO 通信量。

④ 使用方案:方案 2 比方案 1 提供了更多的能力和灵活性,但存在丢失支持飞行器有效载荷指挥与控制用的卫星通信链路的风险。每项任务要求飞行器从腾达尔飞往选择的简易机场。保障设备如 LRE 和 SE 使用 C-130 飞机从腾达尔运送到简易基地。LRE 对飞行器起飞与回收操作提供视距内指挥与控制。在飞行器起飞后,UAVCC 将接管飞行器的指挥与控制,并利用卫星通信接收来自飞行器的传感器数据。UAVCC 能够在没有增援的情况下保障最低的作战能力。飞行器将在活动半径为 5600km 的范围内飞行。如果卫星通信链路丢失或受堵塞,"全球鹰"UAV 设计提供了一种风险降低策略,即飞行器将自动恢复使用预先编好的飞行程序,并启用记录极限达 2h 的数据记录器。当记录器充满后,飞行器自动返回基地。如果在 2h 记录极限达到之前,卫星通信链路恢复,则 UAVCC 可以下载 UAV 记录的信息,并按计划继续飞行。

(3) 备选方案 3(分地点部署方案加设备预安置)。

① 集中驻扎/有限部署(展开)/设备预定位:同备选方案 2,但"全球鹰"系统的关键单元如 LRE 和 SE 应被预先安置在简易基地,以减少对空运能力的需求。

② 集中指挥与控制:同备选方案 2。

③ 全面卫星通信支援:按照备选方案 2。但窄带卫星通信能力、LRE 和 SE 应预先安置,以提供与 UAVCC 的立即连接。

④ 使用方案:同备选方案2,但只需1架C-130飞机来保证每次部署,因为大多数设备已事先被部署到前方简易机场。该C-130飞机还用于运送保障部署所需的人员。

(4) 三种使用备选方案的比较。表7-3给出了针对澳大利亚国防部队(ADF)的使用需求提供的上述三种备选方案的比较,其中包括10年的寿命周期费用(LCC)。

表7-3　澳大利亚国防部队UAV适用的使用基地的比较

功能	备选方案1	备选方案2	备选方案3
能力			
活动半径	200km(LoS)	200km(LoS)	200km(LoS)
	830km(LoS+数据记录器)	830km(Los + DR)	830km(LoS + DR)
	5600km(只靠数据记录器)	5600km(卫星通信/DR)	5600km(SATCOM/DR)
覆盖面积	125600km^2(LoS)	125600km^2(LoS)	125600km^2(LoS)
	136900km^2(LoS + DR)	136900km^2(LoS + DR)	136900km^2(LoS + DR)
	11500km^2(仅DR)	136900km^2(SATCOMDR)	136900km^2(SATCOMDR)
部署时间长度	48h	36h	<2h
C-130保障			
DAADRINS任务	387	387	65
DGI任务	26	26	26
需要人员的数量			
部署的人数	308	175	175
UAVCC人数		50	50
费用			
采办费用	810m	749m	749m
每年的使用费用	52m	45m	43m
10年LCC	1170m	1060m	1050m

备选方案2比备选方案1更便宜,并提供更大的能力和灵活性。备选方案2能实时覆盖距部署的空军基地5600km的范围,而备选方案1只有限的覆盖范围。备选方案2的部署时间也减少了,因为MCE掩蔽处不必部署。而且备选方案2通过UAVCC实施集中的指挥与控制,便于备用飞行器的集中分配,因此减少了所需的飞行器总数。集中的指挥与控制还使需要部署的人员数减少一半,从而显著降低了使用费用。备选方案2的主要风险是可能丢失UAVCC与飞行器之间的卫星通信连接。但借助于飞行器上的故障-安全措施可以减少此类风险,该措施可以使飞行器利用数据记录器继续执行2h的任务,然后自动返回基地。如果卫星通信连接在这2h之前恢复,则可以将记录的数据下载,并按计划继续执行任务。这种能力并不比备选方案1的差。所以,备选方案2比备选方案1好。

备选方案 2 与备选方案 3 绝大部分是相同的,只是备选方案 3 将"全球鹰"系统的关键单元预先在简易基地安置好,从而降低了需要的 C-130 飞行小时数。为保障备选方案 3,无须增加设备,这等同于降低"全球鹰"系统寿命期内的使用费用。考虑到在高速作战期间获得 C-130 飞行小时数比较困难,而且"全球鹰"系统的 LCC 也减少的情况,备选方案 3 比备选方案 2 好。因此,备选方案 3 是澳大利亚国防部队"全球鹰"系统的首选使用方案。

7.3.2 美军无人机系统使用保障方案制定

使用保障是指为保证装备能正确操作使用,以便充分发挥其作战效能所进行的一系列技术和管理活动,以及为保证这些活动有效地实施所必需的保障资源,如装备使用前的准备、装备使用操作程序、加注燃料和特种液、补充弹药、装备的储存和运输等,还需考虑相应的专业人员配备与训练和物资保障等问题。

UAV 系统的使用保障方案是指完成 UAV 系统使用功能所需保障工作的总体描述。它包括 UAV 系统使用保障的基本原则,如 UAV 使用中要求集中保障还是分散保障、装备储存和运输方式、油料与弹药的补充、人力与人员要求及训练和训练保障方案等。

1. 储存方案

对于那些平时很少使用的 UAV,如无人战斗飞行器(UCAV),将大部分机群储存起来,依靠模拟器和小部分机群进行训练,将会节省大量使用与维修费用。例如,UCAV 作战系统(UOS)的长期储存要求是:在作战演习间隔应能够长期储存(1年以上)。在储存期间,对 UAV 系统的直接接触和动手实践(hands-on)维修应保持绝对最少,以减少人力要求。但希望有一些监控飞行器状态的手段。拆卸、集成和储存检查应与部署要求相一致。应确定任何专用设施及设施保障要求。

UAV 应在受保护环境下低费用储存,易于维修和快速重构,以满足战时部署或平时训练的要求,这是 UAV 使用保障方案的一个重要的和必需的组成部分。美军 UCAV 先期技术验证(ATD)项目设计的核心原则是使系统具有长期储存能力。项目计划使分散在各联队的 UCAV 可以就近存放在各联队自己密封的、可部署的储存箱中,最长可储存 10 年以上。该储存箱应能够进行湿度控制和飞行器诊断。通过网络化连接使维修人员可以监督飞行器完好状态和配置机上软件。该储存箱可以运输,1 架 C-17 能运送 6 架以上装运在这种储存箱内的 UCAV。

飞机在除湿环境下储存是欧洲空军(瑞典、丹麦、英国)和美国海军的共同惯例。另外,瑞典、德国和以色列军队采用除湿方法储存各种机械和电子系统(包括地面车辆),已取得很大成功。美国后勤管理学院的研究也验证了除湿保护对武器系统和设备(包括 UAV 和有人驾驶飞机)非常有益。这些国家的经验是使储存环境的相对湿度保持在 25%~40%。低成本的干燥车轮可以在航线和更长久的储存条件下提供这种环境。航线袋、"蛤壳"掩蔽处、飞机修理库和特殊储存箱在使用和保障方案下,都能很好地与除湿系统结合使用。美军研究表明,采用类似现有巡航导弹储存方式的"圆木"车(Wooden Round)方案是 UAV 储存可选的一种方案,最重要的是从一开始就建立这种能力。

2. 油料和弹药补充

1) 油料

美军由保障司令部提供 UAV 特遣行动所需的全部油料(POL)。具体要求包括:标准车用汽油(MOGAS)、"捕食者"用的 100 低铅蓝色飞机用汽油(AVGAS)、柴油,以及"全球鹰"需要的特殊燃料。

2) 弹药

UAV 特遣部队一般不携带弹药,除非在行动指令中有携带弹药的指示。保障司令部应按需要发放弹药。

3) 危险材料

保障司令部应为 UAV 行动有关的危险材料提供储存设施。这些危险材料包括锂电池和 UAV 回收系统使用的任何爆炸装药。

3. 人力与人员要求

人力和人员作为使用与维修保障资源的重要因素,是指平时和战时使用与维修装备所需人员的数量、专业及技术等级。应根据使用与维修保障的工作内容和频度以及计划的人力结构来提出人力、人员要求。

美军空军战斗司令部(ACC)给出长航时无人机系统的初始人力估计方案如下:

(1) 人力需求根据持续作战环境(30 天以上)决定。

(2) 基层级结构应设在具有使用、维修、行政管理及监督人员/管理部门和保障飞行的中队一级。

(3) 人力结构应遵守现有军官和士兵分类指南。根据需要建立新的空军专业代码(AFSC)或改进技能水平,以支持将 UAV 引入空军库存。

(4) 持续战时人时可用性系数应为每月 247 人时。

(5) 在持久战期间,维修工作中心应每天 24h、每周 7 天连续工作,人员每天应工作 10h,每周工作 6 天。

(6) 在持久战期间,中队应能够保障两场重大局部性冲突(MRC)。

(7) 在每场 MRC 中,第 11 和 15 侦察中队(RS)应将"捕食者"无人机在多个前方作战地点部署。

(8) 无人机中队应能够支持每场 MRC 中特定数量的飞行器同时在轨执行任务。每个轨道至少需要 1 个 MCE 或 GCS。

(9) 每个 MCE 或 GCS 应具有 5 人的位置:任务指挥官、航空器操作员

(AVO)、任务划员、传感器专家(图像分析员)和传感器操作员。

(10) 每个非 MOB 要求有一套发射与回收单元(LRE)。

(11) 每套 LRE 应有 2 人的位置。

(12) 所有专业的航空器维修人员数最少应有 2 名。

(13) 应在最大限度上跨专业使用维修人员。

(14) 航空器、相关系统和保障单元应属于 C 类保密资产。

(15) 部署的发射/控制区域保安要求应由非 MOB/部门司令官决定。具体人力分配根据当地现有保安人员情况而定。需要时,联合部队航空部门司令官(JFACC)或空军部队司令官(COMAFFOR)应提供保安人力。

(16) MOB 和非 MOB 的正常基地使用保障(BOS)应由当地提供。

(17) 在人力估算中应包括 UAV 专用的基地使用保障。

(18) 飞行器发射地也被设定为回收地。

(19) 飞行器在白天或夜晚使用,每天最长 24h。

(20) 不考虑战斗损伤和磨损。应根据需要更换飞行器,以保持计划的在轨数。

(21) 为保障 UAV 使用所需的承包商保障水平待定,它可能影响维修人力要求。

表 7-4、表 7-5 给出两种 UAV 系统基线人力要求实例。

表 7-4 "捕食者"系统基线人力要求

功　能	"捕食者"人力
使用管理/DETCO/保障	1
GCS 操作	0
飞行器操作员	6
SAR 图像专家	3
图像/DEMP 人员	9
有效载荷操作员	9
UAV 作战室	
作战情报/收集管理官员	1
情报应用	3
UAV 维修	
维修管理	1
供应	1
传感器	5
飞机地勤组组长	5

续表

功 能	"捕食者"人力
AGCS	6
通信/导航	4
电源(AGE)	2
GCS/SATCOM/TS 维修	
"特洛伊精神"操作员	6
SATCOM Mx	3
部署成套设备总人数	65

表7-5 澳大利亚"全球鹰"系统基线人力要求

功 能	人力		
	方案1	方案2	方案3
MCE 操作(MCE Operations)	12	—	—
LRE 操作(LRE Operations)	6	6	6
作战情报官(Operations Intelligence Officer)	3	—	—
情报应用(Intelligence Applications)	3	—	—
飞行器维修(Air Vehicle Maintenance)	3	3	3
维修管理(Maintenance Management)	1	1	1
供应(Supply)	1	1	1
传感器维修(Sensor Maintenance)	3	3	3
隐蔽处发电机维修(Shelter/Generator Maintenance)	3	2	2
卫星通信设备维修(SATCOM Maintenance)	3	3	3
卫星通信设备操作员(SATCOM Operator)	6	6	6
成套部署设备总要求(Deployment Package Total)	44	25	25

4. 训练和训练保障方案

训练是将UAV尤其是长航时UAV成功投入空军作战的关键。长航时UAV能执行跨越传统角色、核、特种作战角色和战争以外的使用等广泛领域的任务。美军UAV系统每个岗位的具体资格和合格审定是在ACTD验证阶段确定的。下面介绍美军长航时UAV系统人员的训练和训练保障方案。

1) 常规训练

长航时UAV投入外场使用对美国空军的使用/训练机构提出了许多训练挑战。空军战斗司令部(ACC)决定长航时UAV的作战训练要求,并提供必要的训练。ACC成立长航时UAV补充兵训练部队(RTU)的工作由训练保障中队(TRSS)

负责。长航时 UAV 的操作和维护需要不同的、数量有限的人员,因此,如果由空军教育和训练司令部(AETC)进行该方面的专门训练经济上不划算。因此,在 RTU 中有足够的教官之前,ACC 将相应的训练外包出去。近期,可以将有相关职业领域经验的"捕食者"操作员候选人有选择地分派到现有合同训练岗位接受训练。随着 UAV 数量的增加,AETC 可以要求为训练 UAV 操作人员制定本科级别的训练大纲。ACC 总部的 TRSS 或其指定的训练机构负责签署和审查满足长航时 UAV 要求的正规训练项目合同。

(1) 飞行器操作员(AVO)。未来空军长航时 AVO 资格要求应在 ACTD 验证阶段确定。资格要求确定下来后,应制定详细的筛选过程和训练要旨。AVO 候选人可以包括空军士兵(新兵或新老兵混合),他们将经历一个仔细设计的筛选过程,度量是否具有完成 AVO 训练的潜力。图 7-3 描述了一个用于筛选和训练 AVO 人员的概念性的训练大纲。筛选过程包括理论、机械、医学和身体技能测试。成功地通过筛选后,AVO 候选人员进入 UAV 本科训练课程的学习。UAV 本科训练课程与航空地勤学校的相似,包括气候、飞行规划、导航技术、无线电程序和各种其他适用的学科。AVO 候选人员完成 UAV 本科训练后,进入飞行训练阶段,学习基本飞行原理。他们在飞行训练阶段要获得仪表飞行规则(IFR)合格证,然后转向获取最终合格证的 MAE、HAE UAV 专门的初始资格训练/任务资格训练(IQT/MQT)阶段。这些阶段对学员针对其即将分配去操作的具体 UAV 进行训练。以前接受过飞行训练的 AVO 候选人可以省去训练流程中相应步骤的训练。为执行上述 UAV 训练大纲,美军可能需要对多个空军条例进行补写(AFR51-4 已被 AFI36-2205 所代替)。需要与联邦航空管理局(FAA)密切合作,确保能在国家和国际空域系统中进行合格审查/训练飞行。"捕食者"UAV 系统的 AVO 需要 8 周时间的初试资格训练,包括在地面学校的理论学习和飞行训练两个阶段。飞行训练的内容包括着陆、系统操作、发动机 OUT PATTERNS 和着陆。

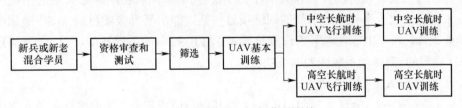

图 7-3 长航时 UAV 操作员训练

(2) 任务指挥官。任务指挥官岗位应是对驾驶员、导航员、电子战、情报、武器控制员或其他适当的特定人员等各个不同学科都能满足的一个官员职位。对该职位人员的训练由理论解决问题练习在职训练(OJT)组成。任务指挥官负责接受任务和完成任务目标。任务指挥官还应了解态势、评价生存性、评估任务计划可行性和协调飞行器操作。

（3）任务计划员。任务计划员岗位要求与当前 U-2 计划员具有的技能相似。这些人员可能具有作战或情报背景。以前的侦察收集和任务规划经验对于此岗位是必要的。该岗位负责准备任务计划，包括制定飞行计划/剖面、定义回避区域、应急措施、数据记录活动、数据链、审查地理/地形。

（4）维修训练。全部维修训练要求从需要时承包商完成的指导系统研制（ISD）分析和 ACCTRSS 独立完成的 ISD 分析导出。空军（ACC，AETC/野战训练支队（FTD）和 ASC）应对承包商通过 ISD 分析推荐的所有训练课程和设备进行审批。

① 维修训练方案。

应制定能造就能力高、技术强、知识渊博的维修人员的 UAV 维修训练方案和原理。方案应考虑设计本身的技术进展及可靠性和安全性。

为造就合格的维修技师，应引入技术训练中心（TTC）、野战训练支队（FTD）、在职训练和承包商 1 类训练。训练方法包括三点：一是学习掌握维修飞机所需的基本知识和飞机系统及理论；二是对技师进行深入的理论和面向任务的训练，包括查找故障和隔离故障的技术；三是借助密切监督的 FTD、承包商 1 类和（或）在职训练（OJT）合格证程序，使技师能够获得有价值的动手实践（hands-on）的维修经验。

AETC 通过 FTD 提供首要必备的训练，该训练教授维修技师有关其各自空军专业代码（AFSC）FTD 课程目标所需的知识。此外，必须对技师在技术规程（TO）系统和飞机的安全领域进行训练。

完成训练后，AETC 通过 FTD 和承包商 1 类训练提供 AFSC 特有的训练课程。AFSC 特定课程为技师提供深入的理论，以及有关 UAV 维修工作的动手实践经验。

OJT 合格证训练为 UAV 维修技师提供在生产环境下、针对任务/作业的参与操作维修机会。该合格证训练大纲作为 FTD 大纲和部队在职训练大纲的组成部分来制定。在合格证训练期间的训练项目包括技能水平升级项目或 AFSC 适用的专业训练标准（STS）或空军工作资格标准（AFJQS）中的关键技能项目，或者通过 ISD 确定的、需要动手实践的训练项目。

② 维修人员要求和训练。

a."捕食者""全球鹰"等 HAE UAV 及其保障设备和子系统的维修人员要求应采用现有空军专业代码（AFSC）。表 7-6 列出了维修 UAV 系统的每个空军专业代码（AFSC）。

表 7-6 维修人员要求

AFSC	名称
2A3X3	宇航维修

续表

AFSC	名　　称
2A4X3	飞机通信/导航航电系统
2A4X1	飞机制导/控制航电系统
2A6X6	电气和环境系统
2A1X1	航电传感器维修
2A1X7	电子战系统
2A6X2	宇航地面设备
2A7X3	结构维修

b. 应根据后勤保障分析(LSA)研究结果,确定人员配备要求和承包商后勤保障实施的程度。

c. 应组织针对航空器、各 LRU 和相关保障设备的全面原位修理程序的训练,包括对硬件和软件的详细操作理论。

(5) 图像/传感器有效载荷训练。任务计划人员和传感器专家岗位应由指定的图像分析人员担当。美军长航时 UAV 系统所有图像分析新学员的初始图像训练在得克萨斯州古德费洛空军基地(Goodfellow AFB TX)进行。UAV 部队训练部门负责向新分配来的人员提供在职训练。"捕食者"UAV 的传感器操作员需要 8 周时间的初试资格训练,内容包括: EO/IR 传感器操作,任务规划,数据开发-任务规划-通信(DEMPC)操作,合成孔径雷达(SAR)操作。

2) 继续训练

美军更新和继续训练(CT)要求由 ACC 总部管理。UAV 的每次飞行应具有针对其各自的任务剖面加以优化的综合训练大纲。通过 LRE,MCE(或 GCS)操作员执行飞行任务训练和保障设备(SE)人员训练来满足 CT 要求。LRE 训练应由发射和起飞阶段有关事件构成。MCEIGCS 训练应对部队指挥官、UAV 操作员、任务规划专家、图像分析员、传感器操作员、通信技术人员、设备维修技师、可能的后勤和保障及联络人员针对其各自的任务进行演练。SE 和维修训练应确保对飞行器传感器、航电设备、机体、发动机、燃油系统、气动/液压系统和数据链通信设备的维修能力。CT 管理由 UAV 中队指挥官负责。

3) 演习

演习训练任务应包括参加红绿旗、空军勇士等演习。长航时 UAV 应当可以加战区演习,应鼓励在各种地理和气候环境下使用。

4) 模拟训练

UAV 训练为最大限度地利用最新高技术,高保真的仿真系统提供了真正的机会。例如,有人驾驶作战飞机使用寿命 70%~90% 是和平时期的训练飞行所消耗的,而 UCAV 的作战使用训练则是以在虚拟仿真环境中进行为主、少量实物飞行训练为辅的:在真实任务期间操作一个控制台与仿真之间的差别非常小。这样对模拟训练提出更大需求和更高要求,必须研制和采购能复现 MCE、LRE 和 GCS 功能的模拟器。UAV 模拟器可以缩短训练时间和风险,特别在初始飞行训练操作中效果更明显。从美军"捕食者"ACTD 获得的经验教训突出了长航时 UAV 项目与模拟器同步采购的需求。

7.3.3 美军无人机系统维修保障方案制定

维修保障是指为了保持和恢复装备完好的技术状况所应进行的全部技术和管理活动,以及为保证这些活动有效地实施所必需的保障资源,包括装备的计划和非计划维修、战场抢修及其工具、设备、设施的配备和备件、器材的供应等,还需考虑相应的专业人员配备与训练、物资保障等问题。

UAV 系统的维修保障方案,即维修方案,是指 UAV 系统采用的维修级别、维修策略、各维修级别的主要工作等,还包括维修环境条件,主要是指对维修设施的要求和限制,如使用基地的设想、各维修级别的场站条件、期望的气象条件、将采用的维修管理形式(包括委托承包商维修的方针政策以及初步建议)等,需根据系统的使用要求来制定维修方案。为了使 UAV 系统投入外场使用后达到较高的效费比,必须从系统立项开始,在确定使用要求的同时,初步确定维修方案。随着研制工作的进展要不断修改完善维修方案。

美军长航时 UAV 的维修保障全部由美国空军后勤中心通过后勤保障分析(LSA)确定。

个别后勤保障要求由 UAV 联队(WG)管理,UAV 联队保证将所有后勤问题都通报给美军全球作战中心。这将确保对每套 UAV 系统(飞行器、地面站等)的情况进行集中跟踪,便于支持参谋长联系会议主席(JCS)分派任务。

1. 维修环境条件

1) 基地设置

美军长航时 UAV 和有关的保障设备要求可以在世界范围内使用,具有全面机动能力。飞机应能从一个 MOB 和世界范围内多个非 MOB 出动战斗。美国空军战斗司令部(ACC)应能够在世界范围内同时部署带全套保障设备和相应的维修人员的"捕食者""全球鹰"部队。UAV 支队不提供组织安全、运输、战区后勤保障或行政管理保障资源,应由保障司令部向其战区内的 UAV 作战地点提供保障。

2) 天气

长航时 UAV 和保障设备可以在干旱区域的高温、冰雪寒冷天气和相对湿度高、雨水多的热带气候等各种极值气候环境中使用。长航时 UAV 和保障设备中应建立适应天气极值的容差,预防设备直接降级和长期降级。

2. 维修级别

1）美国空军有关维修级别的规定

维修级别的划分就是维修机构的分级设置和维修任务的分工，维修方案要对维修级别做出规划，明确各维修级别需承担的维修任务。通常维修级别分为基层级、中继级和基地级三级，也有的只划分为基层级和基地级两级。

美国空军 2002 年 10 月发布的指示 AF121-101 宇航设备维修管理中对所有宇航设备(包括无人机系统)的维修方案有如下规定。

美国空军在不同的地点要求不同程度的维修能力。该能力一般包括基层级、中继级和基地级。

(1) 基层级：原位进行的第一级维修，即直接在宇航器或航线级保障设备上进行的维修。一般只进行少量修理、检查、测试或校准。

(2) 中继级：在中继级车间对拆卸下来的零部件或设备离位进行的第二级维修。对零部件进行初步测试和修理或更换。

(3) 基地级：在主要修理厂原位或离位进行的第三级维修，是完成更复杂修理的最高级维修。

两级维修(2LM)——使用三级维修中的两级来保障武器系统的维修方法。2LM 方法在可能的地方改进或消除中继级(离位)功能，将该级修理功能合并到基地级或"区域"级(海军)。

三级维修(3LM)——维修方法采用全部三级维修，是美国空军历史上采用的维修方法，具有相应的程序和组织结构。

维修能力级别的选择取决于任务要求、修理经济性、运输局限性、部件可靠性、工作量协议、设施要求、工作频度和需要的特殊训练。

航空基地级(Base-Level)：飞机维修活动必须具有发射和回收飞机与持续保障预防性维修程序的能力。一般而言，这意味着大多数部队单位必须拥有完成原位和离位维修的全套设备与供应品。飞机修理来源可以包括：①使用或保障司令部内部(建制)；②其他军种；③签合同的商业组织。

2）UAV 系统的维修级别

不同种类的 UAV 系统根据其所属部队编制、任务和各级维修机构的能力等方面的考虑，可能采取两级或三级维修。例如，美国陆军战术无人机(TUAV)采用基层级和基地级两级维修方式。而美国海军的垂直起降战术无人机(VTUAV)初始维修方案采用的是两级维修，但根据对投入外场使用后获得的后勤管理信息维修数据的分析，决定改用三级维修更合适。美国空军长航时 UAV 也采用基层级和基地级两级维修，具体方案如下。

(1) 基层级维修。基层级维修主要使用基地(MOB)、一般使用基地(Non-MOBs)和保障性分析所要求的所有部署地点，都会为长航时 UAV 提供原位维修。

原位维修具体由使用大队(OG)下设的出动准备小队完成;后勤大队(LG)下设的出动保障小队负责提供超出使用大队能力的服务。用货盘装运的传感器、航空电子设备、数据链、电气和环境系统的故障隔离工作,主要借助机内自测试(BIT)和已核实的技术数据,将故障隔离到外场可更换单元(LRU)。在本维修级别不需对设备进行校验和校准。

① 本维修级别提供的原位维修包括计划和非计划维修两种,具体内容包括检查机上附加系统(Installed System)的工作情况。

② 将故障隔离到 LRU 或相关部件、线路。

③ 拆卸并更换有问题的 LRU。

④ 对有关飞机线路、部件进行维修。

⑤ 飞机定期、阶段性或特殊检查,更换定时更换件。

⑥ 检查平台采用的限时技术指令(TCTO)的符合性。

HAE UAV 的部署性要求和两级维修策略,使得传统的后方车间(中继级)离位维修功能失去存在的价值。一些传统离位维修功能被转移到基层级,由出动生产小队用提供的保障设备在航线完成。大多数修理工作属于隔离、拆卸和更换有故障的 LRU(LRU 可能是一块印制电路板或容易更换的部件)。故障隔离中采用的手段包括保障设备、BIT 和已核实的技术数据。

下列 LRUISRU 修理工作应在基层级完成:

① 核实可疑 LRU 的故障。

② 将故障隔离到一个 SRU 或安装在 LRU 底盘上的元件。

③ 更换或修理故障的 LRU/SRU。

④ 采用与核查故障相同的方法核查修理的效果。

⑤ 妥善处理部件上更换下来的 LRU/SRU。

⑥ 编写相关的服务通报。

⑦ 进行规定的检查或校验。

⑧ 操作并维修有关的保障设备。

(2)基地级维修。基地级维修主要承担超出基层级维修能力或设施能力之外的维修任务。其主要内容包括:核查 SRU 和 LRU 故障,隔离并修理有问题的零件,核查修理效果。将修理好的单元送仓库保管等。基地级维修在 LSA 确定的适当地点实施。

3. 状态监控和故障诊断

UAV 由于机上没有驾驶员,因此需要更高的自我监控和自我诊断能力。为满足 UAV 系统要求规范中对可用性、可靠性和维修性规定的置信水平,为了保证系统安全、任务成功、机组人员信心和有效维修,UAV 系统应具有适当的系统状态监控能力。在 UAV 系统要求规范中应规定其所采用的每项状态监控功能,状态监控应覆盖从初始加电到最终下电整个时间段。UAV 系统要求规范还应规定每项状态监控功能的准确实施概率。UAV 系统在发射时的完好状态更重要,在状态监控结构中应专门包含这方面的功能。对于那些直接影响系统安全或任务成功概率的UAV 系统保障设施要素(发射与回收系统、地面控制站)的监控与对飞行器的状态监控同等重要,在 UAV 系统状态监控结构中也应包括这方面的功能。

UAV 系统状态监控结构应满足下列 4 项基本要求:
(1) 对不安全或潜在不安全的系统或分系统的正确标记概率应很高。
(2) 将安全系统错误地标记为不安全系统的概率应较低。
(3) 对不能执行任务的系统或分系统的正确标记概率应很高。
(4) 将系统或分系统错误地标记为不能执行任务的概率应很低。

根据上述要求,UAV 利用连续 BIT、启动 BIT 和维修 BIT 能力来检测电子设备硬件和软件故障。在适当时,应使用 BIT 重试(Retry)技术来防止虚警。还要求进行使用测试,以完成自测试,收集和存储系统和分系统故障数据,并提供飞行前和飞行后诊断。在飞机或系统上利用系统 BIT 和已核实的技术数据将故障原位隔离到 LRU,长航时 UAV 系统的 BIT 要求是,BIT 应能够将 95% 的故障隔离到有缺陷的 SRU。为了确保将系统和相关保障设备的故障进行 10% 的隔离和修理,还要求制定补充的人工诊断程序和引入技术数据。

目前,预测与状态监控(PHM)技术已被用于评估飞行器系统的完好状态。发动机、辅助动力装置(APU)、计算机和航电设备等系统都包含传感器和自诊断软件,能够实时评价这些系统的性能。随着信息技术的飞速发展,机上计算能力已经显著提高,也实现了共享网络技术。对 UAV 而言,为了评价载荷循环数,损伤条件、腐蚀和疲劳,必须将诊断能力扩展到机体结构。

UAV 必须在长期储存后仍能可靠工作,这就要求将智能神经系统综合到飞机中,但这样必然增加了系统的复杂性和成本。于是,人们想到,为一种目的研制的传感器经常能适合服务于其他感应功能。在某些情况下,它们还可以作为制动器。低成本 UAV 需要那些不用液压系统就能控制较小飞行器的材料和装置。智能结构技术,如压电体和神经网络,可以改进载荷和状态监控能力,同时减轻动载荷。神经网络可以潜在地监控飞机上的多个部位并减少需要的传感器数目。状态监控系统对金属和复合结构的综合损伤检测能力在实验室已经得到验证。借助可感应环境和确定希望的飞行器响应的一组混合传感器(如加速度计、压力变换器、压电传感器、制动器或应变计),可以获得一种理想的系统,能够在地面和空中确定 UAV 损伤部位并对损伤进行评估。

美国空军正在将传感器、控制和计算能力方面的进展应用于开发 UAV 系统先进的状态监控技术,其中包括:
(1) 用于开发传感器制动-控制综合装置的微机电传感器(MEMS)和中尺度

传感器技术。

(2) 利用压电传感器和神经网络进行数据分析,以改进载荷和状态监控能力。

(3) 主动颤振抑制和抖振载荷抑制系统,将状态监控能力与压电传感器/制动器和智能控制联系起来。

4. 保障设备

长航时无人机的保障设备要求是,应设计具有 BIT 特征、能够自动/半自动工作的保障设备,以指示 UAV 系统的使用状态。BIT 能够将 95%的故障隔离到有缺陷的 SRU,辅以技术数据时,可以隔离 100%的故障。还应制定人工程序并引入技术数据,以便 UAV、子系统和保障设备的故障隔离。在所有场合下,自动/半自动和人工程序结合起来应能向现场设备提供持续的维修能力。接近故障 LRU 不应要求使用特殊工具,也不需拆卸其他 LRU。当接通飞机地面动力装置、辅助动力装置或现场环境下可用的公共动力资源时,保障设备必须能够工作。对所有地面保障方案,内部或外部制冷源和动力源必须能够提供制冷和动力。全部保障设备和保障设备的集装箱都必须根据军用规范进行设计,应配有铲车/起重机(根据要求)等提升装置、车轮、保护装置等,以使保障设备能够满足世界范围内的机动性要求。

1) 航线测试设备

应通过安装系统 BIT 来最大限度地减少航线测试设备。确实需要时,航线测试设备应具有用于核查系统使用状态和隔离故障所需的最小尺寸、重量和复杂性。

2) 保障设备备件

当在部署地利用通用保障设备对机上可卸设备(不构成某设施或设备不可分制部分的设备,如飞机上的机炮、雷达等)进行修理不可行时,保障设备应引入置信标准。必须为所选通用保障设备配备替代品,以维持发生偶发事件期间的维修能力。

3) 校准

战区接收车辆/设备应负责为部署设备提供现场校准。在 MOB 对保障设备的校准工作由精确测量设备实验室(PMEL)专家完成。校准间隔不能少于 180 天。

5. 其他保障

1) 腐蚀控制

在所有维修梯队应根据相应的指令完成腐蚀控制。

2) 系统安全

系统使用和维修安全程序应遵照空军当前的有关指令。

3) 技术资料

应根据 LSA 结果确定技术数据要求。UAV 的所有技术数据的开发应在工程与制造研制(EMD)阶段进行。技术数据应提供适合所有维修梯队的全面的维修指示,而且应在第一架航空器和系统生产时能够使用,并按照缺陷结果和规定的要求加以修正。

美军对 UAV 有关数据的收集工作有下列要求:

(1) 维修数据的收集工作应利用核心自动化维修系统(CAMS)进行。

(2) 应根据技术规程 T.O.00-35-54 提交材料缺陷报告(MDR)。

(3) 系统项目办公室应提出航空器和保障设备能执行任务申请报告。

(4) 系统项目办公室应确定工作单元代码(WUC)和标准报告指定人(SRD),并将其纳入 LSA 过程中。

4) 包装、搬运、储存和运输

系统部件和保障设备的全部包装应针对世界范围内的部署进行全面合格鉴定。应识别需要作为系统或航空器的部分或向其提供保障的危险材料。应识别特殊搬运储存要求,即有冲击和脆性限制、有密级要求、有尺寸限制、有环境限制。全部保障设备和保障设备集装箱的设计应根据军用规范进行,应按规定便于铲车/起重机使用。应对任何 CADIPAD 产品制定标准的空军程序。

5) 检查要求

对机上可卸设备的计划性维修仅限于评估设备状况和保密性的目视检查。在"状况变化"时,才进行目视检查或"查看"之外的维修。

6) 供应保障

长航时 UAV 及相关保障设备和备件必须能在世界各地使用,并接受过对其机动性的全面鉴定。在世界范围内部署长航时 UAV 系统时,应能够同时获得完整的保障设备、备件和适当的承包商或建制保障人员。长航时无人机系统要求有充足的备件,以便最大限度地减少维修停机时间。

7) 临时承包商保障

在项目经理、保障司令部和 ACC 决定了适当的长期保障方式之前,UAV 系统的保障可以采用临时承包商保障(ICS)方式。要求成立一个 ICS 小组,来支持战区和本土工作站需求。可以要求承包商提供 MOB 或 UAV 系统部署地的 30 天战备备件包来满足使用可用度和系统效能水平,承包商还应提供保障平时和战时使用的全部消耗品。

7.3.4 美军无人机系统综合保障方案评价

美军无人机系统综合保障方案一般包括使用保障方案和维修保障方案。

其中,使用保障方案是指完成 UAV 系统使用功能所需保障工作的总体描述,它包括 UAV 系统使用保障的基本原则,如 UAV 使用中要求集中保障还是分散保障、装备储存和运输方式、油料与弹药的补充、人力和人员要求及训练和训练保障方案等。

美军通过分析未来作战环境、溯源战场保障实践、聚焦高效精确保障要求,建立融合的军民保障体制、配备合理的人力人员、构建完善的训练体系,有效论证并实践无人机系统的使用保障。美军的无人机系统使用保障方案综合规划、注意实效、注重实用,为保证装备正确操作使用,充分发挥其作战效能开展了一系列技术和管理活动,并同步提供了保证这些活动有效地实施所必需的保障资源。美军无人机系统使用保障方案结构完整、内容规范,具备了良好的系统性、可操作性、层次性和通用性。

维修保障方案是指 UAV 系统采用的维修级别、维修策略、各维修级别的主要工作等,还包括维修环境条件,主要是指对维修设施的要求和限制,如使用基地的设想、各维修级别的场站条件、期望的气象条件、将采用的维修管理形式(包括委托承包商维修的方针政策以及初步建议)等,需根据系统的使用要求来制定维修方案。为了使 UAV 系统投入外场使用后,达到较高的效费比,必须从系统立项开始,在确定使用要求的同时,初步确定维修方案。随着研制工作的进展要不断修改完善维修方案。

无人机系统作为一种典型的高新技术武器装备,技术先进、自动化水平高,其对维修保障的依赖性很强。美军面向无人机系统数量快速增长、无人机系统通用质量特性试验验证不充分、保障资源和管理系统不足等新问题,聚焦无人机系统全寿命高效保障、自身特性带来的维修保障要求、人员要求、回收和销毁等新需求,制定了提升无人机系统维修保障能力的一系列对策措施,形成了较为系统的无人机系统维修保障方案。

美军无人机系统维修保障方案通过构建灵活的维修体制、配备齐全的保障设备,从维修环境条件、维修级别、状态监控和故障诊断、保障设备及腐蚀控制、系统安全、技术资料、包装搬运储存和运输(PHS&T)、检查要求、供应保障、临时承包商保障等诸多方面开展工作,为保持和恢复无人机系统装备完好的技术状况开展了一系列技术和管理活动,并同步提供了为保证这些活动有效地实施所必需的保障资源,包括装备的计划和非计划维修、战场抢修及其工具、设备、设施的配备和备件器材的供应、专业人员配备与训练、物资保障等。

参 考 文 献

[1] 于永利,张柳.装备保障工程基础理论与方法[M].北京:国防工业出版社,2015.
[2] 马平.联合作战研究[M].北京:国防大学出版社,2013.
[3] 张宝珍.国外新一代战斗机综合保障工程实践[M].北京:航空工业出版社,2014.
[4] 范晋湘,等.无人机装备质量管理[M].北京:海潮出版社,2011.
[5] 刘兆忠.联合作战综合保障研究[M].北京:解放军出版社,2011.
[6] 单志伟.装备综合保障工程[M].北京:国防工业出版社,2007.
[7] 陈红,郎为民,毛炳文.军事综合保障信息系统及运用[M].长沙:国防科技大学出版社,2016.
[8] 张炜,郭世贞,李秀春.装备维修保障管理训练概论[M].北京:国防工业出版社,2014.
[9] 宋华文,耿雪.软件密集型装备综合保障[M].北京:国防工业出版社,2011.
[10] 李智舜.军事装备保障学教程[M].北京:军事科学出版社,2012.
[11] 黄传贤.联合战斗综合保障概论[M].北京:海潮出版社,2014.
[12] 石君友.测试性设计分析与验证[M].北京:国防工业出版社,2015.
[13] 章文晋,郭霖瀚.装备保障性分析技术[M].北京:北京航空航天大学出版社,2012.
[14] 陶晋荣.航天发射场地面实施地面设施设备综合维修保障[M].北京:国防工业出版社,2014.
[15] 于永利,张波.装备作战单元维修保障资源预测技术[M].北京:国防工业出版社,2015.
[16] 冯静,孙权,罗鹏程,等.装备可靠性与综合保障[M].长沙:国防科技大学出版社,2008.
[17] 朱焕勤,黄海笑.无人机系统体系作战综合保障建设发展[M].北京:蓝天出版社,2014.
[18] 陈辉强,聂成龙,李志勇,等.基于仿真的备件需求量确定方法[J].信息与电子工程,2011,9(1):109-111,126.
[19] 张柳,杨军,于永利.装备作战单元保障方案综合评估方法[M].北京:国防工业出版社,2015.
[20] 张柳,于永利,封会娟.装备作战单元维修保障任务模型与建模方法[M].北京:国防工业出版社,2015.
[21] 于永利,张柳.装备保障工程技术型谱[M].北京:国防工业出版社,2015.
[22] 柳辉,郝建平,王松山.现役装备保障特性评估技术[M].北京:国防工业出版社,2015.
[23] 徐英,李三群,李星新.型号装备保障特性试验验证技术[M].北京:国防工业出版社,2015.
[24] 张柳,于永利,李东东.装备作战单元维修保障要求确定技术[M].北京:国防工业出版社,2015.
[25] 张羽,等.一体化联合战斗研究[M].北京:解放军出版社,2004.
[26] 沈燕良.飞机系统原理[M].北京:国防工业出版社,2007.
[27] 宁焕生,张彦.RFID与物联网:射频、中间件、解析与服务[M].北京:电子工业出版社,2008.
[28] 赵军辉.射频识别技术与应用[M].北京:机械工业出版社,2008.
[29] 李全圣,刘忠立,吴里江.特高射频识别技术及应用[M].北京:国防工业出版社,2010.

[30] 罗尔夫·艾思曼.应用故障诊断学:基于模型的故障诊断方法及其应用[M].朱康武,傅俊勇,房成,等译.北京:国防工业出版社,2017.

[31] 吕琛,栾家辉,王立梅,等.故障诊断与预测:原理、技术及应用[M].北京:北京航空航天大学出版社,2012.

[32] 徐章遂,房立清,王希武,等.故障信息诊断原理及应用[M].北京:国防工业出版社,2000.

[33] 王仲生.智能故障诊断与容错控制[M].西安:西北工业大学出版社,2005.

[34] 康东,石喜勤,李勇鹏,等.射频识别(RFID)核心技术与典型应用开发案例[M].北京:人民邮电出版社,2008.

[35] 毛红保,田松,晁爱农.无人机任务规划[M].北京:国防工业出版社,2015.

[36] 陈金良.无人机飞行管理[M].西安:西北工业大学出版社,2014.

[37] 常荣福,等.飞机钣金零件制造技术[M].北京:国防工业出版社,1992.

[38] 魏瑞轩,李学仁.先进无人机系统与作战运用[M].北京:国防工业出版社,2014.

[39] 李华,邵松世,张光宇,等.备件保障的工程实践[M].北京:科学出版社,2016.

[40] 吴正毅.测试技术与测试信号处理[M].北京:清华大学出版社,1989.

[41] 申忠如,郭福田,丁晖.电气测量技术[M].北京:科学出版社,2002.

[42] 杨拥民,钱彦岭,李磊,等.装备维修保障信息化体系结构设计概论[M].北京:国防工业出版社,2012.

[43] 于永利,徐英,张波,等.装备作战单元维修保障力量编配技术[M].北京:国防工业出版社,2015.

[44] 杨军,王毅刚,叶飞.装备综合保障工程综合数据环境建模与控制[M].北京:国防工业出版社,2015.

[45] 杨英杰,张柳,聂成龙,等.使用阶段装备保障方案评价研究[J].火力与指挥控制,2015(10):5-8.

[46] 陆凯,聂成龙.装备体系核心保障能力分析[J].火力与指挥控制,2017(5):1-5.

[47] 陈辉强,聂成龙,魏鑫,等.基于作战单元的装备综合保障仿真评估研究[J].系统仿真学报,2010(11):2604-2607.

[48] 周浩,翁辉,毛超.海外军民融合式装备保障研究[J].海军工程大学学报(综合版),2017(1):51-54.

[49] 张晓钟.无人机系统综合保障研究[J].空军勤务学院学报,2013(3):1-3.

[50] 装备保障方案和保障计划编制指南:GJB/Z 151—2007[S].北京:总装备部军标出版发行部,2007.

[51] 装备综合保障计划编制要求:GJB 6388—2008[S].北京:总装备部军标出版发行部,2008.

[52] 装备综合保障评审指南:GJB/Z 147—2006[S].北京:总装备部军标出版发行部,2006.